EDITION OLDTIMER MARKT
EUROPAS GRÖSSTE ZEITSCHRIFT FÜR KLASSISCHE AUTOS UND MOTORRÄDER

Praxishandbuch

Ed Barr

Schweißen & Blechbearbeitung für Fortgeschrittene

Schneiden – Formen – Gestalten

HEEL

Impressum

HEEL Verlag GmbH
Gut Pottscheidt
53639 Königswinter
Tel.: 02223 9230-0
Fax: 02223 9230-26
info@heel-verlag.de
www.heel-verlag.de

Deutsche Ausgabe:

3. Auflage 2024

Der Originaltitel „Professional Sheet Fabrication" ist erschienen bei:
Motorbooks, an imprint of Quarto Publishing Group USA Inc.
400 First Avenue North, Suite 400
Minneapolis, MN 55401
USA

Übersetzung ins Deutsche: TTS Veil + Partner,
Stephan Veil, Stuttgart

Lektorat: Jürgen Schlegelmilch, Jost Neßhöver

Titelfoto: © 2013 Ed Barr/Motorbooks

Printed in China

MIX
Papier | Fördert gute Waldnutzung
FSC® C016973

ISBN: 978-3-95843-502-5

Warnhinweis:
Dieses Buch soll Hilfe zur Selbsthilfe sein. Die hierin veröffentlichten technischen Ratschläge entsprechen nicht immer den üblichen Handwerksregeln.

Für etliche technische Ratschläge in diesem Buch wird handwerkliches Grundwissen vorausgesetzt, ohne das man die entsprechenden Arbeiten nicht angehen soll.

Im Zweifelsfall sollte man vor Durchführung von technischen Arbeiten immer einen geschulten Spezialisten zu Rate ziehen und die Arbeiten nicht selbst durchführen.

Etliche Ratschläge können bei fehlerhafter Ausführung unter bestimmten Umständen zu erheblichen Folgeschäden führen.

Autor, Übersetzer und Verlag lehnen daher ausdrücklich jede Haftung für die veröffentlichten Arbeitsanweisungen und daraus gefolgerte Schlüsse ab. Für alle anhand dieses Buches ausgeführten Arbeiten übernimmt der durchführende Schrauber, Bastler oder Mechaniker das alleinige und uneingeschränkte Risiko. Ebenso ist die Haftung des Autors, Übersetzers und Verlags für Druckfehler, Schreibfehler und sachliche Fehler jeder Art ausdrücklich ausgeschlossen.

Bei dem vorliegenden Handbuch handelt es sich um eine Übersetzung aus dem Englischen.

Inhalt

Einführung

Dieses Buch wurde für alle geschrieben, die ein Faible für alte Autos haben und das Blech ihres Schätzchens durch Eigenarbeit in einen Zustand nahe an „besser als neu" zurückversetzen möchten. Die Restaurierung von Sammlerfahrzeugen ist ein komplexes, zeitraubendes, aber außerordentlich lohnendes Unterfangen. Unweigerlich werden dabei unsere Geduld und finanziellen Ressourcen auf eine harte Probe gestellt, für viele von uns ist diese handwerkliche Beschäftigung aber fast so wichtig wie die Luft zum Atmen. Wie alle anderen Aspekte der Autorestaurierung – Innenausstattung, Lack, Mechanik usw. –, bieten auch Blecharbeiten die Gelegenheit, das Objekt unserer Zuwendung aus absolut schrottreifem Zustand fast „besser als neu" auferstehen zu lassen. Wer die Kunst der Blechbearbeitung und die passende Schweißtechnik beherrscht, kann quasi aus dem Nichts etwas Neues kreieren. Egal ob eine Durchrostung beseitigt oder ein kompletter Kotflügel neu angefertigt werden muss – am Ende (das freilich mitunter etwas auf sich warten lässt) ist es ein unbeschreibliches Gefühl, greifbare Fortschritte vorweisen zu können.

Wer noch kaum Erfahrung in der Formgebung von Blechen hat, dem dürfte die bloße Vorstellung, aus einer nackten Blechtafel einbaufertige Blechteile oder auch nur Abschnittsbleche formen zu wollen, anfangs einigen Respekt abnötigen, zumal die Vorgänge, die sich bei der Formänderung von Blechen abspielen, nicht sofort einleuchten. Wie sich ein Schwungrad auf dem Ende der Kurbelwelle dreht, die durch den Verbrennungsdruck über die Kolben in Drehung versetzt wird, können wir nachvollziehen. Blech gebärdet sich dagegen scheinbar deutlich widerspenstiger: Wenn man an einer bestimmten Stelle draufklopft, verändert es seine Form wie erwartet, aber an einer anderen Stelle verformt sich das Blech womöglich gleich mit. Dabei ist die Umformung von Blechen weder schwarze Magie noch Geheimwissenschaft (auch wenn die Kenntnis gewisser wissenschaftlicher Zusammenhänge oft von Nutzen ist). Wenn wir erfahrene Karosserieschlosser nach den Voraussetzungen für erfolgreiches Arbeiten befragen, würden unter den Antworten „Ausdauer" und „Kenntnis der verwendeten Werkstoffe" sicher ganz vorne rangieren. Auch hier gilt: „Versuch macht klug". Mitunter dauert es weitaus länger als erwartet, bis aus einem flachen Stück Tafelblech das gewünschte Blechteil entsteht, erfahrungsgemäß macht sich die Mühe, die man sich bei der Formgebung gibt, aber immer bezahlt.

Dieses Buch gibt eine Einführung in unterschiedlichste Techniken für die Anfertigung und Instandsetzung von Kfz-Blechteilen. Manches mag überlieferten Weisheiten in anderen Fachpublikationen wiedersprechen, es ist aber durchweg das Ergebnis langjähriger Erfahrungen des Autors. Wer mit zunehmender Erfahrung seine Fertigkeiten weiter vervollkommnet, kann sich an immer schwierigere Reparaturfälle wagen, indem er unterschiedliche Blechumformmethoden kombiniert. Viele Reparaturprobleme scheinen auf den ersten Blick nahezu unlösbar – bis man das Problem in überschaubarere Einzelprobleme „zerlegt" und diese unter Einsatz unterschiedlicher Techniken angeht. Und keine Angst vor Fehlern – selbst ein Fehlstart bringt uns dem Endziel zumindest einen Schritt näher, denn nun wissen wir, wie es NICHT geht! Diese Fehlversuche sind also gewissermaßen unsere persönliche „Forschungs- und Entwicklungsphase".

Die Gliederung dieses Buches entspricht der empfohlenen Reihenfolge, in der sich Anfänger mit der Restaurierung von Blechteilen und Karosserien vertraut machen sollten. Am Anfang steht das Fügen und Trennen von Blechen als unverzichtbarer Teil der Anfertigung von Kfz-Blechteilen, und auch mit dem Erwerb der notwendigen Schweißkenntnisse sollten wir beizeiten beginnen, um die nötige Erfahrung zu sammeln. In den anschließenden Kapiteln wird die Praxis der Blechumformung beschrieben, und am Abschluss stehen verschiedene Fallbeispiele aus der Praxis der Restaurierung von Kfz-Karosserien, anhand derer die Bearbeitung von Karosserieblechen und die dabei auftretenden Probleme beschrieben werden. Und damit Bahn frei für die ersten Arbeitsschritte!

Die fertig zugekauften Nachbau-Blechteile dieser Shelby Cobra-Replica wurden autogen verschweißt und manuell nachgearbeitet. Das makellose Finish zeigt die hervorragende Oberflächengüte, die sich mit entsprechender Erfahrung und dem notwendigen Feingefühl für die Blechumformung erzielen lässt.

Kapitel 1
Die ersten Schritte

SICHERHEITSHINWEISE UND EIN PAAR ANMERKUNGEN FÜR MODEBEWUSSTE

Ab einem gewissen Alter spielt Mode als Selbstzweck im Leben eines Mannes keine wirkliche Rolle mehr, vor dem Gang in die Werkstatt sind ein paar Überlegungen zu Kleidungsfragen aber durchaus angebracht. Der Umgang mit Blechen und Blechteilen birgt gewisse Gefahren, die sich leicht vermeiden lassen, wenn wir vor Arbeitsbeginn auf die drohenden Risiken achten. Etwaigen Risiken beim Schweißen, Trennen und Schleifen begegnen wir, indem wir uns von Kopf bis Fuß in geeignete Schutzkleidung packen. Unabdingbar ist eine Schutzbrille (je nach Bedarf mit Gläsern in der erforderlichen Sehstärke). Entgegen allen modischen Überlegungen bewährt sich hier eine Schutzbrille mit Seitenschutz aus Kunststoff. Manch einem mögen solche „Scheuklappen"-Brillen peinlich anmuten, da aber Schmutz und Fremdkörper besonders gern von der Seite her in die Augen gelangen, ist dieser Seitenschutz enorm wichtig. Und wer sich dank dieser auffälligen Gläser kaum mehr aus seiner Werkstatt herauswagt, wird auch vom anderen Geschlecht irgendwann in Ruhe gelassen und kann sich umso ungestörter seinen Blechbearbeitungsaktivitäten widmen. Wer in einer Hobbywerkstatt mit anderen Schraubern gemeinsam am Werk ist, ist nicht zuletzt dem Schmutz ausgesetzt, den die Kollegen an ihren Objekten produzieren, vor allem bei Schleif- und Trennarbeiten. Langärmelige dickere Hemden, lange Hosen und Lederschuhe oder -stiefel als Schutz gegen die beim Schweißen freigesetzte UV-Strahlung und möglichen Funkenflug sind grundsätzlich empfehlenswert. Etwas gesunder Menschenverstand kann dabei nie schaden: Espadrilles mögen auf Gartenpartys ihren Platz haben, aber nicht, wenn geschweißt oder geflext wird. Für Schrauberinnen sind spitze Absätze tabu, denn damit werden nur im ungünstigsten Moment die Stromkabel zum Schweißgerät durchgetreten und ruiniert – diese Modeschuhe dürfen also im Schrank bleiben. Jede Blechkante ist eine potenziell messerscharfe Schnittkante, also werden nicht gebrauchte Blechtafeln in einem separaten Regalfach eingelagert. Beim Umgang mit Tafelblechen oder frischem Blechzuschnitt grundsätzlich Sicherheitshandschuhe tragen!

Bei der Arbeit an betagten Fahrzeugen ist die Gefahr durch das Fahrzeug selbst nicht zu unterschätzen: Teile können sich lösen – nicht zuletzt Behälter mit brennbaren Flüssigkeiten wie Benzin oder Bremsflüssigkeit – und bestimmte Teile können Stromschläge verursachen. Daher klemmen wir die Batterie vor Arbeitsbeginn ab oder bauen sie gleich aus.

Dieser Kotflügel macht insgesamt einen extrem komplizierten Eindruck, aber er besteht aus acht einzeln in die richtige Form gebrachten Teilblechen, deren Formgebung für sich alleine genommen weit weniger kompliziert war.

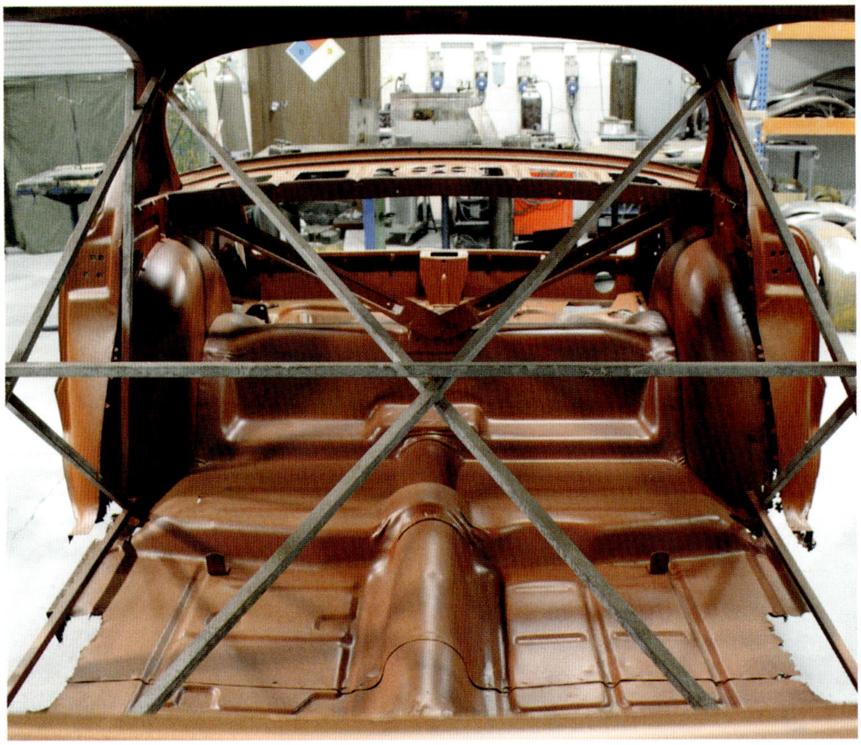

Dieser 1954er Plymouth Belvedere ist ein besonderer Härtefall: Die Karosserie war dermaßen rostgeschwächt, dass umfangreiche Verstrebungen notwendig wurden, damit die Fahrgastzelle während der Blecharbeiten ihre Form behielt.

Alle bekannten Gefahrenquellen beseitigt man von vornherein. Mancher Hobbyschrauber legt sich unter einen Wagen, der nur von einem Wagenheber gehalten wird, doch sollte kein verantwortungsvoller Restaurator dieses Risiko eingehen, zumal manche Baumarktqualitäten auch bei Wagenhebern nicht immer halten, was sie versprechen.

VORAUS PLANEN!

Ein kluger Mann sagte einmal: Wer nicht plant, plant damit sein eigenes Scheitern. Ein zutreffendes Motto, vor allem angesichts des Zeit- und Materialaufwands bei jeder Form von Blecharbeiten. Anfangs produzieren wir im Übereifer sicher erst einmal Ausschuss, und danach kommen wir kaum noch zum Arbeiten, weil wir alles ganz genau vorausplanen wollen. Mit zunehmender Erfahrung stellt sich die richtige Balance zwischen umständlicher Detailplanung und ungestümem Drauflosarbeiten ein. Am Anfang beschränkt man sich auf möglichst überschaubare Projekte, um erste Erfahrungen und ein gewisses Selbstvertrauen zu sammeln. Auch bei einer Komplettrestaurierung sollten die Arbeitsschritte so gewählt werden, dass sie dem eigenen Erfahrungsstand entsprechen. Planen Sie also möglichst immer mehrere Schritte voraus und legen Sie die sinnvollste Reihenfolge der Arbeitsschritte fest. Auch Profirestauratoren entwickeln ihre eigenen Organisationsabläufe, andernfalls halten sie sich nicht lange auf dem Markt. Durch Vorausplanung lässt sich Zeit- und Materialverschwendung minimieren und obendrein die Frustrationen durch unnötige, durch überhastetes Arbeiten entstandene Fehler. In der Regel sind kostspielige, unnötige Irrtümer ein probates Mittel, um beim nächsten Mal besonders genau nachzudenken, damit einem der einmal begangene Fehler möglichst nie wieder unterläuft ...

Gute Dienste leistet ein Notizblock für Detailnotizen und Skizzen. Wer eher nicht linear denkt, nummeriert die anstehenden Arbeiten auf einer Strichliste in der passenden Reihenfolge durch, um die eigene Arbeitsweise zu strukturieren. Bleche in die passgenaue, einbaufertige Form zu bringen, ist schwierig genug und sollte nicht noch dadurch erschwert werden, dass man sich nach jeder Unterbrechung erst wieder mühsam an die richtige Reihenfolge erinnern oder – schlimmer noch – von vorn anfangen muss, weil die Arbeiten in der falschen Reihenfolge begonnen wurden. Wer sich auf mehrere Projekte gleichzeitig eingelassen hat, arbeitet produktiver und zufriedener, wenn er vorab genaue Aufgabenlisten erstellt, die Punkt für Punkt konsequent abgearbeitet werden. Lässt sich die Arbeit an einem Nachmittag erledigen, sind kaum aufwändige Vorbereitungen erforderlich. Sobald die Arbeit aber mehrfach unterbrochen werden muss, sollte man sich den aktuellen Stand und den nächsten Schritt griffbereit notieren. Dann kann die Arbeit ohne langes Nachdenken wieder aufgenommen werden.

Ob die Restaurierung einfach besser werden oder nur weniger Nerven kosten soll – Vorausplanung macht sich immer bezahlt. Wenn ein durchgerostetes Blech erneuert werden soll, ist der erste Reflex meist, das Blech sofort herauszutrennen. Alles herauszuflexen, ist manchmal, aber längst nicht immer der erste logische Schritt bei der Reparatur. Mitunter ist es sinnvoller, das unbrauchbare Blech möglichst lange drinzulassen, um die Passgenauigkeit des neuen Blechs exakt überprüfen zu können.

Bevor Sie sich in Blecharbeiten stürzen, sollte der Reparaturumfang genau abgeschätzt werden. Blecharbeiten weiten sich oft lawinenartig aus, wenn unter den erkennbar schadhaften Blechen immer neue Schadensbereiche freigelegt werden. Soll es eine „rollende Restaurierung" oder eine echte Vollrestaurierung werden?

Zu diesen Gedankengängen muss man sich mitunter regelrecht zwingen, damit sich das Restaurierungsobjekt nicht zu einem „Endlosprojekt" entwickelt. Wir legen also vorab das Restaurierungsziel fest und halten uns daran. Je länger das Fahrzeug nicht fahrbereit oder gar rollfähig bleibt, desto größer ist die Gefahr, dass dieser Zustand zum Dauerzustand wird. Stehen umfangreiche Blecharbeiten an und soll das Vorhaben um jeden Preis durchgezogen werden, sind die nachstehenden Anregungen hoffentlich hilfreich.

Bei umfangreichen Reparaturen an tragenden Teilen ist es ratsam, die Auswirkungen jedes Arbeitsschritts auf die Gesamtreparatur im Voraus zu durchdenken. Eine chronologische Liste der Arbeitsschritte sollte in der Werkstatt stets griffbereit sein. Benötigte Reparaturbleche bestellen wir bereits vor Arbeitsbeginn. Die Passgenauigkeit derartiger Bleche lässt sich zwar meist erst beim Einbau beurteilen, aber zumindest läuft man dann nicht Gefahr, wichtige Bleche herauszutrennen, nur um feststellen zu müssen, dass das fest eingeplante Reparaturblech mit einem Mal nicht mehr lieferbar ist!

Vor weitergehenden Eingriffen am Fahrzeug kontrollieren wir die Spaltmaße und Passgenauigkeit aller Türen, Hauben, Kotflügel und der übrigen Blechteile. Falls der Wagen einen separaten Rahmen besitzt, untersuchen wir ihn auf Schäden an den Karosserieaufnahmepunkten, Auflagepuffern oder Isolierzwischenlagen, die sich negativ auf die Passgenauigkeit der Karosseriebleche auswirken könnten. Selbsttragende Karosserien werden auf Durchsacken oder sonstige strukturelle Schwächungen untersucht. Ungleichmäßiger Reifenverschleiß oder ein etwas eigenwilliges Fahr- und Lenkverhalten könnte auf Verzug an der Karosserie hindeuten, der behoben werden muss, bevor mit dem Heraustrennen und den Schweißarbeiten begonnen werden kann. Hat eine der hinteren Türen nie richtig geschlossen, wäre es jetzt an der Zeit für Ursachenforschung. Vielleicht sind die Scharnierstifte ausgeschlagen, vielleicht ist aber auch die Türsäule durchgefault, die die Scharniere hält. Sobald die wesentlichsten Schäden an tragenden Teilen und Passungenauigkeiten behoben sind, geht es daran, den Aufbau für alle weiteren Arbeiten gegen Verwindungen zu stabilisieren, üblicherweise durch Einschweißen von Hilfsverstrebungen.

Bei Reparaturen an Bodenblech, Schwellern und Längsträgern lässt sich die Karosserie am einfachsten stabilisieren, indem ein oder zwei Vierkantrohre (je nachdem, wie angegriffen Schweller und Bodenbleche bereits sind) waagerecht in den Türausschnitt eingeschweißt werden. Die Abbildung der nackten Karosserie eines Plymouth Belvedere Modell 1954 zeigt einen extremen Fall weggerosteter tragender Teile. Diagonal eingeschweißte Versteifungsrohre stabilisieren alle noch vorhandenen Hauptbaugruppen des Aufbaus gegenseitig. Hoffentlich bleiben Ihnen derart umfangreiche Sicherungsmaßnahmen erspart, das Beispiel dieses Plymouth zeigt aber, wie sich ein blankes Blechgerippe je nach Lage der besonders rostgeschwächten Bereiche versteifen lässt. Die Versteifungen sollten stets so angeordnet werden, dass sie beim weiteren Austrennen und Ersetzen der schadhaften Blechpartien nicht im Weg sind.

Wie wird der Wagen bei der Restaurierung unterbaut? Ein Drehgestell ist eine feine Sache, unzählige Vollrestaurierungen sind aber auch ohne diesen Helfer vollbracht worden. Je nach Konstruktion der Karosserie lassen sich die Drehgestelle manchmal nur mit immensem Aufwand richtig befestigen, und wenn man sie nicht braucht, nehmen sie bei der Einlagerung unnötig viel Platz weg. Hohe, besonders tragfähige Unterstellböcke sind ein Plus – sie können schnell platziert und abgebaut werden, und auf ihnen lässt sich der Wagen mühelos in Längs- und Querrichtung genau waagerecht justieren. Bei allen Reparaturen, die sich auf die Fahrwerksgeometrie auswirken könnten, beispielsweise an den Blattfederaufnahmen, muss die Karosserie genau waagerecht stehen bzw. unterbaut werden, damit die objektiven Bezugspunkte für die Einbaulage der einzelnen Baugruppen zueinander erhalten bleiben.

ORGANISATION IST DAS HALBE LEBEN

Kaum etwas ist in der Garage frustrierender, als die halbe Zeit mit der Suche nach Werkzeugen und Teilen zu vergeuden, statt produktiv am Fahrzeug arbeiten zu können. Jede freie Sekunde soll in die Weiterarbeit am Projekt fließen, und so bleibt die Arbeit am Ende eines Hobbyschraubertags halbfertig stehen und die Teile und Werkzeuge bleiben liegen, wo wir sie zuletzt in der Hand hatten. Dann kommen der Arbeitsalltag und häusliche Pflichten dazwischen, der Rasen muss auch gemäht werden, und so vergeht die Zeit. Bis es am Restaurierungsprojekt weitergehen kann, sind vielleicht Wochen verstrichen, die Werkzeuge sind für andere

Selbst Karosserien, die auf einem Drehgestell aufgespannt werden, müssen so stabil fixiert werden, dass die Geometrie erhalten bleibt. Im Kofferraum dieses Ford Mustang wurden zwei provisorische Streben eingeschweißt, denn ob die Stoßstangenaufnahmen alleine ausreichende Stabilität garantieren würden, war keineswegs sicher.

Zwecke entführt worden und die benötigten Teile wurden vielleicht nur schnell auf einen Haufen beiseitegeräumt. Eine derartige Unordnung ist ein ungeahnter Frustfaktor beim Versuch, zügig zu arbeiten. Zumindest in der Garage kann es also nicht schaden, strenge Ordnung zu halten. Man glaubt kaum, wie schnell die Arbeiten voranschreiten, wenn alle Werkzeuge und Hilfsmittel genau dort griffbereit liegen, wo man sie vermutet.

Entscheidend für gute Arbeitsorganisation ist mal wieder eine umfassende Dokumentation. Jedes Auto besteht aus Tausenden von Befestigungselementen, Klammern, Haltern und anderen Kleinteilen. Unweigerlich beginnt jede größere Restaurierung damit, dass das Objekt zumindest teilweise zerlegt wird. Überlegen Sie sich also ein System, bei dem alles, was abgebaut wird, so aufbewahrt wird, dass es für den korrekten Zusammenbau sofort zur Hand ist. Man kann gar nicht genug Fotos von den Demontageschritten machen, jedes einzelne Teil wird etikettiert und eingetütet (auch die Bilder werden entsprechend beschriftet). Praktisch ist Abklebeband, das vor dem Ausbau auf dem Bauteil aufgeklebt und beschriftet wird, so dass das beschriftete Klebeband auf dem Foto klar leserlich zu sehen ist. Auch Kreide, ein Filzstift oder Dauermarker eignen sich für eine auf dem Foto lesbare Beschriftung. Für die Aufbewahrung sind verschließbare Klarsichttüten ideal, allerdings sollte das Teil nicht nur auf der Tüte, sondern auch auf einem Zettel in der Tüte beschriftet werden; Öl- oder Fettspuren auf der Tütenaußenseite hält die Markerbeschriftung nicht lange stand. Die eingetüteten Kleinteile wandern in Kartons, in denen auch die zugehörigen Bauteile lagern, und die Kartons werden auf beiden Seiten gut lesbar beschriftet, damit sie im Regal griffbereit sind.

Wer sich dazu durchringt, für seine Werkzeuge ein für alle Mal den Aufbewahrungsplatz festzulegen, für den ist eine Werkzeugwand eine hervorragende Hilfe, um Ordnung zu halten. Wenn alles seinen festen Platz hat, fällt auch das Aufräumen leichter.

Alle Zerlegungsschritte – einschließlich der Einbaulage aller Einzelteile – sollten akribisch genau durch Fotos dokumentiert werden, damit Fehler beim Zusammenbau möglichst ausgeschlossen sind.

So lagert der Restaurierungsprofi seine Ersatz- und Einzelteile: Konsequente Organisation, Sauberkeit und eine aufgeräumte Werkstatt sind die halbe Miete für gutes Arbeiten. Der Übersichtlichkeit halber werden alle Einzelteile detailliert beschriftet, dann sind sie auch schnell auffindbar.

FACHSPRACHE DER KAROSSERIEPROFIS

Ausbeulen mit direkt bzw. indirekt unterlegter Handfaust: Dies beschreibt, ob der Ausbeulhammer bei Karosseriearbeiten direkt auf die Blechstelle zielt, an der eine Handfaust von der Blechrückseite her gegengehalten wird, oder aber auf eine Blechstelle direkt neben der Stelle, an der die Handfaust gegengehalten wird.
Cleco (Fixiernadel): Ein unter Federspannung stehender provisorischer Niet zur Fixierung von Bauteilen. Im Flugzeugbau weit verbreitet.
Dzus-Verschluss: Ein Vierteldreh-Schnellverschluss, mit dem Blechverkleidungen fixiert werden, die in regelmäßigen Intervallen abgenommen werden müssen.
Elastizitätsgrenze: Der Punkt, an dem ein Blech nicht mehr in seine ursprüngliche Form zurückkehren kann, wenn eine Kraft auf das Blech einwirkt. Wird ein Blech über die Elastizitätsgrenze hinaus verformt, tritt eine plastische Verformung ein.
Faltenzieher: Ein Werkzeug, mit dem entlang einer Blechkante durch Drehen des Werkzeugs Falten im Blech angebracht werden. Diese Falten werden anschließend mit dem Karosseriehammer gestaucht (eingezogen) und damit eine Rundung im Blech hergestellt.
Formmodell: Eine aus Schaumstoff, Holz oder Draht angefertigte dreidimensionale Darstellung eines anzufertigenden Blechteils, die bei der Formgebung des Blechteils als Vorlage verwendet wird.
Glätthammer: Ein pneumatisches Werkzeug zum Glätten von Blechen durch Hammerschläge, die über die auswechselbaren Hammereinsätze in rascher Folge auf das Blech ausgeführt werden.
Glühen: Der Vorgang, bei dem Metall auf eine bestimmte Temperatur erwärmt wird, so dass sich das Gefüge des Metallwerkstoffs verändert: Häufig soll dadurch die Umformbarkeit eines kaltverfestigten Metallteils wiederhergestellt werden.
Handeisen (Handfaust): Ein massiver Stahlklotz, der bei Ausbeul- und Umformarbeiten an Karosserieblechen als Gegenhalter für die auf das Blech ausgeführten Hammerschläge auf der Blechrückseite angelegt wird oder auf der Blechrückseite direkt neben dem bearbeiteten Blechbereich anliegt, um die Wirkung der Hammerschläge in eine bestimmte Richtung zu lenken.
Kalteinziehen: Eine Stelle auf einem Blechteil wird durch gezielte Hammerschläge verkürzt und verdickt, ohne dass das Blech zur Verbesserung der Umformbarkeit erwärmt wird.
Kaltverfestigung: Die bleibende Verfestigung von Blechen durch Kaltumformung.
Kaltverformung: Bearbeitung von Blechen durch Hammerschläge, Abkanten oder auf andere Weise ohne Wärmeeinwirkung, so dass das Blech plastisch verformt wird.
Karosseriehammer: Ein Spezialhammer für die Reparatur von Autokarosserien. Größere bzw. schwerere Ausführungen werden meist als „Ausbeulhammer" bezeichnet, kleinere und leichtere als „Schlichthammer" oder „Planierhammer". Daneben gibt es Kombihämmer mit einer punktförmigen Spitze (Spitzhammer) oder einer spitz zulaufenden Fläche (Pinnhammer).
Karosseriezinn: Eine speziell für die Reparatur von Autokarosserien verwendete Lötzinnvariante. Eine gängige Ausführung dieser Zinnlegierung besteht aus 25% Zinn und 75% Blei.
Länglicher Streckstempel bzw. Schweifhammer: Ein Treibhammer bzw. Maschineneinsatz mit eher länglichem als rundem Kopf. Durch die längliche Anlagefläche wird das Blech an den Längsseiten stärker als an den Endflächen des Hammers bzw. Stempels getrieben.
Löffeleisen und Schlageisen bzw. Klopfholz: Größere, flache Schlagwerkzeuge aus Stahl bzw. Holz (Klopfholz) zum Ausbeulen und Glätten von Blechteilen.
Picker (Ausbeulklammer, „Bull's-eye pick"): Ein uraltes Karosseriehandwerkzeug, das mit einem langen schwenkbaren Arm ausgestattet ist, mit dem Dellen in Karosserieblechen durch gezielte Schläge von der Blechrückseite her herausgedrückt werden können.
Polierstock (Stiftamboss oder Einsteckeisen): Ein schweres Werkzeug, über dem Blechteile mit dem Hammer in Form gebracht werden. Dieses Werkzeug besitzt in der Regel einen Schaft, an dem es in einem Schraubstock eingespannt wird. Kleinere Ausführungen dieses Werkzeugs werden als „Handstock" bezeichnet.
Rollenstreckmaschine („English Wheel"): Ein Metallumformwerkzeug mit einer großen, feststehenden Oberrolle und einer auswechselbaren unteren Formrolle. Das Blech wird beim Durchziehen zwischen den Rollen gestreckt und damit in die gewünschte Form gebracht.
Stauchen (Einziehen): Das Blech wird verdichtet bzw. verkürzt, wodurch in der Regel die Blechdicke zunimmt.
Stauchstempel: Werkzeugeinsätze, wie sie in verschiedenen Blechbearbeitungsmaschinen zum Stauchen von Blechen verwendet werden; dabei wird im Blech eine Falte erzeugt und das Blech anschließend durch die Hammerbewegung des Maschinenhammers wieder verdichtet und geglättet.
Stemmwerkzeuge und Treibeisen: Werkzeuge, mit denen Bleche durch Hammerschläge in gleicher Weise wie bei der Bearbeitung mit einem Meißel oder Durchschlag umgeformt werden.
Strecken (Schweifen): Umformungsprozess, bei dem die Länge eines Blechs zunimmt und seine Dicke normalerweise abnimmt.
Warmeinziehen: Ein Bereich auf einem Blech wird durch gezielte Schläge auf das erwärmte Blech verdickt und damit verkürzt.

WERKZEUGE

Wer sich nun als perfekt organisierter neuer Mensch an sein Restaurierungsprojekt macht, benötigt Werkzeuge – aber welche? Als Grundausstattung ist das Standardsortiment der üblichen Karosseriewerkzeuge unverzichtbar. Diese Werkzeuge wurden für die rasche Schadensbehebung in Fachbetrieben entwickelt und leisten beim Formen und Zurechtbiegen von Blechteilen aller Art gute Dienste.

Die üblichen Kfz-Handwerkzeuge haben sich in den letzten 80 Jahren nicht grundsätzlich geändert. Nur die Qualität ist heute eine andere. Karosseriewerkzeuge mit solidem Holzschaft von renommierten Herstellern – oder Originalwerkzeuge führender Hersteller vergangener Jahrzehnte – liegen einfach ganz anders in der Hand als die Billigimitationen dubioser Herkunft, wie sie heute ebenfalls auf dem Markt zu finden sind.

Hämmer und Karosseriefäuste

Alte Karosseriehämmer liegen spontan gut in der Hand, und alte Karosseriefäuste (im Werkstattjargon auch als Handeisen oder Handfaust bezeichnet) sind schwer und solide. Die Arbeit mit qualitativ guten Handwerkzeugen ist eine der fast schon sinnlichen Freuden der Blechbearbeitung; allzu oft geht „gut" allerdings mit „teuer" einher, wenn die guten Werkzeuge zugleich neu sein sollen. Brauchbare Karosseriehandwerkzeuge aus zweiter Hand tauchen mitunter aber auch im Internet und auf Teilemärkten oder aus Werkstattauflösungen inmitten eines Sammelsuriums unsortierter Werkzeuge auf. Oft entziehen sich erstklassige alte Karosseriewerkzeuge unter einer Schicht Werkstattschmiere, Oberflächenrost oder mit einem angerissenen Griff den Blicken der ahnungsloseren Horden von Schäppchenjägern. Wer nicht unbedingt in Neuware renommierter Karosseriewerkzeughersteller wie Hazet oder Sykes-Pickavant investieren will, aber keine gebrauchten Qualitätswerkzeuge auftreiben kann, kann sich auch mit manch anderen Werkzeugen behelfen. Dem Blech ist es letzten Endes egal, ob es mit einem blitzblanken Karosseriehammer oder Eigenbaugeräten bearbeitet wird. Oft entwickeln sich gerade jene Hämmer zum Lieblingswerkzeug, die z. B. durch Nachschleifen der Köpfe zweckentfremdeter Kugelhämmer entstanden sind, ihre geringe Arbeitstiefe ist beim Bearbeiten der Rückseite stark gewölbter Bleche allerdings oft ein Hemmnis.

Art und Anzahl der benötigten Werkzeuge richten sich vor allem nach der Art der geplanten Karosseriearbeiten. Für sehr viele Arbeiten genügen bereits einige wenige Karosseriewerkzeuge. Mit einem Karosseriehammer, einer Ausbeulfaust (Handeisen), einem Holzklotz und einem Löffeleisen kommt man bereits recht weit, und alle weiteren Werkzeuge werden dann bei Bedarf angeschafft. Und auch wenn es sich wie ein Widerspruch liest:

Alle Hämmer – und noch viele andere Behelfswerkzeuge – sind letzten Endes potenzielle Karosseriehämmer. Etwas Kreativität ist bei der Wahl der Werkzeuge, die sich für das Blechumformen eignen, immer angebracht. Bei der Entwicklung persönlicher Arbeitspraktiken sind willkürliche Kategorien wie Karosseriehammer,

Kugelhammer oder Schlosserhammer oder gar Bowlingkugel sekundär. Die Werkzeuge sollen dem Handwerker dienen, es kommt also einzig und allein darauf an, wie sie den gewünschten Zweck erfüllen.

Bei Richthämmern für Karosseriearbeiten sind im Wesentlichen drei Varianten zu unterscheiden: Ausbeulhammer, Schlichthammer bzw. Planierhammer sowie Kombihämmer. Beim Ausbeulhammer ist der Kopf meist größer als bei einem Schlichthammer, denn mit ihm sollen größere Dellen oder Verformungen wieder in Form gebracht werden. Der Schlicht- bzw. Planierhammer kommt dagegen dort ins Spiel, wo der Ausbeulhammer aufhört – beim Ausgleichen kleinerer Dellen. Kombihämmer besitzen in der Regel auf der einen Seite des Hammerkopfes eine kleine Planier- bzw. Schlichtfläche, auf der anderen Seite eine punktförmige Spitze, mit der sie als Spitzhammer eingesetzt werden können. Die Spitzhammerseite dient zum Korrigieren kleiner, punktförmiger Druckstellen oder Dellen und hinterlässt bei unsachgemäßer Handhabung viele kleine, schwer zu behebende Vertiefungen auf der Blechrückseite. Auf die Arbeit mit dem Spitzhammer kommen wir in einem späteren Kapitel.

Die Köpfe der Karosseriehämmer sind entweder plan oder annähernd plan geformt, um Unebenheiten auf der Außenseite gewölbter Bleche ausbeulen zu können, oder aber mehr oder minder ballig, um gewölbte Bleche von der Rückseite her zu bearbeiten und auszubeulen. In einer idealen Welt hält der Karosserieschlosser seine Hammerflächen jederzeit in glatt poliertem Zustand, denn Macken oder Unebenheiten auf der Arbeitsfläche des Hammers oder der Handfaust zeichnen sich unweigerlich auf der Werkstückoberfläche ab. Derartige qualitative Feinheiten sind in der Praxis allerdings nur dann ein Problem, wenn das Blech direkt über einer Handfaust als Gegenhalter ausgebeult wird. Auch hier bestimmt also die Arbeit der Blechbearbeitung die erforderliche Sorgfalt. Immer wieder tauchen auch so genannte Schrumpf- oder Einziehhämmer auf, bei denen auf der Bahn des Hammerkopfes ein gitternetzartiges Muster kleiner Quadrate eingefräst ist. Manche Karosserieprofis meiden derartige Hammerkonstruktionen wie der Teufel das Weihwasser. Erfahrungsgemäß hinterlassen derartige Einziehhämmer auf allen Blechen, die damit traktiert werden, eine grässliche Spur gestreckter Oberflächen. Theoretisch soll das Gitterquadrat der Hammerbahn das Metall entlang der Gitterlinien bei jedem Hammerschlag auf das Blech und die unterlegte Handfaust verdichten und damit zusammenziehen, so dass ein Einzieh- bzw. Staucheffekt entstehen soll. Paradoxerweise kann dieser Verdichtungseffekt allerdings, wenn man genau darüber nachdenkt, nur entstehen, wenn die kleinen Quadrate des Gitterprofils das Blech beim Aufprall des Hammers verdrängen und damit also strecken. Ein Einziehhammer bewirkt in der Praxis demnach eher, dass das Blech sich streckt. Ähnliche Vorsicht dürfte auch bei mit einer vergleichbaren geriffelten Oberfläche versehenen Einziehhandfäusten angebracht sein. Lediglich preisgünstig erworbene Gebrauchthämmer, deren Gitteroberfläche zu einem individuellen Sonderprofil umgeschliffen werden kann, bieten einen praktischen Nutzen. Nicht zu verwechseln ist der oben beschriebene Einziehhammer allerdings mit einer anderen Ausführung des Einziehhammers, dessen unter Federspannung stehender Hammerkopf ein Profil mit aus der Mitte nach außen radial verlaufenden Nuten aufweist. Diese Kopfform bewirkt beim Aufprall des Hammers auf dem Blech eine Drehbewegung. Wie wirksam diese Hammerausführung ist, lässt sich hier allerdings nicht beurteilen. Andere Methoden zum Einziehen bzw. Stauchen von Blechen werden an anderer Stelle im Zusammenhang mit Dellenreparaturen beschrieben.

Gegenstück zum Hammer ist die Handfaust (Handeisen), die auf der Rückseite des bearbeiteten Blechs angelegt wird und die Wucht des Hammerschlags dirigieren und regulieren soll. Man könnte annehmen, dass die Handfaust einfach hinter der Delle bzw. Druckstelle angelegt wird und dann das Aushämmern der Verformung beginnen kann, doch ist diese Ausbeulmethode bei Karosserieblechen keineswegs immer optimal. Manche Ausbeularbeiten sind auf diese Weise – mit „direkt unterlegter Handfaust", wie dieses Verfahren im Fachjargon heißt – mög-

Ein solcher „Einziehhammer", der seinen Namen in keinster Weise verdient, darf als der Fluch jedes Karosseriewerkzeugsatzes gelten. Wer billig an ein solches Objekt kommt, sollte die Gitterfläche zu einer maßgeschneiderten Kontur glattschleifen, wie sie erfahrungsgemäß für bestimmte Ausbeularbeiten immer wieder benötigt wird.

Von links nach rechts: zwei Ausbeulhämmer, ein Planierhammer und ein Kombihammer mit Spitz- und Planierfinne. Die Spitzhammerseite wird nur äußerst selten benötigt.

Fast jeder Metallklotz eignet sich nach entsprechender Formgebung als Handfaust (auch als Handeisen, Vorhalteisen oder Ausbeulfaust bezeichnet), und in der Karosseriewerkzeugkiste können sich gar nicht genug davon befinden. Am gebräuchlichsten sind Handfäuste in Zehen- und Absatzform, die Universalhandfaust, Ausführungen in Keil- und Kommaform sowie nach mehreren Seiten unterschiedlich gewölbte Formen, die u. a. als „Daimler-Stöckle" vertreiben werden. Die Handfaust in Kommaform heißt bei manchen Herstellern „Bogen-Handfaust".

Große Löffeleisen werden im Allgemeinen als Ausbeuleisen verwendet, kleinere Löffeleisen als Schlichteisen. Löffeleisen in den unterschiedlichsten Sonderformen eignen sich auch als Hebeleisen, als Treibeisen oder als Gegenhalter. Die beiden schlanken Löffeleisen (rechts) werden als Schlageisen bezeichnet. Wer nicht von der Verwendung von Einziehhämmern lassen kann, bekommt im Extremfall damit eins auf die Finger …

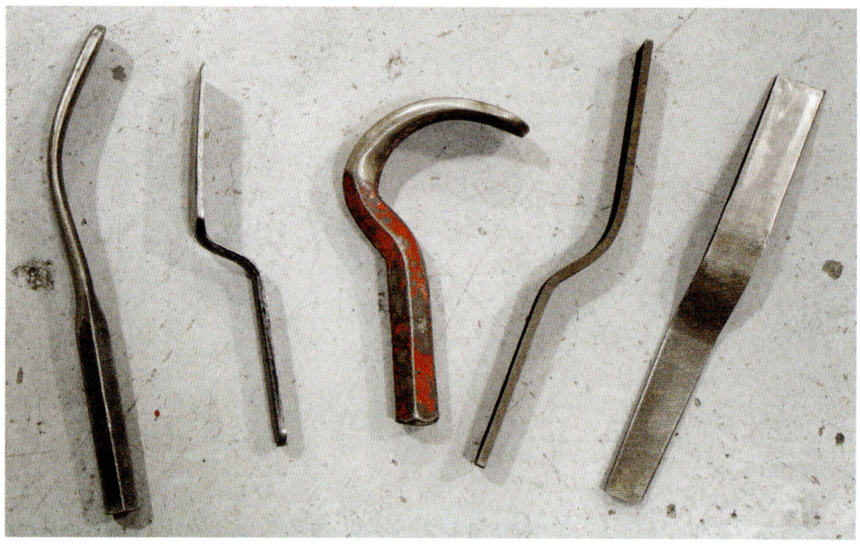

lich, allerdings kann es leicht passieren, dass das Metall dabei gestreckt wird. Meistens zielen die Hammerschläge auf den Bereich unmittelbar neben der Stelle, an der die Handfaust von der Rückseite her angelegt wird (diese Technik wird als „Ausbeulen mit indirekt unterlegter Handfaust" bezeichnet). Optimalen Nutzen bringen die Handfäuste, wenn ihre sämtlichen Oberflächen als potenzielle Hammerflächen behandelt werden. Eine Handvoll der gängigen Formen der Handfäuste haben sich als Universallösungen für fast alle Ausbeulaufgaben bewährt. Von Fall zu Fall können wir auch andere Metallobjekte zu individuellen Ausbeulfäusten für spezielle Einsatzbereiche umgestalten, bei denen man mit den normalen Handfäusten nicht weiterkommt.

Löffeleisen und Schlageisen

Löffeleisen und Schlageisen sind entfernte Verwandte von Ausbeulhammer und Handfaust und fungieren je nach Bedarf als Hebeleisen, Ausbeulfaust oder Hammer. Zu den Löffeleisen zählen unterschiedlichste breite, flache, spatelähnlich geformte Handwerkzeuge unterschiedlicher Größe und Gewicht. Als Hebelwerkzeuge kommen Löffeleisen auch in schmale Öffnungen, um Dellen, an die man anders nicht herankommt, von der Blechrückseite her herauszudrücken. Löffeleisen können auf dem Blech auch wie eine Handfaust als Gegenhalter für Hammerschläge dienen, die entweder direkt neben die Anlagefläche des Löffeleisens oder aber direkt auf das Löffeleisen zielen. Wird das Löffeleisen mit der Schlagfläche nach unten auf dem Blech angelegt und die Rückseite des Löffeleisens mit dem Hammer bearbeitet, verteilt sich die Wirkung der Hammerschläge auf einer wesentlich größeren Fläche, ohne dass Schlagmarken auf dem Blech zurückbleiben. Mit dem Löffeleisen kann das Blech natürlich auch direkt – wie mit einem Hammer – bearbeitet werden. Auch dabei bleiben praktisch keine Bearbeitungsspuren zurück, da eine wesentlich größere Fläche bearbeitet wird. Diese Arbeitstechnik liefert mit dem Löffeleisen erstaunlich glatte Blechoberflächen.

Als Schlichtwerkzeug bildet das „Schlageisen" die Königsklasse unter den Löffeleisen. Dank ihrer langen, ebenen Anlagefläche erfreuen sich Schlageisen (in der hölzernen Variante als Klopfhölzer bezeichnet) bei vielen Karosserieprofis großer Beliebtheit in der letzten Phase des Ausbeulvorgangs. Mit einer Handfaust als Gegenhalter lassen sich mit dem Schlageisen winzige Dellen und Druckstellen gleich gruppenweise ausbeulen, wogegen die einzelne Bearbeitung jeder dieser

Dellen unverhältnismäßig zeitraubend wäre. Manche Schlageisen sind mit einer feilenähnlich gezahnten Oberfläche versehen. Entsprechende Ausführungen werden als Schlagfeilen vertrieben und sollen theoretisch den gleichen Zweck wie die Einziehhämmer und Einziehfäuste mit ihren gitterförmig geriffelten Arbeitsflächen erfüllen und einem Dehnen der Bleche bei der Bearbeitung entgegenwirken bzw. das Blech regelrecht einziehen. Ob dieser Zweck erfüllt wird oder ob sie nur Schlagmarken hinterlassen, die anzeigen, wo das Blech mit der Schlagfeile bearbeitet wurde (letzteren Zweck erfüllen sie jedenfalls, wie ein Praxistest rasch zeigt), sei dahingestellt. Wer also an diese Variante eines Schlageisens gerät, sollte die Verzahnung auf der Arbeitsfläche glattschleifen, ebenso den Griff, falls das Werkzeug nicht angenehm in der Hand liegt. Echte Unterschiede in der Wirkung glatter und gezahnter Schlageisen sind jedenfalls nicht festzustellen, außer dass die gezahnte Version deutlichere Marken auf dem Blech hinterlässt.

Stemmwerkzeuge und Treibeisen

Gleichermaßen nützlich für Blecharbeiten sind Stemmwerkzeuge und Treibeisen. All diese Werkzeuge werden in Verbindung mit einem Hammer als Schlagwerkzeuge eingesetzt. Mit einem Stemmwerkzeug kann eine Knicklinie, ein Falz oder eine Lippe im Blech herausgearbeitet oder Metall in eng begrenzten Bereichen verformt werden, die schwer zugänglich oder zu empfindlich sind, um direkt mit dem Hammer bearbeitet zu werden, oder für die ein weicherer Werkstoff als der Hammerstahl ratsam ist, um Schlagspuren zu vermeiden und das Kalteinziehen des Metalls zu unterstützen. Mit Treibeisen werden in der Regel Dellen in Bereichen entfernt, die für einen Hammer unzugänglich sind. Als Stemmwerkzeuge und Treibeisen eignen sich bereits größere Meißel mit passend umgeschliffener Spitze, ein Hartholzklotz oder ein passend gebogenes und umgeschmiedetes Werkzeug zum Richten von Kotflügelbördeln. Diese Werkzeuge erfüllen meist einen ganz speziellen Einsatzzweck, so dass sie kaum jemand in größerer Vielfalt auf Vorrat hinlegen wird, es lohnt sich aber, zwischendurch darüber nachzudenken, wie man sich ein derartiges Werkzeug selbst anfertigen kann.

Hebelwerkzeuge und Biegeeisen

Mit Hebelwerkzeugen und Biegeeisen werden auch engste Karosserieecken zugänglich, beispielsweise der Spalt zwischen den Außenblechen eines Pkw und den dahinterliegenden Versteifungsblechen. Auch beim Ausbeulen eines Behälters (z. B. eines Motorradtanks) von innen sind diese Werkzeuge nützlich. Außerdem lassen sich mit Hebelwerkzeugen und Biegeeisen auch Stecknüsse oder Schrauben aus nahezu unzugänglichen Winkeln herausfischen. Wie bei Stemmwerkzeugen und Treibeisen, empfiehlt es sich auch bei dieser Werkzeugkategorie, das Beispielfoto als Anregung für individuelle Eigenanfertigungen im Hinterkopf zu behalten.

Eine weitere Sonderausführung dieser Werkzeuggattung ist der so genannte Picker (auch als Ausbeulklammer oder unter seiner englischen Bezeichnung „Bull's eye pick" bekannt). Dieses oft belächelte Werkzeug ermöglicht bei richtiger Handhabung in bestimmten Anwendungsbereichen erstaunliche Ergebnisse. Erste Voraussetzung ist, dass das Gelenk in der Werkzeugmitte kein übertriebenes Seitenspiel aufweist, zweitens sollte der Hammeraufsatz für das Werkzeug mit Verstand ausgewählt werden. Ein stumpfer Aufsatz ist meist besser als ein scharfer Aufsatz, und ein Aufsatz aus Hartstahl hinterlässt auf weicheren Metallen schnell böse Spuren.

Diese Werkzeugaufsätze können wir auch selbst anfertigen, indem wir den Kopf einer Schraube auf die gewünschte Form zurechtschleifen und statt des normalen Aufsatzes einschrauben. Rechnen Sie drittens nicht damit, dass direkt zu erkennen ist, wie sich das Blech unter den mit dem Werkzeug ausgeführten Schlägen verformt. Sobald sich eine Verformung abzeichnet, schlägt das Werkzeug wahrscheinlich mit zuviel Kraft auf das Blech. Viertens: Aufgrund der elliptischen Werkzeugform wird der Schlagaufsatz bei der Betätigung in Richtung Blechoberfläche beschleunigt, also Vorsicht bei der Schlagintensität. Fünftens: Das Werkzeug sollte mit dem Daumen an der richtigen Stelle auf dem Blech in Anlage gebracht werden, damit der Finger ständig Kontakt mit dem Werkzeug und dem Blech hält. Zumindest sollte aber die Anlagefläche des Werkzeugs ständig stramm auf dem

Stemmwerkzeuge und Treibeisen werden wie ein Meißel mit dem Hammer bearbeitet. Das längliche Werkzeug unten im Foto ist für das Richten von Kotflügelfalzen gedacht. Die abgeflachten Seitenflächen dienen als Schlagflächen, wenn mit dem Hammer nachgeholfen werden muss.

Hebelwerkzeuge und Biegeeisen sind nützliche Helfer für die Bearbeitung von Bereichen, die auf andere Weise nahezu unzugänglich sind.

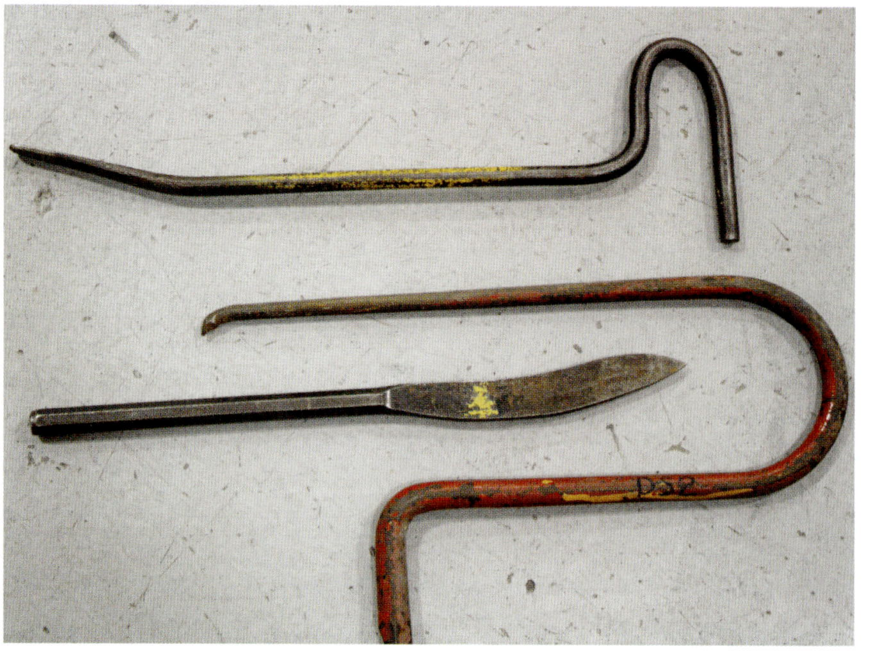

Blech anliegen. Dieser gleichbleibende Anpressdruck gibt den Schlägen bei der Bearbeitung ihre genaue Zielrichtung und ermöglicht eine exaktere Dosierung der Schläge. Zuguterletzt ist nur zu hoffen, dass die Fluchtung des Werkzeugs wirklich exakt stimmt.

Der Picker erfordert eine gewisse Eingewöhnung, bei der Beseitigung kleiner Dellen kann er jedoch gute Dienste leisten – vor allem, wenn die Dellen von der Blechrückseite nicht richtig zu ertasten und zu klein sind, um mit Ausbeulhammer und Schlageisen auf einer unterlegten Handfaust ausgebeult werden zu können.

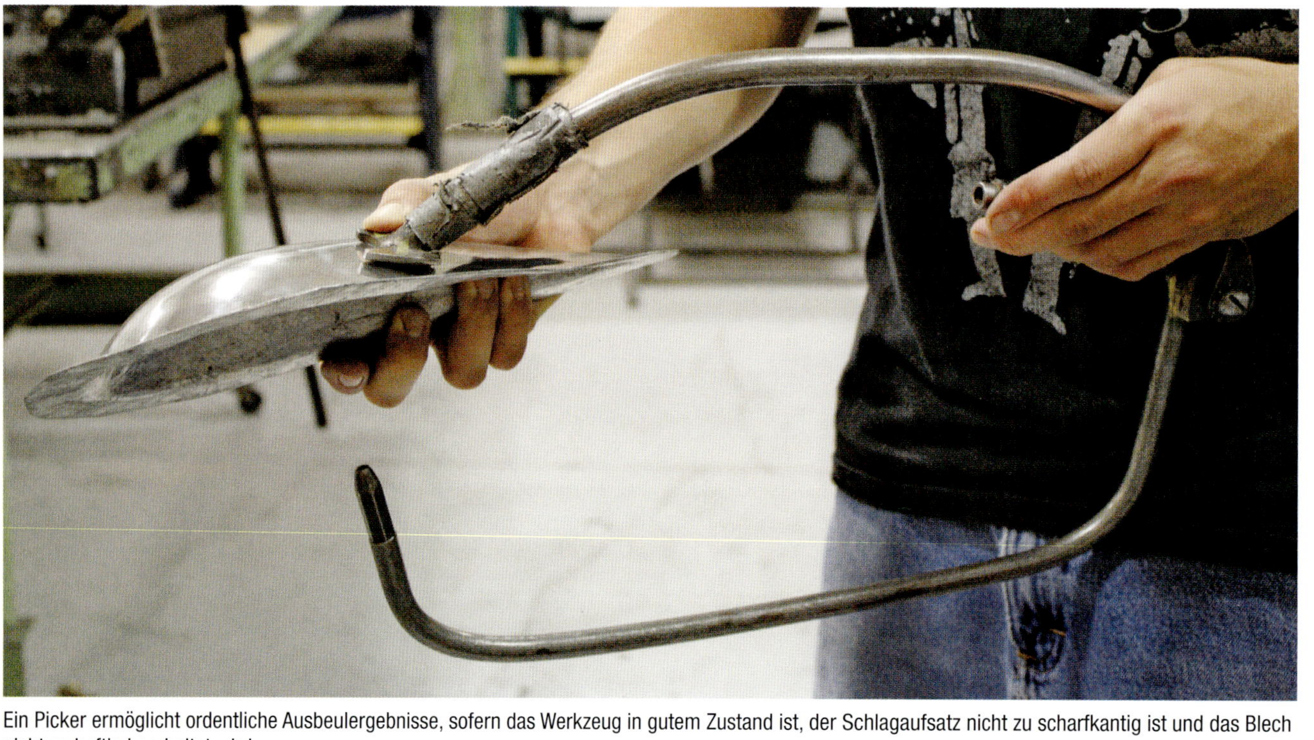

Ein Picker ermöglicht ordentliche Ausbeulergebnisse, sofern das Werkzeug in gutem Zustand ist, der Schlagaufsatz nicht zu scharfkantig ist und das Blech nicht zu heftig bearbeitet wird.

Zur weiteren Grundausstattung zählen ein Schrotkissen, eine Blechschere (hier eine Figurenblechschere), ein Gummihammer, ein Lederhammer, eine Karosseriefeile, eine Halbrundfeile (mit sehr grobem Hieb) sowie ein reichhaltiges Sortiment an Gripzangen und Schraubzwingen.

Und noch weitere Werkzeuge ...

Zur Grundausstattung gehören außerdem eine hochwertige Blechschere, ein Holzhammer, ein Hartgummihammer, ein Sortiment Schraubzwingen, eine gut geschärfte Karosseriefeile mit auswechselbaren flachen und halbrunden Feilenblättern sowie Gripzangen in möglichst großer Zahl und Vielfalt. Bei einem Kunststoffhammer liegt nicht so viel Masse hinter dem Schlag, deshalb ist er nicht so wirksam wie ein Stahl- oder Holzhammer. Ein Gummihammer aus dichtem Gummimaterial eignet sich andererseits erstaunlich gut für das Entfernen größerer Dellen. Vor allem aber sind Gummihämmer denkbar preisgünstig. Auch ein Lederhammer bringt nicht viel Masse auf, eignet sich aber gut für das Kalteinziehen von Blechen auf einer harten Unterlage (diese Technik wird in einem späteren Kapitel näher beschrieben). Wer sich nur einen einzigen halbweichen Hammer hinlegen möchte, für den ist ein Treibhammer aus Holz am sinnvollsten, denn dessen Kopf kann problemlos für die Bearbeitung der Rückseite von gewölbten Blechen in die passende Form gebracht werden. Ein mit Sand oder Bleischrot gefülltes Lederkissen ist bei der Arbeit mit den diversen Ausbeulhämmern unentbehrlich, sowohl beim Treiben als auch beim Ausbeulen von Blechen. Diese Kissen sind zu erschwinglichen Preisen bei Spezialhändlern erhältlich, für Do-it-yourselfer folgt aber am Kapitelende eine Anleitung für die Selbstanfertigung.

Die bis hierher aufgeführten Werkzeuge bilden die Grundausstattung. Wenn es der Geldbeutel (und der Werkstattplatz) zulässt, wären als nächster Schritt eine Abkantbank (Schwenkbiegemaschine) und eine mechanische Blechschere lohnende Anschaffungen. Natürlich können wir unsere Bleche auch auf der Werkbank festspannen und mit dem Hammer über der Tischkante abkanten, sauberere und schnellere Ergebnisse liefert aber eine Abkantbank. Besonders vielseitig einsetzbar ist eine Segmentbiegemaschine, denn mit ihren herausnehmbaren Segmentblöcken lässt sie sich für die Herstellung komplizierter Biegungen in unterschiedlichen Biegewinkeln einstellen. Beim Zuschneiden von Blechen tut es eine Zeit lang auch eine Blechsäge, eine Knabberschere oder eine Trennscheibe, irgendwann ist es aber jeder ambitionierte Schrauber leid, dass die Schnitte ohne Nacharbeit nie die nötige Präzision erreichen. Wer sich nur eine einzige mechanische Blechschere leisten kann, sollte beachten, dass eine Hebelrollenschere sowohl gerade Linien als auch Kurven schneidet, während eine Tafelschere nur gerade Linien schneiden kann. Die Hebelrollenschere stößt allerdings bei der Größe der Bleche, die mit einer Hand zwischen den Schneidbacken durchgeführt werden können, ab einem gewissen Punkt an ihre Kapazitätsgrenzen.

Zum Nacharbeiten von Blechkanten und Autogenschweißnähten ist eine gute Feile kaum zu übertreffen. Schruppfeilen sind als Allrounder nützlich, Karosseriefeilen mit grobem Hieb eignen sich u. a. für die Kontrolle von Blechen auf Ebenheit, zum Herausarbeiten der Konturen auf verzinnten Flächen und zum Abtragen allzu dicker Schweißraupen, vor allem auf Aluminium. Winkel- oder Geradschleifer mit 115- oder 125-mm-Schleifscheibe bieten sich zum Nachschleifen von Blechkan-

Eine Hebelrollenschere (auch als Rollenblechschere bezeichnet) eignet sich zum Schneiden von Blechen sowohl entlang gerader Linien als auch in Kurven und Rundungen.

Eine Blechbiegemaschine (Abkantbank) ist kein absolutes Muss, doch selbst einfachere Ausführungen sind für Hobby-Karosserierestauratoren ein vielseitiger Helfer. Noch flexibler einsetzbar ist die Segmentabkantbank mit herausnehmbaren Segmentblöcken, mit denen auch kompliziertere Biegungen und Rundungen im Blech hergestellt werden können.

ten und Verschleifen harter MIG-MAG-Schutzgassschweißnähte an. Auswechselbare Schleifteller sind ein Vorteil, da dann beim Schruppschleifen mit steiferen Tellern und beim Fertigschliff mit weicheren Tellern gearbeitet werden kann. Für die besonders präzise Oberflächenbearbeitung von Blechen sind Exzenterschleifer sinnvoll, da damit nicht so schnell im Übereifer flache Stellen ins Blech geschliffen werden. Kleine Druckluftwinkelschleifer mit 75-mm-Schleifscheibe, wie es sie z. B. von Roloc gibt, ermöglichen besonders feinfühliges Arbeiten, allerdings werden sie schnell überstrapaziert und durch die geringere Größe der Schleifscheiben gerät die Schleiffläche oft unebener als bei größeren Schleifscheibendurchmessern. Trennschneider machen sich angesichts ihres günstigen Preises sehr schnell bezahlt und können auch für andere Schleifaufgaben herhalten, wenn sie mit einer dickeren Schleifscheibe anstelle der Trennscheibe bestückt werden. Elektrowerkzeuge sind im Allgemeinen laufruhiger als Druckluftgeräte und kommen auch ohne den sperrigen Kompressor aus, viele Hobbyschrauber schwören aber auf die praktischen Vorteile eines Kompressors, an dem man mit einem Handgriff die unterschiedlichsten Werkzeuge umstecken kann.

Wer über rein handbetätigte Karosseriewerkzeuge hinausgehen möchte, sollte ein druckluftbetätigtes kombiniertes Loch- und Absetzwerkzeug (Hersteller: u. a. Rotools, BGS, Sumake und APEX) und ein druckluftbetriebenes Stauch- und Streckgerät (wie es u. a. von Esska und Dinosaurier-Werkzeuge vertrieben wird) ganz oben auf die Anschaffungsliste setzen. Die Arbeit mit diesen Werkzeugen wird in den weiteren Kapiteln näher beschrieben.

Für alle, die mit dem Schutzgasschweißgerät die originalen Punktschweißungen imitieren möchten oder müssen, macht sich ein Lochwerkzeug (bzw. eine handbetätigte Lochzange) bereits beim ersten Einsatz bezahlt. Ein Lochwerkzeug formt am Umfang des Reparaturblechs saubere Löcher in konstant gleicher Größe

Eine Auswahl werkstatterprobter Druckluftwerkzeuge: Druckluft-Geradschleifer mit Trennscheibe, ein baugleiches Gerät mit Schleifscheibe, kompakter Winkelschleifer mit 75-mm-Schleifscheibe, Winkelschleifer mit 125-mm-Scheibe, 150-mm-Winkelschleifer mit Schleiftellervorsatz und 150-mm-Exzenterschleifer. Preisgünstige Druckluftwerkzeuge genügen vollauf – sie bieten in puncto Standzeit weit mehr fürs Geld als ihre teureren Kollegen.

Kombinierte Stauch- und Streckgeräte sowie Druckluft-Loch- und Absetzzangen sind als Teil der Werkstatt-Grundausstattung unbedingt empfehlenswert. Bei intensiveren Karosseriearbeiten kommen diese Werkzeuge fast täglich zum Einsatz, vor allem das Stauch- und Streckgerät.

für das Lochpunktschweißen in einem Bruchteil der Zeit, die für das Bohren der Löcher erforderlich wäre. Handzangen schaffen allerdings meist nur Bleche bis 1,0 mm, und selbst mit Druckluftausführungen wird es schwierig, Blechdicken von mehr als 1,5 mm zu verarbeiten. Mit der Absetzzange wird entlang der Blechkante – ähnlich wie mit der Sickenmaschine – ein Absatz angebracht, der saubere Passungen beim Verschweißen überlappender Bleche ermöglicht. Mit dem Stauch- und Streckgerät sind drastische Formänderungen am Blech möglich, indem Dicke und Länge des Blechs entlang der Blechkante verändert werden. In den Praxiskapiteln dieses Buches begegnen wir dem Stauch- und Streckgerät noch öfters.

Sickenmaschine

Bei der Blechumformung wird die Tendenz der Bleche genutzt, sich kalt zu verfestigen. Kaltverfestigung – die Verfestigung des Blechs bei der Kaltumformung – bewirkt eine Versteifung des Blechs, ohne dass sich das Gewicht oder die Werkstoffzusammensetzung des Blechs ändert. Von Stahlpanzerungen bis zu Luftschiffen werden kaltverfestigte Bleche seit jeher für Blechkonstruktionen eingesetzt, die tragende oder auch nur dekorative Funktionen erfüllen sollen. Im Kraftfahrzeugbau sorgen ins Blech eingeprägte Sicken für höhere Stoß- und Vibrationsbeständigkeit, was obendrein geräuschdämpfend wirkt und den Fahrkomfort erhöht. Eine steifere Fahrzeugkarosserie verbessert die Straßenlage und Fahrsicherheit und kommt auch der Langlebigkeit des Fahrzeugs zugute. Und auch optisch ist eine Sicke an der richtigen Stelle ein Gewinn, wie an den in zahlreichen Außenblechen moderner Fahrzeuge eingeprägten Ziersicken zu erkennen ist. Bei der Restaurierung von Veteranenfahrzeugen ist daher jeder früher oder später mit dem Problem der Anfertigung oder Instandsetzung gesickter Bleche konfrontiert. Einfache Sickenmaschinen sind weder komplex noch teuer und erfreulicherweise recht einfach in der Handhabung. Wichtig ist vor allem, stets die für die gewünschte Sicke passenden Walzenpaare zu montieren. Dann müssen sie nur noch richtig justiert werden, der auf das Blech wirkende Walzendruck wird eingestellt und es kann mit dem Sickenformen losgehen. Bei manchen Walzen ist der Walzenabstand variabel, so dass die Optik der Sicke verändert werden kann (was auch durch die Änderung des Anpressdrucks möglich ist), kompliziertere Technik steckt allerdings nicht dahinter.

Eine brauchbare Sickenmaschine ist bereits für wenige hundert Euro erhältlich. Damit lassen sich Karosseriereparaturbleche und Bodenbleche mit originalgetreuen Sicken oder zur Versteifung mit Falzen oder Randbördeln versehen.

Eine besonders praktische Rollenstreckmaschine: Dank der Laufrollen kann sie an jeden Aufstellungsort transportiert werden, der seitliche Halter nimmt die verschiedenen Formrollen auf und der robuste Rahmen sorgt für unerschütterliche Stabilität. Außerdem wird die Oberrolle auf beiden Seiten geführt und bietet damit optimale Steifigkeit. Sinnvoll sind Laufrollen mit Bremse, eine groß dimensionierte Fußspindel und eine stabile Rollenaufnahme.

Rollenstreckmaschine

Mit der Rollenstreckmaschine (auch unter der englischen Bezeichnung „English Wheel" oder als „Glättmaschine" oder „Schwinge" bekannt) werden Bleche durch Strecken der Blechoberfläche in die gewünschte Form und Wölbung gebracht; wellige, von Hand grob geformte Bleche können geglättet werden und es lassen sich sogar exakte Kanten oder sanfte Wölbungen in das Blech zaubern. Das Blech wird unter Druck zwischen der (größeren) glatten Oberrolle und der unteren Formrolle hindurchbewegt, wobei das zwischen den Rollen eingezwängte Blech die Form der Anlagefläche der unteren Formrolle annimmt. Dabei verändert sich die Dicke des Blechs, die Anlagefläche vergrößert sich und es entsteht im Blech eine zusätzliche Wölbung. Die Formrollen sind mit unterschiedlich geschliffenen Radien erhältlich, die eine mehr oder minder starke Wölbung im Blech erzeugen.

Da das Blech lediglich der Wölbung der Anlagefläche folgt – das Blech erkennt ja nicht die übrige Form der Formrolle –, entsteht nicht unbedingt sofort ein Blech mit einer dem Formrollenprofil entsprechenden Wölbung, wenn die am stärksten gewölbte Formrolle montiert wird. Frustrationserlebnisse stellen sich beim Rollenstrecken vor allem dann ein, wenn gleich die am stärksten gewölbte Formrolle montiert und der Anpressdruck gewaltig heraufgesetzt wird, denn damit nimmt das Blech die Form einer langgezogenen Banane an. Bei der Blechumformung beginnen wir am „English Wheel" also stets mit den weniger stark gewölbten Rollen. Die balligeren Rollenkonturen kommen ins Spiel, wenn die Wölbung im Blech soweit fortgeschritten ist, dass keine andere Rolle mehr darunter passt, oder wenn ein ganz bestimmter Bereich des Blechs gestreckt werden soll. Einführende Informationen zum Umgang mit Rollenstreckmaschinen sind im Internet in sehr anschaulichen Lehrvideos zu finden.

Feinblechwalze

Feinblechwalzen als Variante der Rundbiegemaschine dürften für die meisten Hobbyschrauber entbehrlich sein. Für Sonderfälle sind sie allerdings sehr hilfreich, daher gehen wir kurz auf ihre Funktionsweise ein. Das Blech wird auf der Feinblechwalze zwischen zwei langen, parallelen Walzen durchgezogen. Eine verstellbare dritte Walze kann den Parallelwalzen in Aufwärts- oder Abwärtsrichtung angenähert werden, so dass ein symmetrischer Zylinder geformt wird. Zur Herstellung konischer Formen werden die Walzen auf der einen Seite einander weiter angenähert als auf der anderen Seite.

Auf der Feinblechwalze können zylindrische und konische Blechteile hergestellt werden. Das Blech läuft zwischen zwei parallelen Walzen und einer versetzten dritten Walze durch. Durch Änderung der Druckeinstellung der Parallelwalzen und der Position der dritten Walze kann die Blechform variiert werden.

Die Auspuffanlage dieses Ford Model T Speedster wurde auf einer Rundbiegemaschine hergestellt. Die konische Form verleiht der Konstruktion eine dynamischere Optik als exakt zylindrische Rohre.

Die Aufzählung all dieser Werkzeuge mutet als Werkstatt-Grundausstattung auf den ersten Blick sehr umfangreich an, allerdings sind nur relativ wenige Werkzeuge wirklich unentbehrlich. Mit einer Auswahl der passenden Werkzeuge arbeitet der Hobbyschrauber schneller und effizienter, ohne dass dies der Entwicklung der eigenen Fähigkeiten als Blechformer und Autorestaurierer im Wege steht. In ambitionierten Amateurkreisen tauchen immer wieder Naturtalente unter den Blechkünstlern auf, die sich ihre Fertigkeiten außerhalb aller gängigen Ausbildungswege angeeignet haben und ihr Hobby mit einer Intensität „leben", mit der sie sich von ihren Hobbykollegen deutlich abheben. In ihrem Werkzeugbestand findet sich oft ein Sammelsurium an umgebauten und optimierten Werkzeugen unterschiedlichster Herkunft. Und von diesen Werkzeugen lassen sie selbst dann nicht, wenn ihnen perfekt ausgestattete Profiwerkstätten zur Verfügung stehen, denn die eigenen Werkzeuge liegen einfach „besser in der Hand". Die Arbeitsergebnisse können sich durchaus sehen lassen – genau wie ihre Eigenbau-Werkzeuge. An solchen Individualisten kann mancher Profi seinen eigenen „Realitäts-Check" nachholen, denn zu der Fähigkeit, Objekte aus Metall anzufertigen, gehört immer eine gehörige Portion Leidenschaft, Engagement, Kreativität, die Fähigkeit, das Verhalten der Bleche zu verstehen, und vor allem ein nie enden wollender Lernwille.

WIR FERTIGEN UNS EIN SCHROTKISSEN AN

Zum Abschluss dieser Einführung folgt eine Anleitung, wie wir uns ein Schrotkissen selbst anfertigen können. Das hier beschriebene Verfahren dürfte noch nirgends im Detail dokumentiert worden sein, so dass mancher Leser hoffentlich seinen Nutzen daraus ziehen wird. Ein Treibklotz, ein Hammer und ein Schrotkissen genügen, um so ziemlich jede gewünschte Blechform herzustellen. Ein Schrotkissen eignet sich insbesondere zum Treiben und Ausbeulen von Blechen, außerdem können damit unhandliche Teile bei der Bearbeitung besser auf der Werkbank fixiert werden. Fertige Treibkissen mit Schrot- oder Sandfüllung werden von diversen Karosseriewerkzeuglieferanten vertrieben und sind nicht einmal besonders teuer. Für manchen Blechner ist eine Eigenanfertigung aber beinahe eine Frage der Ehre, daher folgen hier einige Tipps für Do-it-yourselfer.

Das Schrotkissen, das im Kapitel zu den Grundlagen der Blechumformung zu sehen ist, wurde fertig erworben und überzeugt durch seine besonders robuste Gestaltung, vor allem dank der zusätzlichen Verstärkung entlang der Naht auf der Oberseite. Die nachstehende Kissenkonstruktion ist in der Anfertigung einfacher, dürfte aber ebenfalls recht lange halten, sofern wir für die Herstellung ein ausreichend stabiles Leder verwenden.

Einer der Vorteile bei der Selbstanfertigung ist, dass wir die Kissen je nach Bedarf in unterschiedlichen Größen anfertigen können. Unter technischen Gesichtspunkten ist jedes Kissen ausreichend groß, solange der Kissendurchmesser größer als die Schlagfläche des größten für die Blechbearbeitung verwendeten Hammerkopfes ist.

Es spricht jedoch nichts dagegen, mit unterschiedlichen Kissengrößen bzw. -durchmessern zu experimentieren. Hinterher wird sich bestimmt mancher fragen, wie er jemals ohne diese Kissen auskam. Der Idealdurchmesser eines Allround-Schrotkissens dürfte bei ca. 23-25 cm liegen, und aus den Lederresten basteln wir uns ein kleineres Kissen, das bequem in einer Hand liegt. Bei der Bearbeitung größerer Blechteile auf der Werkbank oder beim Ausbeulen der Bleche am Fahrzeug macht sich ein solches Handkissen rasch bezahlt. Geeignet wäre eine Dicke von ca. 4 cm. All zu groß sollten die Kissen freilich nicht werden, denn wer möchte schon dauernd einen Sack voll Bleischrot durch die Werkstatt schleppen?

Voraussetzung, um ein solches Schrotkissen mit der Maschine nähen zu können, ist eine entsprechend robuste Industrienähmaschine mit alternierendem Dreifachtransport. Andernfalls bleibt nur die mühevolle Alternative des Nähens per Hand. Der alternierende Dreifachtransport transportiert das Nähmaterial von oben mit dem Nähfuß und bewegt es von unten mit dem Untertransporteur wobei zusätzlich die Nadel während des Stichbildungsvorgangs mittransportiert. Ein Haltefuß hebt sich während des Transportvorgangs und hält das Nähgut beim Leertransport fest (alternierender Transport). Im Idealfall lassen sich sogar Industrienähmaschinen wie die abgebildete Consew auftreiben, dabei ist jedoch Vorsicht geboten: Diese Maschinen sind auf industrielle Einsatzbedingungen abgestimmt und nähen derart schnell, dass beinahe der Faden glüht. Eine kleinere Antriebsrolle, mit der sich die Nähgeschwindigkeit besser regulieren lässt, ist also sinnvoll.

Statt einer neueren Industriemaschine tut es eine gut erhaltene ältere Maschine genauso, selbst ein Singer-Museumsstück wie in der Abbildung unten rechts. Diese antiken Maschinen erreichen dank ihrer robusten Konstruktion oft ein geradezu biblisches Alter. Auch das Feeling bei der Arbeit mit den Singer-Maschinen stellt sich bei neueren Maschinen einfach nicht mehr ein. Neuere Maschinen verfügen über eine Verriegelungsfunktion, was bei der Sicherung der Naht am Nahtende nützlich ist. Bei älteren Maschinen dürfte sich der gleiche Effekt erzielen lassen, indem das Material festgehalten und mit ein paar Stichen auf der Stelle vernäht wird, es kann aber nicht schaden, die Nähte am Nahtende zusätzlich zu verknoten, damit sich garantiert nichts mehr löst.

Als Erstes schneiden wir zwei identische Rundteile aus dickem Leder zu. Die Schnittlinien werden mit Kreide auf dem Leder angezeichnet. Kugelschreiber blutet irgendwann garantiert aus – unschön für alle Detailversessenen. Dann schneiden wir einen ca. 5 cm breiten Streifen in einer Länge, die um den gesamten Kissenumfang reicht, sowie einer Zugabe von zusätzlichen (ca.) 2,5 cm zu (Umfang = $2 \times 3{,}14 \times r$); dieser Streifen bildet das Seitenteil des Kissens und bestimmt dessen Dicke. Dann ein kleines Viereckstück Aufklebe-Klettverschluss zuschneiden und am einen Ende des langen Lederstreifens aufnähen. Der Klettverschluss muss zusätzlich rundum an seinen Kanten aufgesteppt werden – die Klebewirkung alleine reicht garantiert nicht aus. Nun legen wir den Umfangsstreifen um den gesamten Rand eines der beiden kreisrunden Lederteile und nähen mit einer Naht von ca. 10 mm langsam und gleichmäßig den Umfangsstreifen und das erste der beiden kreisrunden Lederteile zusammen. Ungefähr 25-50 mm, bevor der Kreis geschlossen ist, stoppen wir mit der Naht, so dass das lose Ende des Umfangsstreifens noch hin- und herbewegt werden kann. Dann wird ein entsprechendes Stück Klettverschluss auf den soeben vernähten Streifen aufgeklebt. Damit sitzen die beiden zueinander passenden Klettverschlusshälften an den entsprechenden Stellen des Umfangsstreifens und können, bevor der Klebstoff trocknet, exakt aufeinander ausgerichtet werden. Die lose Lasche des Umfangsstreifens legen wir nun um und drücken sie an die zuvor aufgenähte Klettverschlussfläche an. Eventuell muss der Umfangsstreifen hinterher etwas gekürzt werden, denn beim Vernähen kann sich der Streifen etwas längen. Dann öffnen wir den Klettverschluss wieder und nähen das zweite Klettverschlussteil auf der Lasche in gleicher Weise wie das erste entlang des gesamten Umfangs an. Danach schließen wir den Umfangsstreifen wieder und ziehen die Naht darüber. Anschließend noch einmal eine zweite Naht über den gesamten Umfang ziehen. Zum Schluss den Faden verknoten.

Im letzten Schritt legen wir das zweite kreisrunde Lederteil auf den offenen Rand des Umfangsstreifens unseres Kissens. Auch hier wird das Rundteil mit einer ca. 10 mm breiten Nahtzugabe mit zwei Nähten nebeneinander über den gesamten Umfang mit dem Umfangsstreifen vernäht. Klettverschlüsse muten auf den ersten Blick etwas suspekt an, sie halten jedoch hervorragend zusammen, sofern sie mit dem Leder ordentlich vernäht werden. Jetzt kann das fertige Kissen mit Sand oder Bleischrot Nr. 9 (Schrotkorndurchmesser 2 mm) gefüllt werden. Manche Karosserieblechner bevorzugen Blei, andere schwören auf Sand als Füllmaterial für das Treibkissen. Sand ist erheblich billiger, vergleichsweise leicht und problemlos zu beschaffen. Bleischrot ist u.a. in Fachgeschäften für Sportschützen- und Anglerbedarf oder über spezialisierte Websites im Internet erhältlich.

Eine Consew-Industrienähmaschine mit alternierendem Dreifachtransport.

Diese antike Singer-Nähmaschine hat schon ein paar Jahrzehnte auf dem Buckel, dürfte aber noch ebensoviele Jahre weiter gute Dienste leisten – nicht zuletzt, da sie vollständig ohne Kunststoffteile auskommt.

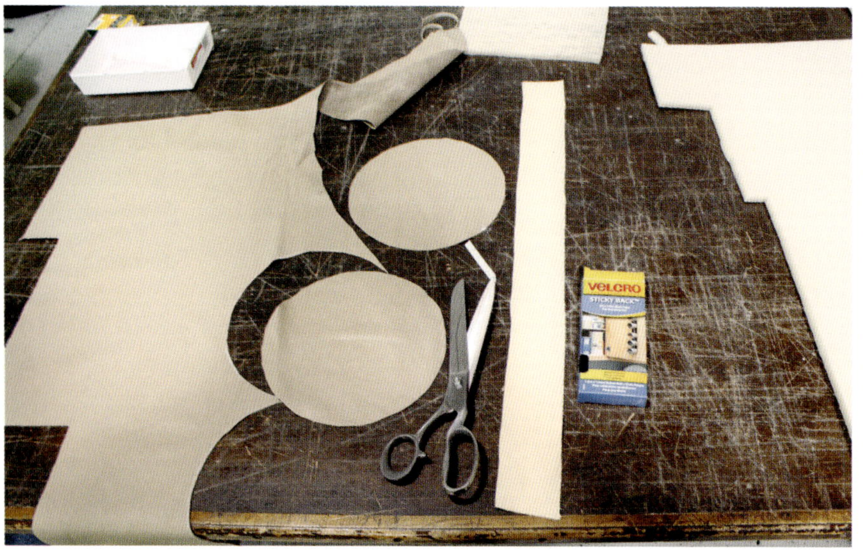

Für ein Schrotkissen benötigen wir je ein kreisrundes Ober- bzw. Unterteil aus schwerem Leder, einen Umfangsstreifen aus gleichem Ledermaterial, der die seitliche Einfassung des Kissens ergibt, sowie einen Klettstreifen, mit dem die Einfüllöffnung des Kissens verschlossen werden kann. Zum Vernähen sollte idealerweise eine Industrienähmaschine mit alternierendem Dreifachtransport zur Verfügung stehen. Bei den meisten Haushaltsnähmaschinen wird das Material nur durch einen alleine arbeitenden Untertransporteur angetrieben, während der Nähfuß die obere Lage bremst. Bei dickem Leder verschieben sich so die Lagen, und damit sitzen auch die Stiche nicht. Mit Teflon belegte Nähfüße und auch Rollfüße können hier Abhilfe schaffen. Gängige Praxis war früher das Pudern von Lederwaren, wenn kein ausreichender Transport vorhanden war.

Als erstes wird einer der beiden Klettverschlussstreifen am einen Ende des Leder-Umfangsstreifens aufgenäht. Der Klettverschluss wird ringsum vernäht, damit er sicher hält.

Dann den Umfangsstreifen über fast den gesamten Umfang mit dem ersten kreisrunden Lederteil (Unterteil) vernähen, allerdings ca. 25-50 mm vor dem Ende mit dem Nähen aufhören, damit die Lasche an der Einfüllöffnung noch umgelegt werden kann. Nun müssen wir noch feststellen, wo das Gegenstück zum bereits aufgenähten Klettverschluss liegen muss, und nähen diesen zweiten Klettverschluss ebenfalls auf.

Danach werden die beiden Klettverschlüsse zusammengedrückt und die Umfangsnaht über die Verschlüsse weitergezogen.

Nun parallel zur ersten Naht eine zweite Naht um den gesamten Umfang des Kissens nähen und die Fadenenden verknoten.

Das zweite kreisrunde Lederteil (Oberteil) passgenau auf dem Umfangsstreifen des Kissens auflegen und in zwei parallel laufenden Nähten vernähen. Kissen mit Bleischrot Nr. 9 oder Sand füllen, und nun kann es mit den ersten Blechtreibversuchen losgehen.

Kapitel 2
Spezielle Techniken für das Schweißen von Karosserieblechen

Karosseriebleche sind ausgesprochen dünn, und dies stellt an das Schweißen dieser Bleche besondere Anforderungen. Bei zu geringer Wärmeentwicklung ist der Einbrand zu gering und die Schweißnaht hält nicht, ist die Wärmeentwicklung aber zu hoch, brennt man rasend schnell ein Loch ins Blech. Außerdem verzieht sich das Blech beim Erhitzen und Abkühlen, dadurch entstehen Spannungen im Blech, die die Anfertigung von Blechteilen zusätzlich komplizieren. Mit ein paar Fingerzeigen und viel Übung lernt freilich jeder Hobbyschrauber schnell, wie sich das Blech verhält und wie es sich sauber schweißen lässt. In diesem Kapitel werden die drei gängigsten Verfahren für das Schweißen von Karosserieblechen behandelt: Autogen (Gasschmelzschweißen), MIG(Metall-Inertgas)-/MAG (Metall-Aktivgas)- und WIG(Wolfram-Inertgas)-Schutzgasschweißen. Natürlich kann dieses Kapitel keine schweißtechnischen Fachbücher ersetzen, es bietet jedoch eine Einführung in den Umgang mit diesen drei Verfahren und in die Behebung der typischen Probleme beim Dünnblechschweißen. Dabei sollte sich der Hobby-Restaurator möglichst an die Reihenfolge der in diesem Kapitel beschriebenen Arbeiten halten. Neulinge werden rasch feststellen, dass die einzelnen Verfahren aufeinander aufbauen. Auch wer schon über Vorkenntnisse im Schweißen verfügt, findet hier hoffentlich genug Anregungen, um sich mit neuem Elan mit lange nicht mehr praktizierten Schweißtechniken zu befassen. MIG-MAG, WIG und das Autogenverfahren haben jeweils eigene Stärken, aber auch ihre Schwächen. Die gründliche Einarbeitung (oder Auffrischung vorhandener Kenntnisse) ist ein fast lebenslanger Prozess, der immer wieder neue Erfolgserlebnisse bereithält und für Freude an gelungenen Blechkreationen sorgt.

Diese Kühlermaske für ein Ford Model T entstand aus mehreren handgefertigten Teilblechen, die WIG-geschweißt wurden. WIG bietet den Vorteil geringer Wärmeentwicklung, außerdem können die Schweißnähte sehr sauber nachbearbeitet werden, so dass sie völlig unsichtbar sind.

AUTOGENSCHWEISSEN (GASSCHMELZSCHWEISSEN)

Wer bereits einen Schweißerlehrgang (z. B. Fahrzeugakademie Schweinfurt) besucht oder ein Fachbuch zur Schweißtechnik studiert hat, weiß, dass das Autogenverfahren bei den meisten Lehrgängen am Anfang des Unterrichtsprogramms steht – aus mehreren Gründen: Beim Autogenschweißen lernt man Fertigkeiten und schweißtechnische Kenntnisse, die auch für alle anderen Schweißverfahren nützlich sind. Obendrein ist ein Autogenbrenner ein ausgesprochen vielseitiges Werkzeug, das sich schnell bezahlt macht – manche Restauratoren schwören auf nichts anderes. Als Kehrseite der Medaille ist der Autogenbrenner allerdings bei unsachgemäßer Benutzung extrem gefährlich. Respektvoller Umgang mit dem Brenner ist also eine Art obligatorische Lebensversicherung. Dankenswerterweise gehören bei modernen Schweißgeräten zahlreiche Schutzeinrichtungen zum üblichen Lieferumfang (dazu später mehr), grundsätzlich ist der Schweißer aber stets selbst für die Sicherheit am Arbeitsplatz verantwortlich. Die in diesem Kapitel angesprochenen Sicherheits- und Schutzmaßnahmen sollten jedem Schweißer in Fleisch und Blut übergehen. Beim Schweißen von Karosserieblechen dürfte das Autogenverfahren für Anfänger wahrscheinlich am schwierigsten zu beherrschen sein, eine saubere Autogennaht ist jedoch vergleichsweise weich und lässt sich leicht nacharbeiten und verhält sich zudem genau wie die angrenzenden Bleche.

Beim Autogenschweißen wird durch ein Gemisch aus Sauerstoff und einem Brenngas eine Flamme erzeugt, die so heiß ist, dass Metalle miteinander verschmolzen werden können. Dabei finden eine Vielzahl unterschiedlichster Brenngase Verwendung, wir beschränken uns hier jedoch auf das besonders wärmeintensive Acetylen als vielseitig nutzbares Brenngas, das überall zu beschaffen ist. Zum Schweißen wird der Brenner mit verdichtetem Sauerstoff und Acetylen aus zwei getrennten Gasflaschen (je Gas eine Flasche) versorgt. Die Gaszufuhr wird an einem Regler an der jeweiligen Flasche eingestellt.

An jedem Regler sitzen zwei Manometer, eines für den Druck an der Gasflasche, eines für die Anzeige des Drucks, mit dem das Gas durch den farblich gekennzeichneten Schlauch (üblicherweise rot für Acetylen und blau für Sauerstoff) zum Brenner strömt. Der Schweißer zündet die aus dem Brenner austretenden Gase und stellt die dadurch entstehende Flamme auf die gewünschte Intensität ein. Dann wird der Brenner über den Schweißbereich geführt, die Fügestelle erhitzt und die Bleche mit oder ohne Zusatzwerkstoff (Schweißdraht) miteinander verschweißt.

Vor den ersten Gehversuchen mit dem Autogenschweißen sollten Sie sich jedoch eingehend mit dem richtigen Umgang mit dem Autogengerät vertraut machen. Bei der Beschaffung der Gasflaschen ist vorab zu klären, ob der örtliche Händler diese nur vermietet, nur verkauft oder ob der erste Flaschensatz gekauft und, sobald die Gase verbraucht sind, zurückgegeben und gegen volle Flaschen eingetauscht werden kann, so dass nur noch die Gasfüllung bezahlt werden muss. Der Lieferant der Schweißgase wird auch Auskunft geben, welche Gasflaschen anderer Lieferanten er zurücknimmt. Entscheidend ist, dass der Gaslieferant Sie als Kleinkunden auch in Zukunft gerne weiterbeliefert. Es lohnt also nicht, mit Gasflaschen unbekannter Fremdanbieter zu experimentieren, selbst wenn sich damit etwas Geld sparen lässt. Gasflaschen, die keiner mehr nachfüllen möchte, sind wertlos und auch als Werkstattdekor nur bedingt geeignet.

Diverse Sicherheitsvorrichtungen sollen Unfälle beim Umgang mit Autogenschweißgeräten verhindern und sind damit auch ein wichtiges Kriterium bei der Kaufentscheidung. Gasflaschen für Schweißgase unterliegen strengen Prüfvorschriften und müssen aus Sicherheitsgründen auch nach der Produktion periodisch überprüft werden. Dabei werden die Flaschen u. a. bei hydrostatischen Prüfungen bei Drücken oberhalb der vorgeschriebenen Maximaldrücke getestet, damit ihre Betriebssicherheit auch in gefülltem Zustand gewährleistet ist. Das Prüfdatum ist im oberen Bereich des zylindrischen Teils der Flasche eingeschlagen. Bei älteren Flaschen sind die nacheinander absolvierten Prüftermine eingeschlagen. Heute steht neben dem Prüfdatum häufig ein fünfzackiger Stern; dies bedeutet, dass die nächste Prüfung der Flasche in 10 Jahren ansteht. Falls eine Gasflasche zur Prüfung fällig ist, während sie sich in Ihrem Besitz befindet, muss sie allerdings nicht zur Prüfung aus der Werkstatt zurückgeholt werden, sondern die Prüfung erfolgt bei der nächsten Neubefüllung. Wer seine Gasflaschen beim Schweißgaslieferanten bezogen hat, ist damit auf jeden Fall aus dem Schneider.

Die Sauerstoff- und Acetylenflaschen unterscheiden sich in ihrem Aufbau voneinander, da die Gase unterschiedliche Anforderungen an ihre Speicherung stellen. Beiden gemein sind die massiven Stahlkappen auf den Flaschenventilen an der Flaschenoberseite. Da das Gas im Flascheninneren unter Druck steht, könnte das Flaschenventil abscheren, wenn eine Flasche umfällt, worauf die Gasflasche unter dem Druck der Gasfüllung wie eine Rakete durch die Gegend katapultiert würde. Die Glasflaschen sollten daher, solange die Druckminderer nicht angeschlossen sind, grundsätzlich stehend mit der Verschlusskappe nach oben auf einem Rollwagen oder an der Wand stehend gelagert werden und keinesfalls ohne entsprechende Kippsicherung in der Werkstatt stehen, egal ob sie voll oder leer sind. Die Verschlusskappen der Gasflaschen sind nicht unbedingt untereinander austauschbar, da Gewindedurchmesser und -steigung (als Normal- oder Feingewinde) variieren. Praktisch ist eine Haltevorrichtung für die Verschlusskappen am Rollwagen – dann sind die Kappen jederzeit zur Hand. Stehen mehrere Gasflaschensätze in der Werkstatt, sollten die leeren Flaschen eindeutig gekennzeichnet werden, damit man nicht unnötigerweise leere Flaschen durch andere leere Flaschen ersetzt.

Das Datum der hydrostatischen Prüfung dieser Sauerstoffflasche gibt an, dass die Flasche zuletzt im Dezember 1999 und im Januar 2010 geprüft wurde. Der Stern bedeutet, dass die nächste Prüfung im Jahr 2020 fällig ist.

Sauerstoffflaschen und deren Flaschenventile sind anders als die entsprechenden Teile der Acetylenflaschen aufgebaut: Erstens wird Sauerstoff bei sehr hohen Drücken von 150-200 bar gespeichert, Acetylen dagegen bei nur rund 18 bar. Zweitens ist Acetylen in gasförmigem Zustand bei Speicherdrücken über ca. 1 bar instabil. Aufgrund des hohen Tankinnendrucks ist das Flaschenventil der Sauerstoffflasche so aufgebaut, dass bei voll geöffnetem Ventil eine Innendichtung verhindert, dass Sauerstoff am Ventilschaft an der Ventiloberseite entweicht. Das Ventil sollte an der Sauerstoffflasche also immer ganz aufgedreht werden, damit diese Innendichtung richtig abdichtet. Der Sauerstoffstrom ist zwar auch gewährleistet, wenn das Ventil nur ungefähr eine Umdrehung aufgedreht ist, allerdings kann in dieser Ventilstellung Sauerstoff am Ventilschaft unter dem Handrad entweichen. Außerdem besitzt die Sauerstoffflasche ein Überdruckventil in Form einer dünnen Metallscheibe, die reißt, wenn der Flaschendruck soweit ansteigt, dass die Flasche platzen könnte. Wenn diese Scheibe reißt, entweicht Sauerstoff durch kleine Öffnungen im Scheibengehäuse seitlich an der Flasche (gegenüber dem normalen Austritt). In diesem Fall würde die Sauerstoffflasche heftig ruckeln und den Sauerstoff stoßweise freisetzen, allerdings ist dies immer noch das kleinere Übel im Vergleich dazu, dass das komplette Flaschenventil schlagartig abreißt. Da Sauerstoff ein wichtiger Grundstoff für schlagartig einsetzende Verbrennungen ist, müssen das Schweißgerät, der Arbeitsplatz und auch die Arbeitskleidung des Schweißers jederzeit frei von Fett, Öl und anderen brennbaren Stoffen sein. Falls durch ein versehentlich geöffnetes Sauerstoffventil Sauerstoff an die Arbeitskleidung kommt, wechseln Sie die Kleidung und hängen Sie sie einige Stunden zum Auslüften auf, damit der Sauerstoff vollständig entweichen kann. Die Größe der Sauerstoffflaschen variiert zwischen ca. 550 l und 8500 l. Der Lieferant der Schweißgase gibt sicher gerne Auskunft zur geeignetsten Flaschengröße für die geplanten Schweißarbeiten.

So werden Druckgasflaschen gelagert – mit montierten Stahlkappen und an der Werkstattwand angekettet. Der Metallanhänger an einer der Flaschen besagt, dass diese Flasche leer ist.

Acetylen wird zwar bei einem wesentlich geringeren Flaschendruck als Sauerstoff (ca. 18 bar) gespeichert, birgt aber eigene Gefahren. In gasförmigem Zustand bei Drücken über ca. 1 bar gespeichertes Acetylen ist instabil. Daher darf der Acetylendruck beim Schweißen, Anwärmen von Bauteilen oder Brennschneiden nie auf Werte über 1 bar einreguliert werden! Zur Speicherung des Acetylen muss die Flasche mit einer porösen Masse und Aceton gefüllt werden, welches das Acetylen in gelöster Form bindet, bis es entnommen wird. Heizt sich eine Acetylenflasche auf, steigt der Innendruck rapide an. Zur Sicherheit sitzen an der Ober- und Unterseite der Acetylenflaschen Schraubsicherungen, deren Mittelteil bei ca. 100 °C schmilzt und dann den Flascheninhalt freisetzt. Plötzlich entweichendes Acetylen ist keine schöne Vorstellung, aber sicher die bessere Alternative gegenüber einer explodierenden Gasflasche mit entsprechender Schrapnellwirklung.

Anders als das Ventil an der Sauerstoffflasche, das stets komplett aufgedreht werden muss, wird das Ventil an der Acetylenflasche nur etwa eine halbe Umdrehung geöffnet. Genau wie Sauerstoffflaschen, müssen auch Acetylenflaschen stets stehend gelagert und mit einer Kette gegen Umkippen gesichert werden.

Aufgrund der Acetonfüllung kann es bei liegend gelagerten Acetylenflaschen zu einer Acetonkonzentration am oberen Flaschenende kommen, wodurch das Regelventil Schaden nehmen kann, wenn der Brenner nach dem Öffnen des Ventils sofort gezündet wird – ganz zu schweigen davon, dass dadurch das Aceton verbraucht wird, das eigentlich zur Stabilisierung der Acetylenfüllung im Flascheninneren gedacht ist. Wenn eine liegende Flasche wieder aufgerichtet wird, sollte sie einige Stunden stehenbleiben, damit das Aceton in das Flascheninnere zurückströmen kann. Damit das Aceton in der Flasche bleibt, muss der Druckminderer an der Acetylenflasche genauer überwacht werden als an der Sauerstoffflasche. Bei Sauerstoffflaschen besteht ein direkter Zusammenhang zwischen der restlichen Sauerstoffmenge in der Flasche und dem Flaschendruck, während bei Acetylenflaschen der Flaschendruck lange Zeit konstant bleibt und dann rascher fällt, denn das Acetylen strömt gleichmäßig aus der Flasche heraus, bis es nahezu verbraucht ist. Um die Restmenge an Acetylen in der Gasflasche zu bestimmen, wird die Flasche gewogen und das Ergebnis mit dem Leergewicht (der Flasche ohne Acetylenfüllung) verglichen. Das Leergewicht ist auf der Flasche eingeschlagen. Ist das Aceton richtig in der Flasche verteilt, stabilisiert es das Acetylen im Flascheninneren, austretendes Aceton kann allerdings Schäden an den Gummiteilen am Regelventil oder Brenner verursachen, führt zum Abkühlen der Schweißflamme und beeinträchtigt die Schweißnahtgüte. Hat die Brennerflamme eine violette Färbung oder spuckt der Brenner regelrecht Feuer, wird Aceton mitverbrannt. Sobald die Nadel am Hochdruckmanometer also annähernd auf „Leer" steht, sollte die Gasflasche neu befüllt werden. Wenn Sie beim Aufdrehen des Acetylen-Flaschenventils auf die Anzeige achten, bevor es mit dem Schweißen losgeht, besteht kaum eine Gefahr, dass die Flasche zu weit entleert wird.

Acetylenbehälter werden üblicherweise in Größen zwischen ca. 280 und 10.000 Litern Inhalt geliefert. Transportfähigkeit und Nachfüllhäufigkeit sollten als Faktoren bei der Wahl der Flaschengröße berücksichtigt werden, noch wichtiger sind aber die Strömungseigenschaften bestimmter Schweiß- und Schneidbrenner. Da Acetylen so schnell verbraucht werden kann, wie es aus der Acetonlösung in der Flasche freigesetzt wird, sind die Acetylenfüllmengen in kleineren Flaschen rasch überfordert, wenn Brenner mit hohen Durchsatzwerten verwendet werden, und es kann passieren, dass Aceton mit abgesaugt wird. Als Faustregel gilt, dass der Acetylendurchsatz nicht mehr als ein Siebtel der Flaschenkapazität je Stunde betragen sollte. Eine winzige 280-Liter-Flasche könnte also nur maximal 40 Liter je Stunde (ein Siebtel von 280) auf sichere Weise liefern. Eine Brennerdüse für das Schweißen von 3-mm-Stahlblech benötigt dagegen bereits einen Durchsatz von ca. 250 Litern pro Stunde. Also müsste das theoretische Fassungsvermögen der Flasche mindestens ca. 1800 Liter betragen. Bei Arbeiten am Pkw-Dünnblech stoßen in der Praxis jedoch allenfalls die kompakten tragbaren Autogengeräte (z. B. CFH „Schweißfix", ca. 70.- Euro) an ihre Grenzen. Hilfreich sind bei der Bestimmung der Flaschengröße Vergleichstabellen, die den Zusammenhang zwischen Blechdicke, Brennerdüsengröße und erforderlichem Gasdurchsatz darstellen.

In dem kleinen seitlichen Ansatz am Sauerstoff-Flaschenventil ist eine Überdrucksicherung untergebracht, die reißt, sobald der Druck in der Flasche – z.B. durch zu hohe Temperaturen – zu weit ansteigt. Unter dem Handrad sitzt außerdem ein Sicherheitsventil (siehe Beschreibung im Text).

Bei dieser Acetylenflasche ist einer der beiden Sicherungseinsätze auf der Flaschenoberseite zu erkennen, über die der Flascheninhalt im Notfall entweichen kann. Die auf der Flasche eingeschlagenen Zahlen geben die Normennummer, die Füllmenge und das Leergewicht (der Gasflasche ohne Füllung) an.

Oft sind derartige Tabellen auch in den Bedienerhandbüchern der Autogenbrenner zu finden. Wer sein Autogengerät zum Schweißen, Schneiden oder auch nur zum Anwärmen dickerer Bleche nutzen will, sollte die Tabellen genau studieren und sich bei seinem Gaslieferanten bei der Wahl der Flaschengröße beraten lassen.

Die Gasflaschen werden grundsätzlich stehend und sicher angekettet auf der Ladefläche eines Lieferwagens transportiert, keinesfalls liegend im Kofferraum eines Pkw. Schon bei geringsten Lecks könnte der Sauerstoff im Wageninneren verdrängt oder ein verheerender Brand ausgelöst werden.

Einsteiger-Autogenbrenner sind in Relation zu ihrer langen Lebensdauer gar nicht einmal teuer. Hochwertige Autogenbrenner können sogar überholt werden, für Anfänger ist der Kauf eines gebrauchten Brenners allerdings nicht zu empfehlen, sofern die Anlage nicht von einem Fachgeschäft stammt oder das Vorleben des Brenners lückenlos bekannt ist. An Gebrauchtgeräten könnten sich bereits zu viele versteckte Defekte eingeschlichen haben, deren Ursache sich vielleicht erst nach langem Suchen (und noch mehr Ärger) lokalisieren lässt. Weitere Kriterien beim Brennerkauf sind das Angebot an Zubehör wie Brennerdüsen und Verschleiß- und Ersatzteilen sowie Servicestellen in erreichbarer Entfernung. Die Produkte der großen Hersteller finden sich in den meisten Schweißgerätefachgeschäften, so dass es kein Hexenwerk sein dürfte, den Brenner und das Zubehör jederzeit einsatzbereit zu halten. Bei richtiger Wartung halten Qualitätsbrenner ohnehin fast ein Leben lang.

VORBEREITUNG DES AUTOGENGERÄTS

Die Verschlusskappen bleiben auf den Gasflaschen, bis die Sauerstoff- und Acetylenflasche auf dem Schweißgerätewagen oder an der Wand (falls alle Schweißarbeiten immer am gleichen Arbeitsplatz verrichtet werden sollen) fest angekettet sind. Dann schrauben wir die Verschlusskappen ab und drehen die Flaschen so, dass das Ventil in der günstigsten Stellung steht, um die Druckminderer nach dem Anbau bequem ablesen zu können. Zuerst wird jedes Ventil ganz kurz geöffnet, damit Schmutzrückstände am Ventilsitz abblasen können (dabei sicherheitshalber etwas beiseitetreten). Wer dies vergisst und den Druckminderer einfach anschraubt, hat möglicherweise hinterher mit einem winzigen, schwer zu ortenden Leck zu kämpfen, wie es bereits durch minimale Schmutzrückstände auf der Ventilsitzfläche verursacht werden kann. Ein Blick auf die Druckminderer zeigt, dass am Acetylen-Druckminderer eine Nut über die Sechskantflächen der Mutter läuft, mit der der Druckminderer auf dem Flaschenventil aufgeschraubt wird. Ähnliche Nuten finden sich auch auf den Schlauchfittings des Acetylenschlauches. Dies bedeutet, dass die Verschraubungen Linksgewinde besitzen und somit entgegen der üblichen Gewohnheiten durch Linksdrehen festgezogen werden. Diese einfache Sicherheitsmaßnahme verhindert ein Vertauschen der Gasanschlüsse. Obendrein besitzen die Verschraubungen der Druckminderer für die Sauerstoff- bzw. Acetylenventile unterschiedliche Gewindedurchmesser; im einen Fall ist ein Außengewinde, im anderen Fall ein Innengewinde vorhanden. Die Druckminderer werden mit einem Schraubenschlüssel auf den Gasflaschen festgezogen, aber nicht so stramm, dass die Messinggewinde beschädigt werden. Ein spezieller Gasflaschenschlüssel ist dafür ideal, ein guter Gabelschlüssel tut es aber auch, und selbst ein „Engländer" wäre geeignet, solange das Drehmoment immer in Richtung der Verstellbacke aufgebracht wird, damit die Mutter keinen Schaden nimmt. Schläuche und Brennergriff ziehen wir auf gleiche Weise fest. Wichtig ist der richtige Anschluss der Zuleitungsschläuche: Der rote Schlauch (Linksgewinde) gehört zur Acetylenflasche, der blaue Schlauch (Rechtsgewinde) zur Sauerstoffflasche. Am Brennergriff ist in der Regel eine eindeutige Markierung für Sauerstoff bzw. Acetylen vorhanden.

Anhand der erwähnten Tabelle suchen wir dann die passende Brennerdüse für die Dicke der zu verschweißenden Bleche. Die Düse wird nur handfest am Brenner festgezogen! Dies dient dem Schutz der O-Dichtringe zwischen Düse und Brenner. Die Druckschraube an den Druckminderern muss etwas losgedreht sein. Beim Einschrauben der Schraube ist ab einem bestimmten Punkt ein Federwiderstand spürbar; in dieser Stellung liegt die Schraube an der Dichtmembran an. Dann schrauben wir die Druckminderer einzeln nacheinander von Hand auf ihre Flasche auf. Damit das Gewinde der Druckminderermutter auf dem Flaschenventil keinen Schaden nimmt, wird die Mutter beim Aufschrauben ganz vorsichtig hin- und hergekippt, bis die Gewinde ohne Widerstand miteinander in Eingriff kommen. Die Druckminderermutter muss sich ohne Schwergängigkeit aufdrehen lassen, bevor sie mit einem Schraubenschlüssel festgezogen wird. Sind die Druckminderer fest aufgeschraubt, kontrollieren wir nochmals, ob die Druckschraube an den Druckminderern losgedreht ist. Ist die Druckschraube festgezogen, wenn das Flaschenventil geöffnet wird, verkürzt dies die Lebensdauer des Druckminderers, da dann der volle Flaschendruck schlagartig an der Membran im Druckminderer anliegt. Solch ein Druckminderer fliegt zwar nur extrem selten auseinander, aber beim Aufdrehen der Flaschenventile sollte man trotzdem einen Schritt zur Seite treten. Das Ventil an der Acetylenflasche wird langsam eine viertel bis halbe Umdrehung geöffnet. Damit wird die benötigte Durchsatzmenge erreicht, das Ventil kann im Notfall aber trotzdem mit einem Handgriff geschlossen werden. Bei älteren Autogengeräten wurden die Acetylenflaschen nicht mit einem Handrad, sondern mit einem kleinen $^{3}/_{8}$-Zoll-Vierkantschlüssel geöffnet. Eine im Vergleich zu den Handrädern schwerfällige Bedienung, zumal der Vierkantschlüssel dazu neigte, die Vierkante an den Gasflaschen nach und nach rundzudrehen.

Wer noch mit einer solchen Ausführung arbeitet, sollte den Vierkantschlüssel auf dem Vierkant aufgesteckt lassen, damit das Ventil im Bedarfsfall rasch zugedreht werden kann. Anschließend wird das Ventil an der Sauerstoffflasche vorsichtig aufgedreht, bis es ganz geöffnet ist (siehe Anmerkung zum Gegendruckventil oben). Auch für den Sauerstoffteil leistet die bereits erwähnte Düsentabelle gute Dienste bei der Wahl der Düse und der Einstellung des zur Düsengröße passenden Gasdrucks. Durch Anziehen der Druckschrauben an der Niederdruckanzeige am Druckminderer wird nun der gewünschte Druck eingestellt. Für jede Schlauchleitung wird das Ventil einzeln geöffnet und der Brennerdruck eingestellt, als ob sofort losgeschweißt werden soll. Der statische Druck ist stets etwas niedriger als der eigentliche (dynamische) Arbeitsdruck. Dieser Unterschied nimmt mit steigendem Durchsatzbedarf der Brennerdüse zu. Beim erstmaligen Öffnen des Acetylenventils fällt ein leichter Knoblauchgeruch auf; dieser Geruch ist später ein untrügliches Indiz für Acetylenlecks.

Wenn der Brenner erstmals mit den Gasflaschen verbunden wird – und später bei jedem Flaschenwechsel –, müssen die Druckminderer und Schlauchverschraubungen durch Einsprühen oder Aufpinseln von Seifenwasser auf Dichtigkeit überprüft werden. Leckstellen sind an Blasenbildung zu erkennen. Der Brenner darf erst benutzt werden, wenn die undichten Stellen beseitigt sind. Erforderlichenfalls müssen die Rohrgewinde dazu mit Teflonband umwickelt oder mit anderen Dichtmitteln abgedichtet werden.

Wenn der Druckminderer am Flaschenventil undicht ist, ist wahrscheinlich das Ventil schadhaft. Versuche, das schadhafte Ventil durch besonders festes Anziehen des Druckminderers auszugleichen, sind zwecklos. In diesem Fall hilft nur, die Gasflasche zurückzubringen und gegen eine andere auszutauschen. Bei der Leckprüfung sollten auch die Niederdruckanzeigen an den Druckminderern beachtet werden, um einen schleichenden Druckanstieg beizeiten zu erkennen.

Damit die Sauerstoff- und Acetylenanschlüsse nicht vertauscht werden, besitzen die Acetylenanschlüsse Linksgewinde (das durch Linksdrehen festgezogen wird), die Sauerstoffanschlüsse Rechtsgewinde. Linksgewinde sind an den Nuten in den Sechskanten zu erkennen. Außerdem sind die Brennereingänge mit Markierungen für Sauerstoff und Acetylengas versehen.

Dies deutet auf eine Undichtigkeit im Inneren des Druckminderers hin und ist vor allem an der Acetylenflasche kritisch, da der Druck des gasförmigen Acetylen sehr schnell gefährliche Höhen erreichen kann. Schadhafte Druckminderer müssen also umgehend instandgesetzt werden. Hat die Leckprüfung keine Auffälligkeiten ergeben, sind damit auch die Gasschläuche bereits erfolgreich durchgespült worden und die Gefahr, dass sich Gasgemische in einem der Schläuche gebildet haben, ist ausgeschlossen. Grundsätzlich ist es ratsam, die Schläuche durchzuspülen, bevor mit dem Schweißen begonnen wird.

Von links: Gabelschlüssel, verstellbarer Rollgabelschlüssel („Engländer") und Gasflaschenschlüssel. „Engländer" sind für das Festziehen von Gasverschraubungen akzeptabel, solange das Drehmoment immer in Richtung der Verstellbacke aufgebracht wird, damit die Vier- oder Sechskante keinen Schaden nehmen. Am Gasflaschenschlüssel sind mehrere der benötigten Schlüsselweiten in einem einzigen Werkzeug kombiniert.

Nachdem die Druckschraube am Druckminderer zurückgedreht wurde, treten wir beim Öffnen der Hochdruck-Flaschenventile aus Sicherheitsgründen einen Schritt zur Seite. Das Ventil darf nur langsam geöffnet werden, damit nicht schlagartig der volle Flaschendruck an der Druckminderermembran anliegt.

ZÜNDEN UND EINSTELLEN DES BRENNERS

Hinweis: In Fachkreisen gibt es zweierlei Präferenzen beim Zünden des Autogenbrenners: Die eine Fraktion (überwiegend in den englischsprachigen Ländern) empfiehlt, zuerst das Acetylenventil und danach das Sauerstoffventil aufzudrehen, die andere schreibt vor, zuerst das Sauerstoffventil und anschließend das Acetylenventil zu öffnen. Auf jeden Fall muss beim Einstellen der Flamme durch behutsames Nachregulieren der Ventile die gewünschte neutrale Flamme eingestellt werden. Von der Reihenfolge des Öffnens der Ventile beim Zünden des Brenners hängt auch die Reihenfolge beim Schließen ab: Wer beim Zünden zuerst das Acetylenventil öffnet, schließt zuerst das Sauerstoff- und dann das Acetylenventil, wer beim Zünden zuerst das Sauerstoffventil öffnet, schließt zuerst das Acetylen-, dann das Sauerstoffventil.

Bevor der Brenner gezündet wird, vergewissern wir uns nochmals, dass die Gasdrücke richtig eingestellt sind (siehe vorherigen Abschnitt), zielen mit dem Brenner in eine sichere Richtung, öffnen das Acetylenventil unten am Brenner etwas und zünden das Acetylen mit einem Zünder. Das mit geringem Druck an der Düse austretende Acetylen bildet eine große, hellorangefarbene Flamme, die stark rußt (ähnlich wie beim Verbrennen von Textilien). Um die Acetylenzufuhr zu erhöhen, drehen wir das Acetylenventil unten am Brennergriff etwas weiter auf, bis sich der schwarze Rauch auflöst. Die Flamme flackert an der Spitze deutlich sichtbar, sie tritt aber nach wie vor konisch direkt an der Brennerdüse aus. An der Flammenform lässt sich die richtige Acetylenmenge ablesen.

Beim Wechsel der Glasflaschen oder sonstigen Gerätezubehörs sollten die Gasfittings mit Seifenwasser bestrichen und auf Lecks überprüft werden. Undichte Stellen sind an Blasenbildung zweifelsfrei zu erkennen.

Wird die Acetylenzufuhr weiter erhöht, wird die Flamme noch heller und es bildet sich ein Luftspalt zwischen dem Düsenmundstück und dem Anfang der Flamme. Beginnt die Flamme scheinbar erst ca. 1 cm vor der Düse, ist der Acetylendruck zu hoch; die Flamme erlischt, sobald nun die Sauerstoffzufuhr erhöht wird. Bei Arbeiten an sehr dünnen Blechen ist die Flamme mit einer bestimmten Düsengröße vielleicht zu heiß, mit der nächstkleineren Düse aber nicht heiß genug. In diesem Fall muss der Acetylendruck an der größeren Düse etwas verringert werden. Die Flamme flackert vielleicht nicht so stark wie die Flamme auf den üblichen Fotos richtig eingestellter Flammen, die geeignete Flamme müsste sich auf diese Weise aber einstellen lassen. Die Flammentemperatur kann sehr genau justiert werden, indem die Intensität der reinen Acetylenflamme reguliert wird, bevor Sauerstoff zugeführt wird.

Scheint die Acetylendosierung zu stimmen, öffnen wir das Sauerstoffventil unten am Brennergriff und führen Sauerstoff zu. Die Farbe der Flamme ändert sich jetzt sofort: Sie wird bläulich und es zeichnen sich drei verschiedene Flammenbereiche ab. Innerhalb des äußeren Bereichs (Streuflamme, auch als Flammenhülle bezeichnet) bildet sich die so genannte Schweißzone. Diese Flammeneinstellung wird als aufkohlende Flamme bezeichnet, da in ihr mehr Acetylen als Sauerstoff enthalten ist und sich beim Schweißvorgang Kohlenstoff in den verschweißten Metallen ablagert, wodurch die Schweißnähte spröde werden. Wird der Sauerstoffanteil in der aufkohlenden Flamme erhöht, schrumpft die Schweißzone immer mehr Richtung Brenner und in Nähe der Brennerdüse ist ein kleiner Flammenkegel zu erkennen. Sobald sich die Schweißzone dem Flammenkegel annähert, ist eine neutrale Flammeneinstellung erreicht, wie sie zum Schweißen ideal ist. Wird der neutralen Flamme nun noch mehr Sauerstoff zugeführt, schrumpfen die Streuflamme und der Flammenkegel und am Brenner ist ein zischendes Geräusch zu hören. Diese Flammenform wird als oxidierende Flamme bezeichnet, da der Sauerstoffanteil höher als der Acetylenanteil ist.

Unten: Um den Brenner zu zünden, öffnen wir das Acetylenventil an der Unterseite des Brennergriffs und erzeugen mit dem Zünder einen Zündfunken. Auf keinen Fall Streichhölzer, ein Feuerzeug oder einen anderen Brenner zum Zünden verwenden! Wird der Zünder über die Brennerdüse gehalten, kann sich eine kapitale Stichflamme bilden (Verletzungsgefahr!).

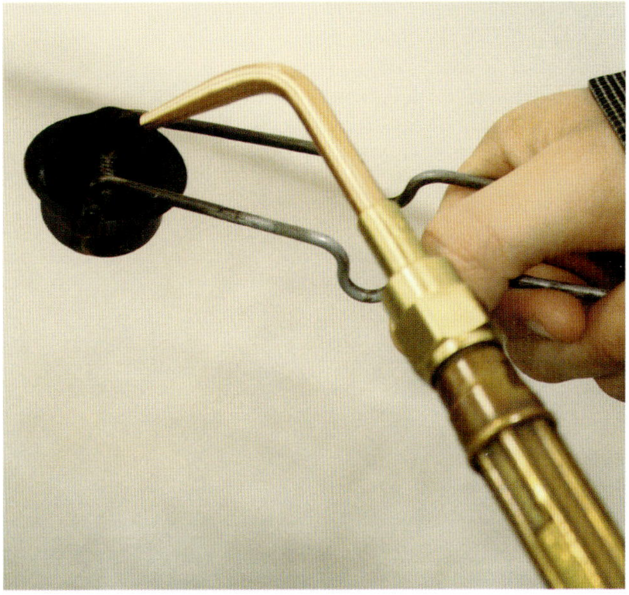

Unten: Eine mit niedrigem Acetylendruck austretende reine Acetylenflamme produziert reichlich Ruß, der sich auch auf dem Werkstück niederschlägt, daher sollte diese Einstellphase möglichst schnell überwunden werden.

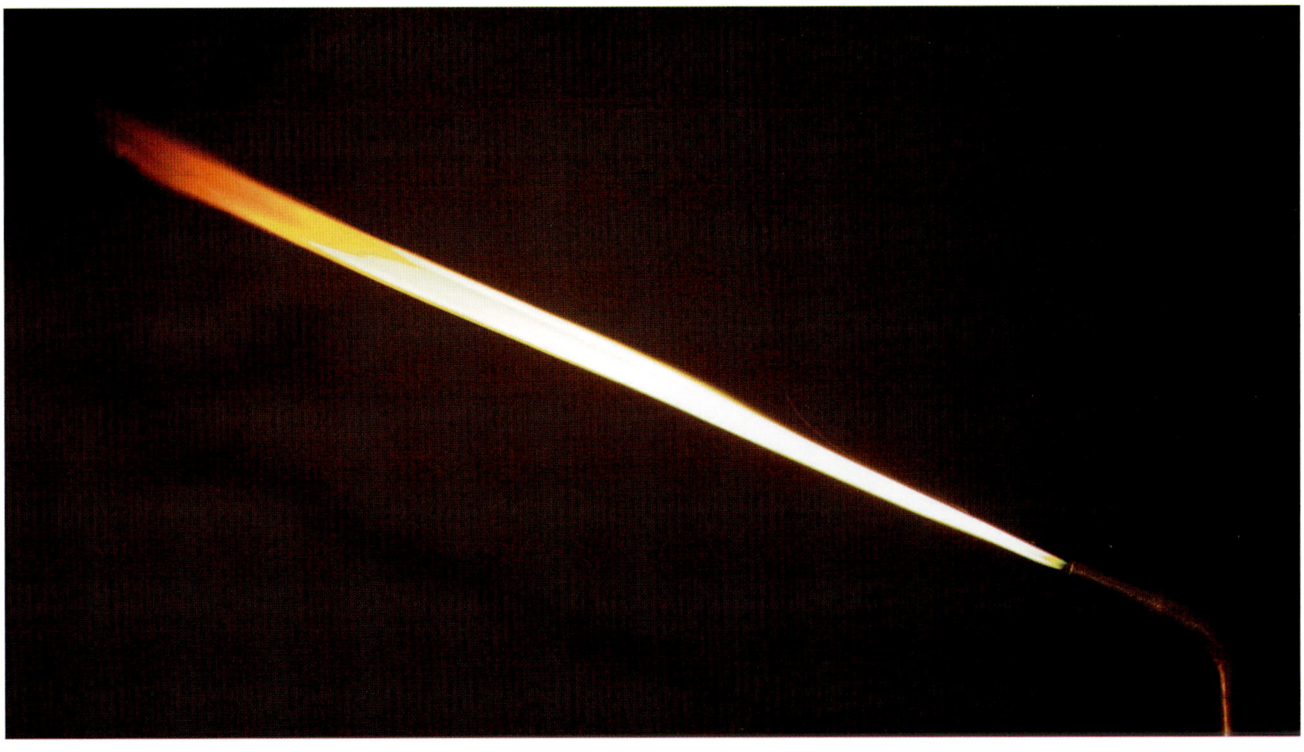

Beim Einstellen des Brenners vor Schweißbeginn erhöhen wir den Acetylenanteil solange, bis der Ruß sich auflöst. Dies erfordert oft einiges Fingerspitzengefühl. Bei dünnen Blechen muss der Brenner evtl. bis ans untere Ende des Einstellbereichs herunterreguliert werden.

Bei Acetylenüberschuss brennt die Flamme gleißend hell und zwischen der Flamme und dem Düsenmundstück des Brenners bildet sich ein Luftspalt.

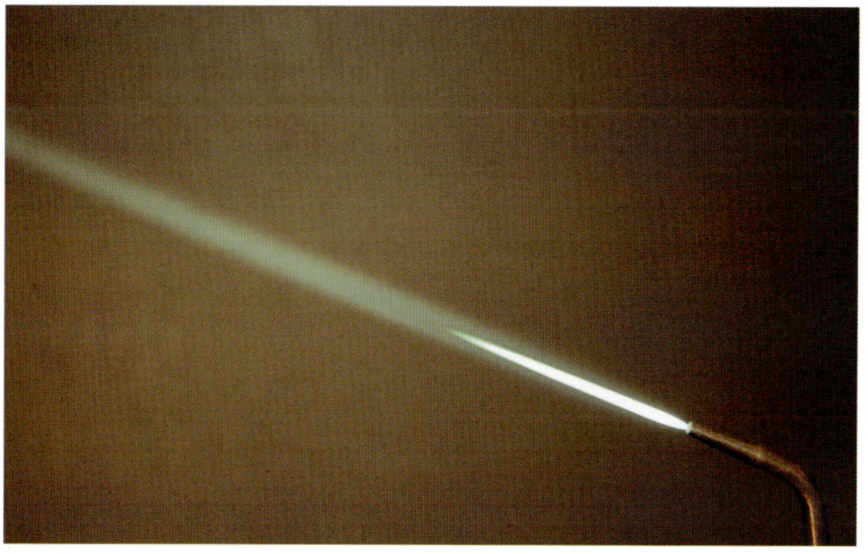

Sobald Sauerstoff zugeführt wird, entsteht eine aufkohlende Flamme mit drei deutlich voneinander getrennten Bereichen: einer großen, diffusen Streuflamme, einer inneren Schweißzone und einem sehr kleinen Flammenkegel am Düsenmundstück. Bei dieser Flamme besteht Acetylenüberschuss.

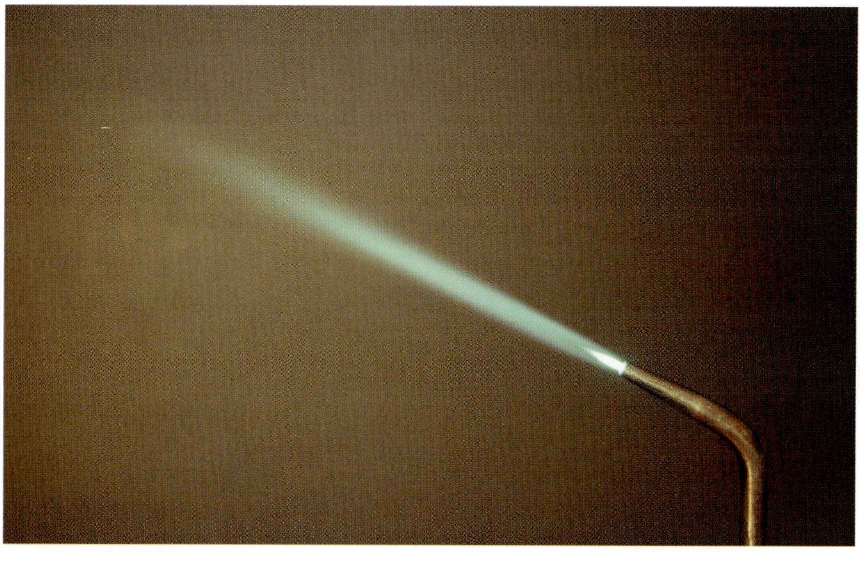

Wird der neutralen Flamme noch mehr Sauerstoff zugeführt, entsteht eine oxidierende Flamme mit Sauerstoffüberschuss, wie sie eigentlich vermieden werden sollte. Die Streuflamme ist relativ kurz und der Flammenkegel ist kleiner als vorher.

Wird der neutralen Flamme noch mehr Sauerstoff zugeführt, entsteht eine oxidierende Flamme mit Sauerstoffüberschuss, wie sie eigentlich vermieden werden sollte. Die Streuflamme ist relativ kurz und der Flammenkegel ist kleiner als vorher.

ABSTELLEN DES BRENNERS

Nach den ersten Versuchen mit der Einstellung einer aufkohlenden, neutralen und oxidierenden Flamme kann das Sauerstoffventil am Brennergriff wieder zugedreht werden. Dann das Acetylenventil schließen (wer bei der Inbetriebnahme zuerst das Sauerstoffventil geöffnet hatte, schließt natürlich das Acetylenventil zuerst). Die Flamme an der Brennerdüse muss nun verlöschen. Anschließend drehen wir mit dem Handrad auf den beiden Flaschen die Sauerstoff- und Acetylenzufuhr zu. In den Druckminderern und Schläuchen steht noch etwas Gas, das nun entweichen können muss – aus Sicherheitsgründen und zum Schutz der Druckminderer, da andernfalls deren Membranen durch die permanente Druckbelastung Schaden nehmen können. Zum Ablassen des Restdrucks in den Leitungen öffnen wir die Ventile am Brennergriff einzeln nacheinander. Beim Entweichen der Gase geht zuerst die Hochdruckanzeige, dann die Niederdruckanzeige an den einzelnen Druckminderern auf Null zurück. Wenn die Anzeigen auf Null stehen, drehen wir das Ventil am Brenner zu und drehen die Druckschraube an den Druckminderern zurück. Jetzt sind die Schläuche leer und an den Membranen der Druckminderer liegt kein Restdruck mehr an. Diese Arbeitsschritte sollten Sie sich beim Abstellen der Brenner grundsätzlich angewöhnen – das Brenner- und Gasflaschenzubehör wird es durch längere Lebensdauer danken!

SO WIRD GESCHWEISST

Für die ersten Versuche verwendet man ein sauberes Abfallblech der gleichen Stärke wie die später zu verschweißenden Bleche. Und selbst wenn wir Aluminium schweißen wollen, ist Stahl zum Üben zweckmäßiger, da sich die Vorgänge beim Erhitzen des Blechs mit der Schweißflamme daran wesentlich leichter beobachten lassen. Lack-, Unterbodenschutz-, Spachtel- oder Aufkleberreste, Rost oder andere Fremdkörper sind einer sauberen Schweißung alles andere als zuträglich. Auch das Überschweißen von verzinnten Reparaturstellen oder galvanisch verkadmeten oder verzinkten Blechen ist nicht sinnvoll, da dabei gesundheitsschädliche Dämpfe freigesetzt werden. Form und Größe der Übungsbleche sind unwichtig, solange sie an sauberen Kanten, die notfalls mit geeigneten Werkzeugen hergestellt werden (z. B. Säge, Bandschleifer, Blechscheren oder Trennwerkzeuge), stumpf verschweißt werden können. Die Größe der Schweißdüse – und damit auch der Gasdruck – richtet sich nach der Dicke der zu verschweißenden Bleche. Diese Angaben sind in den Tabellen in schweißtechnischen Fachbüchern oder technischen Unterlagen der Schweißzubehörhändler und natürlich im Internet zu finden. Da jeder Schweißgerätehersteller seine Düsen auf eigene Weise nummeriert, empfiehlt es sich, die zum eigenen Brenner gehörende Tabelle zu beschaffen. Für Anfänger ist Dünnblechschweißen nicht ganz einfach, Übung macht aber auch hier den Meister und die für die Lernphase investierte Zeit macht sich auf jeden Fall bezahlt. Als Nächstes benötigen wir eine geeignete Schweißunterlage.

Maßgeschneiderte Schweißtische aus feuerfesten Ziegeln sind eine feine Sache, ein Eigenbau-Metalltisch eignet sich jedoch genauso gut. Am einfachsten besorgen wir uns eine glatte und solide Stahlplatte und legen sie auf einem Paar Malerböcke auf. Selbst eine Blechtafel auf einer Sperrholzunterlage ist geeignet, solange der Wärmeeintrag in die verschweißten Bleche nicht allzu massiv ist. Die zu verschweißenden Bleche sollten auf einer Unterlage in gewissem Abstand über dem Schweißtisch aufliegen. Hierfür eignen sich Ziegelsteine, Vierkantrohre oder Doppel-T-Träger in passender Länge – Hauptsache, die Teile sind nicht brennbar und bilden eine plane und kippsichere Werkstückauflage. Liegen die Übungsbleche direkt auf dem Schweißtisch auf, absorbiert der Tisch einen wesentlichen Teil der Schweißwärme, die der Schweißstelle entzogen wird, und auch Schweißgas geht dabei verloren. Streckmetall wäre ebenfalls als Werktischfläche geeignet, allerdings fallen dann möglicherweise Fragmente im unpassendsten Moment durch. Auf jeden Fall muss die Arbeitsfläche sauber und frei von brennbaren Substanzen sein. Schweißen auf einem Blech-Mülleimer als improvisierter Arbeitsunterlage ist nicht zu empfehlen. Die davon ausgehende Brandgefahr sollte nicht unterschätzt werden, vor allem, wenn womöglich ein lösemittelgetränkter Lappen unten im Eimer in Brand gerät. Daher sollte auch stets ein Feuerlöscher (den man auch zu bedienen weiß) griffbereit stehen.

Wenn nun also der Arbeitsbereich sauber und sicher für die Schweißarbeiten vorbereitet ist, kommt der Brenner zum Einsatz. Für die meisten Autogenschweißarbeiten empfiehlt sich eine Schweißermaske mit getönten Schutzgläsern, da die traditionellen Schweißerbrillen nicht immer genug Schutz bieten, vor allem gegen Funkenflug und Wärmestrahlung. Die Schweißermasken sind mit unterschiedlichen Gläsertönungen lieferbar, wobei dunklere Gläser besseren Schutz der Augen gegen „Verblitzen" bieten. Empfehlungen für die je nach Schweißaufgabe geeignetsten Schutzmasken gibt der Fachhändler. Außer bei schweren Brennschneidarbeiten (für die Schweißerhandschuhe aus dickerem Leder ratsam sind) haben sich dünne WIG-Schweißerhandschuhe bewährt, die beim Umgang mit Brenner und Stabelektrode mehr Fingerspitzengefühl ermöglichen. Auch ein langärmeliges Baumwollhemd, Jeans und stabile Lederstiefel sollten zur Grundausstattung gehören. Dann kann es losgehen: Wir legen ein ebenes Tafelblechstück auf den Ziegeln oder Unterlageklötzen auf, zünden den Brenner und stellen eine neutrale Flamme ein (siehe obige Beschreibung).

Wie wir den Brenner beim Schweißen halten, ist Gewöhnungssache. Manche halten ihn wie einen riesigen Bleistift, andere wie eine Angelrute. Anfänger sollten einfach selbst ausprobieren, welche Brennerhaltung ihnen (im wörtlichen Sinne) am besten „liegt". Als Erstes halten wir den Brenner so über das Blech, dass der Flammenkegel knapp (ca. 3 mm) über dem Blech steht, und bringen die Blechoberfläche zum Anschmelzen (nun entsteht das „Schweißbad"). Bei Dünnblechen sollte der Brenner beim Erhitzen des Blechs keinesfalls länger als unbedingt notwendig in dieser Stellung verharren, also bewegen wir den Brenner von Anfang an präzise und zielsicher. Manche Anfänger fuchteln mit dem Brenner zögerlich und in viel zu großem Abstand von 25 bis 50 mm über der Blechoberfläche herum, weil sie um jeden Preis vermeiden wollen, Löcher ins Blech zu brennen. Dadurch wird eine viel zu große Fläche erhitzt und das Blech verzieht sich extrem. Wird die Brennerdüse dagegen dicht über dem Werkstück geführt, sieht man, wie das Stahlblech ruckzuck seine Farbe verändert. Bei diesem Aufheizvorgang durchläuft das Blech nacheinander mehrere Farben, die wichtigsten, die regelrecht ins Auge fallen, sind Rot, Orange, Gelb und schließlich Weiß – und dann hat das Blech ein Loch! Dieser Vorgang dauert bei Dünnblechen allenfalls 10 bis 12 Sekunden.

Ein Tipp aus Kreisen der Schmiedehandwerker besagt, dass der ideale Augenblick für das Hammerschweißen (bei dem die erhitzten Stahlteile auf dem Amboss durch Hammerschläge miteinander ver„schweißt" werden) erreicht ist, wenn Funken vom Blechteil wegspritzen. Dieses Phänomen ist auch beim Autogenschweißen zu beobachten: Das Metall verfärbt sich gleißend weiß und Funken sprühen von der Blechoberfläche weg, sobald das Blech durchzubrennen beginnt. Wer dies beachtet, kann unerwünschte Löcher im Blech leichter vermeiden. Wir nähern nun den Brenner wieder dem Blech an, und sobald sich ein glänzendes Schmelzbad bildet, bewegen wir den Brenner (als Rechtshänder) gleichmäßig von rechts nach links bzw. (als Linkshänder) von links nach rechts. Diese Übung

Schutzbrillen (links unten) mit getönten Gläsern sind recht preisgünstig zu bekommen und eignen sich für die meisten Schweiß- und Schneidaufgaben, wer eine Brille trägt oder schnell schwitzt, kann sich damit aber Probleme einhandeln. Vollmasken, die das gesamte Gesicht schützen, sind ebenfalls mit unterschiedlichen Tönungen erhältlich und halten lange, wenn sie nicht auf dem Sichtfeld abgelegt werden. Leichte WIG-Schweißerhandschuhe (Mitte) bieten guten Schutz und ermöglichen feinfühligeres Arbeiten als die dickeren Standard-Schweißerhandschuhe (rechts).

wiederholen wir, bis wir das Schmelzbad in einer Linie über das Blech ziehen können, ohne Löcher ins Blech zu brennen.

Ist beim Schweißen am Brenner ein trockenes Knallgeräusch zu hören, schlägt die Flamme in den Brenner zurück, d.h. die Gase haben sich in der überhitzten Brennerdüse entzündet. Wird die Düse dem Werkstück zu weit angenähert oder wird in einer beengten Ecke geschweißt, kann die Düse sich soweit aufheizen, dass sich die Gase vorzeitig entzünden. Auch Kohleablagerungen in der Düsenbohrung, Kontakt der Düse mit dem Werkstück, zu niedriger Gasdruck oder Schweißspritzer, die in das Düsenmundstück gelangen, können zum Brennerknallen führen. Die Brennerdüse muss dann gereinigt werden und darf abkühlen, und vor dem Weiterschweißen stellen wir den Gasdruck jeweils ca. 0,1 bar höher ein. Falls die Brennerflamme beim Schweißen erlischt und ein schriller Pfeifton zu hören ist, haben wir es mit einem „Flammenrückschlag" zu tun – einem Phänomen, bei dem die Schweißgase im Brenner oder in den Schläuchen weiterbrennen. Ein richtiger Flammenrückschlag kann extrem gefährlich werden, da die Flamme im Schlauch weiter zurückwandert. Ist ein pfeifendes oder zischendes Geräusch zu hören, muss das Ventil an der Sauerstoffflasche und anschließend an der Acetylenflasche sofort zugedreht werden. Es kann sein, dass der Brenner zuvor einfach das Werkstück berührt hat – in diesem Fall kommt es zu einem Mini-Flammenrückschlag statt zum oben beschriebenen „Abknall" – oder die Düse hat sich zu stark aufgeheizt. Vielleicht kommt am Brenner wegen falscher Einstellung kein Gas mehr an oder der Schlauch ist zugesetzt oder geknickt. Damit aber genug der möglichen Gefahrenquellen – die erste Schweißnaht wartet.

Um eine Schweißnaht zu ziehen, nähern wir den Brenner dem Werkstück an, bis der innere Flammenkegel ca. 1,5 bis 3 mm über der Metalloberfläche steht. Der Brenner wird ungefähr im 45-Grad-Winkel gehalten, die Düse zeigt in Schweißrichtung. Ist der Düsenwinkel zu groß, wird das Blech nicht ausreichend erhitzt, ist der Winkel zu klein, entstehen Verwirbelungen im Schweißbad und man brennt viel schneller ein Loch ins Blech.

Wer dieses Grundwissen um die Wirkung des Brennerwinkels beherzigt, kann nun den Brenner in die eine oder andere Richtung aus dem 45°-Winkel wegbewegen und damit den Wärmeeintrag erhöhen oder verringern. Wird das Schweißbad vor der Brennerdüse weiterbewegt und der Schweißdraht in Schweißrichtung vor der Düse gehalten, spricht man von Drahtvorlaufschweißen oder (auf Rechtshänder bezogen) Linksschweißen. Wird der Brenner vorausgeführt und das Schweißbad hinterhergezogen und die Stabelektrode hinter dem Brenner nachgeführt, handelt es sich um Drahtnachlaufschweißen oder (bei Rechtshändern) Rechtsschweißen. Nachlaufschweißen wird manchmal für Dünnbleche empfohlen, letzten Endes ist die Entscheidung aber Gewöhnungssache. Grundsätzlich sollte man den Brenner so halten, dass er nicht den Blick auf die Naht versperrt, die man gerade zieht.

Beim Ziehen der Schweißnaht ist es üblich, die Brennerdüse in engen, kreisenden Bewegungen zu führen, wobei der Flammenkegel immer innerhalb des Schweißbades bleibt. Bei echten Dünnblechen an Fahrzeugkarosserien ist es aber fraglich, ob diese Kreisbewegung wirklich notwendig ist. Wurden die Bleche zu beiden Seiten der Naht ausreichend erhitzt, verschmelzen sie quasi

Manche Schweißer halten den Brenner wie einen Bleistift; die Zwillingsschläuche liegen dabei über dem Arm.

Dieser „Anglergriff“ hat seinen Namen von der Handhaltung, die an den Umgang mit einer Angelrute erinnert. Jeder Schweißer sollte selbst ausprobieren, welche Handhaltung ihm am besten zusagt. Hauptsache, man hält den Brenner sicher in der Hand und kann ihn bequem führen, damit die Schweißnähte möglichst sauber gelingen.

Zum Schweißen wird der Brenner dem Werkstück im 45°-Winkel soweit angenähert, dass der innere Flammenkegel noch ca. 3 m über dem Blech steht. Nachdem der Brenner seine Arbeitstemperatur erreicht hat, entsteht in Sekundenschnelle eine Stelle, an der das Blech schmilzt (das Schweißbad). Zum Üben wird dieses Schweißbad in einer geraden Linie nach links geführt.

von selbst miteinander. Entscheidend für eine stabile Naht ist eine ausreichende Einbrandtiefe (d. h. die Schweißung muss soweit in das Blech eingedrungen sein, dass die Bleche nicht nur „zusammenkleben"). Wenn wir die ersten Probenähte ziehen, üben wir also mit bzw. ohne Kreisbewegungen im Schweißbad. Es gibt hier keine allein seligmachende Methode, sondern nur das saubere Endergebnis zählt, selbst wenn es mancher Theorie zuwiderläuft – solange die Arbeitssicherheit und die Haltbarkeit der Schweißnaht nicht auf der Stecke bleiben. Bevor wir uns daran wagen, zwei Bleche miteinander zu verschweißen, üben wir zuerst, mehrere saubere Nähte auf unserem Übungsblech zu ziehen.

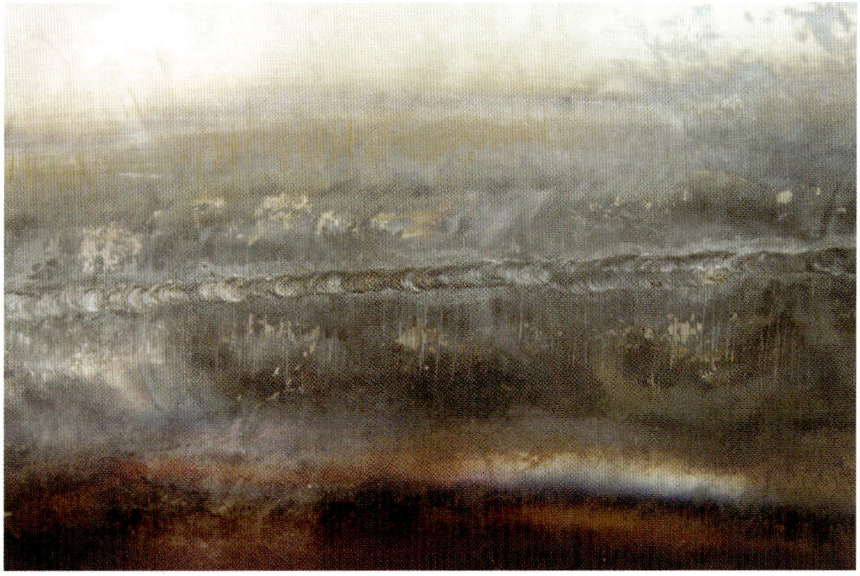

Bei dieser Naht wurde der Brenner in kreisförmigen Bewegungen vorwärtsbewegt. Falls die ersten Schweißversuche wie eine mit „zu hoher Schweißgeschwindigkeit" gezogene Beispielnaht aus dem Lehrbuch aussehen, braucht uns dies nicht aus der Fassung zu bringen. Kfz-Dünnbleche sind WIRKLICH dünn, deshalb muss der Brenner relativ zügig weiterbewegt werden, damit keine Löcher im Blech zurückbleiben.

Auf der Rückseite des Übungsblechs ist erkennbar, ob eine ausreichende Einbrandtiefe erreicht wurde. Im Zweifelsfall spannen wir das Blech in den Schraubstock und kanten es entlang der Schweißnaht mit dem Hammer ab. Dann zeigt sich schnell, ob die Naht hält.

EINE FLANSCHSCHWEISSUNG OHNE FÜLLELEKTRODE

Das Verschweißen von zwei Abkantblechen entlang ihrer Flansche ist ein ideales Übungsfeld, da die beiden Bleche dabei ohne Schweißdraht miteinander verschweißt werden können. Als Erstes kanten wir zwei Stahlbleche im 90°-Winkel ab und legen die Bleche mit ihren Abkantwinkeln Rücken an Rücken auf dem Arbeitstisch auf. Diese Bleche können nun durch die bloße Wärmeentwicklung des Schweißbrenners miteinander verschweißt werden. Damit die Flansche spielfrei aneinander anliegen, spannen wir sie mit Gripzangen zusammen. Dann setzt man mit dem auf eine neutrale Flamme eingestellten Brenner mehrere kurze Heftpunkte entlang der Naht, um die Bleche in ihrer Lage zueinander zu fixieren. Auf gleiche Weise wie bei den Probenähten auf einem flachen Tafelblech wird das Blech anschließend am einen Ende der Naht erhitzt, bis ein Schweißbad entsteht, und der Brenner entlang der Flanschnaht weitergeführt. Wenn das Ende der Naht fast erreicht ist, halten wir den Brenner beinahe parallel zur Naht – auf diese Weise lässt sich ein Loch am Nahtende im Blech am leichtesten vermeiden. Falls doch ein Loch zurückbleibt, ist dies vorläufig nicht tragisch. Der Brenner darf pausieren, das Blech kühlt ab und anschließend schweißen wir jenseits des Lochs weiter. Um die Löcher zu füllen, benötigen wir allerdings einen Schweißstab. Zunächst üben wir aber das Flanschschweißen weiter, bis die Naht auf ihrer gesamten Länge ohne Löcher durchgeschweißt ist.

SCHWEISSSTÄBE

Der Schweißstab bzw. -draht (Füllelektrode) kommt zum Einsatz, wenn entlang der Naht ein Zusatzwerkstoff aufgebracht werden muss, damit die fertige Naht mindestens so dick wie das Grundmetall ist. Werden zwei Bleche stumpf aneinander angesetzt und entlang ihres Stoßes miteinander verschweißt, wird Metall an den Kanten der beiden Teile abgeschmolzen und die Naht zwischen den beiden Teilen damit verfüllt. Die Metalldicke variiert dann natürlich über die Gesamtlänge. Eine leicht konkave Naht ist selbst bei Dünnblech nicht unbedingt ein Problem, da der geschweißte Bereich zur Vorbereitung für den Lackaufbau noch nachgearbeitet und geglättet wird.

Als Übungsaufgabe zum Schweißen ohne Schweißelektrode kanten wir zwei Blechstücke im 90°-Winkel ab und verschweißen die Bleche entlang dieses Abkantflansches. Die Schweißzangen fixieren die Blechteile, bis sie mit einigen Heftschweißpunkten provisorisch miteinander verschweißt wurden.

Sobald die Passung stimmt, werden die Bleche mit einigen Heftpunkten miteinander verschweißt.

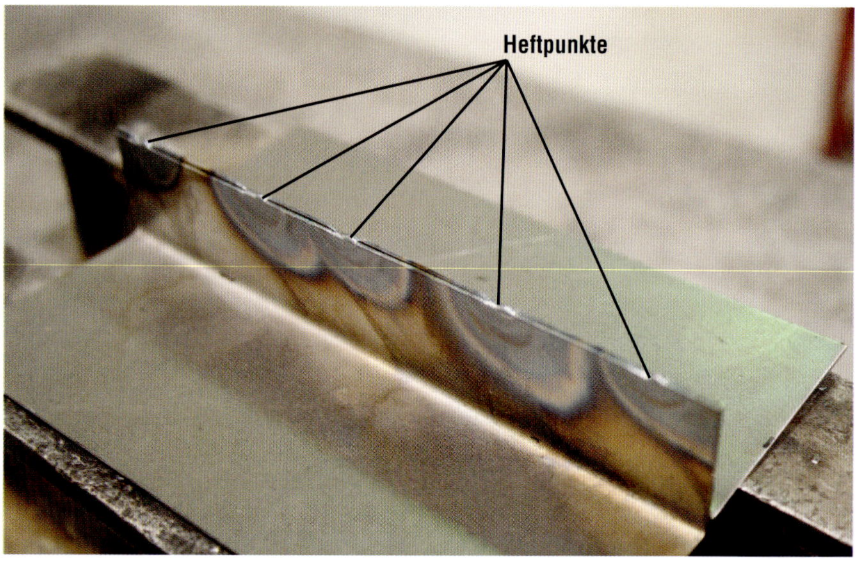

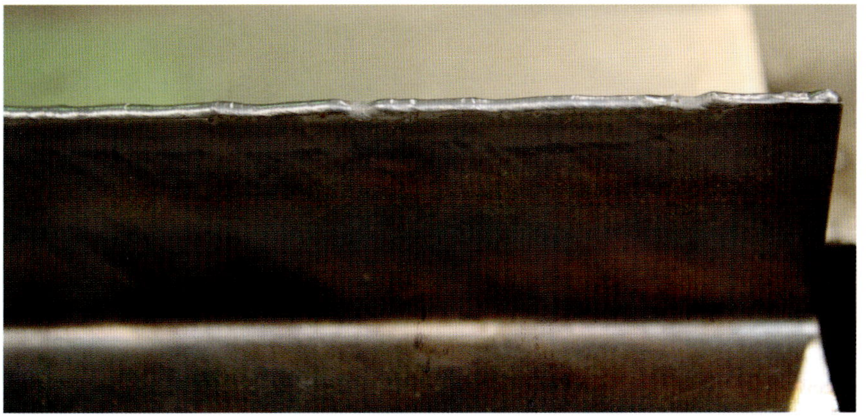

Rechtshänder setzen den ersten Heftschweißpunkt am rechten Ende des Flansches und arbeiten sich nach links vor und schweißen anschließend die komplette Naht durch. Zum Ende der Naht hin halten wir den Brenner beinahe parallel zur Naht – auf diese Weise lässt sich ein Loch im Blech am Nahtende am leichtesten vermeiden. Immerhin ist der Brenner nur das Mittel zum Zweck: das Blech gerade so weit wie notwendig zu erhitzen. Beim Üben dürfen wir also ruhig auf der Suche nach der geeignetsten Arbeitstechnik experimentieren.

Wenn der Schweißbereich allerdings soweit nachbearbeitet werden muss, dass von der Schweißnaht absolut nichts mehr zu sehen ist, muss so viel Metall zugeführt werden, dass die Naht glatt verschliffen werden kann und die Reparaturstelle nicht mehr erkennbar ist.

Füllelektroden sind in unterschiedlichen Durchmessern und Zusammensetzungen lieferbar und werden als Stabmaterial abgepackt oder nach Gewicht verkauft. Anfänger sollten nur Schweißstäbe in der Güte kaufen, wie sie für Übungszwecke ausreicht. Wer dagegen Rennwagen- oder Flugzeugteile verschweißt, sollte sich die besten für den Einsatzzweck lieferbaren Schweißstäbe gönnen. Die chemische Zusammensetzung der Schweißstablegierungen variiert je nach Einsatzzweck. Eingehende Beratung und ein Blick in die Lieferkataloge sind also unverzichtbar. Die Klassifizierung der Schweißelektroden (nach ihrer Zusammensetzung und Zugfestigkeit) erfolgt nach den international etablierten Normen von BS (British Standard), AWS (American Welding Society) und DIN. Bei den dickeren Stäben ist die Normennummer meistens eingeschlagen bzw. eingegossen, bei dünneren Elektroden verrät das Packungsetikett die Details. Bei „RG 45" steht beispielsweise R für den Schweißstab („welding rod"), G für Autogenschweißen („gas welding") und 45 für die ungefähre Zugfestigkeit in tausend Pounds per Square Inch (hier also 45000 psi). Nach der DIN-Norm entspricht dieser Schweißstab der Güte „G I".

Unten: Auf vielen Schweißstäben ist die Normbezeichnung eingeschlagen. Von oben nach unten sind hier (nach US-AWS-Norm) ein Autogenstab, zwei Stäbe für Aluminiumschweißen sowie ein Edelstahl-Schweißstab zu sehen. Dünnere Schweißstäbe sind herstellerseitig meist nicht gekennzeichnet, also sollten sie eindeutig markiert und nach einer klaren Ordnung eingelagert werden.

Beim Nahtschweißen mit einem Schweißstab muss der Stab dicht an das Schweißbad herangeführt werden, aber nicht so dicht, dass er sofort wegschmilzt. Wenn das Schweißbad langsam weiterwandert, tauchen wir den Stab am Anfang des Schweißbades ein. Wir starren aber nicht unentwegt auf den Schweißstab, sondern konzentrieren uns vielmehr auf die Ausbreitung des Schweißbades.

Die Schweißstäbe sind kupferbeschichtet, um den Werkzeugverschleiß bei der Herstellung der Stäbe zu begrenzen. Kupfer hat außerdem eine rostschützende Wirkung, allerdings entwickeln kupferbeschichtete Stäbe im Laufe der Zeit Oberflächenrost, wenn sie mit den Händen angefasst wurden und dann unverpackt liegenbleiben.

Bevor wir zwei Bleche verschweißen, üben wir den Umgang mit dem Schweißstab an einem Stück Tafelblech. Der Stabdurchmesser sollte möglichst genau der Blechdicke entsprechen. Dann wird der Brenner an das Blech herangeführt, ein Schweißbad erzeugt und der Brenner über das Werkstück geführt. Die Spitze des Stabs wird in ca. 10-15 mm Abstand zur Brennerdüse gehalten, darf die Brennerdüse aber nicht berühren. Der Stab muss so dicht am Brenner gehalten werden, dass er mit erhitzt wird und abschmilzt, sobald er in das Schweißbad eintaucht, aber nicht so dicht, dass er vorzeitig schmilzt. Schmilzt der Stab, während er noch über das Schweißbad gehalten wird, fällt er in dicken Tropfen auf das zu verschweißende Blech (den Grundwerkstoff). Die abtropfenden Schweißstabanteile sind kühler als der Grundwerkstoff und verschmelzen daher nicht richtig mit dessen Oberfläche. Wird der Schweißstab zu weit weg vom Schweißbereich gehalten, kühlt der Stab aus. Wenn wir jetzt versuchen, den Schweißstab im Schweißbad abzuschmelzen, entzieht der kühlere Schweißstab dem Schweißbad Wärme, das Schweißbad kühlt ab und der Schweißstab bleibt meistens kleben. Die Stabspitze muss dann erhitzt werden, damit der Stab freikommt. Nachdem wir mithilfe des Schweißstabs ein paar saubere Nähte zustandegebracht haben, können wir anschließend das Schweißen einer Stumpfnaht üben, bei der zwei Bleche „auf Stoß" aneinander angesetzt und entlang ihrer Stoßkanten verschweißt werden.

STUMPFNÄHTE

Stumpfnähte (auch als Stoßnähte bezeichnet) sind weit verbreitet, da sie sehr sauber nachbearbeitet werden können und die korrosionsanfälligen überlappenden Blechstreifen entfallen. Als Erstes legen wir zwei saubere Tafelblechstücke auf der Schweißunterlage auf dem Schweißtisch auf. Wenn wir nun an den Enden der „auf Stoß" aneinander angesetzten Bleche mit dem Verschweißen beginnen, dehnen sich die Bleche beim Erhitzen mit dem Brenner unweigerlich aus und ziehen sich beim Abkühlen wieder zusammen. Dabei schieben sich die Bleche häufig übereinander oder verziehen und wölben sich. Um diesen Effekt zu minimieren, wird der Blechspalt am entgegengesetzten Ende zu der Nahtstelle, an der man mit dem Verschweißen beginnt, etwas größer gewählt. Bei einem ca. 30 cm langen Blech ist der Spalt an diesem entgegengesetzten Ende ca. 6 mm breit. Auf der Seite, an der mit dem Schweißen begonnen wird, legen wir die Bleche an ihren Stößen aneinander an und klemmen sie mit geringer Spannung fest, so dass sie sich noch etwas bewegen können. Am anderen Ende werden die Bleche nur so fixiert, dass sie miteinander fluchten. Dann schweißen wir die Bleche in jeweils ca. 15-20 mm Abstand mit kurzen Heftpunkten zusammen. Der Abstand der Heftpunkte wird so gewählt, dass jeder Heftpunkt knapp außerhalb des Erhitzungsbereichs des benachbarten Heftpunktes liegt. Verschmelzen die Bleche an den Heftpunkten nicht richtig miteinander, lassen wir eine geringe Menge des Schweißstabs mit abschmelzen, um stabile Heftpunkte herzustellen, ohne dass die Bleche durchbrennen. Falls die Bleche sich irgendwo verziehen und aus der gemeinsamen Fluchtungsebene wegbewegen, klopfen wir sie wieder in ihre Ausgangslage zurück. Manchmal müssen die Heftpunkte in größerem Abstand gesetzt werden, damit die Fluchtung der Bleche

Die richtige Spaltbreite einzustellen, erfordert beim Autogenschweißen etwas Übung. An der Seite, auf der wir mit dem Schweißen beginnen, liegen die Blechstöße aneinander an, am entgegengesetzten Ende verbleibt jedoch ein kleiner Spalt (bei einem 30 cm langen Blech ca. 6 mm, bei einem 15-cm-Blech ca. 3 mm). Ist der Spalt zu groß, brennt man allzu leicht Löcher ins Blech. Ist der Spalt zu klein und werden die Bleche mit Gewalt gegeneinandergezwungen, verziehen sie sich oder schieben sich übereinander.

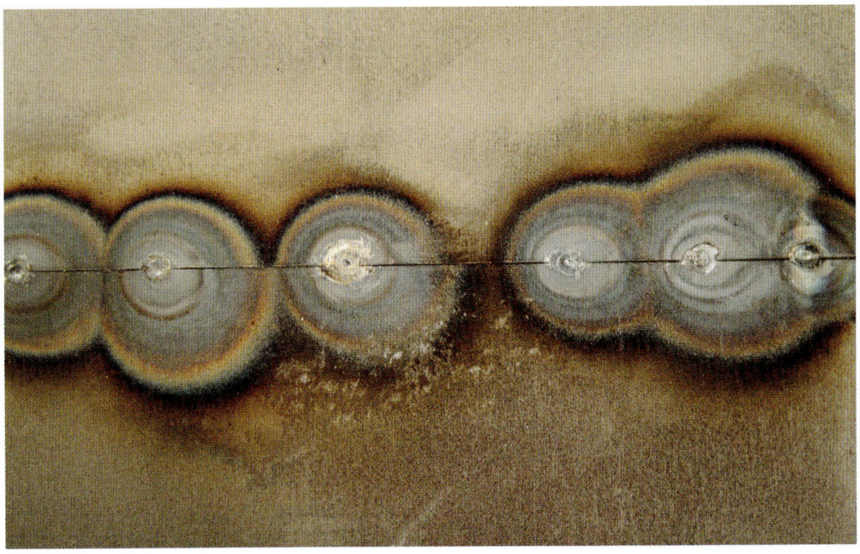

Nach dem Heftschweißen hat sich der Spalt weitgehend geschlossen. Die Heftpunkte fixieren die Bleche in ihrer Fluchtung und die Schweißwärme kann besser aus der Naht abgeführt werden.

Unter Wärmeeinwirkung neigt das Blech dazu, sich aus der Fluchtung wegzubewegen. Diese Passungsfehler müssen sofort korrigiert werden.

erhalten bleibt. Gripzangen sind zum Fixieren der Bleche nicht unbedingt nötig, mit ihnen lässt sich aber eine bessere Fluchtung der Bleche erreichen.

Beim Schweißvorgang kommt es entscheidend darauf an, die Schweißnaht jederzeit unter Kontrolle zu behalten. Sobald sich Passungs- oder Fluchtungsfehler einschleichen, sollte der Schweißvorgang sofort unterbrochen werden. Man ist zwar versucht, erst schnell zu Ende zu schweißen, wenn scheinbar nur geringe Ungenauigkeiten vorliegen, doch beim Schweißen verzogene Bleche hinterher zu richten und zu glätten, ist außerordentlich schwierig. Also stoppen wir beizeiten, korrigieren die Passungsfehler und setzen einen neuen Heftpunkt entlang der Naht. Nachdem die Stoßnaht der beiden Bleche in Abständen von ca. 15-20 mm geheftet wurde und alle Fluchtungsfehler behoben sind, können wir eine durchgehende Naht schweißen. Die Heftpunkte fixieren dabei die Bleche in ihrer Lage zueinander und verbessern die Abfuhr der Wärme aus den Schweißnähten zwischen den Heftpunkten. Da dabei aber ein Schweißstab mit verschweißt wurde, muss hinterher entsprechend mehr Metall verschliffen werden.

Man könnte nun auf die Idee kommen, immer nur kleine Bereiche zu schweißen und diese abkühlen zu lassen, bevor man weiterschweißt, damit der Wärmeeintrag ins Blech begrenzt wird. Bei MIG-/MAG- oder WIG-Schutzgasgeräten (die später in diesem Kapitel behandelt werden) wäre diese Methode sinnvoll, viele Autogenschweißer schweißen aber lieber eine komplette Naht durch, da dies eine gleichmäßigere Nahtoberfläche ergibt. Wer ein Dutzend Mal absetzt und das Blech abkühlen lässt, bevor es weitergeht, produziert oft eine weitaus unregelmäßigere Naht und die Bleche verziehen sich eher. Die bläuliche Verfärbung des Blechs zu beiden Seiten des Schweißbereichs verrät die Stellen, an denen sich die Bleche ungleichmäßig erhitzt haben. Wird dagegen in einem Zug durchgeschweißt, sind auch die wärmebedingten Verfärbungen wesentlich gleichmäßiger und der Blechverzug geringer.

Damit die Bleche am Nahtende nicht wegbrennen, kippen wir den Brenner soweit ab, dass er fast parallel zum Werkstück liegt, und lassen notfalls noch ein Stück Schweißstab mit abschmelzen. Ganz ausschließen lässt sich Wärmeverzug auch bei einer sauberen Autogen-Stoßnaht an Dünnblechen nicht ganz, dies ist vorläufig allerdings kein Grund zur Besorgnis. Einer der Vorteile einer Autogennaht ist ihre gute Schmiedbarkeit, d. h. sie kann nach dem Schweißen mit Hammer und Schleifscheibe oder Feile optisch in Form gebracht werden. Näheres dazu findet sich im Abschnitt zum Richten von Blechen. Der Autogenbrenner eignet sich auch für andere Nahtformen, am häufigsten kommt das Autogenverfahren bei den hier beschriebenen Projekten allerdings für Stumpfnähte zum Einsatz. Ein weiterer wichtiger Anwendungsbereich des Autogenverfahrens ist das Schweißen von Aluminiumblechen.

Unten: In der Nahaufnahme ist an dieser mit einem Schweißstab fertig geschweißten Naht gut zu erkennen, wie das Stabmaterial an der Schweißnaht aufgetragen wurde.

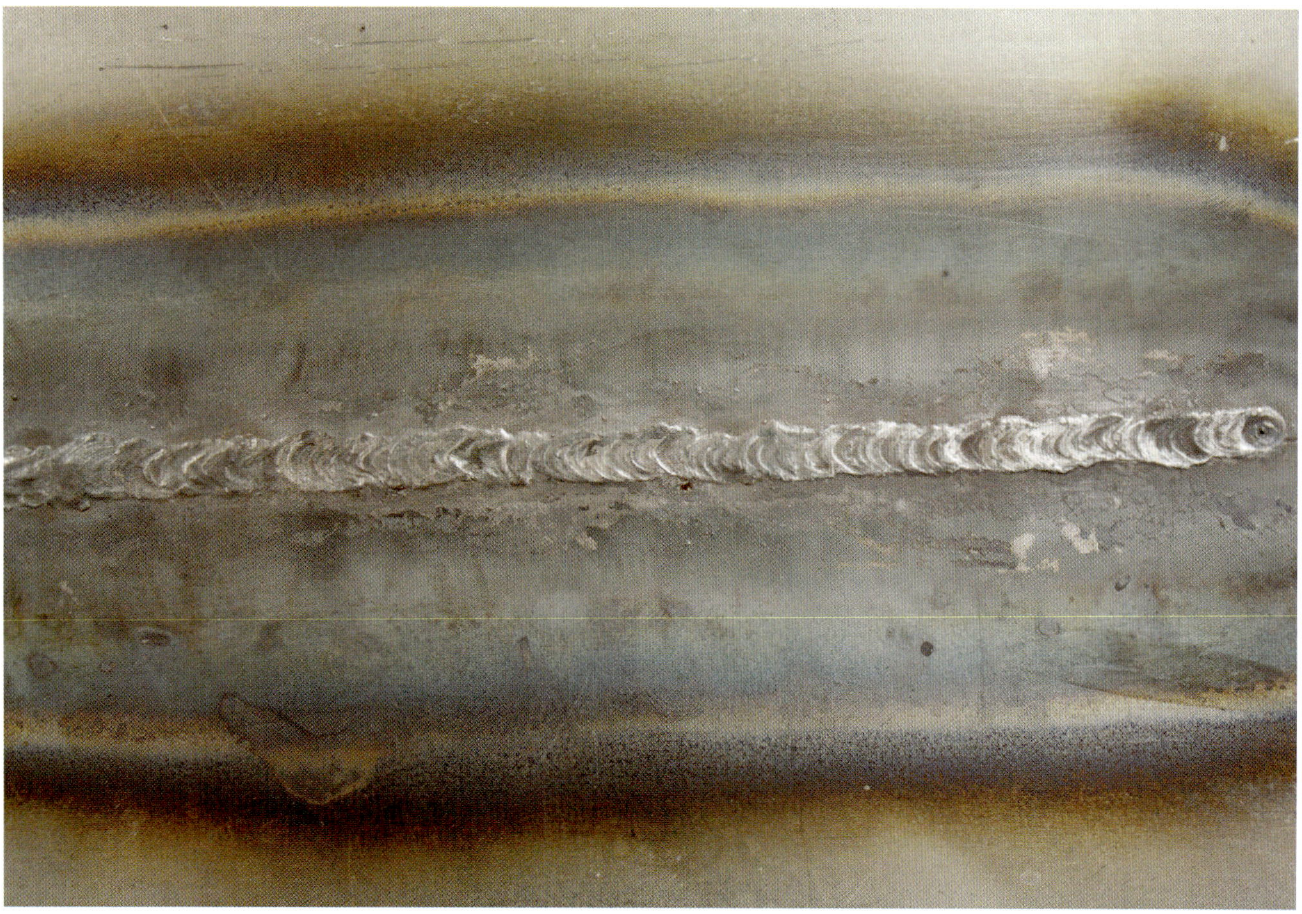

Aluminium-Flussmittel in Pulverform (hier ein US-Produkt) wird von unterschiedlichen Herstellern wie Technolit (FM AL), Armack (Amasan Alu 11), Firinit (Supra 21) oder Felder (Aluminium Schweißpulver) vertrieben und erleichtert das Aluschweißen erheblich, da die Oxidbildung im Schweißbereich verhindert wird.

AUTOGENSCHWEISSEN VON ALUMINIUMTEILEN

Grundsätzlich läuft das Autogenschweißen von Aluminium genauso ab wie das Autogenschweißen von Stahlblechen, nachdem sich der Schweißanfänger erst einmal von dem Schock erholt hat, wenn er sein erstes Aluteil überhitzt hat. Im Unterschied zu Stahl ändert Aluminium seine Farbe beim Erhitzen nicht, und daher ist das Durchbrennrisiko besonders groß. Ein weiterer Unterschied beim Autogenschweißen von Stahl und Aluminium besteht darin, dass Oxide, die sich beim Schweißen auf der Aluoberfläche bilden, bei höheren Temperaturen als das Grundmetall schmelzen. Daher muss ein Flussmittel, wie es z. B. von Firmen wie Technolit, Armack, Firinit oder Felder in Pulverform vertrieben wird, zum Schutz der Schweißstelle gegen Oxidbildung verwendet werden. Ohne dieses Flussmittel verhält sich die Aluminiumoberfläche wie eine Gummimembran, die das Grundmetall zusammenhält, aber es bildet sich beim Erhitzen kein richtiges Schweißbad, sondern die Alumasse sackt durch und tropft ab. Mit den richtigen Zusatzwerkstoffen und Geräten ist zum erfolgreichen Aluschweißen aber lediglich etwas Übung und Eingewöhnung notwendig. Da beim Autogenschweißen von Aluminium unvermeidlich ein wesentlich größerer Bereich rund um die Naht geglüht wird, lassen sich autogen geschweißte Alubleche sehr leicht formen und feinbearbeiten. Allerdings können WIG-geschweißte Aluminiumbleche durch Glühen ebenfalls in einen streckbaren Zustand versetzt werden, d. h. bei Aluminium ist Autogenschweißen nicht das allein seligmachende Verfahren. Wer nur über einen Autogenbrenner verfügt, sollte sich ruhig mit der Technik zum autogenen Aluschweißen vertraut machen, nur sollte man nicht auf Einflüsterungen hören, wonach das Autogenverfahren angeblich allen anderen Verfahren überlegen ist.

Manche Schweißer schwören beim autogenen Aluschweißen auf Wasserstoff als Brenngas, da die Sauerstoff-Wasserstoff-Flamme mehr als 1100 °C kühler als eine Acetylenflamme ist. Da Aluminium bereits bei 690 °C schmilzt, wäre nach deren Argumentation eine ca. 3500 °C heiße Autogenflamme eindeutig zuviel des Guten. Eine logische Überlegung, oft bedeutet die Beschaffung gesonderter Gasflaschen und Druckminderer für Wasserstoff allerdings zu viel Aufwand und Platzbedarf, vor allem, da der Acetylenbrenner auch mit Alu durchaus funktioniert. Wer also bereits eine Acetylenausrüstung sein Eigen nennt, braucht nicht unbedingt umzustellen.

Für Autogen-Schweißversuche an Aluminium verwendet man am besten leicht schweißbare Alulegierungen wie EN-AW 3003, 6061 oder 5052. Nicht schweißbare Legierungen wie 7075 oder 2024 können den Hobby-Karosseriebauer in den Wahnsinn treiben, da sie nach dem Schweißen unweigerlich reißen. Ein Vergleich der Vor- und Nachteile der diversen Legierungen ist aus den Datenblättern der einschlägigen Alublechlieferanten oder der Aluminium Association (www.aluminum.org) zu entnehmen. Als improvisierter Schweißstab eignet sich für das Autogenschweißen sogar ein Streifen der Alublechsorte, die geschweißt werden soll, oder die Stabelektroden mit der Normbezeichnung Al 4043 oder 1100. Letztere bestehen annähernd aus Reinaluminium und sind weicher als die Stabsorte Al 4043.

Auf neueren Aluminiumblechen ist die Blechsorte aufgedruckt, neues Alu ist allerdings teuer. Leider ist die Sorte auf Alu-Altblechen meistens nicht mehr so deutlich lesbar wie hier (einem Tafelblech aus EN AW 2024, einer nicht schweißbaren Alulegierung).

Beide Schweißstabtypen eignen sich hervorragend für das Schweißen mit unterschiedlichen Legierungen, d. h. die Verträglichkeit der Werkstoffe ist gewährleistet. Informationen zu Fragen rund um Alu-Stabelektroden sind auf den Websites der einschlägigen Lieferanten (z. B. Technolit) zu finden, auf denen die Produkt- und Verarbeitungseigenschaften der Elektroden (u. a. Grundwerkstoffe und mechanische Gütewerte) detailliert beschrieben sind und Hilfestellung bei der Auswahl der für den jeweiligen Einsatzzweck geeignetsten Elektroden gegeben wird. Generell gehen besondere Stärken in einem Bereich allerdings meist mit Abstrichen in anderen Bereichen einher.

Zu den passenden Alublechen und Schweißstäben gehört noch die passende Arbeitskleidung. Die normale Autogen-Schutzbrille ist für das Schweißen von Aluminium nicht ausreichend, denn das vom Flussmittel produzierte gleißend helle Licht ähnelt geradezu einem bengalischen Feuer, hinter dessen orangeroter Flamme die Schweißstelle komplett verschwindet. Einige wenige Hersteller liefern spezielle Schweißerbrillen, die den orangeroten Teil des Farbenspektrums herausfiltern, u.a. TM Technologies (www.tinmantech.com) und Fournier Enterprises (www.fournierenterprises.com). Diese Brillen sind teurer als normale Autogenbrillen oder -schutzmasken, die deutlich besseren Sichtverhältnisse beim Schweißen sind den Mehrpreis jedoch wert. Beim Schweißen kommt es immer darauf an, jederzeit sehen zu können, was sich an der Schweißstelle abspielt. Nicht zu vernachlässigen sind beim Aluschweißen auch der Sicherheitsaspekt und der Schutz des Augenlichts. So bieten beispielsweise die früher oft verwendeten kobaltblauen Schutzgläser keinen ausreichenden Schutz gegen das beim Aluschweißen freigesetzte Licht.

Entscheidend für die Qualität der Aluschweißnähte sind Auswahl und Einstellung des Autogenbrenners. Zur Ermittlung der idealen Düsengröße sollten die Düsentabellen des Brennerherstellers zu Rate gezogen werden. Sauerstoff und Acetylen werden auf einen Druck von ca. 0,2 bis 0,35 bar eingestellt. Statt die reine Acetylenflamme aber aufzudrehen, bis der Rauch abbrennt, empfiehlt sich eine weiche Acetylenflamme. Zudem lässt sich die Wärme sehr feinfühlig steuern, indem die Intensität der Acetylenflamme nachreguliert wird. Dauert es bei den ersten Versuchen zu lange, bis der erste Heftpunkt hält, reduzieren wir die Sauerstoffzufuhr und drehen das Acetylen etwas auf. Ist die Acetylenflamme rund 50 mm länger als vorher, aber nicht so heiß, dass sie nicht mehr raucht, macht dies oft bereits den Unterschied zwischen einer zu kühlen und einer genau richtigen Flamme aus.

Für die ersten Probeschweißungen spannen wir zwei Alu-Abfallbleche in gleicher Weise wie unsere Stahlbleche zusammen. Der Schweißbereich wird mit Entfetter und einer Edelstahldrahtbürste gereinigt, die für nichts anderes benutzt wird. Dann wird das Alu-Flussmittelpulver mit Wasser angerührt, bis es eine milchartige Konsistenz aufweist. Nun erwärmen wir die Bleche vorsichtig und ziehen die Brennerflamme über das Ende der Stabelektrode. Anschließend tragen wir das Schweißflussmittel auf dem Schweißstab und auf beiden Seiten der Naht auf. Ist die Wärmeentwicklung richtig, haftet das Flussmittel wie die Glasur eines Kuchens vom Vortag auf der Oberfläche an. Um das Flussmittel zu verflüssigen, bewegen wir eine leicht aufkohlende Brennerflamme in einem gewissen Abstand über das Werkstück und den Schweißstab. Bei zu abruptem Erhitzen platzt das Flussmittel ab und kann seine Aufgabe – die Oberflächen zu beschichten – nicht erfüllen. Der Brenner wird wie bei Stahlblechen an die Nahtstelle herangeführt, wir tupfen die Schweißstelle aber vorsichtig mit dem Schweißstab an, um zu prüfen, ob bereits ein ausreichend verflüssigtes Schweißbad entstanden ist. „Durchbrenner" im Blech lassen sich so besser vermeiden. Wenn die Blechränder an beiden Seiten der Naht wellig zu werden beginnen, tupfen wir sie mit dem Schweißstab an, setzen einen Heftpunkt und ziehen den Brenner wieder zurück. Die Wellenbildung an den Blechrändern ist das untrügliche Anzeichen, dass die Bleche jetzt verschmolzen werden können. Anschließend setzen wir alle 20-25 mm einen Heftpunkt und ziehen danach eine ununterbrochene Schweißnaht durch. Das Grundmetall bleibt dabei erfahrungsgemäß nicht ganz so unversehrt wie beim Schweißen von Stahlblechen, also darf das Schweißbad nicht allzu energisch mit dem Brenner durchgerührt werden, sonst ist ein Loch im Blech garantiert.

Das Flussmittelpulver muss stets nach der Gebrauchsanweisung angemischt werden. In diesem Fall wird es mit Wasser zu einer milchartigen Konsistenz verrührt. Dann das Metall vorsichtig anwärmen und das Flussmittel auf beiden Seiten der Naht aufpinseln. Das Blech gibt ein zischendes Geräusch von sich, das Flussmittel müsste jedoch haften. Ist das Blech zu heiß, springt das Flussmittel weg. Sobald die Heftpunkte geschweißt wurden, sollte nochmals Flussmittel aufgepinselt werden.

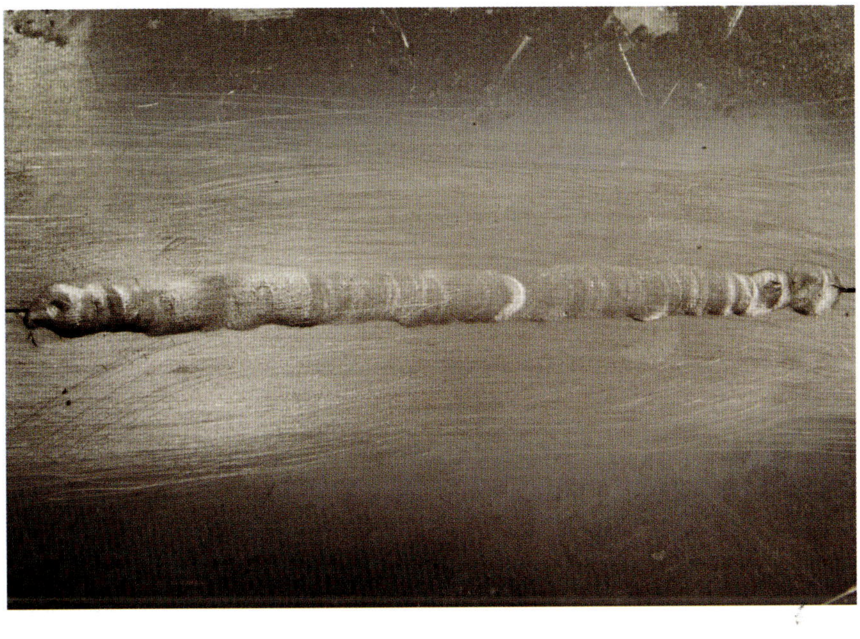

Mit dem Autogenbrenner sieht diese Schweißnaht auf einem 1,6-mm-Blech nicht so sauber aus wie mit dem WIG-Gerät, ist aber stabil und das Blech ist aufgrund des hohen Wärmeeintrags sehr gut umformbar.

Die Rückseite der Alu-Autogennaht (siehe vorherige Seite) zeigt eine gleichmäßige, gute Einbrandtiefe.

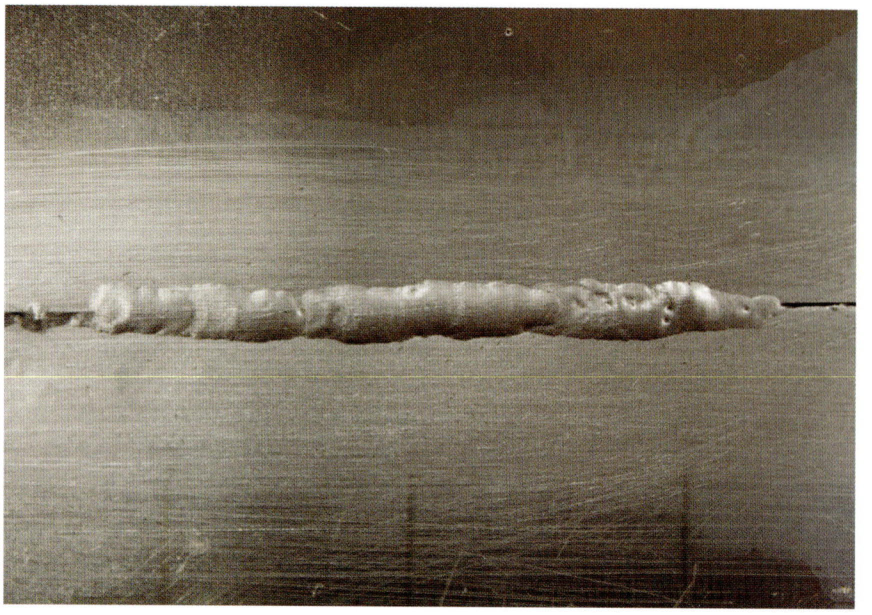

Autogen-Aluschweißungen lassen sich sehr gut verformen. Diese Naht hielt auch mehreren Schlägen mit dem Schlichthammer stand, ohne einzureißen. Die Verformbarkeit rührt aus dem Glühprozess her, der sich durch das Erhitzen des Blechs entlang der Schweißnaht vollzieht.

Wir bewegen den Brenner geradlinig entlang der Naht und tauchen dabei den Schweißstab immer wieder am vorderen Rand des Schweißbades ein. Mit zunehmender Erhitzung wird das Schweißbad immer flacher; der Augenblick, bis das Blech durchbrennt, ist dann nicht mehr weit. In diesem Fall den Brenner kurz anheben, damit die Schweißstelle etwas abkühlen kann. Aluminium setzt dem Schweißstab weniger Widerstand entgegen und fühlt sich teigiger an, daher erfordert der Umgang mit dieser weicheren Oberfläche etwas mehr Eingewöhnung. Wenn die Naht am Rand mit dem Schweißstab verschmilzt, muss das Schweißbad schneller weiterbewegt werden als beim Schweißen von Stahlblechen. Manchmal lässt sich die Wärmeeinwirkung besser steuern, wenn der Brenner in einem flacheren Winkel zum Werkstück gehalten wird. Ist die Schweißung fertig, spülen wir die Flussmittelreste gründlich mit Wasser ab, um Korrosionsbildung zu unterbinden, und reinigen sie mit einer Edelstahldrahtbürste. Falls das Blech beim Schweißen entlang der Naht allzu schnell wegzubrennen droht, verringern wir die Acetylenzufuhr oder spannen hinter dem Blech zur Stabilisierung eine Kupferunterlage fest. Generell sehen Autogennähte auf Alublechen selten so gefällig aus wie WIG-geschweißte Nähte. Sehr erfahrene Schweißer bekommen eine erstklassige Optik hin, das Autogenschweißen von Aluminiumblechen ist allerdings eine spezielle Kunst, die nach eigenen Regeln erlernt sein will. Solange die Naht aber hält, lässt sie sich soweit nachbearbeiten, dass hinterher niemand mehr erkennt, dass sie ursprünglich nicht ganz so sauber war.

MIG-MAG-SCHUTZGASSCHWEISSEN

Beim MIG-/MAG-Schweißen (Metall-Inertgas- bzw. Metall-Aktivgasschweißen) wird eine dünne Drahtelektrode von einem Drahtvorschubgerät durch die Schweißpistole bis an die Schweißstelle zugeführt und dort abgeschmolzen, wobei sich das Schweißbad bildet. Der Draht dient gleichzeitig als Fülldraht. Das MIG-Schutzgasverfahren (die MIG- und MAG-Verfahren – die sich nur beim Schweißgas unterscheiden – werden im Werkstattjargon oft unter dem Kürzel „MIG" zusammengefasst, daher bleiben wir in diesem Kapitel ebenfalls dabei) hat sich beim Dünnblechschweißen als das gebräuchlichste Verfahren durchgesetzt. Der Schweißlichtbogen wird dabei als Kurzschluss beim Kontakt der Drahtelektrode mit dem Werkstück gezündet. MIG-Schweißen lässt sich leicht erlernen, ist für dünnere und dickere Bleche gleichermaßen geeignet und ermöglicht schneller gute Schweißergebnisse. Einsteigergeräte sind heute bereits zu erschwinglichen Preisen erhältlich. Nachteilig ist beim MIG-Dünnblechschweißen lediglich, dass die Schweißnaht im Vergleich zu Autogen- oder WIG-Nähten ziemlich hart ist und sich ohne kostspieliges Zubehör nur Stahl schweißen lässt. Beim MIG-Schweißen wird zudem meist relativ viel Zusatzwerkstoff (Drahtelektrode) in der Naht aufgebracht, was zum Füllen von Löchern vorteilhaft, beim aufwändigen Glattschleifen der dicken Schweißraupen allerdings eher lästig ist. An weiterer Schutzausrüstung benötigen wir zum MIG-Schweißen lediglich einen automatisch abdunkelnden Schweißerhelm. Es geht sicher auch mit den konventionellen Helmen mit permanent abgedunkeltem Schutzglas, wirklich präzise lässt sich aber nur mit einem automatisch abdunkelnden Helm arbeiten.

Goldfarbene Schutzgläser wie am Relikt oben links sollten keinesfalls weiterverwendet werden, wenn sie Kratzer aufweisen. Der permanent abgedunkelte Schutzhelm oben rechts ist preisgünstig und tut seinen Dienst (es gibt diese Bauform auch mit Klarglas-Sichtfenster oberhalb des Schutzglases; der Schweißer fixiert die Schweißstelle vor dem Schweißbeginn durch die Klarglasscheibe und hebt beim Zünden des Lichtbogens und dem Schweißvorgang den Kopf an und blickt dann durch das Schutzglas). Automatikhelme (unten) werden zu immensen Preisunterschieden angeboten. Erfahrungsgemäß genügt ein preisgünstiger Automatikhelm vollauf. Reagiert er beim Zünden des Lichtbogens träge, legen wir ihn zur Regenerierung der Fotozellen einige Stunden in die Sonne.

Ein typisches Schutzgasschweißgerät für Einsteiger. Die Drahtelektrode wird von der Drahtrolle im Gehäuseinneren über das Schlauchpaket und die Pistole zum Werkstück zugeführt. Die Masseverbindung wird am Werkstück durch eine separate Masseklemme hergestellt.

Wie bereits angedeutet, beginnt beim MIG-Schweißen der Schweißvorgang, wenn der Schweißer die Betätigungstaste an der MIG-Schweißpistole drückt, wodurch die positiv gepolte Drahtelektrode Kontakt mit dem negativ gepolten Werkstück herstellt und gleichzeitig das Schutzgas aus der Gasdüse der Schweißpistole austritt. Beim Kontakt mit dem Werkstück erzeugt die Drahtelektrode einen Lichtbogen und es entsteht ein lokales Schweißbad. Durch den Widerstand werden das

Drahtende und das Werkstück erhitzt, bis die Oberflächenspannung des Schweißbades und die durch den Schweißstrom erzeugte Pinchkraft das verflüssigte Metall von der Drahtelektrodenspitze in die Schweißstelle ziehen. Das Drahtvorschubgerät führt den Draht kontinuierlich dem Schmelzbad am Werkstück zu und der Zünd- und Abschmelzvorgang wiederholt sich mehrmals pro Sekunde.

Beim Schweißen folgen diese Kurzschlüsse derart rasch aufeinander, dass sie nur als mehr oder minder gleichmäßiges Knistern oder Prasseln zu hören sind. Dabei schirmt das Schutzgas – in der Regel ein Argon-Kohlendioxidgemisch oder reines Kohlendioxid (Kohlensäure) – das Schweißbad gegen Umweltschadstoffe ab.

Damit die Schweißnaht optimal gelingt, sollte der MIG-Schweißdraht entsprechend der Blechdicke gewählt werden. Dickere Drähte führen höhere Stromstärken und entwickeln somit mehr Wärme, d. h. der Drahtdurchmesser entspricht meistens nicht exakt der Blechdicke wie beim Autogenschweißen. Beim Dünnblechschweißen sollte die Drahtdicke eher etwas geringer gewählt werden. Für kleinere MIG-Geräte haben sich 0,6-mm-Drähte bewährt. 0,8-mm- und 1,0-mm-Drähte sind ebenfalls gebräuchlich. Die auf Spulen gelieferten Drahtelektroden entsprechen international gültigen Normen (beispielsweise DIN, AWS oder NFA), dank derer die Produkte unterschiedlicher Hersteller vergleichbar sind. Beim Kauf von Drahtspulen sollten die Angaben auf Spulenverpackung oder -etikett mit den Angaben in der Bedienungsanleitung des Schweißgeräts verglichen werden, damit die Drahtelektroden auf jeden Fall mit dem Gerät harmonieren. Auch die Spulenausführung (es gibt unterschiedliche Bauformen, von denen nicht jede Variante in jedes Gerät passt) ist zu beachten. Die Drähte werden üblicherweise auf Spulen mit Durchmessern von 100 bis 300 mm geliefert. 300-mm-Spulen enthalten ca. 15 kg Schweißdraht. Der Hobbyrestaurator kann damit ziemlich lange arbeiten.

Als Schutzgas wird für das MIG-MAG-Schweißen von Stahlblechen in der Regel ein Gemisch aus Argon und Kohlensäure (Kohlendioxid) oder reine Kohlensäure verwendet. Bei größeren Blechdicken lässt sich mit Kohlensäure eine größere Einbrandtiefe erzielen, bei Dünnblech ist jedoch die sauberere Nahtoptik der Argon-Kohlensäure-Gemische ein entscheidender Vorteil. Für das Schweißen von Aluminium wird meist reines Argon verwendet, für Edelstähle ein Gemisch aus Kohlensäure, Argon und Helium. Für die beliebten 4130er Stähle sind Argon-Kohlensäure-Gemische ideal. Wer als Schutzgas reine Kohlensäure verwendet, holt sich sinnvollerweise einen passenden Druckminderer dazu. Nicht alle Druckminderer können mit unterschiedlichen Gasen verwendet werden. Im Zweifelsfall gibt sicher der Fachhändler für Schweißerbedarf oder technische Gase Auskunft.

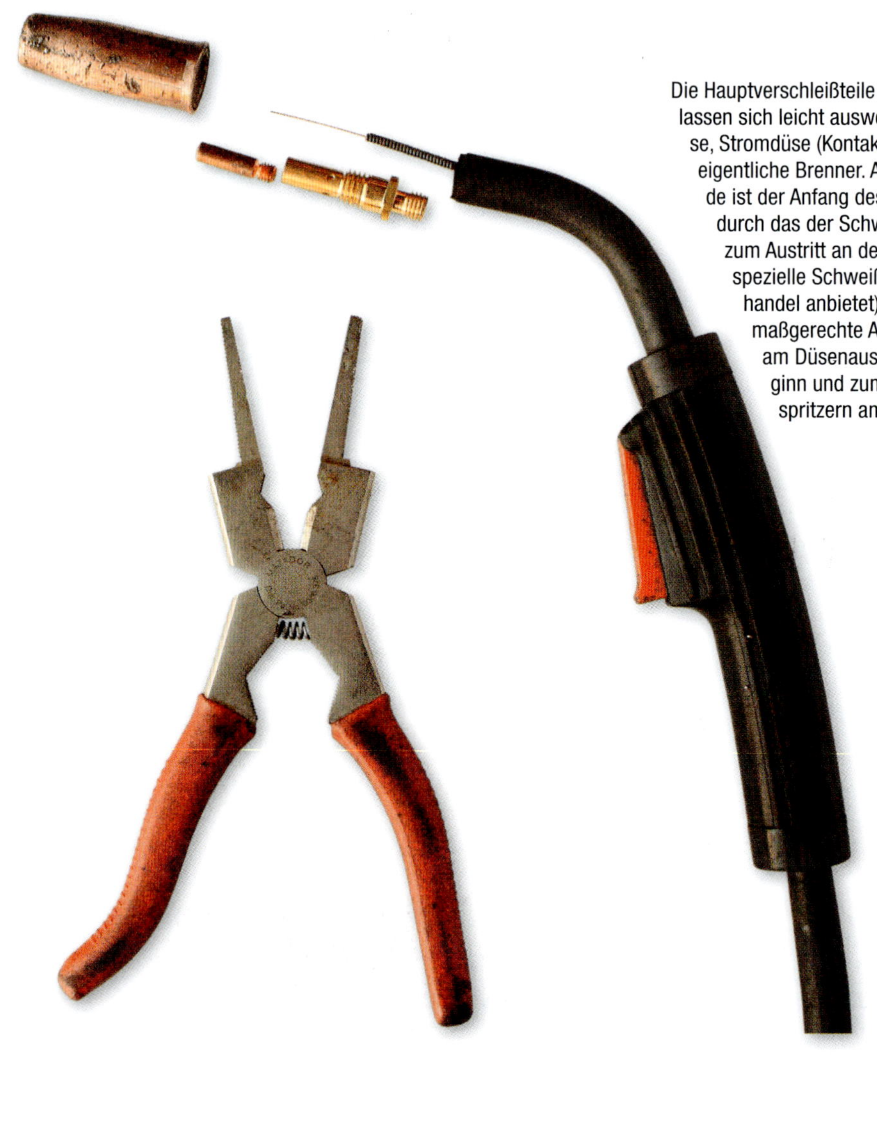

Die Hauptverschleißteile der MIG-Schweißpistole lassen sich leicht auswechseln (von links): Gasdüse, Stromdüse (Kontaktspitze), Mischrohr und der eigentliche Brenner. Am rückwärtigen Pistolenende ist der Anfang des Schlauchpakets zu sehen, durch das der Schweißdraht von der Spule bis zum Austritt an der Stromdüse durchläuft. Ein spezielle Schweißerzange (wie sie der Fachhandel anbietet) ist sehr praktisch für das maßgerechte Ablängen des Schweißdrahts am Düsenaustritt vor dem Schweißbeginn und zum Entfernen von Schweißspritzern am Inneren der Gasdüse.

An den Druckminderern der MIG-Schutzgasgeräte wird die Durchflussmenge des Schutzgases zur Schweißpistole einreguliert. Je nach Schutzgas besitzt der Minderer zwei Anzeigeskalen.

Technisch überholt und angesichts der mittlerweile günstigen Preise für MIG-Einsteigergeräte nicht mehr wirklich interessant sind die häufig als Sonderangebot vermarkteten Elektroschweißgeräte, die auf MIG-/MAG-Schutzgasbetrieb „aufgerüstet" werden können, indem sie um eine Schutzgasflasche und Druckminderer erweitert werden und der bei Elektroschweißgeräten übliche Fülldraht durch Massivdraht ersetzt wird. Bei Fülldraht handelt es sich um eine hohle Schweißdrahtelektrode, die mit Flussmittel gefüllt ist, so dass beim Abschmelzen der Drahtelektrode eine inerte Atmosphäre um das Schweißbad entsteht (wie sie beim Schutzgasverfahren durch das ausströmende Schutzgas erzeugt wird). Fülldrahtschweißgeräte produzieren immens viel Rauch und Schweißspritzer, aber grundsätzlich lässt sich damit schweißen. Ein gravierender Nachteil beim Dünnblechschweißen mit Fülldraht ist allerdings, dass sich das Flussmittel aus dem Fülldraht in der Schweißnaht ablagert und unschöne, übermäßig dicke Schweißraupen produziert. Außerdem sind Elektroschweißgeräte von Haus aus für deutlich größere Blechdicken ausgelegt, als man es beim Schutzgasschweißen mit Massivdraht gebrauchen kann. Das Gerät so einzustellen, dass der Hobbyschrauber und Amateurschweißer nicht allzu schnell Löcher ins Karosserieblech brennt, ist eine unnötig kitzlige Sache. Gerade für erste Schweißversuche ist die Anschaffung eines Schutzgas-Einsteigergeräts, mit dem Karosseriebleche in den üblichen Blechstärken zuverlässig geschweißt werden können, also sinnvoller.

Bei Einsteigergeräten genügt ein 220-V-Hausstromanschluss für Dünnblecharbeiten vollauf. Ein 380-V-Kraftstromanschluss ist beim Dünnblechschweißen keineswegs ein zwingendes Muss. Erst wenn regelmäßig umfangreichere Schweißarbeiten an dicken Rahmenträgern mit Blechstärken über 1,5 mm geplant sind, machen sich die Vorteile eines leistungsstärkeren 380-V-Geräts bemerkbar. Bei der Kaufentscheidung sollte man aber darauf achten, dass diese Geräte auch problemlos Arbeiten an 0,8-mm-Dünnblechen für Pkw-Karosserien ermöglichen.

Eine andere Ausführung eines MIG-Druckminderers und Durchflussreglers, auch hier mit zwei Anzeigeskalen.

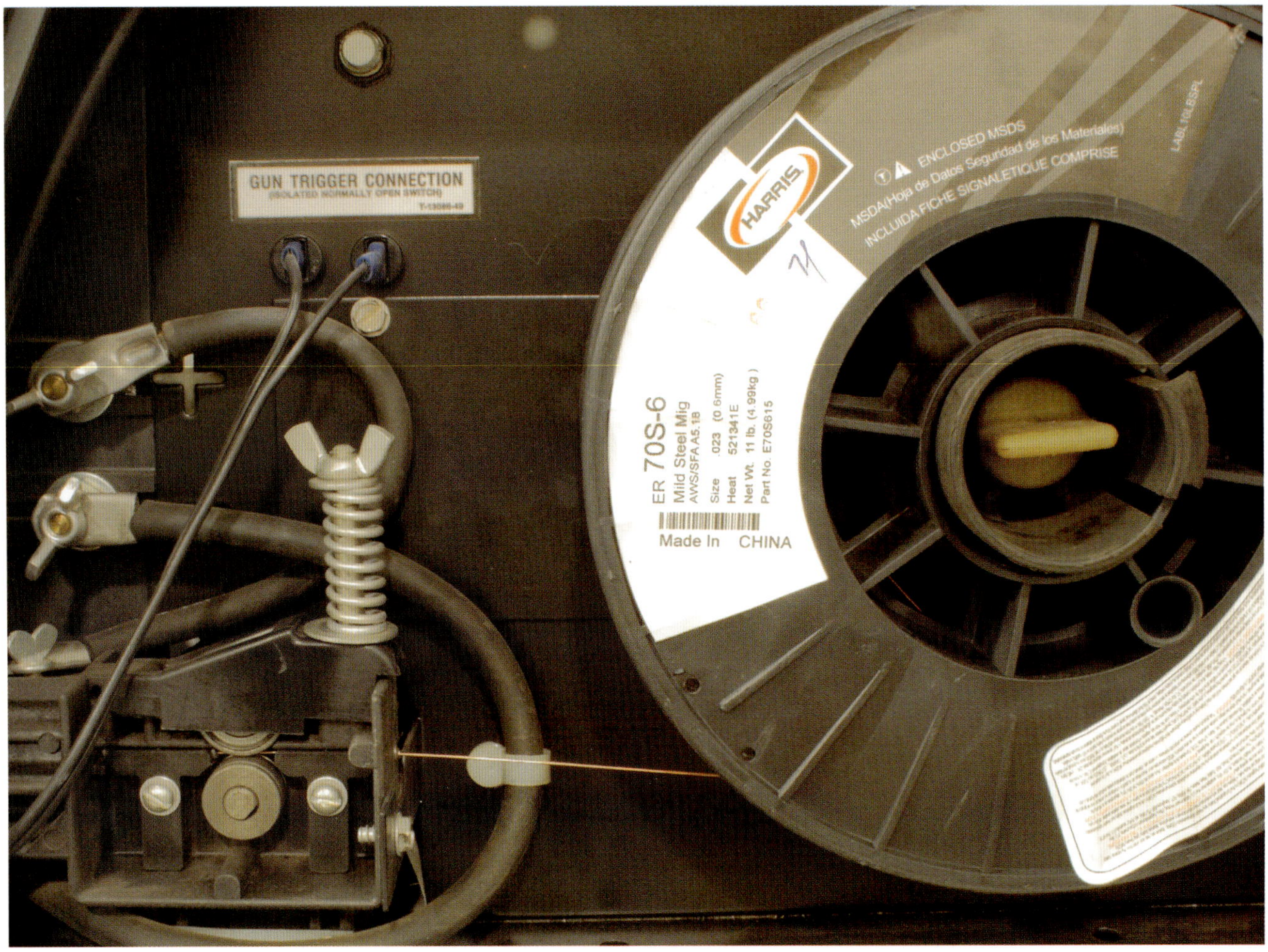

So sieht es unter der seitlichen Wartungsklappe eines MIG-Schweißgeräts aus. Die Drahtspule lässt sich ohne großen Aufwand von ihrem Träger abnehmen und aufsetzen. Die Drahtelektrode läuft zwischen den Transport-/Antriebsrollen durch. Auf dem Etikett auf der Spule ist der Elektrodenwerkstoff genau angegeben.

Zur Inbetriebnahme setzen wir als Erstes die Spule mit dem Schweißdraht auf ihrer Aufnahme im Gerät ein und führen das lose Ende des Drahts durch die beiden Transport- und Andruckrollen bis in das Schlauchpaket durch, schalten die Stromversorgung des Geräts ein und drücken den Pistolenabzug. Jetzt den Drahtvorschubregler auf der Gerätevorderseite auf maximale Geschwindigkeit stellen und warten, bis der Draht an der Schweißpistole austritt. Sobald er austritt, den Drahtvorschubregler wieder herunterdrehen und mit der Pistole auf eine Fläche ohne Masseverbindung (oder auf den Boden) zielen. Dabei die Düse in ca. 25 mm Abstand zu dieser Fläche halten. Nun den Pistolenabzug weiter betätigen. Wenn der Draht auf der Fläche auftrifft, muss er den Widerstand überwinden, den diese Fläche dem Drahtvorschub entgegensetzt. Läuft der Draht aber nicht mehr weiter, sobald er auf dieses Hindernis auftrifft, ziehen wir die Flügelmutter, mit der die Drahtvorspannung reguliert wird, um 1 oder 2 Umdrehungen an, damit der Draht an den Andruckrollen nicht mehr durchrutscht. Auf keinen Fall aber die Spannung soweit erhöhen, dass der Draht zwischen den Andruckrollen gequetscht wird. Dann den Schutzgas-Druckminderer (falls nicht schon geschehen) auf der Gasflasche aufschrauben und in gleicher Weise wie bei der Sauerstoffflasche eines Autogengeräts für die Inbetriebnahme vorbereiten. Niederdruckmanometer auf ca. 9 bis 14 l/min (Liter pro Minute) einstellen. Die empfohlenen Schweißspannungs- und Drahtvorschubeinstellungen für die zu schweißende Blechstärke sind oft auf einer Übersichtstabelle auf der Innenseite der seitlichen Wartungsklappe des Schweißgeräts angegeben. Nach diesen Werten stellen wir die Regler am Gerät ein. Dann wird die Masseklemme am Werkstück befestigt, so dass guter Massekontakt entsteht, und wir können nun probeweise ein paar Schweißraupen auf einem 3 mm dicken Blech ziehen. Am besten gelingt die Naht, wenn die Düse in ca. 3 mm Abstand zum Werkstück gehalten, der Abzug betätigt und das beim Kontakt zwischen Draht und Werkstück entstehende Schweißbad gleichmäßig in Vorwärtsrichtung weiterbewegt wird, damit eine gleichmäßige Naht entsteht. Mit etwas Übung merkt jeder, wie weit er sich mit dem Oberkörper über die Schweißstelle beugen muss, um den Schweißbereich jederzeit im Blickfeld zu behalten. Auf keinen Fall sollte die Pistole die Sicht auf die Schweißstelle versperren! Oft sind die laut Tabelle empfohlenen Geräteeinstellungen zu schwach für die auf Dünnblechen nötige Einbrandtiefe. Ist beim Schweißen mit den empfohlenen Einstellungen ein deutliches Prasseln zu hören oder klingt das Geräusch eher schwachbrüstig? In letzterem Fall drehen wir Spannungs- und Drahtvorschubregler eine Stufe höher und wiederholen den Schweißversuch. Beim Dünnblechschweißen kommt es sehr auf ausreichende Wärmezufuhr und maximale Einbrandtiefe an. Wird eine höhere Spannung eingestellt, entsteht eine flachere und breitere Naht, bei höherem Drahtvorschub wird mehr Zusatzwerkstoff (Drahtelektrode) in der Naht aufgetragen.

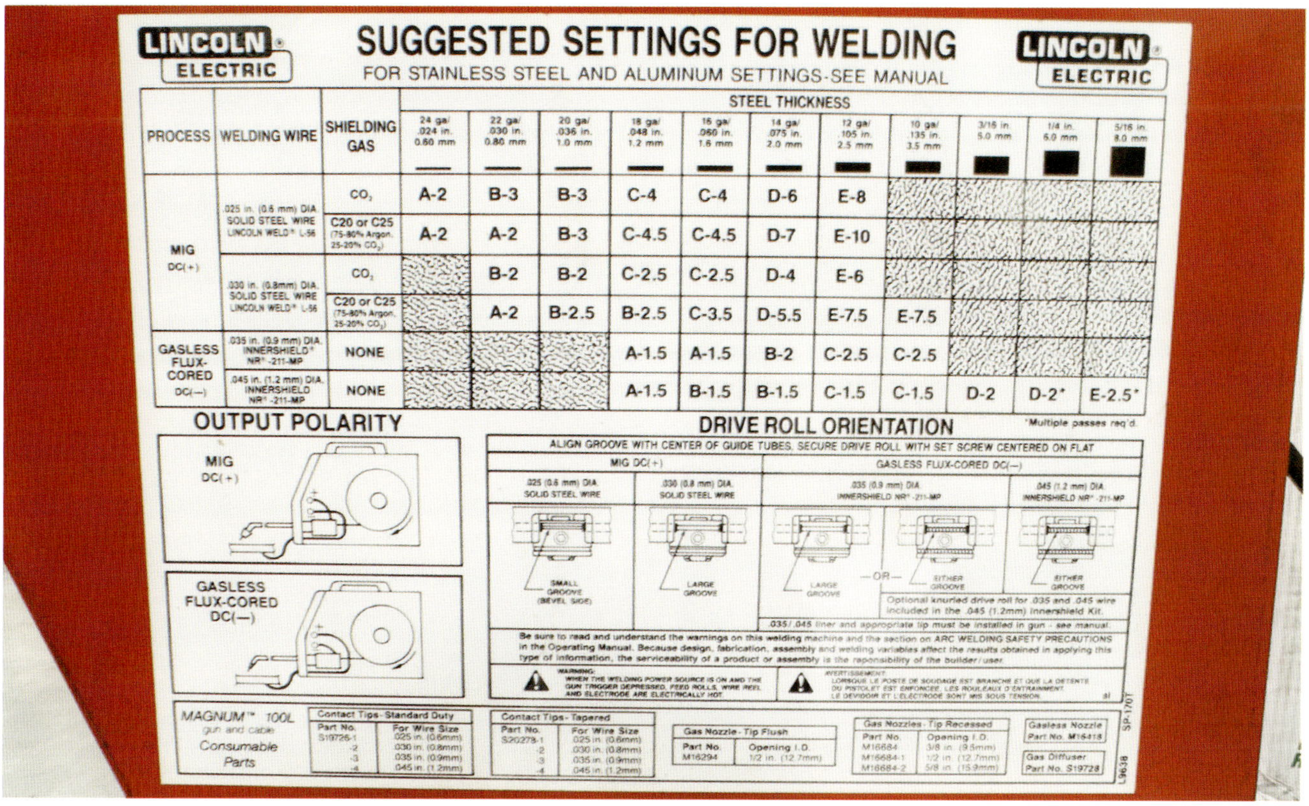

Auf der Innenseite der seitlichen Wartungsklappe dieses Schweißgeräts sind in Tabellenform alle Praxisdaten für das Schweißen mit unterschiedlichen Geräteeinstellungen zusammengestellt. Ähnliche Arbeitstabellen finden sich an den Geräten zahlreicher Hersteller.

Ungehinderter Blick auf die Schweißstelle ist beim Schweißen das A und O: Um das Schweißbad jederzeit im Blick zu haben, beugen wir uns mit dem Oberkörper über die Schweißpistole nach vorne.

Stimmt die Geräteeinstellung soweit, dass wir eine durchgehende Naht auf einem dickeren Blech ziehen können, spannen wir zwei Bleche in der für die weiteren Karosseriearbeiten geplanten Blechdicke so zusammen, dass wir sie stumpf verschweißen können. Dabei muss zwischen den beiden Blechen ein Spalt bleiben, dessen Breite geringfügig größer als die Blechdicke ist. Ist der Spalt zu schmal, entsteht beim stumpfen Verschweißen schnell eine Beule entlang der Naht, bei zu großem Spalt benötigen wir viel zu viel Zusatzwerkstoff (Drahtelektrode), um die Naht zu füllen. Zunächst heften wir die beiden Bleche entlang des Stoßes mit einzelnen Schweißpunkten in je ca. 25 mm Abstand zusammen. Bei jedem Druck auf den Abzug muss die Pistole ein sattes Prasselgeräusch erzeugen, wenn die Heftpunkte die Blechdicke an der Nahtstelle durchdringen. Reicht die Schweißwärme nicht aus, entsteht nur ein schwacher Schweißpunkt an der Blechoberfläche mit zu geringem Einbrand im Blech. Die Heftpunkte sollten abwechselnd entlang der Stoßnaht gesetzt werden, damit sich das Blech beim Verschweißen nicht zu stark erhitzt. Die beiden Bleche müssen auf beiden Seiten der Naht in einer Ebene aneinander anliegen. Notfalls flexen wir einzelne Heftpunkte wieder weg, wenn sich die Bleche beim Verschweißen aus ihrer Fluchtung wegbewegt haben. Mit der freien Hand stützen wir – falls nötig – die Pistole bzw. die Pistolenhand. Sind alle Schweißpunkte gesetzt, beginnen wir an einem der Heftpunkte und setzen drei oder vier Schweißpunkte direkt hintereinander, so dass sie einander teilweise überlappen. Dann geht es an einer anderen Stelle entlang des Blechs mit der nächsten Schweißpunktfolge weiter, bis durch ständiges Vor und Zurück die gesamte Naht durchgeschweißt ist. Haben wir genau auf die richtige Schweißgeschwindigkeit und Einbrandtiefe geachtet, fluchten die Bleche nach wie vor exakt miteinander. Als zusätzliche Vorsichtsmaßnahme gegen zu viel Hitzeentwicklung beim Schweißen können wir bei dem beschriebenen intervallartigen Setzen der Schweißpunkte den Nahtbereich zwischendurch immer wieder mit der Druckluftpistole abblasen, sobald die Hitzefarben aus dem Blech weichen. 4-5 Sekunden lange Druckluftstöße ergeben eine wirksame Abkühlung der Bleche und reduzieren den Wärmeverzug auf ein Minimum – ein alter Werkstattkniff, der auch heute noch seinen Zweck erfüllt. Wahrscheinlich müssen einzelne Schrumpfzonen im Blech nachbearbeitet werden; auf die dafür geeigneten Arbeitstechniken kommen wir im Kapitel zum Richten von Blechen noch zu sprechen.

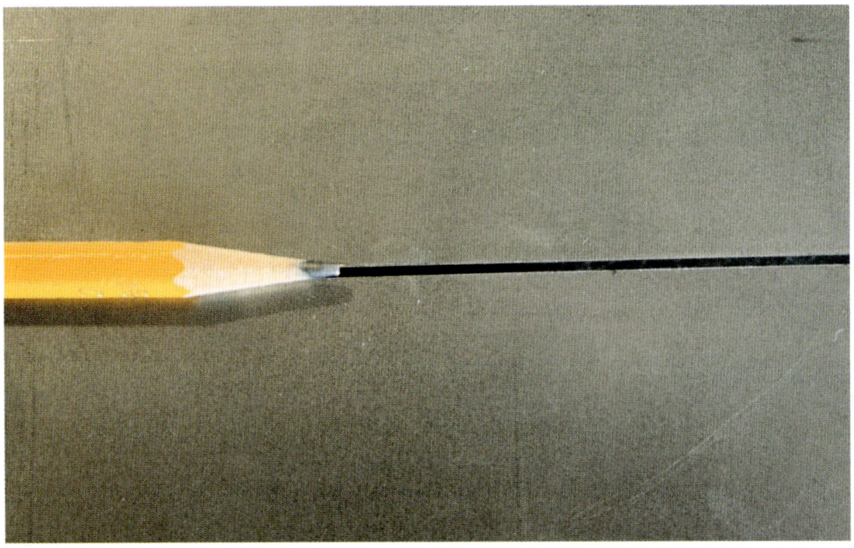

Als Faustregel sollte beim stumpfen MIG-Schweißen von Dünnblechen ein Spalt von ungefähr der anderthalbfachen Blechdicke zwischen den Blechen bleiben.

Die Heftpunkte werden in ca. 25 mm Abstand zueinander gesetzt, die richtige Fluchtung der Bleche muss dabei unbedingt gewahrt bleiben. Wie so oft, macht auch beim Nahtschweißen die Vorbereitung der Schweißnaht 90% des Erfolgs aus.

Die Optik der Schweißnaht verrät einiges über die richtige Einstellung des MIG-Schweißgeräts. Von oben nach unten: 1) Drahtvorschubgeschwindigkeit und Schweißspannung zu gering, die Naht ist ungenügend mit dem Grundmetall verschmolzen. 2) höhere Spannung, aber noch immer keine ausreichende Einbrandtiefe. 3) Drahtvorschubgeschwindigkeit wurde analog zur höheren Spannung aus Nr. 2 erhöht, noch etwas mehr Einbrand wäre aber wünschenswert. 4) So sieht es schon recht gut aus. 5) Wird die Schweißspannung noch weiter erhöht, entsteht eine zu heiße Schweißnaht (hier an der extrem breiten, flachen Naht zu erkennen).

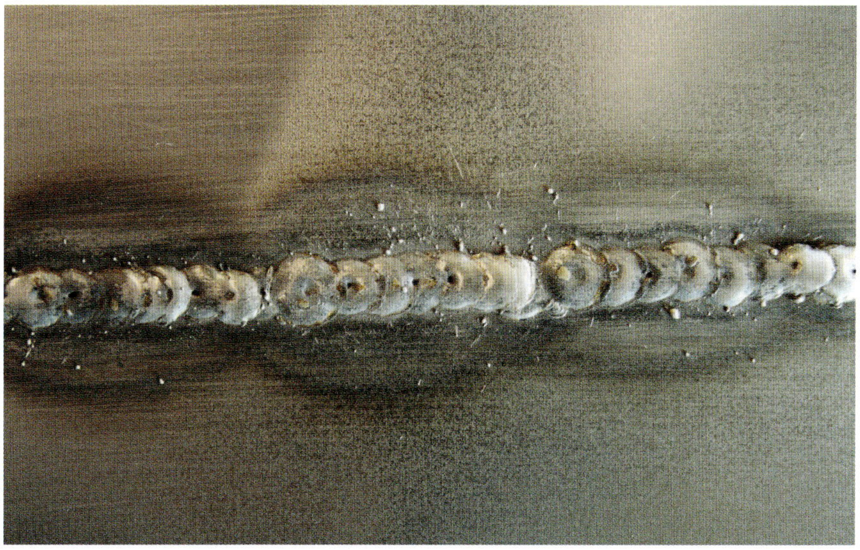

Bei Dünnblechen sollte die Schweißtemperatur eher etwas höher gewählt werden und die kurzen Schweißstrecken müssen einander etwas überlappen. Die Schweißpistole wird dabei kontinuierlich weiterbewegt, damit das Blech nicht durchbrennt.

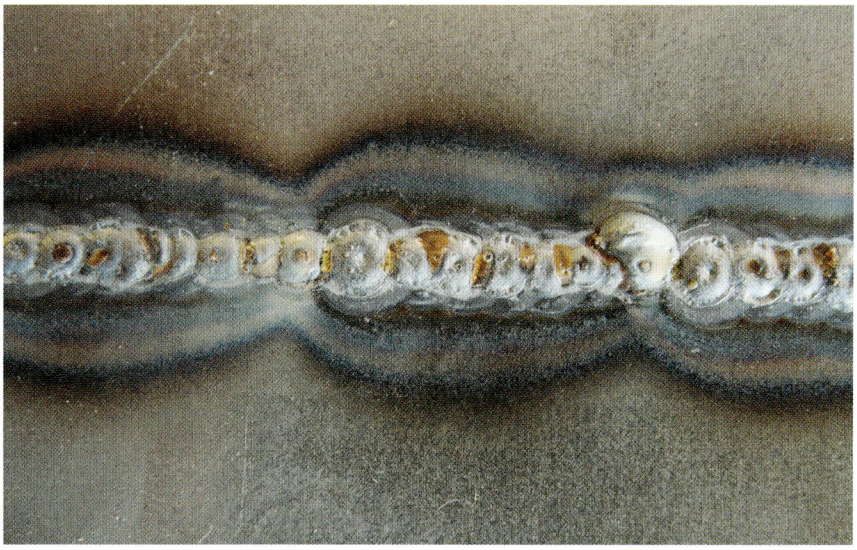

Die Rückseite der Schweißung aus dem vorherigen Bild zeigt, dass das Blech komplett durchgeschweißt wurde. Die Oberseite muss hinterher noch mit einigem Aufwand mit dem Schwingschleifer glattgeschliffen werden, mit feinerer Schleifkörnung ließe sich jedoch eine sehr glatte Nahtoptik erzielen.

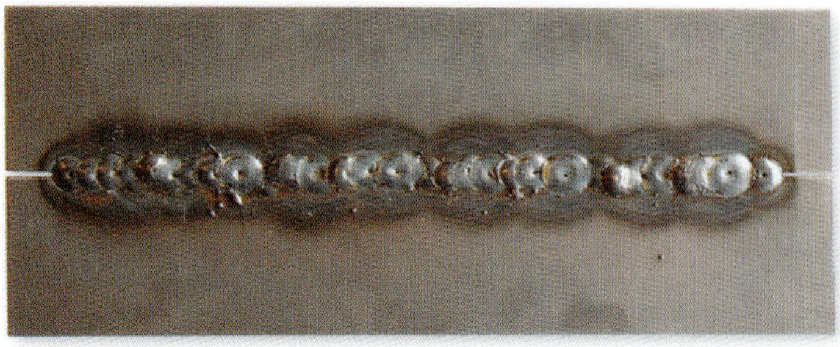

Um Wärmeverzug zu minimieren, setzen geübte Schweißer die Schweißpunkte so, dass sie einander teilweise überlappen, und kühlen die Schweißabschnitte zwischendurch immer wieder mit Druckluft, sobald die Anlauffarben aus der letzten Schweißstelle im soeben geschweißten Abschnitt entwichen sind.

Beim MIG-Verfahren dient der Schweißdraht als Elektrode und Fülldraht zugleich, d. h. unerwünschte Löcher lassen sich damit sehr gut zuschweißen. Manchmal genügen ein paar kurze, intervallartige Stöße (zwischen denen die Schweißstelle kurz abkühlen und aushärten darf) mit der Schweißpistole, um das Loch zu schließen. Bei größeren Löchern klemmen wir eine Kupferunterlage hinter das Loch oder hämmern ein Kupferrohr flach aus, damit es hinter schlecht zugänglichen Löchern spielfrei untergelegt werden kann. Mit zwei oder drei kurzen Schweißstößen mit der Schweißpistole lässt sich das Loch sauber schließen.

Ein eindeutiges Plus der MIG-Schutzgasgeräte ist ihre Langlebigkeit. Probleme bereiten gelegentlich Schweißspritzerablagerungen an den Düsenmundstücken, die die Schutzgasbildung beeinträchtigen, Kabelbruch im Massekabel (wenn z. B. der Gerätewagen zu oft über das Kabel rollt) sowie gelegentliche Defekte an den Schlauchpaketen, wenn das Schlauchpaket geknickt wurde (so dass der Draht nicht mehr richtig zum Brenner gefördert werden kann), überfahren oder in zu kleinem Radius aufgerollt wurde. Spritzerbildung an der Düse lässt sich ganz einfach vermeiden, indem die Düse durch Düsenspray und mit der Reinigungszange regelmäßig saubergehalten wird. Brüche im Massekabel sind kaum zu orten, da die Adern vielleicht gebrochen sind, der Kabelmantel aber äußerlich völlig intakt erscheint. Arbeitet das Gerät scheinbar korrekt, zündet die Elektrode aber nicht, liegt es meist an der Masseverbindung. Das Massekabel sollte dann mit einem Ohmmeter auf Durchgang geprüft werden. Bleibt die Drahtelektrode in der Vorschubbewegung stecken, müssen die Anpressrollen, die Stromdüse und das Mischrohr überprüft werden. Wurden Drahtspule und Anpressrollen überprüft und Mischrohr und Stromdüse ausgebaut und für intakt befunden, der Drahtvorschub aber immer noch nicht gleichmäßig arbeitet, hängt die Drahtelektrode wahrscheinlich im Schlauchpaket. Das Erneuern des Schlauchpakets ist nicht weiter kompliziert.

Unten: Beim Zuschweißen von Löchern ist das MIG-Gerät unschlagbar. Für derartige 10-mm-Löcher lohnt es sich kaum, einen Blechflicken anzufertigen, der stumpf verschweißt werden muss und obendrein nicht aus seinem Loch verrutschen darf.

Unten: Dieses Loch war zu klein, um überhaupt ein Einschweißblech anzufertigen, also wurde ein Kupferklotz hinter die Schweißstelle gespannt und das Loch mit ein paar kurzen Schweißstößen mit dem MIG-Brenner zugeschweißt.

WIG-SCHWEISSEN

Wer gern autogen schweißt, wird am WIG-Schweißen erst recht seine Freude haben. Der Umgang mit dem WIG-Brenner ähnelt sehr der Handhabung des Autogenbrenners, und auch die Arbeitstechniken des Autogenschweißens lassen sich direkt auf das WIG-Verfahren übertragen. Besonders positiv empfinden viele WIG-Fans, dass sich der Wärmeeintrag durch den hand- oder fußbetätigten Stromregler wesentlich besser regulieren lässt. WIG-Geräte sind meistens deutlich teurer als Autogen- oder MIG-Einsteigergeräte, schon nach ein paar Minuten Arbeit mit dem WIG werden jedoch die ungeahnten Möglichkeiten präziser Schweißsteuerung deutlich.

Kernstücke des WIG-Verfahrens sind die nicht abschmelzende Wolframelektrode und das „inerte" („reaktionsunwillige") Schutzgas dieses Verfahrens. Früher wurde vorwiegend Helium als Schutzgas verwendet, heute eher Argon (daher lief dieses Verfahren früher häufig unter der Bezeichnung „HeliArc"). Helium wird nach wie vor als Schutzgas verwendet, allerdings weitaus seltener als Argon. In Fachpublikationen ist mitunter die Abkürzung „GTAW" („gas tungsten arc welding" = Gas-Wolfram-Lichtbogenschweißen) anzutreffen. Hauptvorteile des WIG-Verfahrens bei Dünnblech-Karosseriearbeiten sind der wesentlich geringere Wärmeeintrag in das Blech, die Möglichkeit, unterschiedliche Metalle zu verschweißen, sowie die weiche und leicht bearbeitbare Oberfläche der Schweißnaht. Einziger Nachteil – neben den hohen Gerätepreisen – ist die niedrige Arbeitsgeschwindigkeit des WIG-Prozesses. Profis setzen WIG-Geräte speziell zum Schweißen von Alukarosserien oder für Blechteile ein, die aufwändig nachbearbeitet werden müssen, und gerade dort fällt der Unterschied in der Arbeitsgeschwindigkeit im Vergleich zu MIG-Geräten auf. Wer im Akkord „produzieren" muss oder auf Stundenbasis abrechnet, für den sind diese Unterschiede durchaus ein Kriterium.

Beim WIG-Verfahren bildet sich ein elektrischer Lichtboden zwischen der nicht abschmelzenden Wolframelektrode am Brenner und dem mit Masse verbundenen Werkstück. Nach dem Zünden des Lichtbogens wird die Stromstärke bei moderneren Geräten mit dem Hand- oder Fußregler geregelt. Durch die Hitze des Lichtbogens entsteht das Schweißbad.

Geräte wie dieses Miller Syncrowave 180 SD galten lange als typische Einsteigergeräte, heute sind jedoch auch hier die Baugröße und Preise deutlich gesunken. Das Gerät auf dem Arbeitstisch rechts (Miller Maxstar 150 STH) ist besonders kompakt, allerdings nur für Gleichstrombetrieb geeignet.

Der WIG-Brenner besteht (von links nach rechts) aus: Brennerkappe, Spannhülse, Brennergriff, Spannhülsengehäuse und Gasdüse. Die Wolframelektrode (oben) läuft mittig durch den Brenner.

Das Schweißbad wandert – wie bei den anderen Schweißverfahren – durch die Brennerbewegung weiter und wird durch Zugabe der Stabelektrode (die der Schweißer in der anderen Hand hält) je nach Bedarf verfüllt. Die Wolframelektrode steht an einer Keramikgasdüse über, an der ein Schutzgasmantel über dem Schweißbereich aufgebaut wird. Diese Gasdüsen sind nach ihrer Größe nummeriert; die größeren Düsen bauen einen besseren Schutzmantel auf, sind dafür aber in beengten Winkeln unhandlicher. Die Brennerkappe am hinteren Brennerende verhindert versehentliche Lichtbogenbildung am Wolframdraht. Wie die Gasdüsen, sind auch die Brennerkappen je nach Platzbedarf in unterschiedlichen Größen lieferbar.

Natürlich können wir hier alleine aus Platzgründen nicht auf alle Einstellmöglichkeiten an den WIG-Geräten eingehen, grundsätzlich lässt sich aber so ziemlich jedes Detail der Gerätefunktion feinabstimmen. Je größer die Einstellmöglichkeiten und Funktionsvielfalt, desto höher allerdings auch der Preis. Wir konzentrieren uns daher auf die für das Dünnblechschweißen wichtigsten Merkmale.

WIG-Schweißgeräte sind nicht billig, aber dank der technischen Weiterentwicklung immerhin in erschwinglichere Preisregionen gerückt. Obendrein sind die Geräte viel kompakter als früher. Bevor wir uns aber auf ein WIG-Gerät versteifen, sollte zuerst geklärt werden, welche Metallsorten verschweißt werden sollen. Wer Alubleche schweißen möchte, benötigt ein für Drehstrom geeignetes WIG-Gerät. Bekanntlich bilden sich auf der Aluminiumoberfläche beim Schweißen rasch lästige Oxide. Drehstrom zerlegt diese Oxide und erleichtert damit das Schweißen von Alu erheblich. Für fast alle anderen Schweißaufgaben wird eine Gleichstrom-Masseelektrode verwendet. Luftgekühlte Brenner sind für die meisten Dünnblecharbeiten, bei denen wir ohnehin ständig zwischen Blechformen und Schweißen wechseln, völlig ausreichend. Wer längere Zeit am Stück durchschweißt, für den empfiehlt sich die Anschaffung eines wassergekühlten Brenners, damit nicht so oft pausiert werden muss, um den Brenner abkühlen zu lassen.

WOLFRAMELEKTRODEN

WIG-Elektroden sind in unterschiedlichsten Varianten erhältlich, mit zwei Typen kommt der Do-it-yourselfer jedoch schon ziemlich weit: reine Wolframelektroden sowie Wolframelektroden mit 2% Thoriumzusatz. Sie sind an ihren Farbmarkierungen zu unterscheiden: Reines Wolfram besitzt herstellerspezifisch meist eine grüne Spitze, Elektroden mit Thoriumzusatz eine rote Spitze. Alternativen zu Elektroden mit Thoriumzusatz sind eine Überlegung wert, denn Thorium ist radioaktiv und daher gesundheitsschädlich. Die Elektroden an sich sind unbedenklich, der freigesetzte Staub kann jedoch vom menschlichen Körper leichter aufgenommen werden. Fachgeschäfte für Schweißerbedarf können ggf. Alternativen empfehlen. Auch die eigenen Schweißgewohnheiten sollten auf mögliche Gesundheitsrisiken geprüft werden. Wer Wolframelektroden mit Thoriumzusatz verarbeitet, sollte sie für Eisenmetalle verwenden, für Alubleche dagegen reine Wolframelektroden. Jede Wolframelektrodenvariante muss auf eigene Weise für das Schweißen vorbereitet werden. An der Thoriumvariante muss in Längsrichtung eine scharfe Spitze angeschliffen werden, damit ein exakt fokussierter Lichtbogen entsteht, während sich reine Wolframelektroden binnen Sekunden zu einer Kugelspitze formen, die den breiten Lichtbogen für das Aluschweißen erzeugt. Wenn Sie mit dem Fülldraht an die Elektrode kommen oder das Werkstück mit der Elektrode berühren, muss die Wolframspitze vor dem Weiterschweißen nachgeschliffen werden, damit keine Verunreinigungen in das Schweißbad gelangen. Die Fülldrähte kleben beim Abschmelzen schnell an der Wolframspitze fest, vor allem an frisch angespitzten Elektroden. Bei zu großen Fülldrahtablagerungen an der Wolframspitze knipsen wir den hässlichen Klumpen einfach mit einer Zange ab und schärfen die Wolframelektrode nach. Dazu die Elektrodenspitze nach unten richten und zwischen den Fingerspitzen an einem Doppelschleifer oder Schwingschleifer nachschleifen, dessen Schleiffläche für nichts anderes eingesetzt wird.

Die Wolframelektroden sind durch ihre Farbmarkierung auch in ausgepacktem Zustand sofort zu identifizieren. Allerdings verwenden nicht alle Hersteller die gleichen Kennfarben. In diesem Fall hat die Elektrode mit 2% Thoriumzusatz eine rote Spitze, die reine Wolframelektrode eine grüne Spitze.

Für die meisten Schweißarbeiten wird die Wolframelektrode so eingestellt, dass sie ca. 3 mm über die Gasdüse übersteht. Ist der Überstand zu gering, bietet sich dem Schweißer eine nur unzureichende Sicht auf die Arbeitsstelle. Steht sie zu weit über, wird sie nicht ausreichend durch den Schutzgasmantel geschützt und heizt sich übermäßig auf.

Als Erstes empfehlen sich ein paar Schweißübungen mit einer mit Masse verbundenen Elektrode mit Thoriumzusatz. Dann stellen wir das Gerät auf DCEN an und verbinden die Masseklemme mit dem Arbeitstisch bzw. dem Bauteil. Gasflasche und Druckminderer werden wie beim MIG-Schweißen eingestellt, wobei der Druck am Niederdruckmanometer ca. 9 l/min beträgt. Je nach Gerät ist beim Einschalten ein zischendes Geräusch zu hören; das vorströmende Schutzgas schützt den Schweißbereich vor dem eigentlichen Schweißbeginn. Diese Vor- bzw. Nachströmphase (während derer das Schutzgas nach Ende des Schweißvorgangs weiterströmt) kann bei den besseren Geräten separat eingestellt werden. Jetzt halten wir den Brenner ungefähr im 60°-Winkel zum Werkstück und nähern die Elektrodenspitze bis auf ca. 3 mm an das Blech an und tippen den Fußstromschalter an bzw. betätigen die Brennertaste.

Die einsatzbereite Wolframelektrode bildet eine rundliche Spitze, die Wolfram-Thorium-Elektrode muss dagegen spitz zugeschliffen werden.

Am Doppelschleifer oder Bandschleifer (dessen Schleifmittel ausschließlich für diesen Zweck verwendet werden) wird die Wolfram-Thorium-Elektrode durch gleichmäßiges Drehen zwischen den Fingern nachgeschliffen, bis eine gleichmäßige Spitze und damit ein eng fokussierter Lichtbogen entsteht. Auf keinen Fall den Schleifstaub einatmen! Eine Abzugshaube wäre hier also eine sinnvolle Arbeitsumgebung.

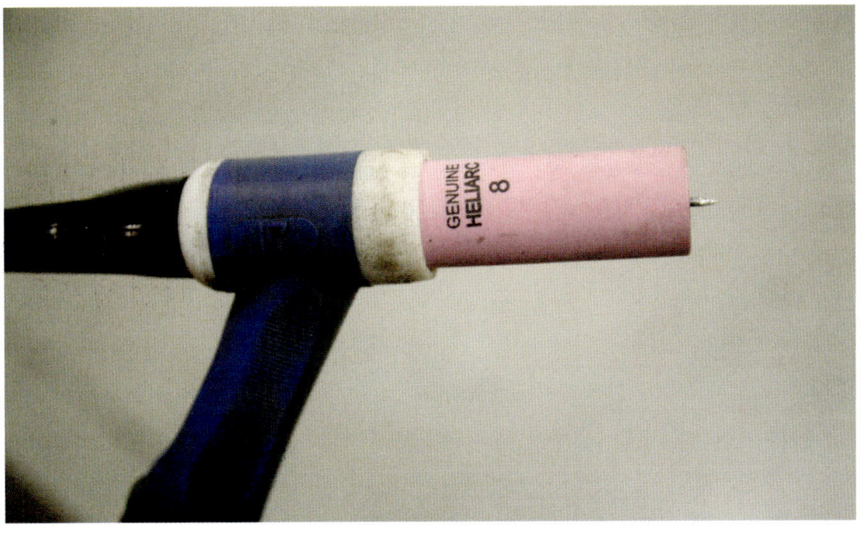

Bei den üblichen WIG-Dünnblecharbeiten wird die Wolframelektrode so eingestellt, dass sie an der Gasdüse ca. 3 mm übersteht.

WIG-Schweißen weist viele Parallelen zum Autogenschweißen auf. Das Schweißbad wird gleichmäßig in Schweißrichtung weitergezogen und die Stabelektrode am vorderen Ende in das Schweißbad eingetaucht. Ist die WIG-Schweißstelle fertig, bleibt der Brenner noch einige Sekunden über dem Schweißbad stehen, damit das Schutzgas das Schweißbad beim Abkühlen und Erstarren schützen kann.

Dabei experimentieren wir mit unterschiedlichen Brennerwinkeln, bis die geeignetste Arbeitshaltung gefunden ist. Je nach Winkel entstehen unterschiedliche Lichtbögen mit eigener Charakteristik. Anfangs ist der Lichtbogen schwach und wacklig und produziert ein prasselndes Geräusch. Mit zunehmender Stromstärke stabilisiert er sich und wird leiser und es bildet sich ein typisches Schmelzbad. Mit weiter steigender Stromstärke wird das Schweißbad breiter, bis das Blech durchbrennt. Es erfordert also einige Übung, ein Schweißbad zu erzeugen und gleichmäßig über das Blech zu führen.

Wer schon einmal autogen geschweißt hat, weiß, wie er die Schweißdrahtelektrode zuführen muss. Wie in den Ausführungen zu Stabelektroden erläutert, sind auch diese Drahtelektroden auf ihren jeweiligen Einsatzzweck abgestimmt. Für Stahlbleche bieten sich die gängigen ER70S-2 (nach AWS-Norm; bzw. G42 2C/M nach ISO) an – es wäre sogar möglich, Abfallstücke der MIG-/MAG-Drahtelektroden (falls vorhanden) hierfür zu recyceln. Sie wären sogar fürs Autogenschweißen geeignet, Autogendrähte wie RG 45 eignen sich für WIG jedoch allenfalls zum Üben, da sie keine ausreichend saubere Schweißnaht produzieren. Wir bewegen nun das Schweißbad gleichmäßig über das Blech weiter und tauchen dabei den Schweißdraht an der Vorderkante des Schmelzbades ein. Die Elektrode muss nicht hin- und herbewegt werden, wie es auf manchen WIG-Schaubildern zu sehen ist. Einfach den Brenner mit gleichmäßigem Tempo und in konstantem Abstand zum Werkstück vorwärtsbewegen. Dabei den Fülldraht in Lichtbogennähe halten, damit er ausreichend heiß und im Schutzgasmantel bleibt. Es passiert unweigerlich immer wieder, dass die Schweißdrahtelektrode die Wolframelektrode berührt. Dann einfach anhalten, die Elektrode nachschleifen und weiterschweißen. Mit zunehmender Übung passiert dies immer seltener. Falls die Wolframelektrode am Werkstück kleben bleibt, muss sie ebenfalls getrennt und nachgeschliffen werden. Am Ende jedes Schweißintervalls die Wärmezufuhr nach und nach verringern (dazu den Stromregler herunterdrehen) und den Brenner noch einige Sekunden über der Schweißstelle stehenlassen, damit das nachströmende Schutzgas das Schweißbad langsam kühlt, ohne dass sich Verunreinigungen ablagern. Das WIG-Schweißen ist oft eine derart gemütliche Angelegenheit, dass man nur zu leicht die freigesetzte UV-Strahlung vergisst, die Hautverbrennungen ähnlich einem Sonnenbrand verursachen kann. Geeignete Schutzkleidung ist also Pflicht, denn Verbrennungen spürt man erst einige Zeit nach dem Ende des Schweißvorgangs.

Beim Stumpf- bzw. Stoßschweißen mit dem WIG-Gerät braucht der Schweißspalt nicht so breit wie beim MIG-Schweißen zu sein. Oft genügt es, die Stoßkanten leicht aneinander anliegen zu lassen. Den Schweißdraht halten wir in Brennernähe bereit, falls die Metallkanten entlang der Naht beim Erhitzen wegschmelzen, anstatt miteinander zu verschmelzen. Auch hier bringen wir zuerst einige Heftpunkte in lockerer Folge an, glätten Passungsfehler mit dem Hammer oder mit einem anderen geeigneten Werkzeug und schweißen dann zwischen den Heftpunkten durch. Die Heftpunkte sollten möglichst weit auseinander liegen, damit die Bleche sich nicht übermäßig erhitzen.

WIG-SCHWEISSEN VON ALUMINIUM

Zum Aluschweißen stellen wir das Gerät auf AC ein, um die Oxidbildung an der Blechoberfläche zu unterdrücken, und wechseln die Wolfram-Thorium-Elektrode im Brenner gegen eine Reinwolframelektrode. Der Schweißbereich muss ebenso makellos blank sein wie der Brenner. In der Drehstromeinstellung klingt der Brennerlichtbogen noch zorniger als bei Gleichstrom, auch hier beruhigt sich das Geräusch jedoch mit steigendem Schweißstrom. Hält man den Brenner annähernd senkrecht zum Blech, entsteht ein regelrechter „Todesstrahl", der sich viel besser als bei schräger Brennerhaltung dirigieren lässt. Bei einer neuen, stumpfen Wolframelektrode braucht der Lichtbogen nur gezündet und über das Blech geführt zu werden, damit sich eine schön gerundete Elektrodenspitze bildet. Ohne Stabelektrode ist das Schweißbad auf Aluminiumblechen allerdings spürbar konkav, fast wie eine Wanne. Beim WIG-Schweißen von Alublechen ist die Stabelektrode also wichtiger denn je. Für die ersten Versuche sind die Elektrodensorten 4043 oder 1100 (wie beim Autogenschweißen) als Allrounder geeignet. Das Schweißbad wird in Schweißrichtung weitergeführt und die Stabelektrode immer wieder leicht in das Schweißbad eingetaucht. Pendelbewegungen mit dem Brenner sind unnötig – einfach in Vorwärtsrichtung weiterschweißen. Wandert die heiße Stabspitze aus dem Schutzgasmantel weg, bildet sich eine oxidüberzogene Kugel an der Stabspitze.

Sobald dies zu erkennen ist, schnipsen wir die noch heiße Kugel weg oder halten kurz inne und schneiden das verunreinigte Elektrodenstück ab. Den richtigen Abstand zwischen Stabelektrode und Schweißbad einzuhalten, ist mitunter schwierig, leichter geht es aber, wenn wir nonstop mit der Stabelektrode schweißen und sie in Gasdüsennähe halten. Steht der Schweißstab ständig in Schweißbadnähe

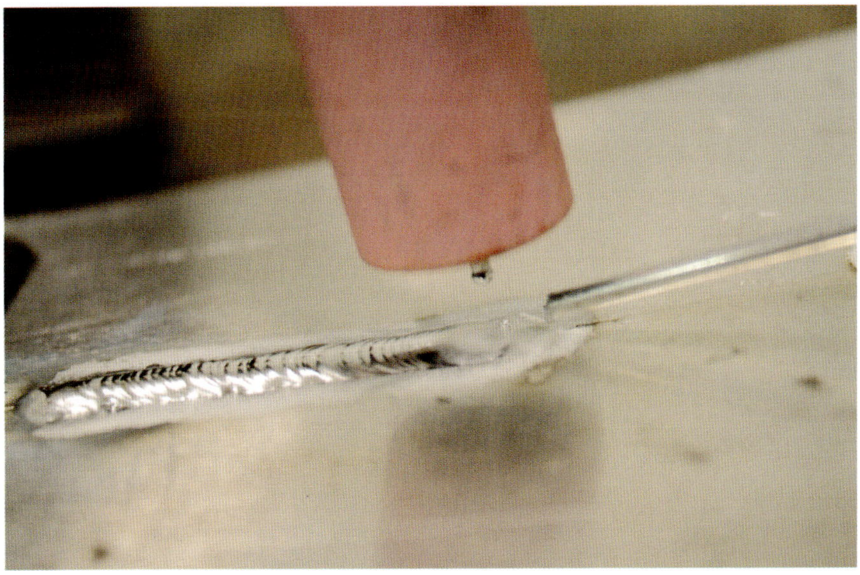

Vor Schweißbeginn darf ruhig mit Brennerwinkeln zwischen 60° und 90° experimentiert werden. Eine annähernd senkrechte Brennerhaltung hat sich beim Schweißen von Alublechen bewährt.

und darf er durchgehend abschmelzen, müsste sich auch das Problem der Kugelbildung erledigen.

Nur unwesentlich schwieriger als bei Stahlblechen ist das stumpfe WIG-Schweißen von Alublechen. Wir legen die beiden Bleche stumpf aneinander und spannen sie zusammen. Beim Zünden des Lichtbogens an der Naht ziehen sich die Bleche abrupt voneinander zurück, als wollten sie sich aus dem Weg gehen. Je größer der Wärmeeintrag, desto deutlicher ist diese Rückzugsbewegung zu erkennen und es bleibt ein klaffendes Loch zurück. Der Trick ist, die Blechkanten durch starkes Erhitzen in hellglänzenden Zustand zu versetzen – analog zur Schweißbadbildung, die Blechkanten sind jedoch noch nicht verschmolzen – und sofort die Stabelektrode zuzuführen. Die Stabelektrode unterbricht die Oberflächenspannung der Schweißbäder an den Blechkanten, die nun miteinander verfließen können. Sind die Bleche durch ein gemeinsames Schweißbad verbunden, können wir die Stromzufuhr steigern, bis beide Bleche voll verschmolzen sind. Am Ende der auf Alublechen gezogenen WIG-Naht muss die Stromzufuhr langsam reduziert werden. Wird die Stromzufuhr zu abrupt gedrosselt, reißt die Schweißstelle unweigerlich. Nach den ersten Heftschweißpunkten können wir zwischen den Heftpunkten wie gehabt durchschweißen. Damit die Blechenden nicht wegfließen, klemmen wir einen Kupferklotz hinter der Schweißstelle fest und drosseln die Stromzufuhr beim Annähern an die Enden.

Will sich das Aluminiumblech um keinen Preis richtig schweißen lassen, handelt es sich entweder um eine nicht schweißbare Alusorte oder – was wahrscheinlicher ist – die Oberfläche ist schmutzig oder korrodiert. Fremdkörper (Oxide oder sonstige Einschlüsse) auf der Oberfläche zeichnen sich in der Schweißwärme als dunkler, nicht schweißbarer Einschluss ab. Bleiben trotz aller Reinigungsversuche leichte Korrosionsspuren auf der Metalloberfläche zurück, versuchen wir einen Ausgleich mit dem Stromregler (sofern am Gerät vorhanden). Mit dem Stromregler wird der Stromfluss am Werkstück gesteigert, und damit lassen sich

Am Gerät kann die Schweißstromstärke reguliert werden. Diese Reguliermöglichkeit macht sich oft beim Schweißen von Alublechen mit hartnäckigen Oxidschichten auf der Blechoberfläche bezahlt.

auch die Oberflächenoxide zersetzen. Letzten Endes wird dabei die Reinigung der Blechoberfläche auf Kosten der Einbrandtiefe optimiert. Bei der Restaurierung arg mitgenommener Alukarosserien britischer Exoten hat sich diese Regelmöglichkeit sehr bewährt.

WIG-SCHWEISSEN VON EDELSTÄHLEN

Das WIG-Schweißen von Edelstählen läuft im Prinzip nicht anders ab als das Schweißen von normalem Schwarzblech, nur benötigen wir eine Edelstahl-Stabelektrode und die Rückseite der Schweißnaht muss gegen Luftverunreinigungen geschützt werden, die andernfalls die Schweißstelle schwächen würden. Dazu wird entweder die Blechrückseite mit Schutzgas gespült oder es wird ein spezielles Flussmittel auf der Schweißrückseite aufgetragen. Um die Blechrückseite zu spülen, benötigt man eine weitere Argonflasche mit Druckminderer. Aus stabiler Kartonpappe fertigen wir einen Schacht, den wir so auf das Blech aufkleben, dass die Nahtrückseite umschlossen wird. Auf Schönheit kommt es dabei nicht an, nur auf Luftdichtheit. Vom Druckminderer zu diesem Schacht wird ein Schlauch verlegt, der Zugang mit Klebeband verschlossen und ein zweiter (ebenfalls luftdichter) Schlauch aus dem Schacht ins Freie verlegt. Nun stellen wir das Niederdruckmanometer am Druckminderer auf 9,5 l/min ein und lassen Argon in den Schacht strömen. Der Abluftschlauch wird so ins Freie geführt, dass nicht gerade der Sauerstoff aus dem Arbeitsbereich verdrängt wird. Mit einer derartigen Schachtkonstruktion auf der Blechrückseite kann es sofort ans Schweißen gehen. Natürlich sollte der Schacht weder Feuer fangen noch anderweitig beschädigt werden, denn dann wäre sein Zweck verfehlt. Abdichtband sollte also griffbereit liegen.

Ohne Argonflasche und Druckminderer gelingt das WIG-Schweißen von Edelstählen mithilfe eines Flussmittels wie Solar Flux – eine Formierpaste aus dem Industriebereich, die auch in Deutschland über Online-Schweißshops vertrieben wird. Solar Flux wird mit Methanol zu einer sahnigen Konsistenz angemischt und die Nahtrückseite damit bestrichen. Nach dem Schweißen können die glasigen Reste mit einer Drahtbürste entfernt werden.

Unten: Solar Flux wird mit Methanol, wie es hier in einem Wasserabscheidemittel für Benzinleitungen vorliegt, zu einer Flussmittelschicht angemischt, die die Rückseite der WIG-Edelstahlnähte schützt.

Das mit Methanol zu einer sahnigen Masse angerührte Solar Flux wird auf die Nahtrückseite aufgetragen.

Solar Flux brennt beim Schweißen nicht weg und lässt sich hinterher mit einer Edelstahldrahtbürste entfernen. So sieht die Rückseite der Schweißstelle nach dem Schweißen aus.

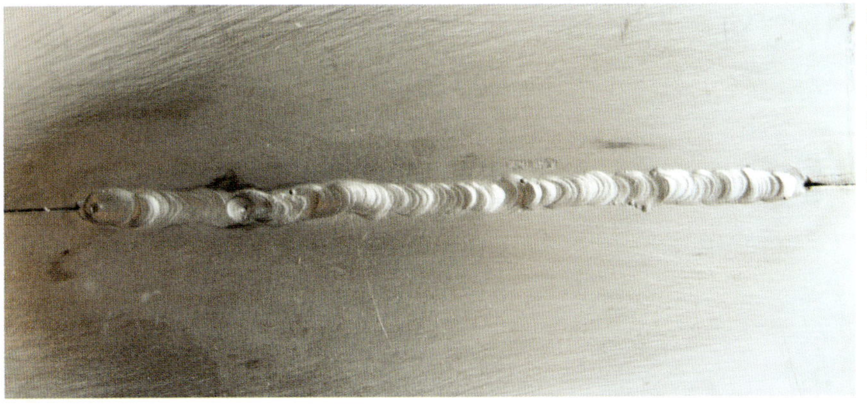

Auf Dünnblechen braucht das Flussmittel nicht allzu dick aufgetragen zu werden. Falls etwas von dem Flussmittel auf die Vorderseite durchsickert, sollte es vor dem Schweißen mit der Edelstahlbürste vorsichtig abgewischt werden. Hier ist die Vorderseite der fertigen Naht zu sehen, deren Rückseite zuvor mit Solar Flux behandelt wurde.

An dieser Edelstahlzierleiste hatte sich ein Riss gebildet und ein Stück war ausgebrochen. Die Rückseite der Fehlstelle wurde vor dem Schweißen mit Solar Flux bestrichen, eine Messingblecheinlage stabilisiert die Schweißstelle und dann konnte die Fehlstelle mit einer abschmelzenden Edelstahl-Stabelektrode verfüllt werden.

Kapitel 3
Hartlöten, Weichlöten, Nieten

Nach dem Schweißen kommen wir auf drei weitere bei der Restaurierung von Veteranenfahrzeugen gebräuchliche Fügeverfahren zu sprechen: Auch Hart- und Weichlöten funktionieren mit Hitze und offener Flamme, unterscheiden sich vom Schweißen aber dadurch, dass das Grundmetall nicht mit dem Zusatzwerkstoff verschmilzt. Stattdessen stellt der Lötzusatzwerkstoff durch das Legieren der Werkstückoberflächen eine stoffschlüssige Verbindung der beiden Metalle her. Nieten erfolgt üblicherweise in kaltem Zustand, Stahlniete können jedoch nur mit einem Brenner fachgerecht montiert werden.

HART- UND WEICHLÖTEN

Das Hartlötverfahren eignet sich vor allem für die Reparatur von Gussteilen, für die Verbindung unterschiedlicher Metalle sowie für den Materialaufbau zur Instandsetzung verschlissener Zähne an Zahnrädern und anderer Oberflächen. Als weiterer Vorteil wird häufig der wesentlich geringere Verzug genannt, der auf den im Vergleich zum Schweißen geringeren Wärmeeintrag zurückzuführen ist. Der Temperaturunterschied zwischen dem Schweißen und Hartlöten ist unbestritten, fraglich ist allerdings das Ausmaß des angeblich geringeren Verzugs. Auch beim Hartlöten muss das Grundmetall bis zur Rotglut erhitzt werden, auch wenn das Metall langsamer als beim Schweißen auf Temperatur gebracht wird. Zudem ist Hartlöten nur an Überlappungsnähten möglich, d. h. es müssen zwei Blechlagen erhitzt werden. Unterm Strich nimmt das Blech sogar mehr Wärme auf als beim Schweißen. Überlappungsnähte sind außerdem dick und lassen sich nicht so leicht nachbearbeiten wie eine stumpf geschweißte Stoßnaht. An Dünnblechen ist Hartlöten auf keinen Fall erste Wahl gegenüber Schweißen, bei den anderen erwähnten Einsatzmöglichkeiten bleibt es jedoch interessant.

Hartlotstäbe (der Zusatzwerkstoff beim Löten) bestehen aus Messing (einer Zink-Kupfer-Legierung) und werden unter Zugabe eine Flussmittels verarbeitet, das das Abschmelzen des Lotstabs erleichtert und für eine innige Verbindung des Lotes mit dem Grundwerkstoff sorgt, indem Oxidbildung und eine Verunreinigung der Lötstelle aus der Luft verhindert werden.

Dieser Niet am Rahmen eines Ford T müssen eine ganz bestimmte Optik aufweisen, damit die Restaurierung „wie neu" wirkt.

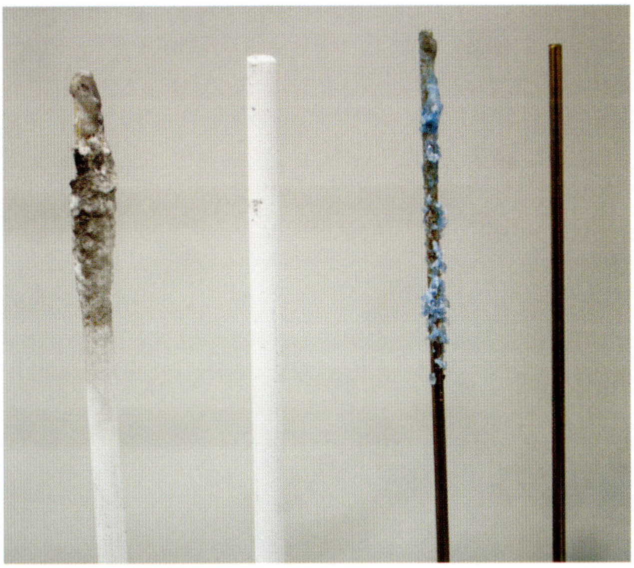

Eine Auswahl Hartlotstäbe und Flussmittel. Von links: Flussmittelumhüllter Lotstab nach Gebrauch, neuer Lotstab mit Flussmittelumhüllung, ein erhitzter Lotstab, der in Flussmittel getaucht wurde, sowie ein blanker Lotstab.

Flussmittel ist als Pulver, in das der Hartlotstab vor dem Löten getaucht wird, oder als Lotstäbe mit Flussmittelumhüllung lieferbar. Flussmittelumhüllte Lotstäbe sind eine praktische Sache, erfordern allerdings eine vorsichtige Handhabung, sonst platzt das Flussmittel ab, und sie müssen fachgerecht gelagert werden, damit die Flussmittelschicht keine Feuchtigkeit aufnimmt. Die Flussmittel müssen immer auf die zu lötenden Metalle abgestimmt werden, denn nicht jedes Flussmittel eignet sich für jedes Metall.

Beim Hartlöten wird der Grundwerkstoff bis zur Rotglut (bei Stahl) erhitzt und mit dem Zusatzwerkstoff (Lotstab) die Metalloberfläche berührt. Falls Lotstab und Grundmetall nicht die erforderliche Temperatur erreichen, neigt das Hartlot zur Klumpenbildung auf der Oberfläche. Wird das Lot dagegen zu heiß, schwimmt es auf der Blechoberfläche weg und verbrennt mit einem zischenden Geräusch und weißer Rauchbildung, wenn das Zink wegbrennt. Die Rauchentwicklung der Hartlötflussmittel und überhitzten Lotstäbe ist der Gesundheit nicht förderlich, also immer in gut belüfteten Räumen löten und den Kopf nicht zu nahe an die Lötstelle heranbringen! Da es beim Hartlöten auf die Haftfähigkeit der Lötoberflächen ankommt, müssen die Lötstellen möglichst groß sein, beispielsweise überlappende Nähte. Stumpfnähte sind ungeeignet. Zum flächigen Materialauftrag – wie an unserem Versuchsteil weiter unten demonstriert – sind allerdings keine überlappenden Nähte erforderlich.

Wer beim Hartlöten die Lötstelle mit dem Autogenbrenner erhitzt, sollte die gleiche Düse wie beim Autogenschweißen der entsprechenden Blechdicke verwenden (es sei denn, das Werkstück ist wirklich sperrig) und eine neutrale Flamme einstellen. Da kein Schmelzbad im Grundwerkstoff erzeugt werden muss, darf die Brennerspitze mit dem inneren Flammkegel ruhig in mindestens ca. 25-40 mm Abstand zur Werkstückoberfläche gehalten werden; das Anwärmen der Bleche erfolgt mit der äußeren Streuflamme. Als Erstes bewegen wir die Brennerflamme über die absolut saubere Oberfläche, um sie anzuwärmen. Sobald die Oberfläche dunkelrot anläuft, „spielen" wir mit dem Brenner über das Ende des Lotstabs, tauchen ihn in das Flussmittel und tragen das Lot auf der Lötstelle auf. Auch beim Hartlöten werden (wie beim Schweißen) zuerst ein paar Heftpunkte gesetzt und die Naht dann weitergezogen. Soll mit dem Hartlot eine Materialschicht aufgebaut werden, erhitzen wir den Lötbereich, tragen das Lot mit dem Lotstab auf, lassen den Lotstab etwas abkühlen, damit das Lot erkalten kann, und wiederholen den Vorgang. Nicht vergessen, beim Abschmelzen des Lotstabs ausreichend Flussmittel zuzugeben!

Als Versuchsobjekt dient ein echtes „Schnauferl", ein Holsman Baujahr 1908, an dessen Lenkgestänge eine länglich ausgeschlagene Bohrung wieder in Form gebracht werden musste. Für den Materialaufbau zur Verkleinerung der Bohrung bot sich Hartlöten geradezu an. Zunächst wurde das Bauteil bis zur Rotglut erhitzt, dann die Spitze des Lotstabs erwärmt und kurz in Flussmittel getaucht. Da die Bohrung einseitig um ca. 6 mm länglich ausgeschlagen war, waren mehrere Durchgänge erforderlich, um mit dem Hartlotstab eine ausreichende Materialdicke in der Bohrung aufzutragen. Anschließend ließen wir das Gestängeteil erkalten, und danach wurden sämtliche Flussmittelrückstände mit Drahtbürste und Wasser restlos entfernt.

Beim Hartlöten des Lenkgestängehebels unseres Holsman-Schnauferls von 1908 (Holsman war ein US-Hersteller, der von 1902 bis 1910 Tourenwagen produzierte) wird im ersten Arbeitsschritt der Hebel bis zur Rotglut erhitzt.

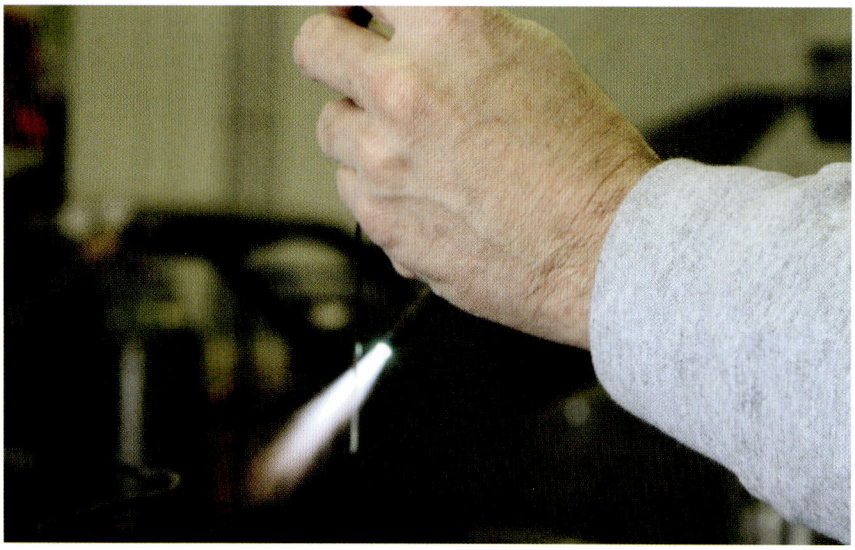

Nun den Hartlotstab anwärmen und in das Flussmittelpulver tauchen. Das Flussmittel bleibt am Lotstab kleben.

Lotstab auf dem glühend heißen Werkstück auftragen. Das Hartlot darf auf dem Werkstück ruhig einen Berg bilden. Dann den Brenner kurz zurückziehen, damit das Hartlot abkühlen kann. Diesen Vorgang wiederholen, bis ein ausreichender Materialauftrag erreicht ist.

Wird das hartgelötete Teil zu stark erhitzt, brennt das Zink aus dem Lot weg – zu erkennen an unübersehbarem weißem Qualm und reichlich weißen Rückständen um die Lötstelle.

So sieht die fertige hartgelötete Reparaturstelle nach dem Abkühlen und Reinigen aus.

Zum Silberlöten muss das Werkstück – wie beim herkömmlichen Hartlöten – auf Temperaturen über 450 °C gebracht werden. Silberlot wird bei der Restaurierung von Veteranenfahrzeugen aus der „Messingära" gelegentlich zur Instandsetzung von Zierteilen verwendet. Silberlot ist eine Legierung aus Silber, Zink und Kupfer und lässt sich nur mit einem speziellen Flussmittel verarbeiten. Mit Silberlot können Kupfer, Messing, Edelstahl und normaler Stahl miteinander verbunden werden. Die Bilderreihe zeigt, wie ein Messingteil mit Silberlot mit einem Stahlblech verlötet wird. Im ersten Arbeitsschritt trägt man auf dem makellos sauberen Blech flüssiges Silberlot-Flussmittel auf und legt einige Schnipsel Silberlot auf der Fügenaht auf. Das Silberlot kann auch direkt vom Draht zugegeben werden, die einzelnen Schnipsel sorgen jedoch dafür, dass nie zu viel Lot zugeführt wird. Das Flussmittel hält die Lotstücke in ihrer Position, während das Werkstück erhitzt wird. Der allmähliche Erhitzungsvorgang bietet die Gewähr, dass das Flussmittel nicht wegspringt und das Lot beeinträchtigt. Beim Hart- und auch Weichlöten sollte immer ein gewisser Mindestspalt zwischen den Werkstücken verbleiben, damit das Lot durch die Kapillarwirkung in den Spalt zwischen den Blechen hineinwandern kann. Werden die Werkstücke zu fest zusammengespannt, kann sich der lotförmige Zusatzwerkstoff nicht zwischen den Blechen ausbreiten. Nun das Werkstück – nicht nur das Lot – soweit erhitzen, dass sich das Silberlot verflüssigt und verläuft, und dann den Brenner von der Lötstelle zurückziehen.

Weichlote schmelzen im Gegensatz zu Silberlot bereits bei Temperaturen unter 450 °C. Gebräuchliche Lote sind Zinn-Blei-Lötdrähte mit säurehaltiger Flussmittelfüllung („Flussmittelseele") sowie Zinn-Blei-Karosserielote (das klassische Karosseriezinn). Lote mit Flussmittelseele enthalten ein säurehaltiges Flussmittel, das eine Reinigung des Grundwerkstoffs bewirkt, so dass das Lot besser haftet. Derartige Lote mit Flussmittelseele werden für die Reparatur gelöteter Leitungen und für die Behälterreparatur verwendet. Auf die als Karosseriezinn bekannte Sonderform der Lote, die vor allem zum Ausschwemmen von Karosserienähten und zur Reparatur von Karosseriekonturen an vibrations- oder spannungsbelasteten Stellen verwendet wird, kommen wir später in diesem Kapitel.

Für das Hartlöten mit Silberlot werden ein Messing- und ein Stahlblech sowie Spezialflussmittel für das Silberlöten und Silberlot (von der Drahtrolle) benötigt.

Das Blech wird sorgfältig gereinigt, der Lötbereich mit Flussmittel bestrichen und die Teile locker aneinander fixiert. Sie dürfen nicht zu stramm zusammengespannt werden, sonst kann das Lot nicht in den Spalt zwischen den Blechen fließen. Vom Lotstab werden kurze Stücke abgeschnitten und auf der Lötnaht ausgelegt.

Nun wird das Blech langsam erhitzt, bis das Lot sich verflüssigt und in den Lötspalt fließt. Das Lot muss durch das erhitzte Metall zum Schmelzen gebracht werden und sollte keinesfalls direkt mit der Flamme erhitzt werden, sonst schmilzt es zu schnell und lagert sich auf der Blechoberseite ab, statt die Naht vollständig auszufüllen.

Anschauungsobjekt für das Löten mit Weichlot mit Flussmittelseele ist ein neu angefertigter Benzintank für unseren Holsman von 1908. Alle Anbauteile und Anschlüsse des Originaltanks werden demontiert, gründlich gereinigt und alle Flächen, die zum Tank hin abgedichtet werden müssen, mit Verzinnungspaste flächig verzinnt. Verzinnungspaste erleichtert das Weichlöten ungemein: Sie wirkt als Flussmittel und Verzinnungsmittel zugleich, reinigt die Fläche, auf der sie aufgetragen wird, und bildet eine dünne Zinnschicht als Haftvermittler für das Lot. Die Verzinnungspaste wird mit einem säurefesten Pinsel aufgetragen und erhitzt, bis sie dunkelbraun anläuft, und mit einem Stofftuch vorsichtig abgewischt. Wurde die Paste richtig aufgetragen, bleibt von ihr eine glänzende Schicht flüssiges Zinn zurück. Auch die Befestigungsstellen der Anschlüsse werden verzinnt. Nachdem die Anschlüsse angenietet wurden, erhitzt man die Anschlussbereiche mit dem Brenner und erhitzt das Weichlot mit Flussmittelseele, so dass es gleichmäßig fließen und durch die Kapillarwirkung in den Nietspalt wandern und dort die Anschlüsse zum Tank hin abdichten kann.

Nach beendetem Lötvorgang werden die Anschlüsse mit Seifenwasser bestrichen und mit Druckluft von der Rückseite her auf Leckstellen untersucht. Nach bestandener Dichtigkeitsprüfung werden die gelöteten Bereiche gründlich mit einem Gemisch aus Backpulver und Wasser abgebürstet, um die Säurereste des Flussmittels zu neutralisieren.

DIE TRADITIONSMETHODE: KAROSSERIEZINN

Karosseriezinn (auch als „Schwemmzinn" bekannt) ist der Vorläufer der seit Jahrzehnten bekannten Polyesterspachtelprodukte für die Karosseriereparatur. Karosseriezinn besteht im Wesentlichen aus Zinn und Blei. Die auf den Zinnstangen (daher auch der Name „Stangenzinn") aufgedruckten Zahlen geben den Zinn-Blei-Gehalt in dieser Reihenfolge an. Heute existieren diese Zinnprodukte in vielerlei – auch bleifreien – Varianten, im Karosseriereparaturbereich sind 35/65er, 25/75er oder 20/80er gängig, d. h. das „Zinn" enthält beispielsweise 35 Prozent Zinn und 65 Prozent Blei usw. Man spricht dann auch von „35-prozentigem Zinn".

Weitere Metalle wie z. B. Antimon sind in Spuren vorhanden, allerdings derart minimal, dass sie bei der Materialbezeichnung außen vor bleiben. Durch den Zinnanteil wird der übliche Schmelzpunkt von reinem Blei von ca. 325 °C halbiert und der Schmelzvorgang vollzieht sich über eine Temperaturspanne statt bei einer ganz bestimmten Temperatur. Innerhalb dieses breiten Schmelztemperaturbereichs nimmt das Karosseriezinn eine pastöse Konsistenz an und kann wie weiche Butter aufgestrichen werden, ohne sich vollständig zu verflüssigen. Außerdem verbessert der Zinnanteil die Haftfähigkeit des Karosseriezinns auf dem Blech. Reines Blei haftet auf Karosserieblechen nicht sonderlich gut. Mit steigendem Zinnanteil wird das Material härter und weniger flexibel und der pastöse Temperaturbereich wird beim Erhitzen schmaler. 60/40er Lot besitzt einen sehr niedrigen Schmelzpunkt fast ohne jeden pastösen Temperaturbereich; alles sehr willkommene Eigenschaften für Elektrolot.

Karosseriezinn ist zäh und zugleich biegsam, kann mit Hammer und Karosseriefaust geformt werden und nimmt auch keine Feuchtigkeit auf – der ideale Helfer für viele Karosseriereparaturen. Als oberste dünne Feinspachtelschicht oder zum Spachteln großer Flächen ist Karosseriezinn weniger geeignet, da die Bleche dafür zu stark erhitzt werden müssten, dafür ist es aber ideal zum Modellieren und Ausgleichen von Unebenheiten rund um Tür- und Haubenausschnitte und zum Kaschieren von werksseitigen Schweißnähten an C-Säulen und in anderen vibrations- oder spannungsbelasteten Karosseriebereichen, in denen Polyesterspachtel reißen oder gar abplatzen würde. Karosseriezinn gehört zwar nicht mehr zum gängigen Sortiment des Kfz-Teilehandels, wird aber von den einschlägigen Anbietern von Oldtimer-Restaurierungsbedarf vertrieben.

Für das Zinnspachteln von Karosserieblechen benötigen wir folgende Arbeitsmittel: Verzinnungspaste, ein säurefester Pinsel zum Auftragen der Paste, ein sauberes Stofftuch (ideal) oder Papierwischtücher, ein Vorrat an Stangenzinn, ein Spatel aus Ahorn- oder Buchenholz, Talg, ein Brenner (Autogen- oder Propangas), eine Schutzbrille, Gummihandschuhe sowie ggf. eine dicht schließende Atemschutzmaske. Der gesamte Arbeitsbereich muss mit Fiberschleifscheiben oder Schleifpapier gründlichst von sämtlichen Schmutz-, Öl- und Lackresten usw. befreit werden, bis die Stahlfläche metallisch blank glänzt. Bereits auf minimalen Rost-, Lack- oder Schmutzresten haftet das Zinn nicht. Die Verzinnungspaste wird nun kleinflächig – kreisförmig in Durchmessern von nicht mehr als ca. 5 cm auf einmal – aufgetragen und erhitzt, bis sie (wie beschrieben) dunkelbraun anläuft, und dann mit einem Stofftuch vorsichtig abgewischt. Die Verzinnungspaste darf nicht überhitzen und ins Blech einbrennen, sonst muss sie komplett abgeschliffen werden. Fachgerecht aufgetragene Verzinnungspaste schafft eine hervorragende Grundlage für die Verbindung des Stangenzinnmaterials mit dem Karosserieblech, wie sie mit Polyesterspachtel niemals möglich wäre. Nach dem Abwischen muss die verzinnte Fläche silbrig glänzend wirken. Wer zu heftig wischt, wischt die Zinnschicht mit ab, im Zweifelsfall muss also nachgezinnt werden, wenn die Zinnschicht zu dünn wirkt und matt erscheint. Grundsätzlich sollte immer deutlich über den eigentlichen Arbeitsbereich hinaus verzinnt werden. Nach dem Verzinnen reinigen wir das gesamte Blech mit klarem Essig, um alle noch verbliebenen Säurerückstände der Verzinnungspaste zu neutralisieren.

Wer erst an diesen Schritt denkt, nachdem das Zinn aufgetragen wurde, reinigt das Blech mit Metallentfetter, sobald die verzinnte Fläche glattgefeilt wurde. Zum Auftragen des Zinns erhitzen wir das Blech, halten das Stangenzinn an die Blechoberfläche und drücken es, sobald es weich wird, auf der Fläche auf, als wäre es ein Stück Kreide. Nacheinander wird nun ein kleiner Zinnbatzen nach dem anderen auf der gesamten Fläche verteilt. Die Blechfläche mit den aufgesetzten Zinnklümpchen wird weiter erhitzt, bis das Zinn zu schmelzen beginnt – und jetzt muss es schnell gehen: Wir tragen ggf. noch weiteres Zinn auf und verstreichen

Der erste Vorbereitungsschritt beim Löten des Holsman-Benzintanks: Alle Lötbereiche werden mit Verzinnungspaste bestrichen. Die Paste wird erhitzt, bis sie braun anläuft, und dann vorsichtig abgewischt, bis eine dünne Verzinnungsschicht auf dem Blech zurückbleibt. Die Anschlüsse werden angenietet und die Passflächen erneut erhitzt, bis das Lot durch die Kapillarwirkung in alle Spalte hineingezogen wird. Die Rückseite der Niete wird ebenfalls verzinnt.

das Zinn gleichzeitig mit dem mit Talg bestrichenen Spatel möglichst gleichmäßig bzw. in der gewünschten Kontur über die bearbeitete Fläche. Vorsicht: Das Blech darf nicht zu stark erhitzt werden, sonst wird das Zinn dünnflüssig und läuft davon! Nach dem Abkühlen wird die verzinnte Fläche mit der Karosseriefeile so exakt wie möglich in ihre endgültige Form gebracht. Zinnflächen keinesfalls mit Schleifgeräten bearbeiten, da die Atemluft nicht mit bleihaltigem Schleifstaub belastet werden darf. Der Feilstaub wird in einer Kunststofftüte gesammelt und als Sondermüll entsorgt. Keinesfalls über den Hausmüll entsorgen, sonst gelangen die Bleirückstände ins Grundwasser!

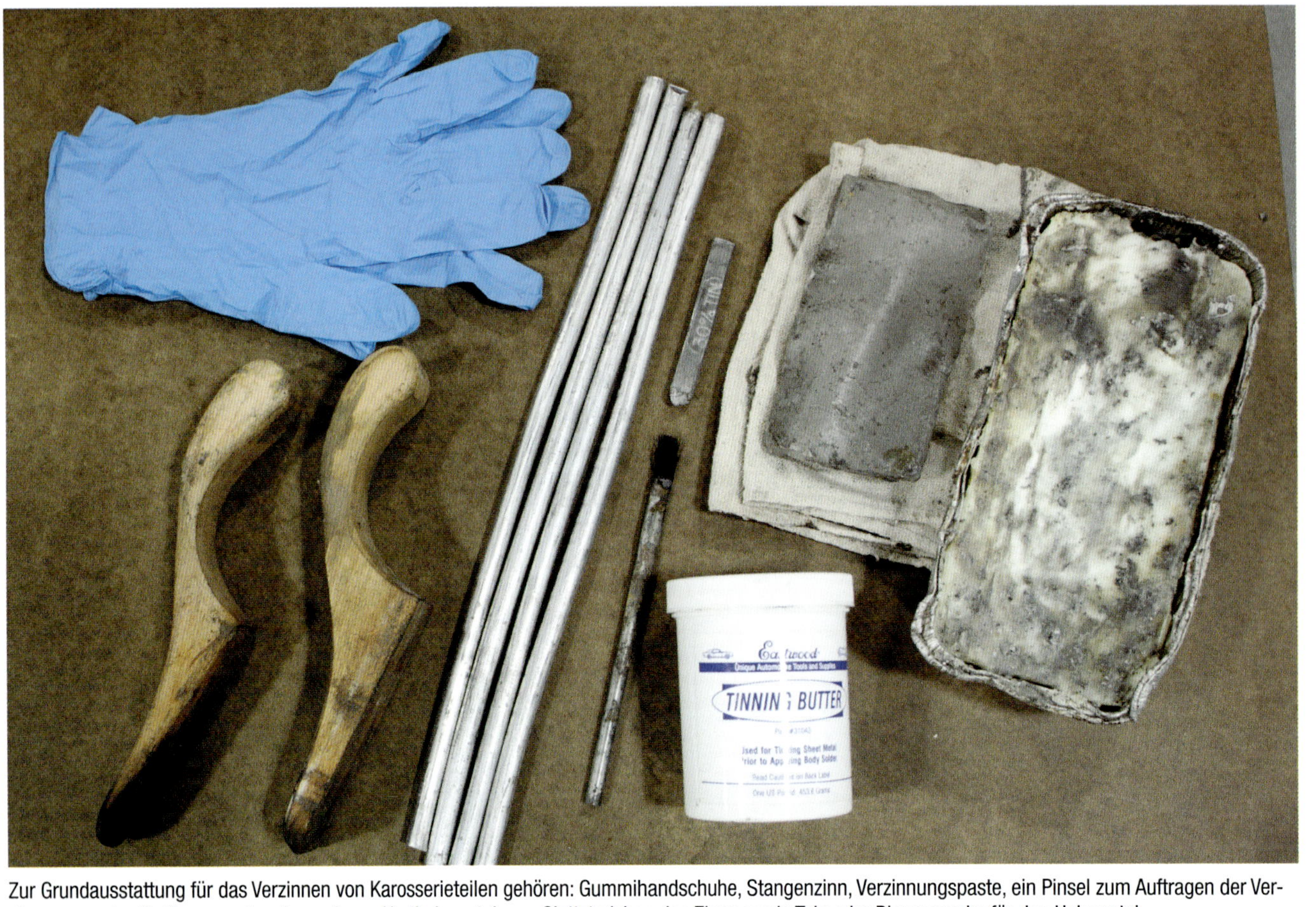

Zur Grundausstattung für das Verzinnen von Karosserieteilen gehören: Gummihandschuhe, Stangenzinn, Verzinnungspaste, ein Pinsel zum Auftragen der Verzinnungspaste, Stofflappen, ein oder mehrere Hartholzspatel zum Glattstreichen des Zinns sowie Talg oder Bienenwachs für den Holzspatel.

Karosseriezinn haftet nur auf makellos sauberen Blechflächen. Reinigungs- und Schleifscheiben, die sich auch an komplexe Blechrundungen anpassen, sind zum Reinigen ideal. Diese Tür eines alten Ford wurde zu Versuchszwecken absichtlich eingebeult.

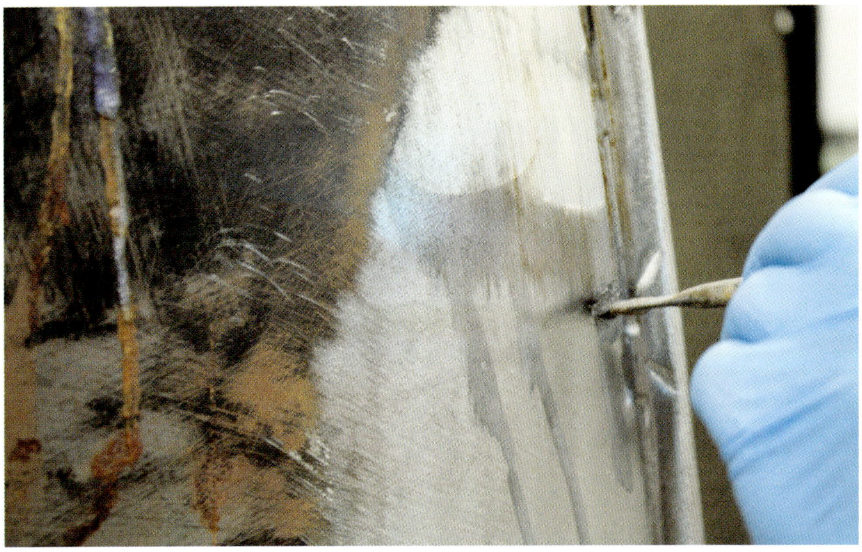

Verzinnungspaste mit einem Pinsel immer nur auf kleinen Flächen auftragen. Wer zuviel auf einmal aufträgt, läuft Gefahr, dass ein Teil der Paste nicht ausreichend erhitzt wird oder zu viel Paste wieder abgewischt wird.

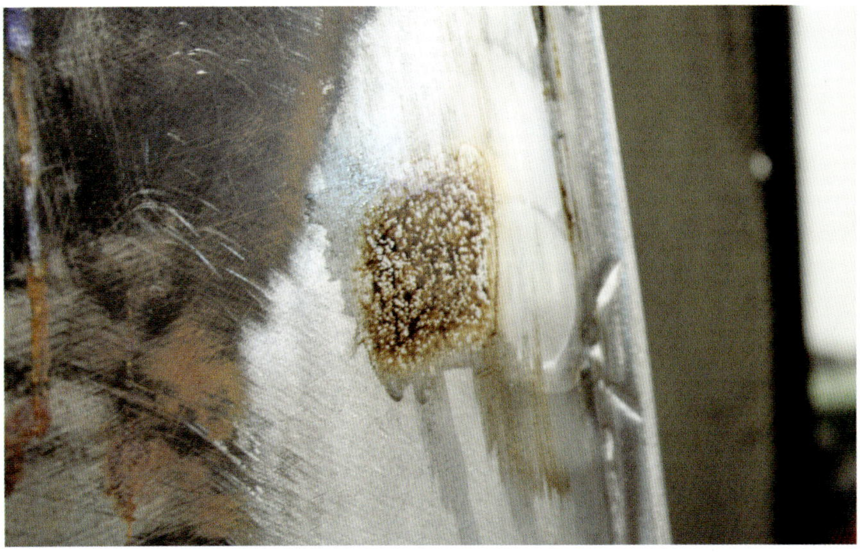

Verzinnungspaste erhitzen, bis sie dunkelbraun anläuft (aber auf keinen Fall länger!).

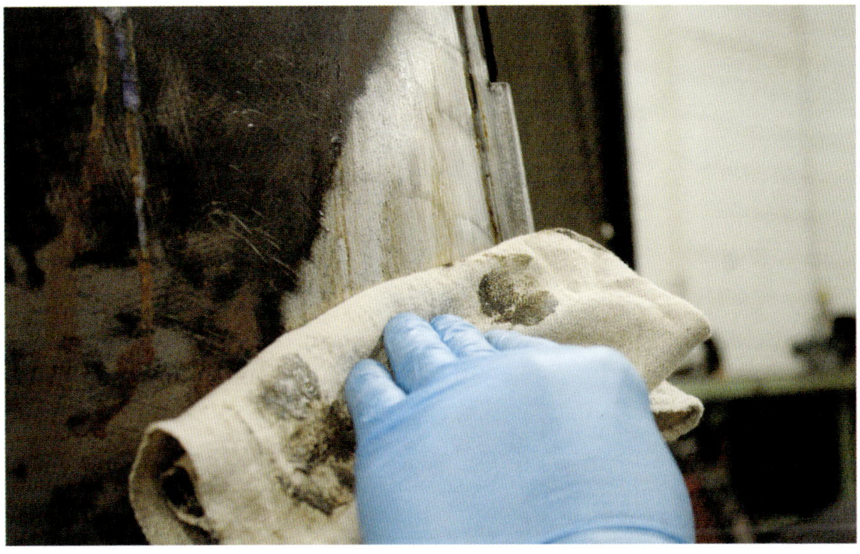

Vorsichtig über die erhitzte Verzinnungspaste wischen. Immer nur in einer Richtung wischen, damit die Rückstände nicht wieder auf der bereits verzinnten Fläche verteilt werden. Danach müsste die verzinnte Fläche gleichmäßig silbern glänzen. Nach dem Verzinnen das Blech mit klarem Essig reinigen.

Nun das Blech auf Temperatur bringen und versuchen, das Stangenzinn aufzudrücken. Ist das Zinn weich genug, hinterlässt es eine dünne Schicht bzw. kleine Klumpen Zinn auf dem gesamten Blech. Dabei aber nicht zu viel Zinn auftragen, sonst haftet es möglicherweise nicht richtig am Blech.

Sobald das Karosseriezinn gleichmäßig über die Fläche verteilt wurde, drücken wir noch weitere Zinnbatzen auf die erhitzte Blechoberfläche. Dabei das Blech und das Stangenende gleichzeitig erhitzen und die Zinnstange regelrecht in das Blech hineindrücken.

Oft bildet das aufgetragene Karosseriezinn, nachdem es mit dem Spatel verstrichen wurde, eine zu dicke Schicht. Dann feilen wir mit einer groben Karosseriefeile nach, bis das gewünschte Profil so genau wie möglich erreicht ist. Mit einer kreuzförmigen Feilbewegung gelingt die Nacharbeit am besten.

Übergänge zu angrenzenden Blechen lassen sich mit Karosseriezinn besonders gut modellieren. Falls sich die Kanten der Reparaturfläche aber mit dem Fingernagel hochziehen lassen, ist dies ein Indiz, dass nicht bzw. nicht richtig verzinnt wurde.

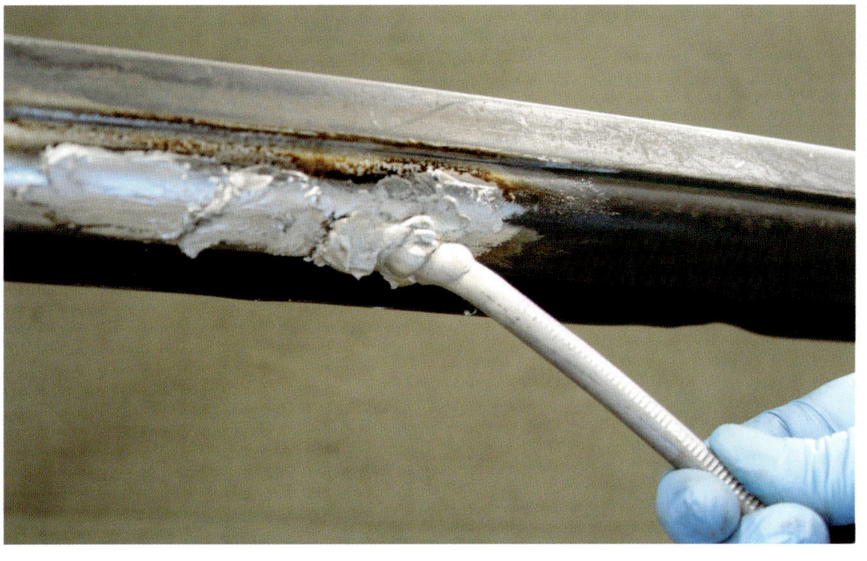

Über Kopf, z. B. auf der Schwellerunterseite, ist Verzinnen etwas komplizierter: Wir erwärmen das Stangenzinn ca. 10-15 mm vom Anlagebereich am Blech entfernt. Eine zitternde Hand ist jetzt übrigens kein Nachteil, denn damit lässt sich das erwärmte Zinn am besten auf der Blechfläche aufdrücken.

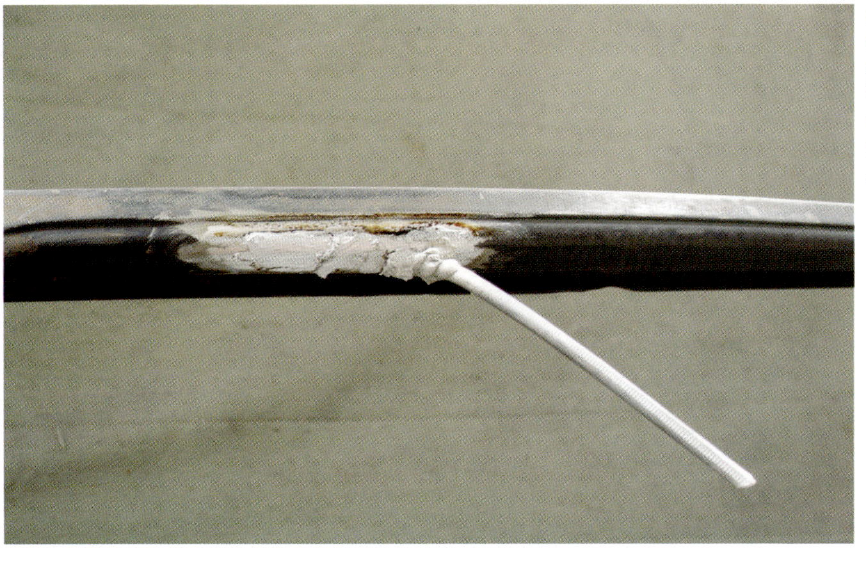

Als Beweis, dass gut erhitztes Stangenzinn auch der Schwerkraft trotzen kann, wurde dieses Stangenstück über Kopf an einem Türrahmen angesetzt. Beim Auftragen des Zinns auf der Reparaturfläche muss der Brenner ständig in Bewegung bleiben, damit das Zinn ständig seine Konsistenz zwischen „fest" und „pastös" behält.

EIN PAAR TYPISCHE FEHLER BEIM VERZINNEN

Auf keinen Fall das Zinn zu arg hin- und hermodellieren. Wer mit dem Material geizt und auf Anhieb ein fertiges Profil modellieren will, das nicht mehr nachbearbeitet oder nachgefeilt werden muss, läuft Gefahr, dass sich die Zinnbestandteile auf der Oberfläche zu separieren beginnen. Das Zinn sollte beim Auftrag daher auch nicht so dünnflüssig werden, dass es auf das Blech tropft. Grundsätzlich lieber zu viel als zu wenig Zinn auftragen, denn eine nachträgliche weitere Zinnschicht lässt sich nur schwer aufbringen. Was drauf ist, ist drauf, und muss genau so weiterbearbeitet werden. Es wäre außerordentlich schwierig, eine bereits ausgekühlte Verzinnungsfläche im zweiten Durchgang nochmals genauso gleichmäßig wie beim ersten Zinnauftrag zu erhitzen und das neu aufgetragene Zinn einwandfrei mit der vorhandenen Zinnschicht zum Verschmelzen zu bringen. Gummihandschuhe sind beim Umgang mit Blei immer sinnvoll. Blei kann sogar über die Haut aufgenommen werden und sich im Laufe der Zeit im Körper ablagern. Auf keinen Fall nach dem Verzinnen essen oder rauchen, ohne zuvor die Hände gründlich zu waschen! Auch ein Überhitzen der Verzinnungspaste oder des aufgetragenen Karosseriezinns erhöht ganz erheblich das Risiko, dass gesundheitsschädliche Dämpfe in die Luft freigesetzt werden. Eine Atemmaske ist beim Verzinnen zwar kein absolutes Muss solange das Zinn fachgerecht aufgetragen wird, eine gewisse Vorsicht kann aber nicht schaden.

„LEAD SLEDS“ – HEIMSPIEL FÜR KAROSSERIEZINN

Karosseriezinn wird bei Restaurierungen häufig eingesetzt, um die werksseitigen Oberflächenkonturen in besonders spannungs- oder vibrationsbelasteten Bereichen nachzubilden; daneben findet es aber seit Jahrzehnten auch in der weltweiten Customizing-Szene Verwendung, um bei Karosserieumbauten gewisse Konturen regelrecht in das Blech zu modellieren. Bei unserem „Patienten“, einem Mercury Jahrgang 1950, hatte ein Vorbesitzer mit dem Customizing begonnen, dann aber das Interesse verloren – nicht ohne aus dem Coupé ein Cabriolet geschneidert zu haben. Jemand hatte an diesem Wagen offenbar auch das Schweißen geübt, allerdings mit nur mäßigem Erfolg. Auch hier bestätigt sich die alte Restauratorenweisheit, dass die Sünden der Vorbesitzer bei Restaurierungsobjekten meist gravierender sind als die zwangsläufig vorhandenen Schäden an der Substanz. So auch bei diesem Mercury; als besonderer Problembereich erwies sich das Blech um die vorderen Blinkergehäuse, die von einem 1955er Chevrolet stammen. Statt das alte Blech herauszutrennen und neue Blechgehäuse anzufertigen, die einen gleichmäßigen Übergang zu den Blinkerausschnitten ergeben, formen wir den gesamten Bereich mit Zinn – ganz in der Handwerkstradition der Customizer der 1950er Jahre. Um die Bereiche um die Blinkerausschnitte gleichmäßig auszurunden, ist einiges an Zinn erforderlich – wie bei einem typischen „Lead sled“ kaum anders zu erwarten.

Dieser 1950er Mercury Custom sollte die Blinker von einem 1955er Chevy erhalten. Der Übergang zwischen dem Karosserieblech und den Blinkergehäusen ist hier noch ziemlich unsauber.

Mithilfe reichlicher Mengen Karosseriezinn wurden die Blinkergehäuse in einem organischen Übergang in die Rundungen der Mercury-Kotflügel einmodelliert und wirken hinterher beinahe wie ein serienmäßiges Teil des Ganzen.

BLEIFREIES KAROSSERIEZINN

Als weiteres Versuchsobjekt für die Arbeiten mit Karosseriezinn diente bei diesem Buch die Tür eines Ford Model T. Nachdem die erste Zinnreparaturstelle fertig war, bot sich ein Vergleich mit den heute erhältlichen bleifreien Karosseriezinnstäben an. Also wurde ein zweiter Reparaturbereich für die Reparatur mit der bleifreien Variante des Karosseriezinns vorbereitet. Diese Zinnstäbe bestehen aus einer Legierung aus Zinn, Kupfer und Zink. Das Flussmittel wurde nach den Anweisungen des Herstellers aufgetragen, bis zur bräunlichen Färbung erhitzt und dann wie Verzinnungspaste vorsichtig und ohne Druck über die Fläche gewischt. Bleifreies Karosseriezinn lässt sich auf Karosserieblechen ähnlich wie herkömmliches Bleizinn verarbeiten, seine Konsistenz mutet allerdings merklich wachsartiger an. Der Verarbeitungstemperaturbereich von bleifreiem Karosseriezinn liegt rund 40 bis 95 °C höher als bei bleihaltigem Zinn – ein Punkt, der bei der Arbeit an Blechen ohne große Wölbung beachtet werden sollte. Das erhitzte bleifreie Karosseriezinn wurde mit einem Ahornholzspatel in Form gebracht und durfte dann abkühlen. Bleifreies Karosseriezinn lässt sich spürbar leichter als bleihaltiges Zinn feilen; das Gefühl unter der Feile erinnert etwas an das Abraspeln eines Seifenstücks. Bleihaltiges Zinn ist bemerkenswert dicht, und dieser Eindruck beim Feilen dürfte auch den Siegeszug des besonders leicht schleifbaren Polyester-Karosseriespachtels erklären. Bleifreies Karosseriezinn ähnelt in der Bearbeitung Polyesterspachtel, subjektiv lassen sich unsichtbare Übergänge zum blanken Blech damit aber nicht ganz so einfach herstellen wie mit Spachtel oder bleihaltigem Zinn.

Da die Begleitbroschüren zu bleifreiem Karosseriezinn Wunderdinge versprechen wie höhere Festigkeit, höhere Arbeitssicherheit gegenüber bleihaltigem Zinn, gute Schleifbarkeit der Übergänge und das Material zudem recht teuer ist, ist die Erwartungshaltung oft entsprechend hoch. Wie fällt aber der direkte Vergleich aus? Klarheit schaffen ein paar zerstörende Prüfungen von bleifreiem Karosseriezinn im Vergleich mit konventionellem Bleizinn: Dazu wurden bleihaltiges Zinn und bleifreies Zinn auf zwei separate Stahlbleche aufgetragen, in einen Schraubstock gespannt und mit dem Hammer im rechten Winkel abgekantet. Wie die Bilder zeigen, ist bleihaltiges Karosseriezinn deutlich flexibler. Insgesamt fielen die ersten Versuche mit bleifreiem Karosseriezinn also nicht begeisternd aus. Dieses Material muss bei höheren Temperaturen als bleihaltiges „Schwemmzinn" verarbeitet werden (was Blechverzug begünstigt), passt sich den Blechbewegungen nicht in gleichem Maße an wie bleihaltiges Zinn, und der Sicherheitsgewinn gegenüber bleihaltigen Materialien ist ebenfalls nur relativ. Bleifreies Karosseriezinn lässt sich auch keineswegs so leicht wie Polyesterspachtel schleifen. Ein aufmerksames Studium der Sicherheitsdatenblätter zu diesen Produkten lohnt sich immer. Beim Erhitzen und Schleifen dieser Materialien werden Metallrauch und Metallstaub freigesetzt, also ist auch hier Vorsicht geboten. Zink, Kupfer und Zinn sind vielleicht nicht so toxisch wie Blei, man sollte aber trotzdem mit Vorsicht zu Werke gehen und auch hier die Sicherheitsvorkehrungen wie bei der Arbeit mit Schwemmzinn einhalten.

Die Arbeitsgänge beim Aufzinnen mit bleifreiem Karosseriezinn sind dieselben wie bei bleihaltigem Zinn: Zuerst die Reparaturfläche verzinnen und das Stangenzinn darauf abschmelzen.

Bleifreies Zinn kann mit einer Karosseriefeile auf das richtige Profil nachgefeilt werden.

Diese Reparaturstelle mit bleifreiem Zinn verdeckt mehrere Dellen, die ein Meißel am Falz an der Oberkante dieses Türrahmens hinterlassen hatte.

Bleifreies Karosseriezinn fällt bei dieser zerstörenden Prüfung durch, bei der das Blech um ca. 90° abgekantet wurde.

30-prozentiges Karosseriezinn (30% Zinn, 70% Blei) hält dagegen auch bei diesem Test eindrucksvoll stand.

NIETEN

Bei der detailgetreuen Restaurierung müssen aus Authentizitätsgründen häufig historische Fertigungsmethoden reproduziert werden. Die Optik vernieteter Karosserieteile lässt sich beispielsweise kaum auf andere Weise simulieren. Nietverfahren sind zwar im Pkw-Bereich bereits seit Jahrzehnten aus der Serienfertigung verschwunden, vor dem Zweiten Weltkrieg waren sie jedoch weit verbreitet. Wer ein Fahrzeug aus jener Zeit restauriert, sollte sich also mit diesen Techniken vertraut machen.

Vollniete bestehen im Unterschied zu den bekannten hohlen Pop- oder Blindnieten aus einem Schaft, einem fertig geformten Setzkopf und dem Schließkopf, der beim Einbau des Niets an dem zum Setzkopf entgegengesetzten Ende des Nietschafts geformt wird. Die Größe der Niete wird anhand ihres Schaftdurchmessers und ihrer Länge angegeben. Der Einbau der Niete erfolgt üblicherweise mit einem Setzwerkzeug (Döpper) aus Stahl, der den Niet stramm an dem Bauteil in Anlage bringt, das der Niet fixieren soll, und eine Vertiefung für die Ausformung der Schließkopfform nach dem Setzen des Niets aufweist. Die Vertiefung dient auch zum Abstützen des Setzkopfes, wenn der Schließkopf am entgegengesetzten Ende des Niets plattgeklopft wird. Durch eine seitliche Öffnung im Setzwerkzeug werden Metallreste abgeführt, die beim Setzen von Nieten in sehr dünnen Blechen ohne vorgebohrte Nietlöcher zurückbleiben. Da die Setzwerkzeuge normalerweise nur für eine bestimmte Nietgröße verwendet werden können, ist der Restaurator irgendwann zwangsläufig mit Nieten konfrontiert, für die das passende Werkzeug fehlt. Mit einem Bleiklotz als Behelfswerkzeug kann der Setzkopf eines Rundniets abgestützt werden, wenn das entgegengesetzte Nietende flachgeklopft wird.

Sind auf dem Bleiklotz allzuviele Narben von früheren Nietgängen zurückgeblieben, schmelzen wir ihn an, bis wieder eine glatte Oberfläche entsteht. Notfalls kann auch eine passende Vertiefung in einen Stahlklotz oder in eine Stahlunterlage auf der Werkbank gebohrt und damit der Setzkopf beim Setzen des Niets abgestützt werden. Beim Formen des Schließkopfes von Hand muss jedoch ein passendes Eigenbauwerkzeug angesetzt werden. Auch ein Sortiment Spiralbohrer in allen Größen um den verwendeten Nietschaftdurchmesser ist für das exakte Vorbohren der Nietlöcher und Ausbohren misslungener Nietungen unentbehrlich.

Der Nietwerkstoff sollte auf den Werkstoff der vernieteten Teile abgestimmt werden, um Kontaktkorrosion durch Bildung galvanischer Elemente zu vermeiden. Als Faustregel für die Nietgröße gilt, dass der Schaftdurchmesser ungefähr dem Zweieinhalbfachen bis Dreifachen der Dicke des Blechs entsprechen sollte, in dem er montiert wird. Wenn also zwei 1-mm-Karosseriebleche vernietet werden sollen, würde der Nietdurchmesser 2,5 mm (1,0 mm x 2,5 = 2,5 mm) betragen. Bei einer Karosserierestaurierung sind hoffentlich noch verwendbare Muster der originalen Karosserieniete als Vorlage vorhanden. Andernfalls hilft nur, die zeittypische Optik der Nietköpfe selbst zu recherchieren. Antike Sammlerfahrzeuge wirken in vielen Details antik, aber eben nicht vorsintflutlich. Die Niete sollten also nicht überdimensioniert werden, wenn nicht der optische Eindruck eines römischen Streitwagens entstehen soll.

Neben optischen Gründen ist die Nietgröße auch deshalb wichtig, weil die höhere Nietkraft beim Setzen größerer Nietdurchmesser sehr leicht zum Verziehen der Bleche im Bereich des Nietkopfes führen kann und das genietete Blech hinterher schnell wellig aussieht. Zu dünne Niete bieten andererseits oft nicht die notwendige Festigkeit. Das gebohrte oder gestanzte Durchgangsloch für den Niet sollte ca. 0,1 mm größer als der Nietschaftdurchmesser sein, so dass die Niete ohne übermäßigen Kraftaufwand eingesetzt werden können, aber nicht im zu groß gebohrten Loch verkanten oder die Bleche nicht sicher fixieren. Der Nietschaft muss auf der Blechrückseite soweit überstehen, dass der gesetzte Niet die Bleche sicher zusammenhält. Der Nietüberstand sollte zirka das Anderthalbfache des Schaftdurchmessers betragen. Derartige Messungen sind natürlich mit Aufwand verbunden, und oft genügt Augenmaß bei der Wahl der passenden Niete, vor allem, wenn ein Sortiment unterschiedlicher Größen zur Hand ist. Faustregel beim Nietenkauf ist die Gesamtdicke der vernieteten Bleche zuzüglich des Anderthalbfachen des Nietschaftdurchmessers. In der Restaurierungspraxis müssen die Niete meist auf die passende Länge gekürzt werden. Am einfachsten geht dies, wenn der Nietschaft unter dem Setzkopf in eine Gripzange gespannt und die Überlänge auf einem Doppelschleifer abgeschliffen wird. Die zugeschliffene Fläche muss möglichst plan und gratfrei sein.

Dieser Auslaufstutzen für den Benzintank des Holsman von 1908 wird für das Nieten vorbereitet. Rechts liegt das Setzwerkzeug bereit. Dieser Gegenhalter wird mit der schalenförmigen Vertiefung nach oben in einen Schraubstock gespannt. Dann wird jeder einzelne Niet von der Rückseite her flachgeklopft, während der Gegenhalter den Niet am Senkkopf abstützt.

So sieht der Tankanschlussstutzen von hinten aus, nachdem mehrere Niete gesetzt wurden. Der Stutzen wird provisorisch fixiert, bis alle Niete gesetzt wurden. Die vernietete Nietrückseite könnte mit dem Setzwerkzeug mit einem Schließkopf versehen werden, diese Niete halten jedoch auch ohne Schließkopf.

Für diese Arbeit sollten Gripzangen in diversen Größen griffbereit liegen. Mit der passenden Backengröße der Gripzange ist auch das Ablängen der Niete schnell erledigt. Praktischerweise schleift man gleich mehrere Niete auf einmal ab, lässt sie abkühlen und entfernt verbliebene Grate in einem Zug mit der Feile. Ist der Schaft nicht weit genug abgeschliffen und immer noch zu lang, weicht er beim Vernieten oft zur Seite aus.

Die Zahl der Niete und der Abstand zwischen den Nieten sollte sich nach dem Originalzustand richten, erfordert also etwas Recherche. Originalbleche sind im Zweifel vertrauenswürdiger als andere Quellen. Manch selbsternannte Markenexperten schießen gerade bei Details wie der Lage der Nietpunkte in ihrem Halbwissen übers Ziel hinaus und verbreiten irreführende Behauptungen. Hauptkriterium ist, dass die Niete weit genug von den Blechkanten entfernt sitzen, um weder auszureißen noch Aufwölbungen des Blechs zu verursachen, und dicht genug beieinander liegen, um die Bleche sicher zu fixieren. Zu den Blechrändern sollte ein Sicherheitsabstand von mindestens 6-7 mm bleiben. Der Nietabstand sollte mindestens dem Dreifachen des Nietschaftdurchmessers entsprechen, andernfalls kollidieren die Niete beim Setzen miteinander.

Beim Vernieten von zwei Bauteilen bohren wir alle Nietlöcher vor und fixieren die Teile provisorisch mit Blechschrauben oder Schraubklemmen, damit sie während des gesamten Nietvorgangs ihre Passung zueinander behalten. Bohrgrate müssen weggeschliffen werden, sonst liegt der Niet nicht bündig auf dem Blech an. Zum fachgerechten Nieten bohren oder stanzen wir als erstes das Nietloch vor, setzen den Niet ein und legen das Setzwerkzeug so auf der Nietrückseite an, dass die Bohrung über dem Schaftende steht. Dann wird mit dem Setzwerkzeug das Blech in Anlage am Setzkopf gebracht. Nachdem der Setzkopf nun gut abgestützt ist, kann der Nietschaft flachgehämmert werden. Dann wird die schalenförmige Vertiefung des Setzwerkzeugs über dem flachgeklopften Nietende angesetzt und mit einem strammen Hammerschlag der Schließkopf geformt. Das manuelle Setzen von Stahlnieten ist strapaziös, vor allem, da sie sich beim Nieten aufweiten. Ideal ist, den Niet passgenau einzusetzen und das Nietende vor dem Vernieten bis zur Rotglut anzuwärmen. An beengten Einbaustellen kann ein Helfer den Setzkopf mit einer Gripzange greifen, dann wird das Schaftende rotglühend erhitzt und der Niet in sein Nietloch eingesetzt, der Setzkopf in der schalenförmigen Vertiefung des Setzwerkzeugs abgestützt und das entgegengesetzte (erhitze) Schaftende mit zielgenauen Hammerschlägen vernietet. Der Schließkopf wird mit einem zweiten Setzwerkzeug geformt.

Ist beim Nieten ein Fehler unterlaufen und muss der Niet wieder entfernt werden, schleifen wir den Nietkopf soweit ab, dass er angekörnt werden kann, und bohren ihn mit einem Spiralbohrer aus, dessen Durchmesser etwas kleiner als der Nietdurchmesser ist. Eine Alternative ist, den Nietkopf mit einem Druckluftwerkzeug bis auf einen sehr dünnen Rest abzuschleifen und den Niet mit einem Durchschlag herauszuschlagen. Die Kopfreste können auch abgemeißelt werden, allerdings hinterlässt dies meist Schrammen auf der Blechoberfläche und das Nietloch kann sich verziehen.

Am Cockpit des Streamliner-Tretautos (siehe weiter hinten im Buch) wurden die Dzus-Verschlüsse mit Aluminiumnieten befestigt. Für das Vorformen von Blechen für die Aufnahme einer Dzus-Verschlussplatte gibt es ein eigenes Werkzeug, es geht jedoch auch mit einem kleinen Kugelhammer, der mit einem kräftigen Schlag auf die offene Seite einer Stecknuss eine entsprechende Vertiefung erzeugt. Ohne die Vertiefung sitzt die oberste Blechlage trotz des versetzten Flansches nicht bündig mit der unteren Blechlage. Die verwendeten Niete bestanden aus der gängigen Nietlegierung 2117T4, die härter als die andere gängige Nietlegierung 1100F (im Prinzip reines Aluminium) ist. In diesem Fall wären beide Legierungen geeignet, da die Niete rein optische Funktion haben. Und falls ein solcher Streamliner doch einmal mehr als 300 km/h laufen soll, ist es immerhin beruhigend zu wissen, dass die festere Nietlegierung verwendet wurde.

Die Niete für die Dzus-Verschlüsse am Cockpit der Streamliner-Karosserie wurden mit einem Bleiklotz als Setzwerkzeug angebracht. Der Setzkopf ruht auf der Bleiunterlage und das entgegengesetzte Schaftende wird mit dem Hammer vernietet.

Normalerweise liegt die Grundplatte für die Dzus-Verschlüsse auf der Blechoberseite auf, hier sitzt sie jedoch unauffällig auf der Unterseite. Dazu wurde mit einigen Schlägen auf eine Stecknuss auf dem runden Ende eines Kugelhammers im darunterliegenden Blech eine Vertiefung zur Aufnahme der Grundplatte hergestellt. Die Aufnahme für den Dzus-Verschluss sitzt auf der Unterseite der unteren Blechlage.

Kapitel 4
Trennen von Blechen mit dem Autogenbrenner oder Plasmaschneider

Die dünnen Blechstärken, die beim Schweißen von Karosserieblechen mancherlei Probleme bereiten, erweisen sich bei Schneid- bzw. Trennarbeiten als Vorteil. Dünnbleche lassen sich ohne große Probleme auf mechanischem Wege schneiden, z.B. mit Blechscheren, Blechsägen, Trennscheiben und Nibbler- bzw. Knabberscheren. Größere Blechdicken stellen allerdings auch höhere Anforderungen an die Schneidwerkzeuge, und mit der Schneidkapazität steigen die Werkzeugkosten. Wer gerne gerade, kurvige oder Freihandlinien durchs Blech ziehen möchte, als sei es Papier, muss allerdings keineswegs ein Vermögen investieren. Selbst einfache Autogenbrenner schneiden unlegierte Stähle bis 10 mm oder noch mehr problemlos, sofern Acetylenflasche und Brennerdüse entsprechend dimensioniert sind. Plasmaschneider der Einstiegsklasse, die teurer als Autogenschneidbrenner sind, eignen sich für das Trennen von Eisen- und Nichteisenmetallen bis zu Dicken von 4-6 mm. Dieses Kapitel gibt eine Einführung in die Autogen- und Plasmaschneidtechnik, zwei der geläufigsten thermischen Trennverfahren, die mechanische Trennwerkzeuge ergänzen.

DER AUTOGEN-SCHNEIDBRENNER

Wie im vorigen Kapitel bereits angedeutet, sind die Vielseitigkeit und der niedrige Preis der Autogengeräte mit die Hauptargumente für die Anschaffung – und auch der Spaßfaktor beim Hantieren mit einer 3300 °C heißen Flamme ist für das Kind im Manne sicher manchmal nicht zu unterschätzen.

Plasmaschneidwerkzeuge erinnern beinahe an Lichtschwerter. Mit ihnen lassen sich nahezu alle Metalle kinderleicht durchtrennen, Löcher schneiden oder Fugenhobeloperationen durchführen. Auch die Bedienung ist denkbar einfach.

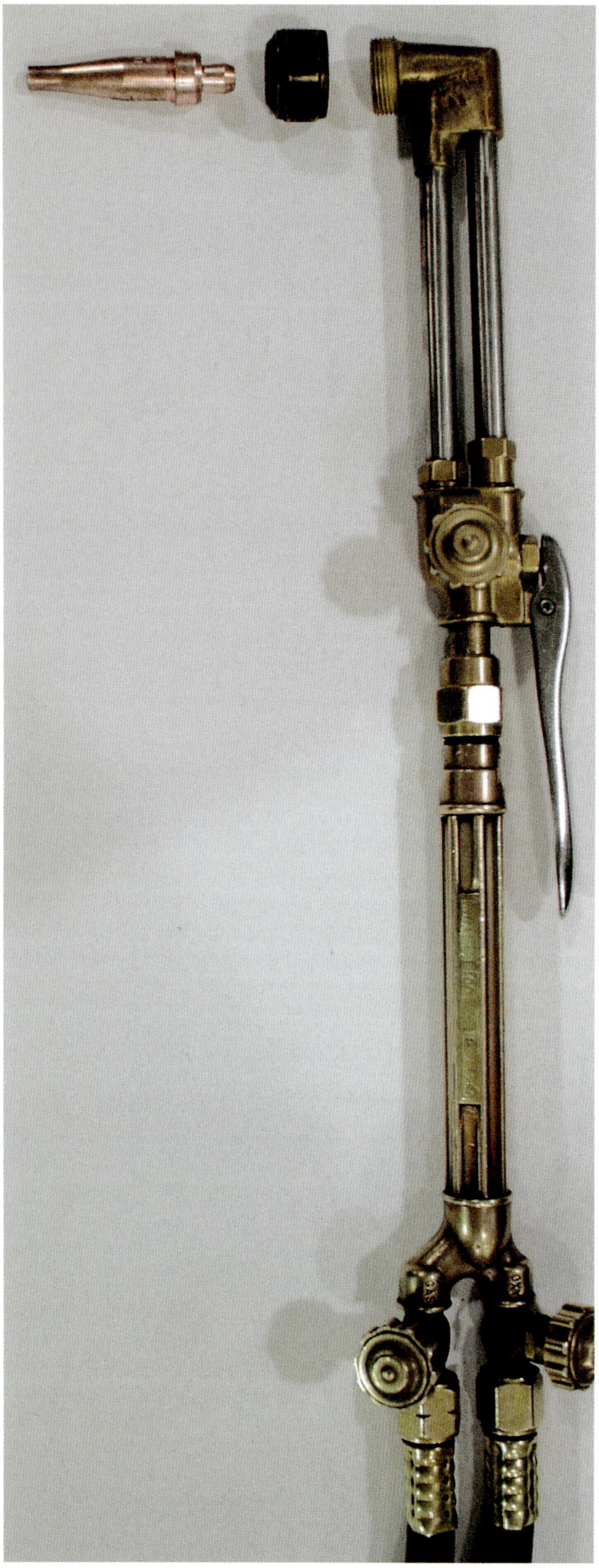

Der Schneidvorsatz wird statt der Schweißbrennerspitze direkt am Brennergriff angeschraubt. Die Schneiddüsen werden je nach Dicke der zu trennenden Metallteile gewählt.

Die handelsüblichen Autogenschneidbrenner werden direkt an die Sauerstoff- und Acetylenleitungen der Druckminderer an den Gasflaschen angeschlossen, es geht aber noch einfacher: Es genügt, die Schweißbrennerdüse am Brennergriff gegen einen Schneidvorsatz auszutauschen. Da die Befestigungsmuttern der Schweißdüse und des Schneidvorsatzes jeweils nur handfest angezogen werden, ist die Umrüstung von Schweißen auf Schneiden im Handumdrehen erledigt. Zum Brennschneiden werden die Gasdrücke neu eingestellt, und schon kann es losgehen. Die Schneidleistung wird nur durch die für das Gerät lieferbaren Schneidvorsätze und die Kapazität der Acetylenflasche begrenzt.

Wie im Schweißkapitel erwähnt, können die hohen Gasdurchsätze bei bestimmten Brennerdüsen, die zum Erhitzen, Schneiden und Schweißen dienen, zu einer Destabilisierung der Acetylenfüllung führen, wenn das Aceton zusammen mit dem Acetylen abströmt. Im Extremfall strömt das Acetylen so rasch ab, dass sich die Gasflasche über alle Maßen aufheizt – mit womöglich verheerenden Folgen. Als Faustregel gilt, dass der stündliche Acetylendurchsatz am Brenner nicht mehr als rund ein Siebtel der Flaschenkapazität betragen sollte. Die einschlägigen Arbeitsschutzvorschriften sind noch restriktiver und empfehlen bei intermittierender Brennernutzung einen Durchsatz von nicht mehr als 1/10, bei Dauerbetrieb von nicht mehr als 1/15 der Flaschenkapazität (siehe beispielsweise http://frwebgate.access.gpo.gov/cgi-bin/ getdoc.cgi?dbname=2009_register&docid=fr11au09-20.pdf). Nach dieser restriktiveren Empfehlung müsste ein Schneidbrenner, der beim Schneiden von 6-mm-Stahl beispielsweise einen Durchsatz von 280 l Acetylen pro Stunde erreicht, mit einer Acetylenflasche mit mindestens 2800 l Fassungsvermögen kombiniert werden.

Bevor wir Bleche mit dem Autogenbrenner schneiden können, muss die Brennerdüse auf die Blechdicke abgestimmt werden. Üblicherweise genügt die kleinste Autogen-Schneiddüse, die die Brennerhersteller anbieten, zum Schneiden aller Karosseriebleche und der allermeisten Pkw-Rahmenteile. Der Brenngasbedarf der Brennerdüsen ist aus Tabellen im Internet zu entnehmen (beispielsweise unter http://www.airgas.com/content/details.aspx?id=7000000000128); auch das Brennerhandbuch (falls vorhanden) müsste entsprechende Angaben enthalten. Das Fassungsvermögen der Acetylenflasche ist meist oben auf der Flasche direkt unterhalb des Flaschenventils eingeschlagen. Falls nicht, bringt eine Rücksprache mit dem Gaslieferanten Klarheit über die Größe der eigenen Gasflasche. Den Acetylenverbrauch multiplizieren wir (je nachdem, nach welcher Empfehlung wir uns richten) mit 7 oder 10 und können dann feststellen, ob der ermittelte Wert der Flaschenkapazität entspricht oder gar noch darunter liegt. Wenn ja, kann es nun losgehen.

Wie bereits gesagt, eignet sich der Autogenbrenner nur zum Trennen normaler Stahlsorten und nicht für Edelstähle oder bestimmte Sonderlegierungen. Beim Autogen-Brennschneiden wird in einem Oxidationsprozess die Differenz zwischen dem Schmelzpunkt des Grundwerkstoffs und dem Schmelzpunkt der Oxide genutzt, die sich auf der Werkstoffoberfläche bilden. Die Oberflächenoxide müssen bei einer niedrigeren Temperatur als der Grundwerkstoff schmelzen, damit der Schneidbrenner richtig funktioniert. Beim Erhitzen der normalen (unlegierten) Stähle können die auf der Stahloberfläche entstehenden Oxide durch den Sauerstoffstrom des Brenners rasch entfernt (d. h. oxidiert) werden.

An diesem mit dem Autogenbrenner rotglühend erhitzten Edelstahlteil ist zu erkennen, wie die Oberflächenoxide dem Schneiden des Metalls entgegenwirken. Das Metall schmilzt, die Oxidation, die sich beim Trennen von unlegiertem oder niedrig legiertem Stahl vollzieht, bleibt jedoch aus. Die Oberflächenoxide, deren Schmelzpunkt höher als der des Grundmetalls liegt, haften auch beim Erhitzen am Grundmetall an.

Bei Edelstählen, Gusseisen und Nichteisenmetallen schmelzen die Oxide in der Regel bei höheren Temperaturen als das Grundmetall, das bedeutet diese Werkstoffe können nicht autogen getrennt werden. Wer schon einmal ein Alublech überhitzt hat, wird festgestellt haben, wie sich auf der Metalloberfläche unmittelbar vor dem Schmelzen eine gummiartige Oxidschicht gebildet hat. Teile aus Edelstahl, Gusseisen oder Nichteisenmetallen lassen sich auf recht grobe Weise mit dem Schneidbrenner wegschmelzen, saubere Schnitte wie bei unlegierten und niedrig legierten Stählen sind damit allerdings nicht möglich.

An der Spitze der Schneidbrennerdüse sitzen mehrere ringförmig angebrachte Heizdüsen um eine größere Sauerstoffdüsenbohrung in der Mitte. Die Flamme aus den Heizdüsen erhitzt das Metall auf kirschrote oder noch hellere Glut, und dann drückt der Bediener den Schneidsauerstoffhebel am Brennergriff. Mit diesem Hebel wird die Sauerstoffzufuhr aus der mittigen Düsenbohrung zur Brennerspitze geregelt. Durch den aus der Brennerdüse ausströmenden Sauerstoffstrahl lösen sich die auf der Oberfläche des rotglühenden Metalls entstandenen Oxide jetzt schlagartig in einem heftigen Gewitter aus Funken und geschmolzenem oxidiertem Metall auf. Die Schnitte sind erstaunlich sauber und präzise, vor allem an dickeren Metallen. Die Schnittbreite ist gerade so breit, dass sie beim maßgenauen Zuschneiden von Bauteilen eingerechnet werden muss.

Diese Nahaufnahme der Autogen-Brennschneiddüse zeigt die ringförmigen Heizdüsenbohrungen sowie die mittige Sauerstoffbohrung.

Beim Brennschneiden mit dem Autogenbrenner wird zuerst der Randbereich des Werkstücks hellrot erhitzt. Dann drücken wir den Schneidhebel am Brennergriff und geben damit den Sauerstoffstrahl frei, mit dem der Schneidvorgang in Gang kommt und aufrechterhalten wird.

Wichtig ist eine möglichst gleichmäßige Schneidgeschwindigkeit, wenn man den Brenner über das Werkstück führt. Die Schnittbreite muss beim exakten Zuschnitt der Teile mit eingerechnet werden. Wer direkt auf der markierten Schnittlinie schneidet, produziert damit womöglich ein zu kleines Schneidteil.

Mit der passenden Düsengröße, dem richtigen Gasdruck und einer gleichmäßigen Schneidgeschwindigkeit erhalten wir einen sauberen Schnitt ohne übermäßige Rückstandsbildung.

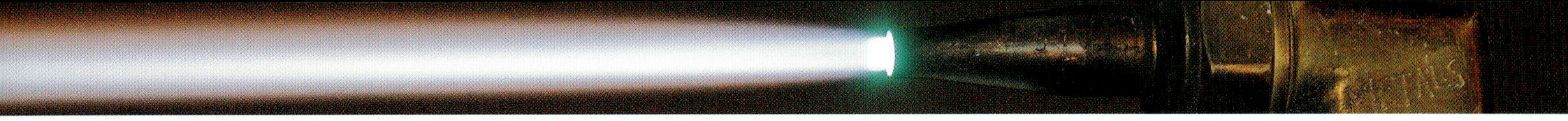

Für das Schneiden von Kreisen und die Reproduktion akkurater Formen mit dem Autogenbrenner sind verschiedene Schneidschablonen lieferbar, diese Schneidhilfen kann man aber auch aus Altblechen selbst herstellen. Wer an einem Reißlineal oder einer ähnlichen Führung entlangschneidet, kann die Trennlinie mit einem Dauermarker oder einer Reißnadel als Orientierungshilfe für die Einstellung der Schablone anzeichnen. Soll die Trennlinie beim Schneiden sichtbar bleiben, zeichnen wir sie mit einem geschärften Speckstein an, wie er im Schweißzubehörhandel erhältlich ist.

Vor dem Brennschneiden muss der gesamte Arbeitsbereich auf Sicherheitsrisiken kontrolliert werden. Der Funkenflug beim Brennschneiden ist immens, und die Funken landen oft weit weg von ihrem Ausgangspunkt. Und getreu Murphy's Gesetz suchen sich diese Funken unweigerlich längst vergessene brennbare Objekte in einer nur scheinbar unzugänglichen Ecke der Werkstatt als Ziel. Womöglich kokeln diese Funken in einer dunklen Ecke der Garage unbemerkt weiter, bis der schönste Schwelbrand ausbricht, nachdem der Restaurator die Werkstatt längst verlassen hat. Alle Brennschneidarbeiten sollten daher lange vor dem geplanten Arbeitsende abgeschlossen sein. Außerdem muss ein Feuerlöscher griffbereit stehen – und der Hobbyrestaurator sollte wissen, wie man damit umgeht. Besteht der Arbeitsbereich im Wesentlichen nur aus Beton- oder Stahlflächen, können alle Schneidarbeiten in der Regel an der Stahltischkante ausgeführt werden. Brennschneiden direkt auf dem Betonboden oder in dessen unmittelbarer Nähe ist nicht ratsam, da die im Beton eingeschlossene Restfeuchtigkeit zum Bersten des Betons führen kann. Bestehen auch nur die geringsten Sicherheitszweifel, konstruieren wir uns einen separaten Schneidtisch – im Prinzip ein feuerfestes Gehäuse, welches das Werkstück aufnimmt und die Schneidfunken und glühenden Metallspritzer zurückhält. 200-Liter-Stahlfässer lassen sich für diesen Zweck leicht umrüsten, allerdings muss das Fass nachweislich absolut frei von brennbaren oder giftigen Rückständen sein. Verzinkte Mülleimer sind als Rohmaterial für einen solchen Umbau ungeeignet, da dabei gesundheitsschädlicher Zinkrauch freigesetzt werden kann.

Geradlinige Trennschnitte gelingen leichter mit einer präzisen Führung wie diesem Reißwinkel aus Massivaluminium. Erfahrene Schrauber mit einer gewissen Anhänglichkeit zu Dingen, „die man noch brauchen kann", treiben garantiert ein passendes Schrottteil auf, mit dem die Brennerdüse beim Schneiden im richtigen Abstand zur Werkstückoberfläche geführt werden kann. Dieses Teil war ein bisschen kurz, als Verlängerung eignet sich beispielsweise eine als Distanzstück montierte Schlauchschelle.

Ein Speckstein aus dem Schweißerfachhandel ist das ideale Hilfsmittel zum Anzeichnen von Schneidlinien und -konturen auf dem Blech, denn seine Markierungen verschwinden auch unter der Brennerhitze nicht. Eine Körnermarke auf der Werkstückoberfläche verkürzt die Vorwärmzeit der Heizflamme, da die Oxidation direkt am Körnerpunkt beginnen kann.

Dieser Schamottsteintisch fängt beim Brennschneiden Metallschmelzpartikel auf und hält Metallreste vom Boden fern. Im Internet finden sich zahlreiche Beispiele für einfallsreiche Eigenbaukonstruktionen solcher Schneidtische.

Grundsätzlich sollten alte Benzintanks oder andere Metallbehälter unklarer Herkunft weder aufgetrennt noch geschweißt oder hart- oder weichgelötet werden. Das Explosionsrisiko oder zumindest die Gefahr, dass gesundheitsschädliche Gase freigesetzt werden, ist viel zu hoch. Es genügt auch nicht, den Behälter fast vollständig mit Wasser zu füllen und dann loszulegen. Besser ist eine Reinigung mit einer Lauge durch den Fachmann. Schweißarbeiten an einem frisch gereinigten Tank sollten möglichst sofort nach dem Reinigen erledigt werden. Andernfalls könnten sich beim späteren Schweißen wieder unschöne chemische Reaktionen einstellen.

Die Autogen-Brennschneidausrüstung entspricht der Schweißerausrüstung: Eine Gesichtsmaske oder Schweißerschutzbrille mit ausreichend abgedunkelten Gläsern ist Pflicht, ebenso eine lange Jeans- oder Baumwollhose ohne Aufschläge und ein langärmliges Baumwollhemd, Lederschuhe (oder besser noch Lederstiefel) sowie Leder-Arbeitshandschuhe. Je nach Arbeitsplatz und Art der Schneidaufgaben sind die Füße beim Brennschneiden mit am gefährdetsten. Vor allem achtet man beim Schneiden oft nicht ausreichend auf die Füße, die ja „weit weg" von der Schneidstelle sind. Vorsicht also vor herabfallenden Metallteilen und dem glühenden Metallpartikelregen. Für Extremfälle sind sogar Leder-Leggings erhältlich, die die Beine und Stiefel von den Knien abwärts schützen. Ein abschließender kritischer Blick durch die Werkstatt kann ebenfalls nicht schaden – diesmal nicht auf der Suche nach brennbaren Substanzen, sondern nach allem, was keinen Schaden erleiden darf: Stahllineale, Schweißermasken, Lackflächen, Fensterscheiben, Digitalkameras, Stromkabel, Druckluftschläuche usw.

UMGANG MIT DEM SCHNEIDBRENNER

Hinweis: Die nachstehende Beschreibung bezieht sich auf einen Schneidbrenner mit Sauerstoffhebel. Je nach Brennerausführung variiert die Lage der Bedienelemente. Auch die Reihenfolge der Arbeitsschritte bei der Inbetriebnahme des Brenners weicht dann entsprechend ab. Im Zweifelsfall ist daher stets die Bedienungsanleitung des Brenners ausschlaggebend. Als Erstes drehen wir die Brenngasflaschen genau wie beim Schweißen auf und stellen sie einzeln nacheinander auf den empfohlenen Strömungsdruck ein. Dazu muss das Nadelventil unten am Brennergriff aufgedreht werden. Vor allem wegen des hohen Sauerstoffdurchsatzes muss der Druck am Druckminderer häufig etwas nachgeregelt werden, damit ein ausreichender Strömungsdruck erreicht wird. Nun den Sauerstoff-Schneidgashebel am Brennergriff drücken und den Sauerstoffdruck einstellen, andernfalls strömt der Sauerstoff hinterher nicht. Zum Zünden des Brenners das Acetylenventil an der Unterseite des Brennergriffs etwas aufdrehen, das Gas mit dem Anzünder zünden und den Gasdurchsatz erhöhen, bis der Rauch verschwindet. Das Sauerstoffventil am Brennergriff eine ganze Umdrehung aufdrehen. Keine Angst, wenn sich das Flammenbild jetzt noch nicht ändert. Dann den Vorwärm-Einstellknopf (er sitzt ungefähr auf halber Länge des Brennergriffs) einstellen, bis sich der innere Flammenkegel wieder in die Brennerdüse zurückzieht.

In dieser Stellung ist eine neutrale Schneidflamme erreicht. Wir halten nun den Brenner in unserer Führungshand, der Daumen liegt auf dem Schneidhebel, betätigt diesen aber noch nicht, und wir stellen uns so hin, dass wir in Vorhandrichtung schneiden können und freie Sicht auf den Schneidverlauf haben. Der Brenner lässt sich leichter führen, wenn der Brennergriff auf der anderen Hand aufliegt. Manch einer schneidet lieber, indem er den Brenner zum Körper hin zieht. Dies ist vor allem praktisch, wenn der Brenner an einem Führungslineal entlanggeführt wird.

Nun bringen wir die Brennerdüse an das Werkstück heran, bis die Spitzen der kleinen Heizflammen noch ca. 1-2 mm über der Werkstückoberfläche stehen. Wenn es an der Brennerdüse knallt, ist der Abstand zu gering. Das Metall wird erhitzt, bis es mindestens eine helle kirschrote Färbung annimmt. Sobald sich ein Schmelzbad bildet, drücken wir den Sauerstoffhebel und der Schneidvorgang kann beginnen. Der Brenner muss in konstantem Tempo und mit gleichbleibendem Abstand zwischen Brennerdüse und Werkstück an der Schneidlinie entlanggeführt werden. Ist das Werkstück noch nicht genug erhitzt, wirkt der zugeführte Sauerstoffstrahl kühlend und es tut sich gar nichts. Wird der Brenner zu schnell vorwärtsbewegt, eilt er dem Schmelzbad voraus und der Schneidvorgang bricht ab. Dann einfach den Schneidhebel loslassen, den Bereich, an dem der Schneidvorgang abbrach, erneut erhitzen und weiterschneiden, sobald sich ein Schmelzbad bildet. Wird der Brenner an dickeren Metallteilen zu schnell vorwärtsbewegt, fliegen die Funken und Spritzer nach oben, da das Werkstück nicht auf der gesamten Tiefe durchtrennt wurde und das Schmelzgut somit nicht zur Werkstückrückseite hin entweichen kann. In diesem Fall muss die Schneidgeschwindigkeit soweit verringert werden, bis erkennbar das gesamte Werkstück durchtrennt wird. Eine zu geringe Schneidgeschwindigkeit macht sich durch Bildung von oxidierten Metallrückständen (Schmelzschlacke) in der Schnittfuge bemerkbar. Wenn Schlackerückstände in der Schnittfuge zurückbleiben, bringt es nichts, den Schnitt in Rückwärtsrichtung zu wiederholen – dies verschärft nur die Schlackenbildung und der Schnitt wird unsauber. Oft hält die Schlacke die Werkstückhälften noch zusammen, nachdem das Metall auf der gesamten Länge mit dem Brenner durchtrennt wurde. Dann genügen einige leichte Hammerschläge auf das abgetrennte Teil, das jetzt herunterfallen müsste. Hartnäckig haftende Stellen werden nochmals mit dem Brenner nachgetrennt. Besonders unsaubere Bereiche müssen evtl. durch einen leicht seitlich versetzten Schnitt getrennt werden.

Beim Brennschneiden spritzen laufend Funken und oxidierte Metalltropfen knapp hinter der Brennerdüse an der Rückseite des Werkstücks weg. Dieser als Nachlauf bezeichnete Versatz ist bei größeren Stahlstärken normal. Hat sich auf der Rückseite der Schnittfuge allzuviel Schlacke angesammelt, empfiehlt sich ein etwas geringerer Acetylendruck, um eine kühlere Vorwärmflamme einzustellen, oder aber es muss die nächstkleinere Schneiddüse montiert werden. Beim Trennen von Stahlplatten lässt sich leichter ein Ansatzpunkt finden, wenn die Platte an der gewünschten Stelle angekerbt oder angekörnt wird. Dünnbleche, wie sie für die in diesem Buch beschriebenen Projekte verarbeitet werden, lassen sich allerdings in aller Regel derart leicht mit dem Autogenbrenner trennen, dass eine Markierung der Metalloberfläche unnötig ist. Auch Nachlauf ist fast nicht festzustellen, sondern der Brenner schneidet fast schon zu gut. Dünnbleche können auch mit zu großer Düse getrennt werden, der Schnitt ist dann allerdings unregelmäßiger und produziert mehr Schlackerückstände als ein Schnitt mit der passenden Düse. Bei einer zu kleinen Düse erreicht das Blech dagegen nie die ausreichende Temperatur für einen sauberen Schnitt. Düsen in anderen Größen kosten keine Unsummen, d. h. ein Düsensortiment lässt sich ohne große Investitionen zusammenstellen. Bei sehr dünnen Blechen kann man den Brenner etwas schräg halten und in Vorhandrichtung führen. Auch eine etwas höhere Schneidgeschwindigkeit ist bei Dünnblechen vorteilhaft. Eine senkrechte Brennerhaltung und geringere Schneidgeschwindigkeit ergibt eine breitere, unsauberere Schnittfuge mit mehr Schlackerückständen.

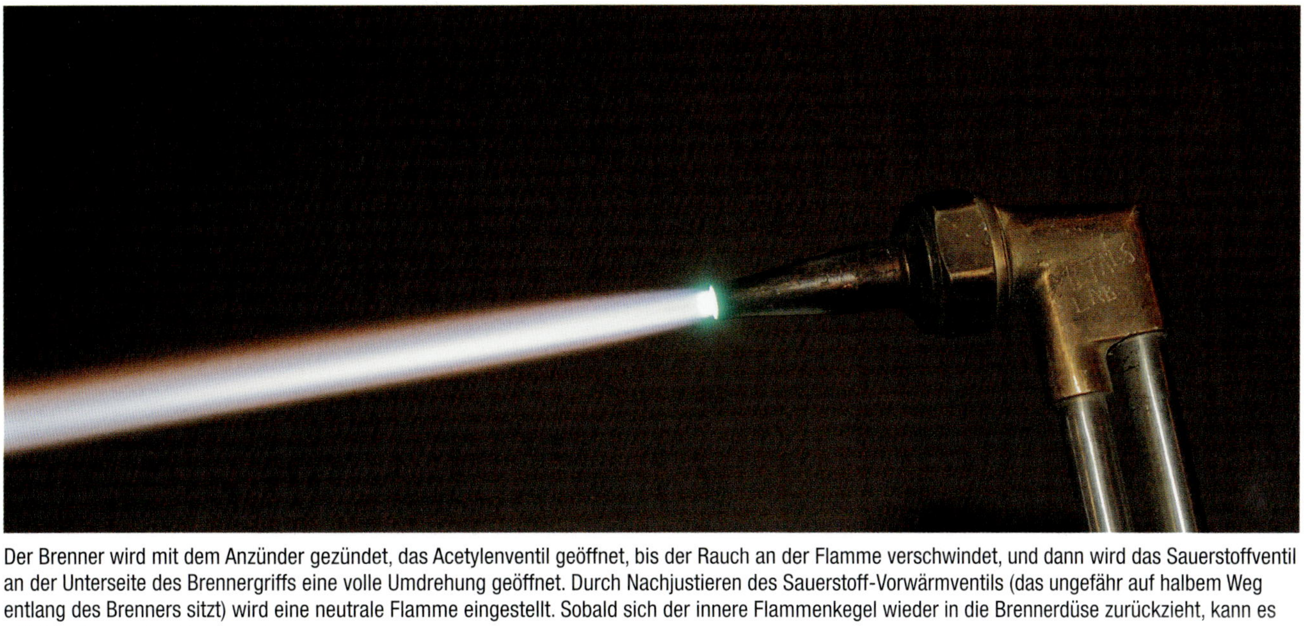

Der Brenner wird mit dem Anzünder gezündet, das Acetylenventil geöffnet, bis der Rauch an der Flamme verschwindet, und dann wird das Sauerstoffventil an der Unterseite des Brennergriffs eine volle Umdrehung geöffnet. Durch Nachjustieren des Sauerstoff-Vorwärmventils (das ungefähr auf halbem Weg entlang des Brenners sitzt) wird eine neutrale Flamme eingestellt. Sobald sich der innere Flammenkegel wieder in die Brennerdüse zurückzieht, kann es mit dem Brennschneiden losgehen.

So sieht ein Schnitt mit einer zu großen Brennerdüse aus: Die Schnittfuge ist breit und es bildet sich reichlich Schlacke.

Im Interesse einer optimalen Schnittgüte muss das Blech von sämtlichen Schmutz-, Lack- und Oberflächenrostspuren befreit werden. Sauberkeit ist beim Brennschneiden zwar nicht so entscheidend wie beim Schweißen oder Löten, verunreinigte Blechoberflächen haben aber sehr unsaubere Schnittkanten zur Folge. Die Schneiddüse muss stets möglichst sauber sein. Die vielen Düsenbohrungen können sich sehr leicht durch Schneidspritzer zusetzen. Der Schneidvorgang funktioniert aber nur dann richtig, wenn die mittige Sauerstoffbohrung und die umliegenden Heizbohrungen vor, während und nach dem Schneiden ihre Aufgabe erfüllen können. Zugesetzte Bohrungen haben unweigerlich eine schlechtere Schneidleistung zur Folge. Die Bohrungen reiben wir gelegentlich mit einem Schweißdüsenreinigungswerkzeug aus – aber ohne die Bohrungen aufzuweiten!

Um Löcher zu schneiden oder ein Metallteil punktförmig durchzutrennen, zeichnen wir den gewünschten Schneidpunkt mit einem angespitzten Speckstein an und erhitzen diesen Punkt. Sobald sich ein Schmelzbad bildet, muss der Brenner so gehalten werden, dass er sofort aus der Flugbahn der Schneidspritzer wegbewegt werden kann, die beim Betätigen des Schneidhebels entstehen können. Man hält den Brenner also etwas schräg oder bewegt die Düse beim (vorsichtigen) Betätigen des Schneidhebels ca. 15 mm vom Werkstück weg. Sobald das Loch geschnitten wurde, drehen wir den Brenner um 90° weg. Soll ein Loch einer bestimmten Größe geschnitten werden, bewegen wir den Brenner rasch entlang des angezeichneten Umrisses und ziehen den Brenner dann zurück. Mit einem Autogenbrenner lassen sich wunderbar Löcher in Bleche schneiden oder aufweiten, allerdings darf der Brenner nie zu lange an einer Stelle auf dem Blech verharren, sonst bilden sich sofort Schlackeablagerungen.

Beim Lochstechen kann durch die Schrägstellung der Brennerdüse verhindert werden, dass die Schmelzgutspritzer direkt auf den Düsenbohrungen landen und diese zusetzen.

Mit dem Autogenbrenner geschnittene Löcher sind geradezu brutal ehrlich. Bereits das geringste Zittern der Hand verrät sich durch die unregelmäßige Form des geschnittenen Lochs.

PLASMASCHNEIDEN

Plasmaschneiden hat eindeutiges Suchtpotenzial. Manche bleiben von der ersten Begegnung mit dem Plasmaschneider unbeeindruckt, andere sind dieser Technologie dagegen ein für alle Mal verfallen. Plasmaschneider schneiden fast jedes Metall schnell, elegant und mit chirurgischer Präzision. Auch das langwierige Einstellen des Geräts entfällt, ebenso das aufwändige Reinigungsritual vor und nach dem Trennen, und oft stellen sich bereits nach rund 20 Minuten Übungszeit akzeptable Schneidergebnisse an unterschiedlichsten Werkstoffen ein. Auch die Kosten der Plasmaschneider sind kein Hinderungsgrund mehr. Derzeit liegen Plasmaschneider renommierter Hersteller preislich ungefähr gleichauf mit WIG-Schweißgeräten der Einsteigerkategorie. Größere, teurere Geräte punkten durch höhere Schneidleistungen und längere Einschaltdauer.

Beim Plasmaschneiden wird ein Lichtbogen zwischen dem mit Masse verbundenen Werkstück und der im Brennergriff sitzenden Elektrode erzeugt. Die Luft im Luftspalt zwischen Elektrode und Werkstück wird bis zum plasmaartigen Zustand erhitzt – einem Stoffzustand, in dem ein Körper weder fest noch flüssig noch gasförmig ist. In dem elektrisch leitfähigen Plasma wird der Lichtbogen zwischen Brenner und Werkstück aufrechterhalten. Durch die extreme Hitze des Lichtbogens schmilzt das Metallwerkstück. Druckluft wird um die Elektrode zugeführt und passiert einen eingeschnürten Bereich an der Brennerdüse, um das geschmolzene Metall auszublasen, so dass eine saubere, schmale Schnittfuge entsteht. Wird eine besonders hohe Schnittgüte verlangt, wird Stickstoff statt Druckluft verwendet.

Plasmaschneider bedeuteten eine Zeitenwende im thermischen Trennen von Metallen. Früher waren diese Geräte aus Kostengründen dem industriellen Einsatz vorbehalten, dank des technischen Fortschritts und des Markteinstiegs von Herstellern aus Übersee sind sie heute jedoch bereits zu recht erschwinglichen Preisen zu haben.

Wie bereits beschrieben, bietet ein Plasmaschneidgerät bei Karosseriearbeiten Vorteile in fast allen Bereichen. Im Gegensatz zum Autogenbrenner schneidet der Plasmaschneider Eisen- und Nichteisenmetalle gleichermaßen und eignet sich auch zum verzugfreien Schneiden besonders dünner Bleche. Die geschnittenen Metalle dürfen auch ruhig noch schmutzig, rostig oder lackiert sein, wogegen die Schneidflächen vor dem Autogenschneiden aufwändig gereinigt werden müssen. Auch beim Plasmaschneiden ist die Brandgefahr zu beachten, der erhitzte Bereich ist allerdings wesentlich kleiner. Darin liegt der entscheidende Unterschied, wenn z. B. Bleche in der Nähe von Bodenteppichen, Innenausstattungsteilen, Gummi- oder Glasteilen herausgetrennt werden müssen. Plasmaschneider sind nicht so handlich wie Autogenbrenner – immerhin benötigen wir ja einen Stromanschluss und eine Druckluftquelle –, doch der Aktionsradius des Geräts lässt sich mit einem längeren Brennerschlauch und einem längeren Massekabel erweitern. Außerdem bewältigen die preisgünstigsten Geräte nur Blechstärken bis deutlich unter 25 mm, wer also wirklich dicke Stahlteile durchtrennen muss, ist mit dem Autogenbrenner nach wie vor am besten bedient. Für Kfz-Dünnbleche sind die kleineren Plasmageräte aber eine feine Sache.

Auch beim Plasmaschneiden sind vorab die beim Autogenschneiden üblichen Sicherheitsvorkehrungen zu treffen. Aus Arbeitsschutzgründen ist ein Gehörschutz empfehlenswert, denn das Zischen des Plasmaschneiders ist unangenehm laut. Wer beim Schneiden auf die Brennerrückseite blickt, für den genügt als Augenschutz eine Schweißerbrille mit mittlerer Schutzstufe 5. Wer aber seitlich direkt in den Schneidlichtbogen blickt, benötigt eine dunklere Schutzstufe. Beim Schweißerhelm entspricht dies der Abdunkelungsstufe 9. Da mit dem Plasmaschneider nahezu alles geschnitten werden kann, ist auch eine gute Belüftung des Arbeitsplatzes unerlässlich, wenn beispielsweise lackierte oder beschichtete Werkstoffe geschnitten werden sollen. Bei Plasmaschneidern besteht außerdem die Gefahr eines Stromschlags – die Warnhinweise am Gerät sollten also unbedingt beachtet werden. Außer wenn es sofort ans Schneiden geht, bleibt die Stromversorgung des Geräts stets getrennt. Und bei eingeschaltetem Gerät richtet man den Brenner nur auf das Objekt, das geschnitten werden soll, oder schaltet ihn ab.

Der für die Versuchsobjekte in diesem Buch verwendete Powermax45, der auch in Deutschland vertrieben wird, eignet sich für das Plasmaschneiden und Fugenhobeln und bewältigt Bleche bis ca. 15 mm Dicke. Fugenhobeln bezeichnet eine Schneidtechnik, bei der in einem dickeren Werkstück eine Furche mit voreingestellter Tiefe angebracht wird. Plasmaschneider sind mit verschiedenen kleinen, mitunter recht kostspieligen Verschleiß- bzw. Verbrauchsteilen im Brenner bestückt. Die Lebensdauer dieser Verschleißteile ist nicht zuletzt von ihrer Beanspruchung und von der Qualität der beim Schneiden verwendeten Luft abhängig. Unnötige Gerätestarts, harter Einsatz an dicken Werkstoffen, mangelhafte Schneidtechnik und schmutz-, öl- und feuchtigkeitsbelastete Luft verkürzen die Lebensdauer dieser Verschleißteile. Im Interesse maximaler Lebensdauer und Geräteleistung sollte die zugeführte Werkstattluft daher stets gefiltert werden.

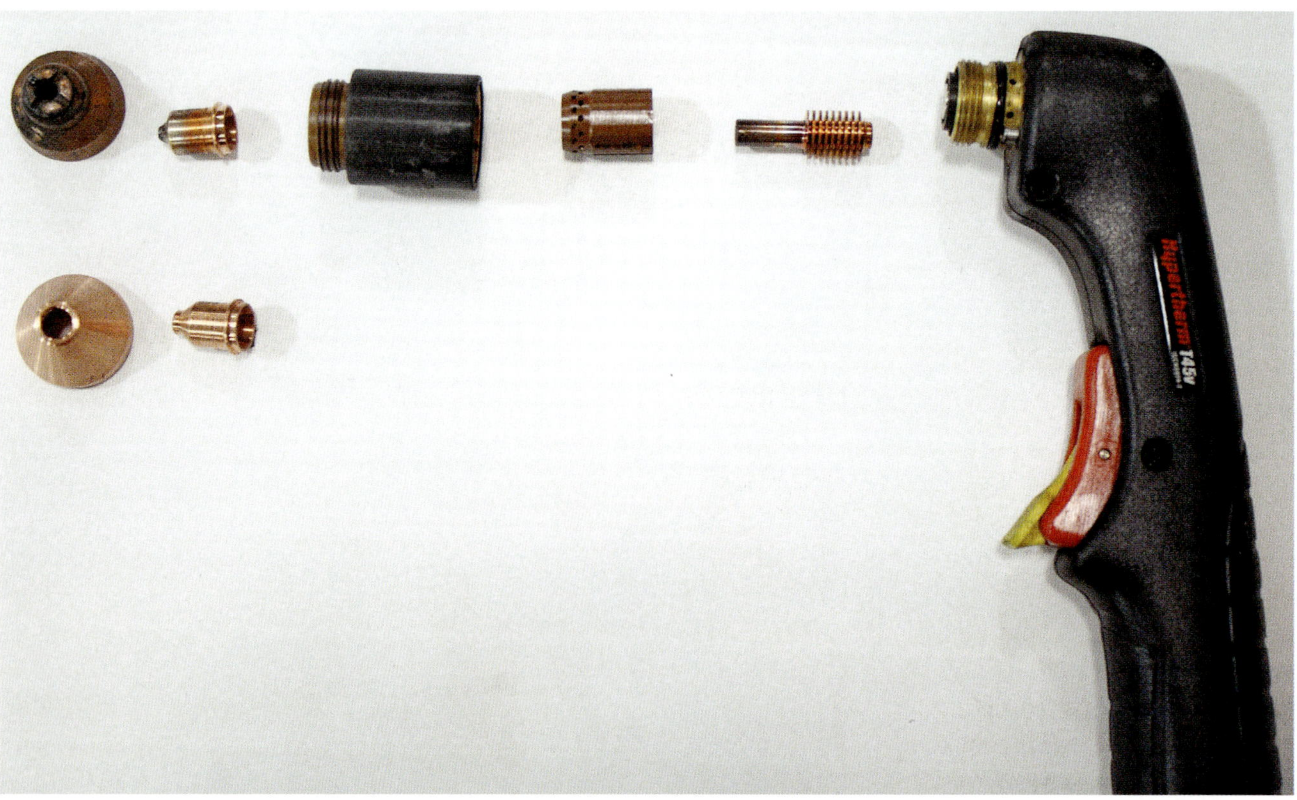

Die Hauptbauteile des Hypertherm Powermax45-Brenners: Elektrode (neben dem Brenner), Wirbelring, Brennerkappe (das schwarze zylindrische Teil), Düse und Schutzschild. Die Düse sitzt eigentlich hinter der Brennerkappe, zur Veranschaulichung sind die Düsen hier aber ihren jeweiligen Schutzschilden zugeordnet, denn zu jeder Düse gehört ein eigener Schild. Der Schutzschild links oben ist für Schneidarbeiten gedacht, der untere Schutzschild für Fugenhobeln. Elektrode, Wirbelring und Brennerkappe bleiben bei beiden Verfahren dieselben.

Die Elektrode und Düse rechts im Bild sind erneuerungsreif. Mit zunehmendem Verschleiß häufen sich die Funktionsstörungen und irgendwann funktionieren sie überhaupt nicht mehr.

Je nach Schneidaufgabe kommen zwei verschiedene Arten von Verbrauchsmaterialien zum Einsatz. Beim Plasmaschneiden wird eine bestimmte Düse mit Schutzschild benötigt, beim Fugenhobeln eine andere. Der Schneiddüsenschild kann über die Werkstückoberfläche gezogen werden und ist damit in der Handhabung besonders einfach. Die Fugenhobeldüse muss dagegen beim Hobeln in ca. 1,5-3 mm Abstand über dem Werkstück gehalten werden.

Bevor wir mit dem Plasmaschneiden beginnen, müssen alle Verschleißteile richtig am Brenner montiert sein. Auf der Geräteoberseite ist ein Schaubild mit Angabe der korrekten Ausrichtung der Verschleißteile angebracht. Der Druckluftschlauch wird am Anschluss an der Geräterückseite angeschlossen. Ist am Gerät ein Betriebsartenwählschalter vorhanden, stellen wir ihn auf das Schneiden von Metallplatten ein (die anderen Stellungen gelten für das Fugenhobeln und das Schneiden von Streckmetall). Die Masseklemme wird in Nähe des Schneidbereichs mit dem Werkstück verbunden, aber keinesfalls an dem Teil, der beim Schneiden abgetrennt wird. Dann schalten wir das Gerät ein, drehen den Stromstärkeregler eine komplette Umdrehung entgegen dem Uhrzeigersinn in die Gasteststellung und stellen den Gas- bzw. Luftdruck ein. Beim Powermax45 sitzt auf der Geräteoberseite ein Luftdruckregler und an der Gerätevorderseite eine grüne LED, die anzeigt, ob die Druckeinstellung stimmt. Der Gas- bzw. Luftdruck muss jedes Mal neu eingestellt werden, wenn wir vom Schneiden von Metallplatten auf Fugenhobeln bzw. auf das Schneiden von Streckmetall umschalten. Jeder dieser Prozesse benötigt eine andere Luftdruckeinstellung. Die Stromstärke wird anhand der Schneidtabelle bzw. notfalls nach Erfahrungswerten für die Dicke des Schneidobjekts in Relation zur Geräteleistung eingestellt. Nach dem ersten Probeschnitt kann die Stromstärke erhöht oder verringert werden.

An der Rückseite dieses Hypertherm45 ist der Anschluss für die Gas- bzw. Luftversorgung zu sehen. Der kleine Drehknopf auf der Geräteoberseite dient zur Einstellung des Gas- bzw. Luftdrucks. Der Druck muss neu eingestellt werden, sobald das Gerät eingeschaltet oder der Schneidprozess gewechselt wird.

Die LED-Anzeigen an der Gerätevorderseite zeigen etwaige Probleme wie zu niedrigen Gasdruck, Überhitzen oder fehlende oder gelockerte Verschleißteile an. Die grüne LED in der Mitte des Druckbalkens signalisiert, dass der Luftdruck für die gewählte Betriebsart richtig eingestellt ist. Die drei Stellungen des Betriebsartenschalters unten rechts auf der Konsole bedeuten (von oben nach unten): Schneiden von Streckmetall oder Gitter, Schneiden von Metallplatten, Fugenhobeln. Die grüne LED unten rechts zeigt an, dass dieses Gerät auf Fugenhobeln eingestellt ist.

Bei dieser Geräteeinstellung muss der Luftdruck nachreguliert werden (die bernsteinfarbene Warn-LED zeigt, dass der Druck zu hoch ist). Bevor der Luftdruck eingestellt wird, muss der Stromstärkeregler ganz nach links in die Gas-Teststellung gedreht werden. Mit dem schwarzen Einstelldrehknopf oben an der Geräterückseite wird dann der richtige Druck eingestellt.

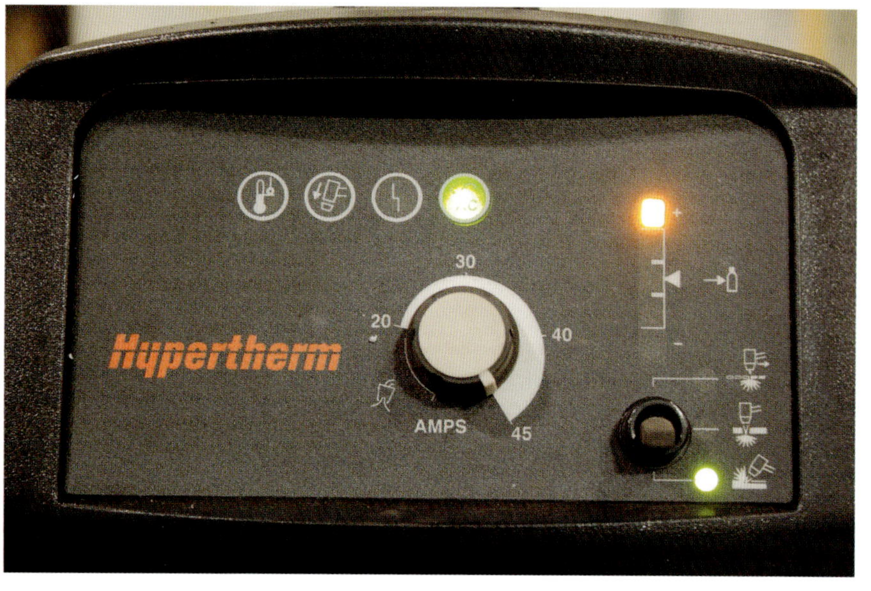

Der erste Schnitt wird an der Werkstückkante angesetzt. Dazu halten wir den Brenner senkrecht knapp jenseits der Kante, kippen den Sicherheits-Wippentaster nach vorne und drücken den Brennerschalter. Nun bildet sich ein Pilotlichtbogen, der auf das Werkstück übergeht und den Schneidlichtbogen bildet. Wenn sich der Lichtbogen durch die gesamte Tiefe des Werkstücks gefressen hat, führen wir den Schnitt weiter, ziehen dazu den Brenner zum Körper hin und bewegen den Brenner über die Werkstückoberfläche weiter. Sieht der Schnitt sauber aus, geben wir den Brennerschalter frei, das Gerät darf noch etwas weiterzischen, so dass der Brenner abkühlen kann, und sobald das Zischen aufhört, schalten wir das Gerät aus. Auf keinen Fall darf der Brenner nach oben gerichtet werden oder gar in Gesichtsrichtung zeigen, nachdem der erste Schnitt erledigt ist. Solange das Gerät eingeschaltet ist, ist der Brenner ein nicht ungefährliches Werkzeug und mit größter Vorsicht zu behandeln.

Wenn beim Schneidvorgang Funken und Metallspritzer nach oben wegfliegen, ist entweder die Schneidgeschwindigkeit zu hoch oder das Metallteil ist für das Gerät zu dick. Mit zunehmender Werkstückdicke verringert sich die Schneidgeschwindigkeit drastisch, also sollte die Brennerbewegung soweit gedrosselt werden, bis die Funken auf der Werkstückrückseite austreten. Die Schneidgeschwindigkeit stimmt, wenn Funken und Metallspritzer in einem Winkel von ca. 15 bis 30° an der Werkstückrückseite austreten. Bei dickeren Werkstücken stellen wir den Brenner zum Ende des Schnitts hin etwas schräg an, damit das Werkstück wirklich komplett durchgetrennt wird. Beim Schneiden von geraden Linien oder besonderen Konturen empfiehlt sich ein Reißlineal oder eine Schablone als Führung, allerdings ist dabei auf den richtigen Abstand zwischen Elektrodenmitte und Brennerdüsenrand zu achten.

Ist die Geräteeinstellung in Ordnung und die Masseklemme in sicherem Abstand zum Schneidbereich angeschlossen, senken wir den Plasmabrenner in Richtung Werkstück. Der Brenner steht im 90°-Winkel zum Werkstück, und nun drücken wir den Brennerschalter. Sobald der Lichtbogen das Werkstück auf der gesamten Tiefe durchtrennt hat, schneiden wir entlang der gewünschten Schnittlinie weiter.

Beim Lochstechen beträgt die Schneidleistung des Plasmaschneiders üblicherweise rund die Hälfte der Trennschneidleistung. An Dünnblechen hält man den Brenner in ca. 3 mm Abstand senkrecht über der Werkstückoberfläche und betätigt den Brennerschalter. An dickeren Blechen wird der Brenner etwas schräg gehalten, damit die Metallspritzer nicht in Richtung des Bedieners oder des Brennerdüsenschirms geschleudert werden. Steht die Brennerdüse ca. 3 mm über dem Werkstück, kann der Brennerschalter gedrückt werden. Sobald das Loch durchgehend geschnitten ist, drehen wir den Brenner in die senkrechte Stellung und führen ggf. den weiteren Schnitt aus.

Beim Zuschneiden von Blechen auf ein Sollmaß oder entlang einer Führung oder Schablone muss der Abstand zwischen Elektrode und Rand des Schutzschildes einkalkuliert werden. Diese Schutzschildausführung wird als *abgeschirmtes* Verschleißteil bezeichnet.

Zum Schneiden von Streckmetall oder Gitterblechen wird der Betriebsartenschalter der Powermax45 in die oberste Stellung gedreht und der Gasdruck nachjustiert. Nun kann das Gerät den Pilotlichtbogen neu starten, ohne dass nach jedem Schnitt der Schalter neu betätigt werden muss. Den Brenner führen wir dabei genau wie beim Schneiden dickerer Metallplatten. Wer das Gerät hinterher versehentlich in dieser Stellung eingestellt lässt, kann damit zwar immer noch Metallplatten schneiden, die Lebensdauer der Verschleißteile verringert sich allerdings deutlich.

Zum Fugenhobeln schalten wir das Gerät aus, wechseln ggf. die Verschleißteile und schalten das Gerät wieder ein. Bei der Powermax45 wird der Betriebsartenschalter in die unterste Stellung (Fugenhobeln) gedreht, der Luftdruck nachreguliert und die Stromstärke im Uhrzeigersinn auf volle Leistung hochgedreht. Nun den Brenner im 45°-Winkel zum Werkstück halten, so dass ein geringer Spalt bleibt, und den Brennerschalter betätigen. Jetzt können wir den Brenner langsam auf der gewünschten Bahn über das Werkstück führen. Soll die Fugentiefe verringert werden, halten wir den Brenner in einem kleineren Winkel. Eine tiefere Fuge erreichen wir mit einem größeren Brennerwinkel oder zusätzlichen Durchgängen. Fugenhobeln ist z. B. zur Vorbereitung von Blechen nützlich, die stumpf verschweißt werden und daher absolut plan sein müssen. Einfacher zu lösen ist diese scheinbar schwierige Aufgabe, wenn die zu verschweißenden Teile auf einer dicken Metallplatte fest zusammengespannt werden, in der durch Fugenhobeln eine Aussparung unter der Schweißnaht angebracht wurde. Das Schweißen sollte nun in kurzen Intervallen erfolgen, damit sich das Blech nicht unnötig erhitzt; die Fixierung mit den Schweißzangen bleibt montiert, bis alles geschweißt ist. Das fertige Bauteil ist dann genauso eben wie die Auflage, auf der es aufgespannt wurde.

Beim Lochstechen mit dem Plasmaschneider hält man den Brenner etwas schräg, damit zurückschlagende Metallspritzer nicht im Brenner landen.

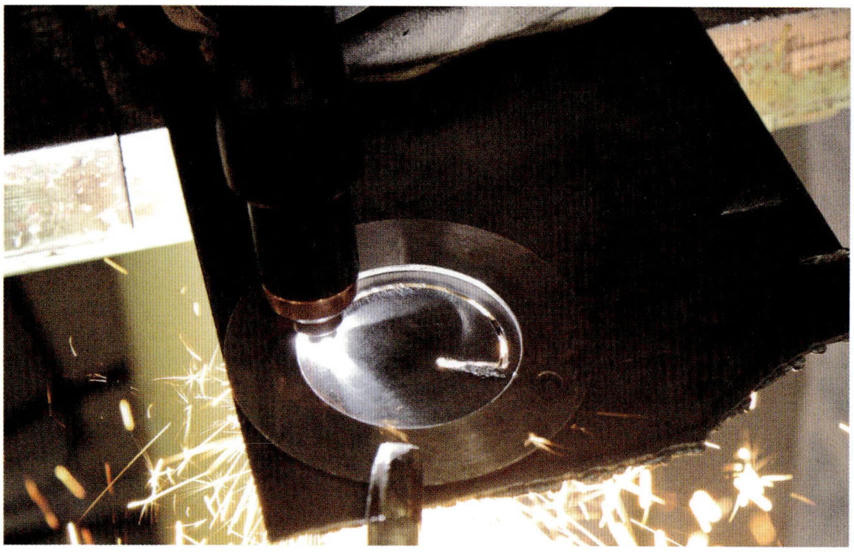

Ist das Loch geschnitten, setzen wir den Brenner wieder senkrecht an und setzen den Schneidvorgang fort.

Der mit der Kreisschablone ausgeführte Fertigschnitt zeigt, wie leicht sich mit dem Plasmaschneider saubere Ergebnisse erzielen lassen.

Zum Schneiden von Streckmetall wird der Betriebsartenschalter an der Gerätevorderseite in die entsprechende Schneidstellung gedreht, der Luftdruck nachreguliert und das Werkstück dann genau wie normale Blechplatten geschnitten.

Beim Fugenhobeln müssen ggf. bestimmte Verschleißteile am Brenner ausgetauscht werden; der Brenner wird im 45°-Winkel dicht über der Werkstückoberfläche gehalten und dann der Lichtbogen gezündet und die Fuge geschnitten.

Die Fugentiefe ist vom Brennerwinkel abhängig. Je weiter sich die Brennerstellung der Senkrechten annähert, desto tiefer ist die geschnittene Fuge.

Kapitel 5
Grundlagen des Blechumformens

Am Anfang der hohen Schule des Blechumformens steht die Phase, in der der Anfänger lernt, wie Blech ganz banal von Hand umgeformt wird. Maschinen sparen Zeit und Aufwand, ihr fachgerechter Einsatz setzt allerdings einiges Fachwissen voraus. Andernfalls verwandeln diese Maschinen tadellose Bleche im Handumdrehen in völligen Schrott. Wer jedoch die grundsätzlichen Abläufe beim Umformen von Blechen verstanden hat, wird schon bald präsentable Ergebnisse erzielen – auch ohne mehrjährige Lehre. Bleche werden im Handwerk bereits seit Jahrhunderten von Hand umgeformt, und auch all die komplexen und kostspieligen Maschinen wandeln letzten Endes lediglich elektrische oder hydraulische Energie so um, dass die Bleche nach genau den hier erläuterten Grundprinzipien verformt werden. Der durchschnittliche Hobbyschrauber, der vor allem Rostschäden reparieren und das eine oder andere Reparaturblech anfertigen möchte, wird bereits mit einigen einfachen Blechumformübungen das nötige Selbstvertrauen für weitere eigene Arbeiten erwerben.

Ein zentrales Prinzip bei der Blechbearbeitung ist, dass oft lediglich ein Wechselspiel zwischen Blechdicke und Größe der Blechoberfläche stattfindet. Manchmal wird die Blechoberfläche vergrößert, d. h. das Blech wird gestreckt und wird dadurch länger und dünner. In anderen Fällen wird die Oberfläche durch einen als Stauchen oder Einziehen bezeichneten Vorgang verkleinert, wodurch das Blech kürzer und dicker wird.

Kein Beispiel aus dem Automobilsektor, aber dennoch beeindruckende Handarbeit: Dieser Heckbürzel für die Sitzbank eines Honda CB750-Racer entstand ausschließlich mithilfe von Handwerkzeugen und einer Rollenstreckmaschine nach den in diesem Kapitel erläuterten Methoden. Die in mehreren Ebenen gewölbte Blechoberfläche dieses Abschlussblechs verleiht den gedrungenen Proportionen dieses Rennbike eine stromlinienförmige Note.

Im Prinzip können wir uns unser Umformteil als einen ausgewalzten Teig vorstellen, der auf äußere Einwirkungen auf genau vorhersagbare Weise reagiert: Drücken wir mit dem Daumen in den Teig, wissen wir instinktiv, dass der Teig unter dem Druck des Daumens rasch sehr dünn wird. Wird der Teig nun an mehreren Stellen unmittelbar nebeneinander eingedrückt, würde sich der Teig in diesem Bereich ausdehnen. Metall verhält sich zwar nicht ganz wie ein Kuchenteig, die grundsätzliche Verhaltensweise von Blechen, die durch Änderung ihrer Dicke in eine andere Form gebracht werden, dürfte an diesem Beispiel aber deutlich werden.

Bleche lassen sich auch formen, ohne dass sich dabei ihre Dicke ändert, beispielsweise durch Biegen bzw. Abkanten in einem Schraubstock. Eine derartige Blechkante entspricht in etwa der Faltung eines Blatts Papier, d. h. das Blech wird entlang einer einzigen Achse gefaltet. Die beim Biegen entstehende Form kann betont scharfkantig ausfallen, wenn das Blech beispielsweise mit dem Hammer um 90 Grad abgekantet wird, oder aber eine weiche Rundung zeigen, z. B. wenn das Blech über einem dicken Rohr gebogen wird. Unter dem Mikroskop wäre vielleicht sogar eine geringfügige Änderung der Blechdicke feststellbar, in der Praxis bleibt bei solchen Formänderungen die Werkstückdicke jedoch unverändert. Derartige Biegeformen oder Abkantungen sind leicht nachzuvollziehen und ebenso schnell wieder vergessen. Wer sich eingehend mit dem Einziehen und Strecken von Blechen beschäftigt, denkt schon bald nur noch in diesen beiden Kategorien, Umformen durch Biegen ist jedoch nicht minder wichtig, denn zahlreiche Formen lassen sich nur durch Biegen herstellen.

Bei der grundsätzlichen Beschreibung der Formgebung von Blechen weicht der Sprachgebrauch im Karosseriehandwerk etwas vom „Lehrbuchvokabular" ab. In der Metallverarbeitungstechnik bezeichnet „Umformen" üblicherweise die Formänderung von Blechen ohne Änderung der Werkstückdicke, speziell bei der Blechbearbeitung in der Karosseriereparatur geht die Umformung jedoch bei den allermeisten Umformtechniken mit einer Änderung der Blechdicke einher. Daher wird „Umformen" in diesem Zusammenhang in einer weiter gefassten Bedeutung verwendet, bei der nicht danach differenziert wird, ob sich die Blechdicke bei der Bearbeitung verändert oder nicht.

Der Zusammenhang zwischen Dicke und Länge bzw. Oberfläche eines Werkstücks lässt sich an den abgebildeten drei identischen, 10 cm langen Vierkantstäben aus Weichstahl veranschaulichen. Zwei der drei Vierkantstäbe wurden erwärmt, um sie leichter bearbeiten zu können. Das Ende eines der Stäbe wurde mit dem Hammer bearbeitet und damit gestaucht, der andere Stab wurde durch Hammerschläge auf die Seitenflächen gestreckt. Der dritte Stab dient als Vergleichsobjekt und blieb unverändert. Der gestauchte Stab ist hinterher deutlich kürzer und zugleich dicker, beim gestreckten Stab ist genau das Gegenteil der Fall. Diese Vierkantstäbe können wir uns als extrem vergrößerte Probe aus einem Tafelblech vorstellen. Diese Form- und Dickenänderungen spielen sich auch in Blechen ab, allerdings auf wesentlich kleinerer Fläche. Es lohnt sich also, bei den ersten eigenen Blechumformversuchen an diese elementaren Zusammenhänge zu denken, denn wer die Vorgänge im Blech versteht, erzielt die gewünschten Ergebnisse schneller. Wenn also ein Blech zwischen einem Hammer und einem Gegenhalter (üblicherweise in Form eines Handeisens) oder – bei einer Blechumformmaschine – zwischen zwei Umformstempeln mit größter Kraft gequetscht wird, ist davon auszugehen, dass das Blech durch diese Quetschwirkung im Anlagebereich dünner wird. Gleichzeitig vergrößert sich seine Fläche, denn das bei der Bearbeitung zusammengedrückte Blech muss ja irgendwohin ausweichen. In gewissen Grenzen findet eine Materialverdichtung statt, jenseits dieser Verdichtung muss das übrige Material jedoch von der Schlagstelle weg seitlich ausweichen. Ein paar Ausnahmen gibt es bei diesem grundsätzlichen Zusammenhang zwischen Materialdicke und Oberflächenausdehnung, die kümmern uns allerdings vorerst nicht. Zunächst geht es an die Grundlagen.

Zwei dieser drei identischen 10 cm langen Vierkantstahlstäbe wurden mit dem Brenner erwärmt und dann bearbeitet, um die Wirkung der Stauch- bzw. Streckvorgänge zu demonstrieren. Der kürzere Stab links wurde an seinem Ende mit dem Hammer gestaucht. Der längere Stab rechts wurde durch Hammerschläge auf die Seitenfläche gestreckt und damit gelängt. Der mittlere Stab blieb unverändert. Diese Materialveränderungen vollziehen sich auch in Blechen, sind dort allerdings nicht so deutlich wahrnehmbar.

Um zu verdeutlichen, wie ein Tafelblech durch Hammerschläge gestreckt werden kann, wird dieses 0,8-mm-Blech mit ca. 17 cm Durchmesser mit überlappenden Hammerschlägen bearbeitet, die vom Mittelpunkt ausgehend kreisförmig nach außen auf das Blech zielen.

Diese „Vorher-Nachher"-Aufnahme zeigt, wie mit der durch die Hammerschläge erzielten Vergrößerung der Oberfläche eine deutliche Wölbung im Blech erzeugt wurde.

Dieses Prinzip, dass Blechdicke und Oberflächengröße im umgekehrtem Verhältnis zueinander stehen, nutzen wir zur Anfertigung eines gewölbten Blechs. Als Arbeitsmaterialien für unseren Versuch dienen ein Hammer mit poliertem, gewölbtem Kopf sowie ein 0,8 mm starkes Blech mit ca. 17 cm Durchmesser. Wir legen das Blech mit der Außenseite nach unten auf eine Unterlage, die frei von Unebenheiten und Oberflächenbeschädigungen sein muss, und bearbeiten das Blech von Blechmittelpunkt aus in einer nach außen wandernden Kreislinie mit leichten, einander überlappenden Hammerschlägen. Wie beim Fingerdruck auf den Kuchenteig in unserem imaginären Beispiel, verdichtet der Hammer das Blech in dem Schlagbereich, so dass das Blech die Form des Hammerkopfes annimmt. Durch die in einer Kreislinie vom Mittelpunkt nach außen auf das Blech einwirkenden Schläge wird kontinuierlich eine winzige Menge des noch nicht bearbeiteten Blechs nach außen verdrängt, d. h. wir „treiben" das Blech nach außen. Dabei nimmt die Dicke ab und die Oberfläche vergrößert sich – das Blech wird also dünner, wölbt sich aber zusehends. Sind wir am Blechrand angekommen, schmerzen sicher die Ohren und die Armmuskeln, vor allem aber hat sich das Blech – wie in der Abbildung zu sehen – zu einer leicht gewölbten Schale verformt. Offenbar lässt sich die Verformung des Blechs also vorhersagen, wenn wir das Blech auf einer harten Unterlage mit dem Hammer bearbeiten. Dasselbe Endergebnis ließe sich erreichen, wenn das Blech mit einem Hammer mit ebener Bahn auf einem gewölbten Amboss bearbeitet wird, nur würde die erzeugte Wölbung des Blechs dann nicht in unsere Richtung zeigen, sondern von uns weg.

STRECKEN UND STAUCHEN VON BLECHEN

Wenn wir uns die Formänderung eines Bleches grundsätzlich als einen Ausgleich von Blechdicke und Blechoberfläche vorstellen, wird die kontrollierte Umformung von Blechen verständlicher und gelingt auch besser. Als zweites Beispiel zeichnen wir eine weit geschwungene S-Kurve auf einen Karton oder einen dicken Papierbogen und schneiden sie aus. Auf der daraus entstandenen Schablone beschriften wir den Streckbereich mit „strecken", damit wir wissen, wofür die Schablone gedacht ist. Dann schneiden wir einen ca. 50 mm breiten und 350 mm langen Stahlblech- oder Aluminiumstreifen zu und kanten ihn über die gesamte Länge auf einer Breite von ca. 12 mm rechtwinklig (90°) ab. Für Beispielfotos wurde ein Tafelblech aus geglühtem Aluminium verwendet, da sich dies besonders gut formen lässt. Nun legen wir den Blechstreifen auf einem Amboss oder der Kante eines stabilen Metalltischs auf und nehmen einen leichten Pinnhammer oder Schweifhammer oder einen Karosseriehammer mit schmaler Schlagfläche (die damit in etwa der Längsfinne eines Kreuzschweifhammers entspricht) zur Hand und bearbeiten den 12 mm breiten Abkantfalz, der gestreckt bzw. gelängt werden soll, mit gleichmäßigen Hammerschlägen. Durch die schmale Schlagfläche des Pinn- bzw. Schweifhammers konzentriert sich die Kraft des Hammerschlags auf einen eng begrenzten Bereich, in dem das Blech gequetscht wird, so dass dessen Oberfläche sich vergrößert bzw. die Länge des Falzes zunimmt. Obendrein hinterlässt das gerundete Profil der Hammerbahn weniger Schlagmarken als eine spitzere Hammerfinne, die hässliche Kerben und womöglich gar Löcher im Blech verursachen würde. Wenn sich nun der mit dem Hammer bearbeitete Falz längt, wölbt sich das Blech in dem an den rechtwinkligen Falz angrenzenden Teil nach und nach. Unser Ziel ist, das Blech in eine der Schablone entsprechende Wölbung zu bringen. Sind weitere Durchgänge mit dem Hammer notwendig, sollte der Aufprallwinkel der Hammerbahn auf dem bereits gestreckten Blech etwas verändert werden, damit das Blech nirgends zu dünn wird. Wenn klar ist, wie das Strecken des Blechs funktioniert, wenden wir uns dem entgegengesetzten Blechende zu, das gestaucht (eingezogen) werden muss.

Die Grundausstattung für die ersten Streck- und Schrumpfversuche: An einem ca. 350 x 50 mm großen Blechstück aus geglühtem Aluminium wird ein ca. 12 mm breiter 90°-Falz abgekantet. Dann eine Pappschablone mit einer in sanftem Schwung verlaufenden S-Kurve anfertigen und einen Pinnhammer mit gerundeter Pinnfläche bzw. einen Schweifhammer beschaffen oder einen Karosseriehammer so nachschleifen, dass die Hammerbahn eine schmale, ballige Form erhält. Für dieses Übungsbeispiel wurde ein 1,2-mm-Blech aus Aluminium 3003-H14 verwendet.

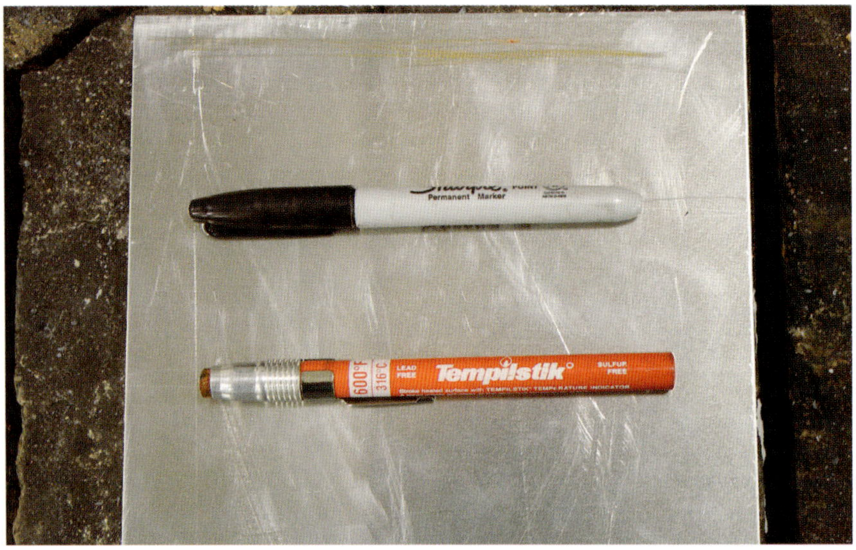

Aluminium lässt sich wesentlich leichter bearbeiten, wenn es vorher geglüht wird. Dazu bringen wir mit einem Permanentmarker Markierungen auf der Oberfläche an oder erwärmen das Blech und ziehen mit einem Tempilstik-Temperaturindikatorstift (für 315 °C) Striche über das Blech.

Mit der Brennerspitze eines auf neutrale Flamme eingestellten Autogenbrenners oder (falls vorhanden) einer Mehrlochdüse werden nun die Dauermarkerstriche weggebrannt bzw. der Temperaturindikatorstift in Strichen über die Fläche gezogen. Die Markerfarbe brennt bei rund 315 °C weg. Ein für die entsprechende Temperatur (600 °F/316 °C) vorgesehener Temperaturindikatorstift hinterlässt einen fettig-schmierigen Strich auf der Blechoberfläche, sobald diese Temperatur erreicht ist.

Wird das Alublech zu stark erhitzt (was bei den ersten Versuchen durchaus passieren kann), beginnt seine Oberfläche zu glitzern und wirkt rau (ähnlich wie Schleifpapier). Wird jetzt noch weiter Hitze zugeführt, schmilzt das Blech.

Dieser Hammerkopf wurde auf eine schmale, senkrechte und ovale Treibfläche zugeschliffen. Mit diesem Eigenbau-Schweifhammer wird das Blech aufgrund der Kopfform entlang der Seiten des Kopfes stärker als an den Enden gestreckt. Die Flächen, die nicht auf dem Blech anliegen, wurden zur Verdeutlichung mit einem Marker angezeichnet. Der Vorteil dieser Hammerform ist, dass das Blech in einer Richtung gezielt stärker gestreckt werden kann als in anderen Richtungen – bei Blechtreibwerkzeugen oft ein wichtiges Kriterium.

Der Streckvorgang am 12 mm breiten Blechfalz beginnt mit gleichmäßigen Hammerschlägen längs entlang des Blechs. Wenn der Blechfalz sich zu strecken und damit zu längen beginnt, wölbt sich das Blech immer mehr.

Die Formgebung des Blechs muss regelmäßig anhand der Schablone kontrolliert werden – nicht dass der Falz zu sehr gestreckt wird!

Die drei T-förmigen Werkzeuge sind so genannte Faltenzieher, mit denen im Rand eines Blechs Falten angebracht werden können. Beim anschließenden Glätten der Falten mit dem Hammer wird der Blechwerkstoff gestaucht. Der dünnste Faltenzieher ist ein umgebauter Spezialschlüssel für einen Acetylenzylinder. Auch Kombizangen wie die beiden abgebildeten Exemplare eignen sich zum Falten von Blechen. Die konische Form der Backen ergibt den nötigen Freiraum beim Biegevorgang.

Stauchen (Einziehen) ist grundsätzlich schwieriger als Strecken (Schweifen). Eine traditionelle Methode zum Einziehen von Blechen ist, im ersten Arbeitsgang in dem Bereich, der gestaucht bzw. eingezogen werden soll, Falten anzubringen und diese Falten auszuhämmern, so dass das Blech in sich selbst gestaucht und dabei verdichtet wird. Am besten geht dies, wenn die Falten so fixiert werden, dass sie sich unter den Hammerschlägen nicht einfach wieder „entfalten" können (dazu später mehr). Die Falten entlang des Blechfalzes können mit einer Zange oder einem Eigenbau-Faltenziehwerkzeug angefertigt werden. Früher waren im Metallbau auch spezielle Faltenzangen gebräuchlich, die bis auf ihre Backen einer normalen Kombizange ähnelten.

Je nachdem, wie sehr das Blech federt, kann der Faltenzieher von Hand betätigt oder in einen Schraubstock eingespannt und das Blech um den Faltenzieher verdreht werden. Bei unserer ersten Übung sollen die Falten auf dem Falz nach oben abstehen, damit sie mit dem Hammer auf einer ebenen Unterlage eingezogen werden können. Bei anderen Projekten können die Falten auch auf der Blechrückseite geformt werden. Es kommt dabei allein darauf an, welche Faltenlage die günstigste Arbeitsposition zum Glätten der Falten ermöglicht. Bei unserem Versuchsblech wurden die Falten von Hand mit einem Faltenzieher hergestellt und mit einem Lederhammer auf einer ebenen Unterlage eingezogen. Beim Kalteinziehen (Einziehen ohne Wärmeeinwirkung) ist die Gefahr wesentlich geringer, dass sich das Blech versehentlich streckt, falls der Hammer oder die Arbeitsunterlage doch weicher als das Blech ist.

Muss der Hebelarm größer sein, als es beim Freihand-Faltenziehen möglich ist, spannen wir den passenden Faltenzieher in einen Schraubstock ein und formen die Falte, indem das Blech um das Werkzeug verdreht wird.

Mit der Faltenzange ist das Herstellen von Falten ein Kinderspiel. Einfach den Falz auf ungefähr seiner halben Tiefe mit der Zange greifen und die Zange seitlich verdrehen, so dass die eine Seite der Falte entsteht.

Dann das Blech auf der anderen Seite der Falte mit der Zange greifen und in entgegengesetzter Richtung verdrehen.

Noch bevor wir die Falten glätten, ist im Faltenbereich erkennbar, dass das Blech sich bereits in der gewünschten Richtung zu runden beginnt.

An unserem Blech, das wir entsprechend der S-Kurve der Schablone formen wollen, bringen wir eine erste Falte an, fixieren das Blech möglichst fest auf einer harten Unterlage und glätten die Falte, bis das Blech eben ist. Falls sich die Falte dabei wieder öffnen will, spannen wir das Blech auf beiden Seiten der Falte auf dem Arbeitstisch fest, so dass die Falte nicht ausweichen kann, sondern sich unter den Hammerschlägen staucht. Ist kein geeigneter Arbeitstisch zur Hand, spannen wir einen stabilen Flachstahl oder ein Winkeleisen, das den gesamten Faltenbereich überdeckt, unter dem Blech fest. Das Einziehen der Falte gelingt an Stahlblechen leichter, wenn das Blech erwärmt wird – womit wir beim Warmeinziehen wären. Dazu wird das Blech wie beschrieben festgespannt und die Spitze der Falte erwärmt, bis sie matt-rötlich anläuft, und nun können wir die Falte mit einem Stahlhammer vorsichtig glätten. Der erwärmte Bereich ist weicher als das angrenzende Metall und lässt sich sehr leicht stauchen bzw. einziehen. Da das erwärmte Metall seinen weichen Zustand beibehält, sind nicht einmal besonders kräftige Schläge notwendig – ein Hammerschlag wie beim Einschlagen von Polsternägeln genügt. Zu starke Schläge verdichten das Blech und strecken es, was wir ja gerade nicht wollen. Beim Stauchen des Blechs bei diesem Einziehvorgang wird der Falz verkürzt. Der angrenzende Falzbereich wölbt sich dadurch in Richtung der soeben gestauchten Stelle, da beim Einziehen eine Zugwirkung im Blech einsetzt.

Das Blech muss beim Kalteinziehen möglichst unverrückbar fixiert werden, damit es unter den Stauchschlägen nicht ausweichen kann. Hier wurde das Blech zwischen einem als Polierstock verwendeten Rundeisen und dem Schraubstock eingespannt und kann beim Einziehen der Falten nicht seitlich wegwandern.

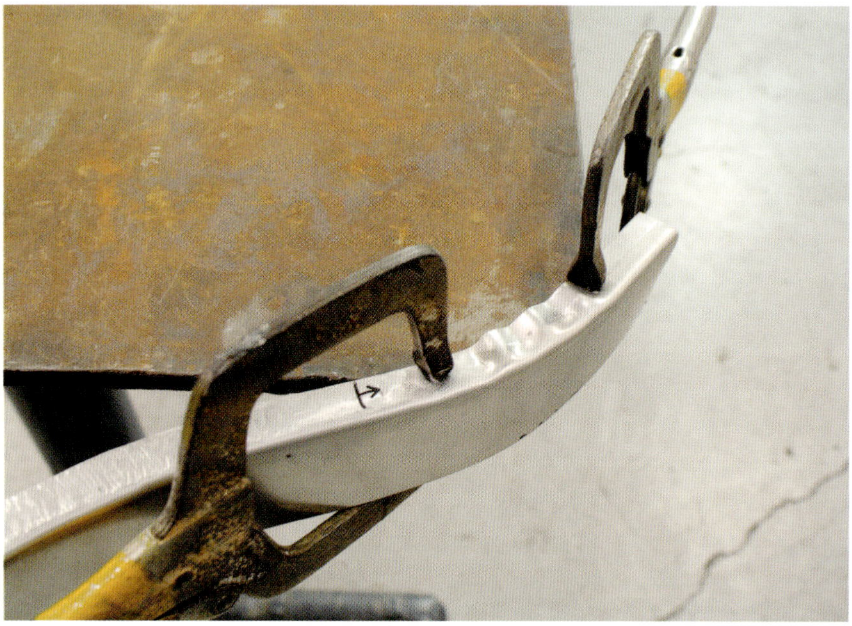

Der Falz kann auch an einer gerundeten Tischkante festgespannt werden. Die Schweißerzangen auf beiden Seiten der Falten verhindern, dass sich die Falten im Blechfalz beim Aushämmern wieder öffnen.

Wird das Blech auf beiden Seiten der beim Faltenziehen hergestellten Wölbung mit einem Flachstahl eingespannt, kann der Falz unter den Hammerschlägen wiederum nicht ausweichen.

Das Kalteinziehen von Stahl ist schwieriger als bei Aluminium, daher empfiehlt es sich, den Arbeitsbereich zu erwärmen. Als erstes bringen wir die Falten mit einer Zange oder einem Faltenzieher an.

Dann erwärmen wir die Falten einzeln nacheinander bis zur Rotglut und glätten sie mit dem Hammer, solange das Metall noch glüht. Das Blech braucht nicht fester als beim Einschlagen eines Tapeziernagels bearbeitet zu werden. Zu harte Hammerschläge bewirken nur eine Verdichtung des Blechs, wodurch sich das Blech wieder strecken würde.

Die flach geklopften Falten im Blech dürfen ruhig mit dem Hammer weiter geglättet werden, zu kräftige Hammerschläge bewirken jedoch das Gegenteil, d. h. das Blech streckt sich.

Nach beendetem Einziehvorgang entsprechen die Wölbungen in dem S-förmigen Blech den Konturen der Schablone.

Auf gleiche Weise wie beim Einziehen der an dem S-förmig gewölbten Blech angebrachten Falten können Bleche auch eingezogen bzw. gestaucht werden, wenn keine komplexeren Blechmaschinen zum Einziehen zur Verfügung stehen. Dazu vertiefen wir die handwerklichen Grundlagen dieses Verfahrens noch etwas. Für die ersten Einziehversuche von gefalteten Blechen empfiehlt sich geglühtes Aluminium, da sich das relativ weiche Aluminium sehr gut kalt einziehen lässt. Zuerst bringen wir am Rand des Blechs von Hand oder mit einem Faltenzieher im Schraubstock eine mindestens 25 mm lange Falte an. Dann legen wir das Blech auf eine harte Unterlage auf und klopfen die Falte mit einem Kunststoffhammer flach aus. Wir beginnen mit einem Schlag auf das äußere Ende der Falte am Blechrand, setzen den zweiten Schlag auf den Ursprung der Falte und arbeiten uns dann bis zum Blechrand vor. Bei der herkömmlichen Einziehmethode beginnen wir am Ursprung der Falte und setzen die Schläge bis zum Blechrand fort. Dies funktioniert durchaus, noch besser ist aber eine alternative Technik: Der erste Schlag zielt genau auf das äußere Ende am Blechrand und erzeugt dort eine Art „Sackgasse" für die Blechbewegungen, in deren Richtung der Rest der Falte ausgehämmert wird. Durch den ersten Schlag auf den äußeren Faltenrand wird die Falte hier soweit kaltverfestigt, dass sie sich beim Aushämmern der übrigen Falte längst nicht mehr so leicht „entfalten" kann. Egal nach welchen persönlichen Vorlieben das Blech bearbeitet wird: Der aufgestellte Teil der Falte wird gegen den Widerstand der seitlichen Flanken der Falte und der Arbeitsfläche gestaucht. Die Hammerschläge dürfen jedenfalls nicht so hart sein, dass das Blech gegen den Tisch gequetscht und dadurch gestreckt wird. Bei einem Kunststoffhammer ist die Streckgefahr relativ gering. Kunststoffhämmer sind dank ihrer geringeren Masse und weicheren Schlagfläche für Bleche aus geglühtem Aluminium ideal. Bei den Einziehübungen sollte man sowohl an Falten auf der Blechinnenseite, die gegen die Werkbank eingezogen werden, als auch an Falten auf der Blechaußenseite experimentieren, die auf einem Polierstock o. ä. eingezogen werden. Will sich die Falte dennoch auffalten, stützen wir ihre Rückseite auf einem hohl geformten Treibklotz oder einer konkaven Aussparung in einer Holzunterlage ab. Die Wölbung des Holzes trägt ebenfalls dazu bei, dass sich die Falte nicht so leicht wieder öffnet.

Manchmal ist es am einfachsten, das Blech auf der Werkbank als Unterlage einzuziehen. Der erste Hammerschlag zielt auf das äußere Ende der Falte. Dadurch wird das überschüssige Metall, das gestaucht werden soll, innerhalb der Falte fixiert und kann nicht so leicht ausweichen.

Mit dem nächsten Schlag bearbeiten wir den Ursprung der Falte am Übergang in die Blechfläche.

Anschließend wird die restliche überschüssige Wölbung im Blech zwischen Ursprung und äußerem Ende der Falte ausgehämmert.

Diese Falte im Stahlblech einzuziehen, wäre mit der Werkbank als Unterlage einfacher als auf einem Polierstock o. ä., da sich das Blech auf der Werkbank leichter festspannen lässt. Dies verhindert, dass sich die Blechfalte unter den Hammerschlägen wieder zu den Seiten hin öffnet.

Das Einziehen von Falten in Alublechen ist auf dem Polierstock recht einfach. Mit einem Kunststoffhammer lässt sich die nötige Kraft aufbringen, ohne dass Schlagspuren auf der Oberfläche zurückbleiben.

Die Falte aus dem vorigen Bild hat jetzt nachgegeben und ist unter der erforderlichen Kraft der Hammerschläge aus dem Blech verschwunden.

Wer das Einziehen an Stahlblechen übt, sollte auf jeden Fall auch die beschriebene Methode auf dem Treibklotz ausprobieren oder die Falte warm einziehen. Auch Stahlbleche können kalt eingezogen werden, bei Stahl ist es jedoch weitaus wahrscheinlicher als bei Aluminium, dass sich die mit dem Faltenzieher angebrachten Falten zunächst immer wieder auffalten. Zur Abhilfe erhitzen wir die Spitze der Falte rotglühend und ebnen sie vorsichtig auf ungefähr die halbe Höhe ein. Damit kann in der Regel ein Auffalten der Falte verhindert werden, und sobald der Rest der Falte gestaucht wurde, kann auch dieser Teil planiert werden, bis er einwandfrei eben ist. Dabei ziehen wir die Falte von ihrem Ursprung her nach und nach bis zum äußeren Blechrand ein.

Dass sich Falten in Stahlblechen nicht sofort problemlos kalt einziehen lassen, ist keine Überraschung. Meist ist eine gewisse Wärmezufuhr notwendig. Als erstes bringen wir mit dem Faltenzieher eine Falte an. In der Praxis müsste das Blech nicht so stramm wie auf dem Foto eingespannt werden, da das Blech durch Wärmezufuhr weicher und besser bearbeitbar wird, aber das Einspannen kann auf jeden Fall nicht schaden.

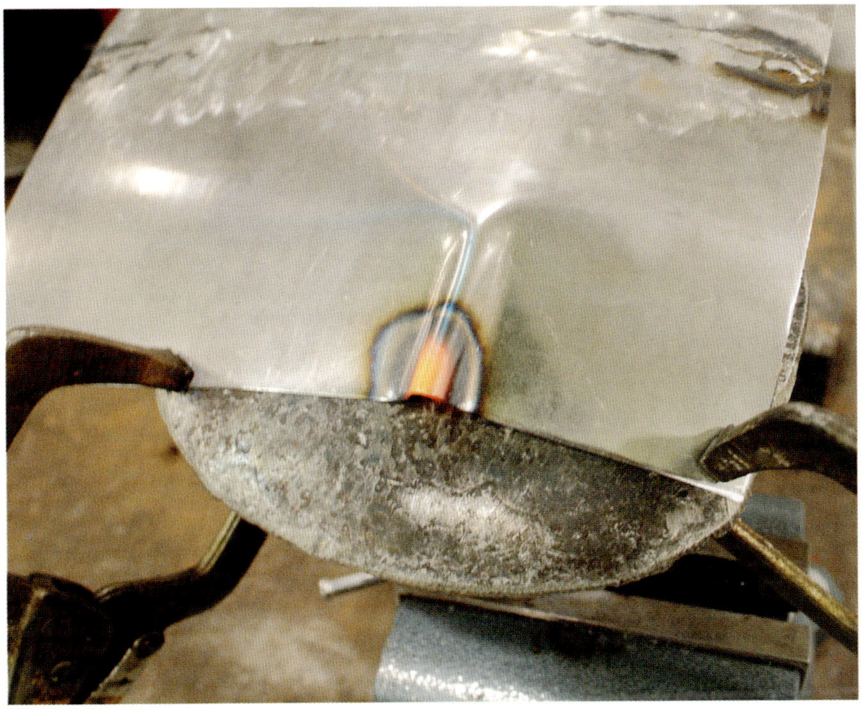

Der äußere Bereich der Falte wird bis zur Rotglut erhitzt und dann mit dem Hammer auf ungefähr die halbe Höhe gestaucht.

Anschließend erwärmen wir die Falte an ihrem Ursprung am Übergang in die Blechfläche.

Danach erwärmen wir den mittleren Faltenbereich und bewegen uns vom Ursprung bis zum Blechrand weiter und ziehen diesen Bereich ein.

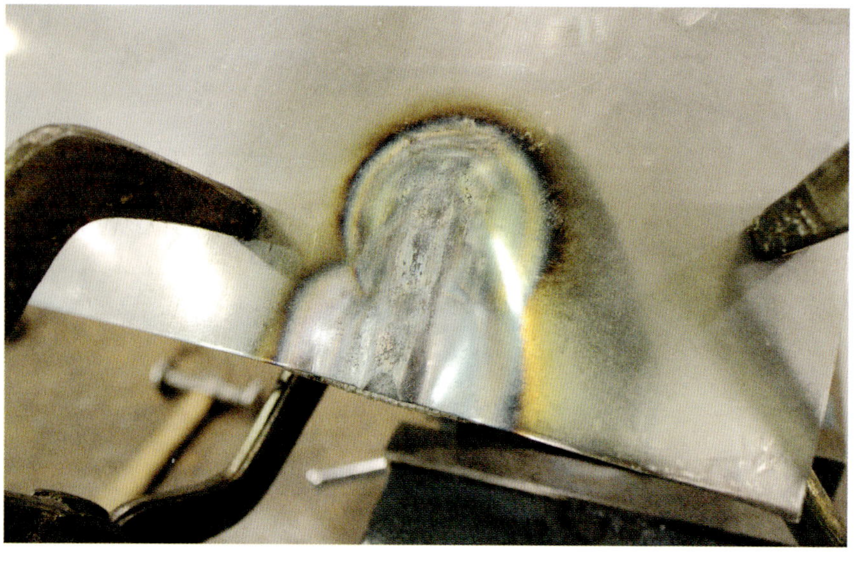

Bei längeren Falten muss der mittlere Bereich evtl. in zwei Abschnitten erwärmt werden, bis er vollständig planiert werden kann.

EINFACHE MECHANISCHE STAUCH-/ STRECKGERÄTE

Manuell betätigte Stauch- und Streckgeräte und -maschinen werden von verschiedenen Karosseriewerkzeughändlern vertrieben und führen zum gleichen Ergebnis wie die oben beschriebenen manuellen Arbeitsgänge, aber natürlich auf anderem Weg. Das Blech wird zwischen Backen eingespannt und in seitlicher Richtung verformt und dabei je nach Backenausführung gestaucht oder gestreckt. Die Backen werden mit einem Handhebel oder einem Fußpedal betätigt. Fußbetätigte Maschinen bieten den Vorteil, dass beide Hände zur sicheren Führung des Blechs in der Maschine frei bleiben, verführen manchen übereifrigen Bediener allerdings zu übertriebenem Einsatz, was ein gewisses Beschädigungsrisiko für die Maschine bedeutet. Da der Backenhub nur ca. 1,5 - 3 mm beträgt, kann die Maschine Schaden nehmen, wenn der Bediener wild auf dem Pedal herumtrampelt. Sinnvoll sind Geräte, bei denen der Metallkäfig für die Backen aus extra dickem Metall besteht. Ein Vorteil der handbetätigten Geräte ist, dass der Bediener den Formvorgang fühlen kann, den die Betätigung des Handhebels im Blech auslöst. Bei diesen Geräten ergeben viele kleine Schritte – vor allem beim Stauchen – bessere, glattere Oberflächen als einige wenige rabiate Bewegungen. Wird das Blech zu abrupt umgeformt, können sich Falten in dem bearbeiteten Falz und Knicke am Übergang zu den angrenzenden Bereichen bilden. Der Falz sollte stets in den äußersten 6-7 mm bearbeitet werden, nicht etwa tief entlang der 90°-Abkantung. Am Außenrand verformt sich das Metall leichter. Wenn die Rundung in zusätzlichen Durchgängen noch verstärkt werden muss, kann das Blech immer noch bei jedem Durchgang etwas tiefer im Falz bearbeitet werden. Falls beim Stauchen doch Falten im Falz zurückgeblieben sind, müssen sie mit einem Leder- oder Kunststoffhammer auf einer harten Unterlage kalt eingezogen werden.

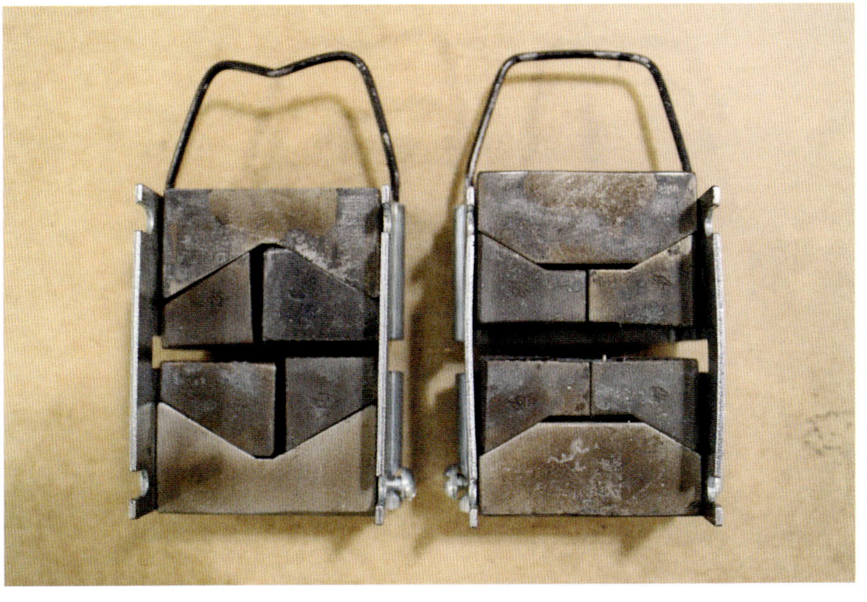

Links die Backen für den Stauchvorgang, rechts die Backen für Streckarbeiten: In beiden Fällen zwingt die Backenkonstruktion das Blech, sich in die gewünschte Richtung zu verformen.

Wer die Stauch- und Streckbewegungen stets auf den äußeren 6-12 mm eines Falzes ausführt, kommt schneller zum Ziel und das Blech wird weniger stark beansprucht. Dieser gestreckte Falz ist vorbildlich glatt geraten.

Langsames Arbeiten ist bei diesen Umformarbeiten Trumpf, um sich Nacharbeit an übermäßig verformten Bereichen zu ersparen. Eine Richtungsänderung verursacht oft unebene Stellen im Falz.

Beim Stauchen entstandene Falten können durch Kalteinziehen mit einem weichen Hammer auf ein Minimum reduziert werden.

Ein Beispiel für den Einsatz eines Stauch-/Streckgeräts an einem Pkw. Die Frontschürze dieses MG TD hatte sich unter dem Gewicht eines versehentlichen Tritts verzogen. Das Winkeleisen dient als Richtlineal.

Der rückwärtige Falz wird mit einem manuellen Stauchgerät bearbeitet, bis die Frontschürze wieder völlig plan ist.

Stauch- und Streckmaschinen funktionieren verblüffend gut und sind für den vielseitigen Nutzen, den sie bieten, nicht einmal teuer. Sie eignen sich besonders für das Formen von Blechteilen mit Randfalz, aber beileibe nicht nur: Oft muss ein gewölbtes Blech zu den Rändern hin etwas gestaucht oder gestreckt werden. Wer mit der Anschaffung einer solchen Maschine liebäugelt, sollte sich auf jeden Fall die Stauchbacken, möglichst auch die Streckbacken zulegen. Als nächster Schritt steht dann eine zweite Maschine auf der Einkaufsliste, damit für jeden Backensatz eine eigene Maschine zur Verfügung steht und die Stauch- und Streckbacken nicht dauernd hin- und hergewechselt werden müssen.

TREIBFORMEN

Die nächste nützliche Arbeitshilfe für die Formgebung von Blechen durch kontrolliertes Stauchen und Strecken ist die Treibform. Eine Treibform ist nichts anderes als eine harte Formunterlage, auf der Bleche mit dem Hammer in die gewünschte Form gebracht werden können. Sie kann auch aus mehreren Teilen bestehen, mit denen der Blechrohling während der Bearbeitung mit dem Hammer fixiert wird. Treibformen bestehen in der Regel aus Holz, doch auch Aluminium ist geeignet, vor allem, wenn von einem Blechteil mehrere Exemplare hergestellt werden müssen. In der einfachsten Ausführung wird die einteilige Form auf die für das benötigte Teil erforderliche Form zurechtgesägt und -geschliffen. Anschließend wird das Blech auf bzw. in der Treibform mit dem Hammer in die gewünschte Form getrieben. Die Schläge mit einem weichen Hammer oder ähnlichen Werkzeugen bewirken eine kalte Stauchung bzw. Streckverformung des Blechs in den gewünschten Bereichen, zudem werden durch die weiche Hammerbahn Schlagmarken auf dem Blech vermieden. Manchmal muss das Blech festgespannt werden, damit es beim Umformen nicht ausweichen kann. Bei komplexeren Treibformen weist ein Teil der Form das Oberflächenprofil auf, in das der Blechrohling gebracht werden soll, der zweite Teil der Form fixiert das Blech während der Bearbeitung unverrückbar. Das Blech wird dann zwischen den beiden Hälften der Treibform eingespannt und auf der Werkbank oder in einem Schraubstock fixiert. Dichtes Hartholz ist ideal für Treibformen, da es sich leicht in die gewünschte Form bringen lässt und an den Rändern nicht so leicht ausbricht, doch auch ca. 18-20 mm dicke mitteldichte Holzfaserplatten (MDF-Platten) eignen sich gut als Rohmaterial für den Bau von nicht allzu oft eingesetzten Formen. MDF ist frei von Maserungen, kann also problemlos in jeder beliebigen Richtung zugesägt oder geschliffen werden. MDF splittert nicht, hält Hammerschlägen relativ gut stand, kann zu dicken Lagen verschraubt oder verklebt werden und ist weich genug für Kalteinzieharbeiten. Bei dem gezeigten Beispiel verwenden wir eine Treibform aus Aluminium, denn Alu ist haltbarer als MDF, für den Do-it-yourselfer wäre eine solche Form allerdings eindeutig übertrieben, sofern man nicht größere Stückzahlen reproduzieren oder eine Präzisionsform für ein besonders maßhaltiges Fertigteil anfertigen muss.

Um die Konturen der Treibform festzulegen, zeichnen wir die gewünschte Kurve auf einer MDF-Platte oder Holzplatte auf. Wer eine Bandsäge hat, kann die beiden Teile nun zusammenschrauben und gleichzeitig durchsägen. Alternativ werden zwei identische Kurvenprofile aus zwei Holzplatten ausgesägt, die die beiden Seiten der Treibform ergeben. Die Hälfte, auf der das Blech mit dem Hammer getrieben wird, muss mit dem Schleifklotz nachgeschliffen werden, um raue Stellen zu beseitigen — jede noch so kleine Unregelmäßigkeit an den Holzkanten würde sich im Blech abzeichnen. Dann schneiden wir einen Bogen Papier mit ca. 5-10 mm Übergröße zur Treibform entlang der Kurvenform zu, legen das Papier zwischen den beiden Formhälften ein und spannen die Form in einem Schraubstock oder mit Schraubzwingen auf einer stabilen Werkbank fest.

Das Papier in der Form dient als Schablone für das Blech, um möglichst wenig Ausschuss zu produzieren. Außerdem zeigt das Papier, wo das Blech gestaucht (eingezogen) bzw. gestreckt werden muss.

Auf dieser zweiteiligen Alu-Treibform verwenden wir die gezeigten Treibhämmer (mit weicher Schlagfläche) und Stemmwerkzeuge. Weiche Hämmer eignen sich gut für das Formen von Blechen auf Treibformen, sie sollten im Interesse ihrer Schlagflächen allerdings mit Verstand benutzt werden. Für Stemmwerkzeuge ist Hartholz oder Aluminium als Werkstoff empfehlenswert.

Die zweiteilige Treibform wird mit einem zwischengelegten Blatt Papier in einem Schraubstock eingespannt. Die Einschnitte im Papier zeigen, wo das Blech gestreckt werden muss, Falten zeigen Bereiche, in denen das Blech gestaucht (eingezogen) werden muss.

Das Oberteil der Treibform ist gegenüber dem Unterteil der Form etwas zurückversetzt, damit der Grund des Randstreifens beim Abkanten besser zugänglich ist. Im ersten Schritt biegen wir den Blechrand vom einen Blechende aus unter Zuhilfenahme des Stemmwerkzeugs um.

Am einfachsten lassen sich die notwendigen Umformarbeiten veranschaulichen, indem wir – soweit möglich – einen Bogen dünnes Papier über die Musterform legen und prüfen, wie das Papier auf dieser Form anliegt. Überall dort, wo wir das überschüssige Papier falten müssen, damit das Blatt glatt auf der Form anliegt, muss das Blech gestaucht werden. Muss das Papier dagegen eingeschnitten werden, damit es glatt anliegt, muss das Blech in diesen Bereichen gestreckt werden. Bei unserer Treibformübung verrät das Papier, dass das Blech in der engen Kurve gestreckt und in der weit geschwungenen Kurve gestaucht (eingezogen) werden muss. Dies scheint auf den ersten Blick unlogisch, daher legen wir in Gedanken ein Bandmaß über den Blechrand, bevor das Blech abgekantet wird, und messen nach, nachdem das Blech umgelegt wurde. Über der weit geschwungenen Kurve ist das Blech entlang der Bördelaußenkante kürzer, über der engen Kurve länger.

Nachdem wir nun besser verstehen, was mit dem Blech beim Umformen passiert, schneiden wir aus einem Tafelblech unseren Blechrohling entsprechend der Schablone zu. Die beiden Hälften der Treibform werden so aufeinander ausgerichtet, dass das Oberteil etwas unter dem Unterteil zurücksteht. Durch diese Stufe wird der Biegebereich des Blechrands besser zugänglich. Bei künftigen Projekten wäre es sinnvoll, das Spannteil der Treibform etwas kleiner zu bemessen als das Teil, auf dem das Blech getrieben werden soll. Mit einem Leder- oder Kunststoffhammer oder einem Stahlhammer mit einem Stemmwerkzeug aus Holz als Zusatzwerkzeug biegen wir nun den Blechfalz nach und nach um. Das Stemmwerkzeug dient dabei als Hilfe, um den Hammerschlag präzise auf dem Blech setzen zu können. Weiche Werkzeuge hinterlassen keine Schlagspuren und erleichtern das Kalteinziehen. Wir beginnen mit den Hammerschlägen am einen Ende des Randstreifens, der durch die Schläge Schritt für Schritt weiter umgelegt wird, und arbeiten uns am gesamten Blechrand vorwärts, so dass der Randstreifen über die gesamte Länge gleichmäßig ausgeformt werden kann. Es ist nicht sinnvoll, einen Blechabschnitt komplett umzulegen und darauf zu hoffen, problemlos im Nachbarbereich weitermachen zu können – damit produziert man lediglich schwierig zu beseitigende Falten.

Der umgelegte Bördelfalz nimmt langsam Gestalt an. Vorsicht, dass sich keine allzu deutlichen Falten, wie hier auf der weit geschwungenen Rundung, bilden. Notfalls können sie warm eingezogen werden, während das Blech noch in der Treibform eingespannt bleibt.

Ist der Bördelfalz umgelegt, arbeiten wir uns neben der Biegestelle schrittweise vor, aber ohne dabei die saubere Kante am Scheitelpunkt des Falzes zu beschädigen. Übermäßig abgeflachte Stellen fallen hier sofort ins Auge. Die Falz unseres Versuchsteils wurde daher mit dem Holz-Stemmwerkzeug langsam und gleichmäßig nachgearbeitet, bis eine tadellose Oberfläche erzielt war. Beim Zuschnitt der Treibform ist die Blechdicke unbedingt mit einzurechnen, vor allem, wenn das Teil, das wir anfertigen wollen, hinterher genau auf oder um ein Gegenstück passen muss, beispielsweise um ein Luftfiltergehäuse oder einen anderen Blechbehälter. Hat die Treibform exakt die Abmessungen des Teils, das kopiert werden soll, passt das fertige Blechteil nicht. Als Faustregel für Behälter gilt, dass der Deckel um das Doppelte der Blechdicke größer sein sollte.

TREIBKLÖTZE

Das nächste Hilfswerkzeug, das unsere Werkstatt bereichern darf, kommt beim Strecken und Kalteinziehen von verbeulten Blechteilen ins Spiel: der Treibklotz. Derartige Holzklötze wurden wohl bereits verwendet, seit der Mensch damit begann, Bleche umzuformen. Jeder Blechner modifiziert seinen Treibklotz im Laufe der Zeit nach eigenen Vorstellungen, seine vielfältigen Einsatzmöglichkeiten sind jedoch unbestritten. Oft ist in der Werkstatt ein aus dem Vollen zugesägter Treibklotz in bequemer Arbeitshöhe zu finden – inklusive Werkzeughaltern und einem Stahlspannring, der ein Aufsplittern des im Laufe der Zeit austrocknenden Klotzes verhindern soll. Wer an Platznot leidet oder erst mit dem Blechumformen beginnt, für den tut es auch eine dicke Scheibe aus einem Baumstamm als Treibunterlage, die an jedem Ort in der Werkstatt benutzt und bei Nichtgebrauch unter der Werkbank verstaut werden kann.

Dank der Treibform und des hölzernen Stemmwerkzeugs hat das fertige Teil einen sauberen, durchgehend gleichmäßig gerundeten Bördelfalz erhalten.

Ein Teil dieses Heckabschlussblechs für einen MG TF entstand auf einer Treibform aus einer MDF-Platte.

Eine praktische Ausführung eines Treibklotzes mit zwei Vertiefungen, einer halbmondförmigen flacheren Vertiefung und einer konkaven Wölbung (hier nicht sichtbar). Ebene Flächen oder Kanten eignen sich ebenfalls zum Formen oder Glätten.

Wie groß sollte der Treibklotz sein? Es sollte mindestens Platz für eine müslischalengroße Vertiefung und einen ebenen, mindestens 10 cm breiten Randbereich zum Glätten von Falten vorhanden sein. Bewährt hat sich eine Ausführung, bei der eine Seite eine ebensolche müslischalenähnliche Vertiefung aufweist, die zweite Seite eine kleinere schalenförmige Vertiefung, ferner eine Seite mit einer tellergroßen halbmondförmigen Vertiefung sowie auf der vierten Seite eine konkave Wölbung für die Herstellung von Gegenkrümmungen. Die entsprechenden Aussparungen wurden mit einer Kettensäge ohne übermäßigen Aufwand für die Feinbearbeitung der Holzflächen hergestellt. Die Hirnholzfläche eines Hartholzklotzes wäre eine logische Grundlage für die Anfertigung des Treibklotzes, im Bedarfsfall eignet sich aber auch so ziemlich jede andere Holzsorte, sogar oberflächenbehandelte Gartenbauhölzer, für das gelegentliche Treiben von Tafelblechen. Für eigene Versuche genügt anfangs jede gerade greifbare Holzsorte – im Laufe der Zeit kann das Arbeitsmaterial dann immer noch „aufgerüstet" und verfeinert werden. Bei den Grüngutannahmestellen stapeln sich nach Baumfällaktionen mitunter wunderbare Baumstammsegmente, die bei freundlicher Nachfrage sicher günstig zu haben sind.

Auf dem Treibklotz können Bleche nach Herzenslust gebogen, gestreckt, eingezogen (gestaucht) und geglättet werden – ganz abgesehen von allen anderen Anwendungsmöglichkeiten, nicht zuletzt als Sitzgelegenheit, während wir über unsere Blecharbeiten nachsinnieren. Wenn wir die Kanten des Treibklotzes sauber glätten, lassen sich darauf Bleche wunderbar abkanten oder messerscharfe Falze herausarbeiten. Zum Strecken bzw. Treiben von Blechen bringen wir das Tafelblechstück auf einer der Vertiefungen in die gewünschte Form. Dabei muss das Blech keineswegs bis auf den Grund der Vertiefung durchgehämmert werden, denn das Blech soll ja nur gestreckt und nicht mit aller Gewalt an die Konturen der Vertiefung im Treibklotz angepasst werden. Aluminium lässt sich auf diese Weise sehr feinfühlig austreiben. Auch das Treiben von Stahlblechen ist damit möglich, das Endergebnis wird allerdings nicht so glatt. Durch die Hammerschläge über der Vertiefung im Klotz wird das Blech in die Vertiefung hineingestreckt, beginnt in den umliegenden Bereichen aber Falten zu werfen, wenn es in den gestreckten Bereich hineingezogen wird. Das Blech verhält sich hier ungefähr wie eine auseinandergefaltete Serviette, die durch einen Serviettenring gezogen wird. Die beim Strecken entstandenen Randfalten können eingezogen werden, indem wir sie auf eine der konkaven Flächen im Treibklotz legen und durch gezielte Hammerschläge einstauchen. Ebene Bleche können auch auf einer flachen schalenförmigen Vertiefung des Treibklotzes in die gewünschte Form getrieben werden. Man kann das Blech komplett auf dem Treibklotz formen, indem es über einer Vertiefung gestreckt und die dabei entstehenden Falten dann eingezogen werden, oder es wird auf einem Schrotkissen gestreckt und die Stellen, die geschrumpft werden müssen, auf dem Treibklotz kalt eingezogen.

Und wenn das Blech an einer Stelle eingezogen werden muss, obwohl es völlig faltenfrei ist? Dann bringen wir mit dem Faltenzieher eine Falte an und stauchen sie auf dem Treibklotz. Die Anwendungsmöglichkeiten eines Treibklotzes sind also beinahe unbegrenzt.

Für die ersten Blechumformversuche auf dem Treibklotz ist geglühtes Aluminiumblech sehr zu empfehlen, denn es lässt sich sehr leicht strecken und vor allem sehr einfach mit Handwerkzeugen einziehen. Zur Übung treiben wir eine Form, die an eine Hälfte eines Motorradtanks erinnert. Dieses Teil braucht nicht einmal für einen richtigen Tank gedacht sein oder einen sonstigen Zweck erfüllen. Es geht einzig und allein darum, gewisse Fertigkeiten in den Techniken zum Formen von Blechen kennenzulernen.

Als Erstes skizzieren wir die Silhouette der Tankhälfte auf einem Blatt Papier. Die Schablone sollte etwas größer als das Fertigteil sein, denn das Blech nimmt beim Treiben eine Wölbung ähnlich einer Designer-Salatschüssel an. Wir beginnen beim Herstellen der Form, indem wir mit dicht nebeneinanderliegenden, überlappenden Hammerschlägen den am stärksten gewölbten Teil des Tanks über der Vertiefung im Treibklotz herausformen. An den Rändern bilden sich dabei nach und nach Falten, die auf dem Treibklotz eingestaucht werden müssen. Alternativ können wir sie auch auf einem Polierstock glätten, den wir in einen Schraubstock einspannen. Müssen die Ränder der Tankhälfte stärker gewölbt werden, bringen wir entweder Falten an den Rändern an und ziehen diese ein oder aber wir strecken den am stärksten gewölbten Teil des Tanks noch mehr und ziehen die dabei entstehenden Falten entlang der Blechränder ein. Dabei kommt uns die halbmondförmige Vertiefung im Treibklotz zugute, denn auf ihr kann die gewünschte Form direkt hergestellt werden. Nach rund 30 Minuten liegt ein recht welliges Abbild einer Hälfte eines Motorradtanks vor uns. Um die Wellen mit dem Hammer zu glätten, legen wir das Blech auf einen Polierstock auf, dessen Rundung dem gewünschten Blechprofil entspricht, und bearbeiten das Blech mit einem weichen Hammer oder einem Löffeleisen. Auf einem ebenen Teil unseres bewährten Treibklotzes als Schlagunterlage lassen sich die Wellen ebenfalls glätten. Der Steg entlang des oberen Tankrandes kann herausgearbeitet werden, indem wir den Blechrohling mit einem weichen Hammer auf einem passend profilierten Polierstock formen. Die Feinbearbeitung von Blechoberflächen ist Gegenstand eines späteren Kapitels, mit den hier beschriebenen Techniken lässt sich aber bereits die am Ende der Bildfolge gezeigte Tankhälfte herstellen.

Die zum Üben gefertigte Motorradtankhälfte wurde fast ausschließlich mit einem Kunststoffhammer mit runder Schlagfläche und einem Kunststofffäustel geformt. Geeignet wären auch ein Holzfäustel oder ein Stahlhammer mit einer runden Bahn zum Treiben und einer glatten Bahn zum Schlichten, solange das Blech nicht durch zu kräftige Schläge überstreckt wird. Das Alublech besteht aus 3003 H-14, die Dicke beträgt 1,25 mm.

Die erste Serie der Schläge mit dem Kunststoffhammer zielt auf den Bereich, der am tiefsten gewölbt werden soll (siehe schwarze Markerlinie).

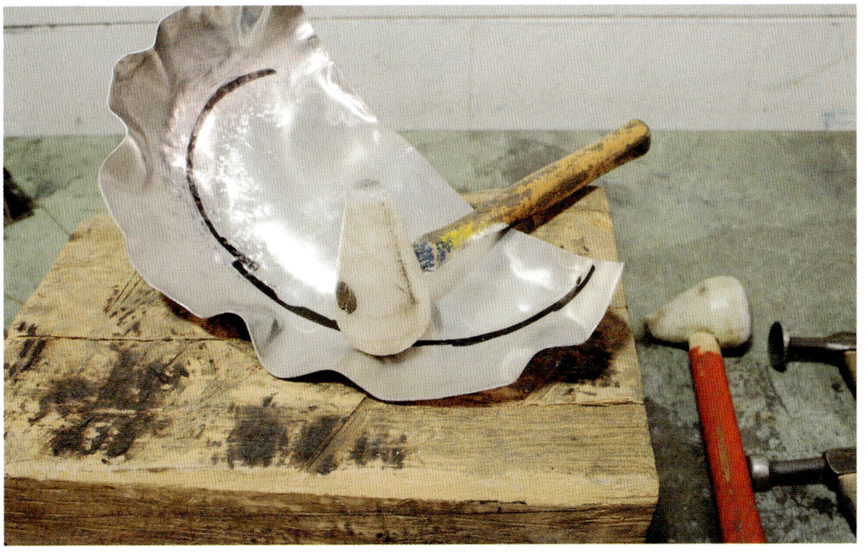

Durch gleichmäßige Schläge wird das Blech von der Rückseite her immer weiter gestreckt. Im Randbereich des Blechs bilden sich deutlich sichtbare Falten.

Um die ärgsten Falten einzuziehen, legen wir das Blech in eine passend gerundete Vertiefung im Treibklotz und stauchen den äußeren Rand der Falte durch einen gezielten Hammerschlag, so dass das Blech nicht mehr ausweichen kann. Dann arbeiten wir uns mit weiteren Hammerschlägen vom Ursprung der Falte zur Mitte hin vor.

Falls nötig, wird das Blech mit dem Faltenzieher gefaltet und dann auf dem Treibklotz eingezogen. Wird das Blech entlang der Ränder eingezogen, wölbt sich der Blechrand nach innen.

An der Unterkante des Blechs waren zwei Falten nötig, um das Blech um das erforderliche Maß einzuziehen.

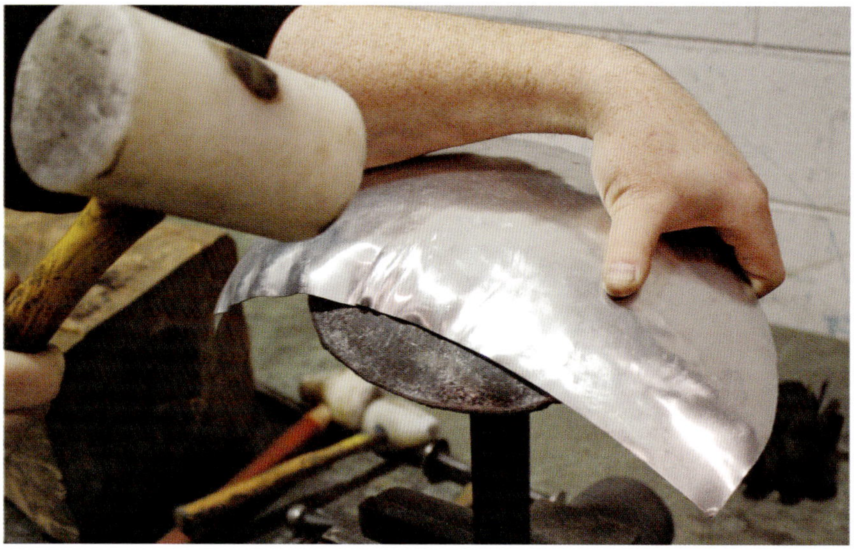

Die Falten an der Blechunterkante werden auf dem Polierstock abgeschlichtet.

Zur Blechmitte hin musste das Blech noch stärker gewölbt werden, also folgen in den schwarz markierten Bereichen zwei weitere Durchgänge mit dem Kunststoffhammer.

Die halbmondförmige Vertiefung bildet die ideale Unterlage, auf der der untere Teil der Tankhälfte geformt werden kann.

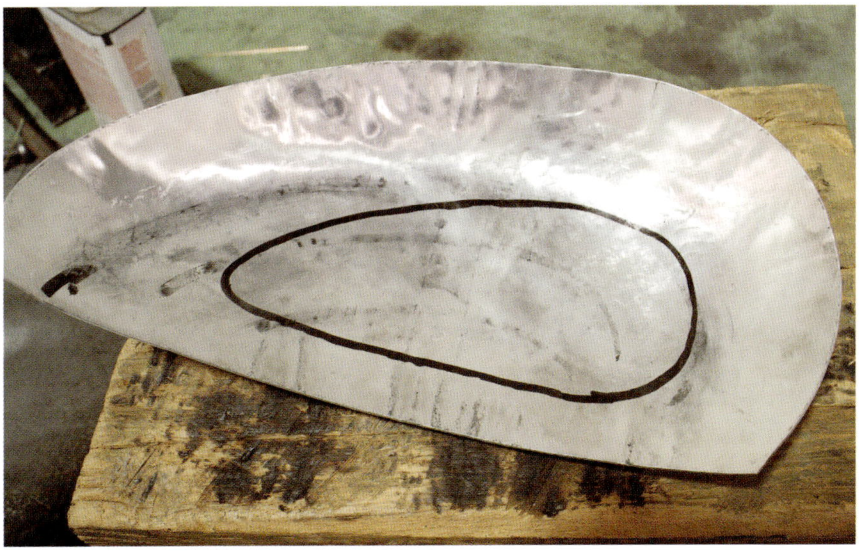

Innerhalb der markierten Umrisse musste das Blech nochmals stärker gestreckt werden. Bei Aluminiumblechen sollte man das Blech während des Umformvorgangs nochmals glühen, um die inzwischen entstandenen Kaltverfestigungen im Blech zu beseitigen. Hätte dieser Bereich anschließend noch weiter gestreckt werden müssen, hätten wir ihn erneut geglüht, um zu vermeiden, dass das Blech einreißt.

Der angehende Blechhandwerker sollte beizeiten einen Blick dafür entwickeln, was sich alles als Unterlage für das Blechtreiben eignet. Dieser Polierstock wurde aus einer Verschlusskappe für ein dickes Stahlrohr geformt und ist ideal für derartige Umformarbeiten. Hier wird die Unterkante des Tankseitenteils auf der Rückseite des Polierstocks geschlichtet.

Sobald die gewünschte Endform an der Tankhälfte zu erkennen ist, formen wir den Randbereich auf einem anders profilierten Polierstock.

So sieht unsere Blechhälfte nach dem Treib- und Umformvorgang aus. Letzte Schlichtarbeiten stehen noch bevor, die Oberfläche ist nach der Arbeit mit den Kunststoffhämmern auf dem Treibklotz als Unterlage aber bereits jetzt erstaunlich glatt geraten.

Ein Treibklotz kann also wesentlich mehr als es zunächst den Anschein hat, und dasselbe gilt auch für ein weiteres unscheinbares Objekt auf der Werkbank – das Schrot- oder Sandkissen. Der Gedanke, ein Blech auf einem mit Sand oder Schrot gefüllten Ledersack in Form bringen zu wollen, mutet zunächst primitiv an. Laien könnten vermuten, damit ließe sich allenfalls ein unförmiger Blechklumpen produzieren. Wer aber erst einmal eigene Versuche unternommen hat, wird seine Zweifel schnell vergessen. Egal ob mit Sand oder Bleischrot gefüllt – das Treibkissen bildet eine stabile Unterlage als Gegenform für das Treiben (in diesem Fall Strecken) von Blechen in die gewünschte Form. In Fachkreisen wird oftmals nicht näher zwischen Schrot- und Sandfüllungen für diese Treibkissen unterschieden, sie sind aber keineswegs auf gleiche Weise einsetzbar.

Profiwerkstätten haben mehrere Varianten der Treibkissen in ihren Beständen. Bei dieser Ausführung, die sich dank ihrer genau richtigen Größe vielfach bewährt hat, ist die obere Naht verstärkt. An der seitlich sichtbaren Lasche sitzt der Klettverschluss, durch dessen Öffnung Bleischrot Nr. 9 eingefüllt werden kann. Die Schramme oberhalb dieser Öffnung rührt vom achtlosen Umgang mit einer rotierenden Flexscheibe her, die zu dicht an das Schrotkissen geriet.

Sand- und Schrotfüllungen besitzen ziemlich unterschiedliche Eigenschaften. Sand ist erheblich billiger als Bleischrot, nach Ansicht mancher Blechexperten aber weniger effektiv. Sandkissen setzen den Schlägen mit dem Karosseriehammer weniger eindeutig spürbaren Widerstand entgegen und könnten genau im falschen Augenblick nachgeben. Schrotkissen scheinen dagegen die Stärke des Hammerschlags vorwegzunehmen und setzen immer genau so viel Widerstand entgegen, wie es bei der Bearbeitung der jeweiligen Blechstelle notwendig ist. Schon nach den ersten Schlägen mit dem Treibhammer stellt sich ein Gefühl dafür ein, wie technisch ausgeklügelt dieser unscheinbare Schrotsack reagiert. Auf dem Schrotkissen wird das Blech regelrecht dazu gezwungen, die Form anzunehmen, die mit der Schlagfläche des Hammers auf das Blech einwirkt, und zwar exakt proportional zur Kraft des Hammerschlags. Das Blech lässt sich somit zügig und mit fast chirurgischer Präzision verformen, notfalls einfach durch einen etwas anders geführten Hammerschlag. Das Schrotkissen erzeugt beim manuellen Blechumformen also den notwendigen fein steuerbaren Gegendruck und ermöglicht reproduzierbare Ergebnisse.

Als Demonstrationsobjekt für die Arbeit mit dem Schrotkissen dient ein stark gewölbtes Blech aus der Reserveradmulde eines 1929er Stutz Blackhawk. Dieses recht einfach geformte Blech ließe sich auch ohne weitere Hilfsmittel nachbilden, um des Lerneffekts willen kopieren wir jedoch ein bereits vorhandenes Teil, denn das Eigenbauteil und die eigene Arbeit können dann jederzeit anhand der Vorlage kontrolliert werden. Die Form dieses Blechteils erinnert an einen Ausschnitt eines Motorradkotflügels; wer eigene Versuche anstellen möchte, sollte sich also eine entsprechende Vorlage suchen. Die Bereiche, die gestreckt (geschweift) bzw. eingezogen (gestaucht) werden sollen, sind die gleichen wie bei unserem Versuchsobjekt.

Zunächst bearbeiten wir den Blechrohling mit einer Folge exakt platzierter Hammerschläge entlang der Scheitellinie, so dass das Blech allmählich eine gewölbte Form annimmt. Mit diesen Schlägen entlang der Blechmitte passt sich die Wölbung des Blechs nach und nach der Wölbung des Originalteils entlang der Längsachse an. An den Seiten bilden sich unterdessen Falten, die auf einem Polierstock eingezogen werden müssen. Für das Versuchsobjekt wurde ein Polierstock aus einem Stück Stahlrohr mit dem gleichen Radius wie das Blechteil angefertigt. Das bearbeitete Blech muss immer wieder anhand des Originalteils kontrolliert werden, um den eigenen Arbeitsfortschritt verfolgen zu können. Wahrscheinlich muss der Mittelbereich des Blechs noch stärker gestreckt werden, damit das Originalteil gleichmäßig in der Kopie anliegt. Keine Bange, falls das Blech an den Enden etwas locker sitzt: Zur Abhilfe können wir entweder den Mittelbereich noch weiter strecken oder das Blech an den Enden etwas einziehen. Beim Versuchsobjekt wurden am einen Ende des Blechs Falten angebracht und eingezogen und am anderen Ende das Blech mit einem handbetätigten Stauchgerät eingezogen – als Beispiel, dass mehrere Umformtechniken zum Ziel der gewünschten Blechform führen. Sobald das nachgefertigte Teil ungefähr passgenau auf dem Original sitzt, glätten wir die Wellen und Falten auf einem Polierstock. Entspricht die Passgenauigkeit nun unseren Vorstellungen, zeichnen wir das überschüssige Blech an den Rändern an und trennen es ab. Sofern das Blech nicht mit allzu kräftigen Hammerschlägen bearbeitet wurde (was am Anfang passieren kann), müsste seine Oberfläche jetzt einigermaßen glatt sein. Noch glatter wird sie durch manuelles Schlichten mit dem Schlichthammer oder Löffeleisen auf einem passend geformten Polierstock, am schnellsten geht es allerdings auf einer Rollenstreckmaschine.

Bei dem auf dem Schrotkissen geformten Blech erledigen wir die meisten Blechtreibarbeiten mit zwei Hämmern: einem großen Kunststofffäustel zum Schlichten und einem Eigenbauhammer, dessen Kopf aus dem Verschlussdeckel einer Acetylenflasche angefertigt wurde. Stahlgriffe sind ergonomisch alles andere als ideal, da sie die komplette Schockwirkung des Hammerschlags direkt auf den Unterarm übertragen, d. h. dieser Hammer wird ausgemustert. Das schwarze Blech ist die originale Reserveradmulde unseres 1929er Stutz Blackhawk.

Besser als alle sonstigen Stimulanzien wirken bei Aggressionsstau ein paar Schläge mit einem kräftigen Hammer wahre Wunder. Im Übereifer, schnell ein markantes Ausgangsbild für diese Bildfolge zu produzieren, fielen die Schläge auf dieses Blech etwas hart aus und es kam zu deutlichem Faltenwurf, dessen letzte Reste auch auf dem fertigen Blech noch zu sehen sind. Doch selbst mit einem großen Hammer lässt sich eine gleichmäßige Oberfläche herstellen, sofern wir unsere Schläge wohlüberlegt dosieren.

Nachdem das Blech ein erstes Mal auf der gesamten Länge gestreckt wurde, bilden sich an den Seiten deutliche Falten.

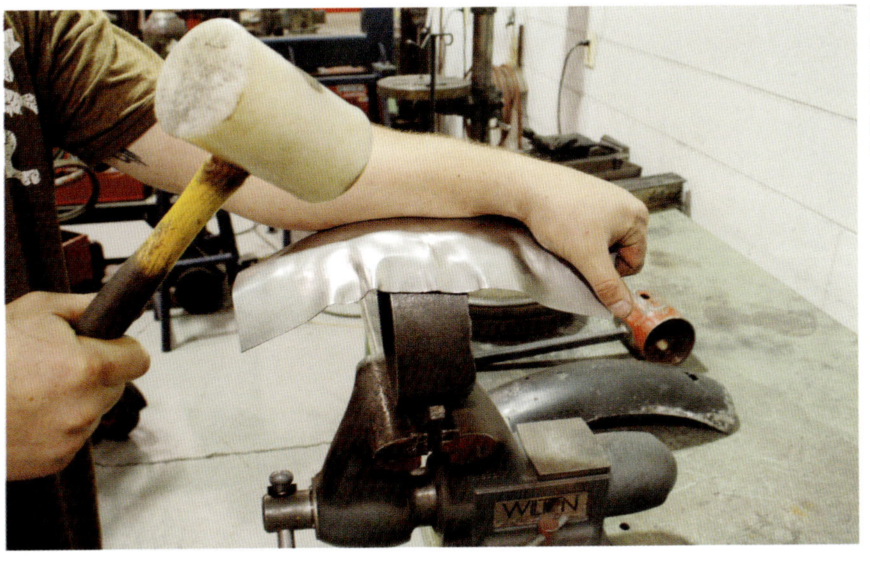

Die Falten werden mit einem Kunststoffhammer auf einem Polierstock eingezogen. Das Einziehen gelingt besser, wenn das Blech unter dem kräftigen Druck des Unterarms auf dem Polierstock in Anlage gebracht und so beim Einziehen gegengehalten wird.

Zur Kontrolle des Fortschritts bei der Formgebung legt man das Blech auf dem Originalblech auf.

Ein zweiter Blick, diesmal auf die Innenseite des Originalteils. Entlang der mit Klebeband markierten Bereiche muss das neue Blech noch weiter gestreckt werden.

Nach diesem weiteren Streckvorgang liegt das neue Blech bereits auf einem Großteil seiner Länge ordentlich auf dem Originalteil an. Die Enden stehen allerdings noch deutlich ab.

Wir müssen das Blech also entlang der aufgeklebten Linie noch weiter strecken, bis das Nachbauteil den Rundungen des Originalteils noch besser folgt. Der Kreis kennzeichnet einen zu flachen Bereich, und an den Enden ist das Blech immer noch nicht ausreichend gewölbt.

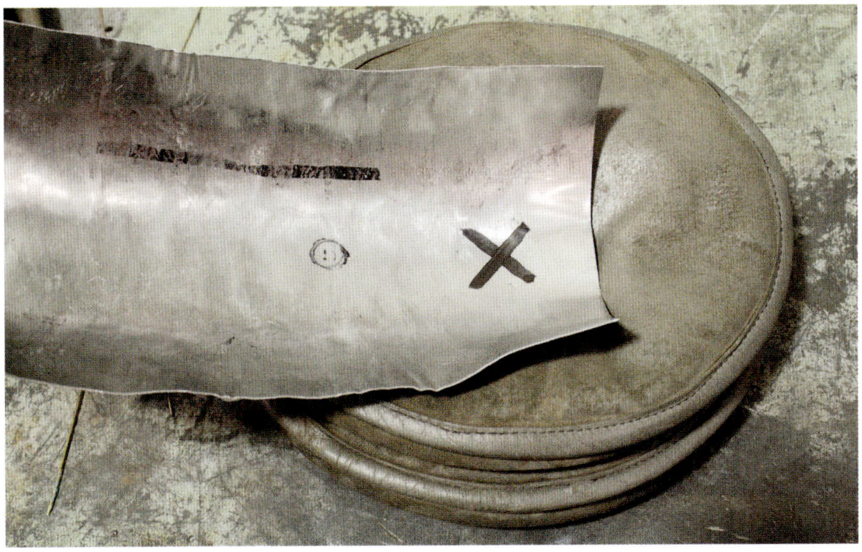

Der zu flache Bereich aus dem vorherigen Bild (hier mit X markiert) wird ausgetrieben; dabei liegt das Blech so auf dem Schrotkissen auf, dass es im X-Bereich etwas nach oben zeigt und sich Falten am Blechrand bilden können.

Die Falten werden mit einem Faltenzieher in die gewünschte Form und Lage gebracht und dann mit dem Hammer auf dem Polierstock eingestaucht.

Anschließend wird das gesamte Blech auf dem Polierstock nachgeschlichtet, damit seine Passung exakt überprüft werden kann.

An dem zuletzt bearbeiteten Ende des Blechs ist die Passgenauigkeit jetzt bereits wesentlich besser.

Am entgegengesetzten Ende entspricht die Wölbung des Blechs aber immer noch nicht exakt genug dem Originalprofil.

Statt mit dem am anderen Ende des Blechs verwendeten Faltenzieher wurde das Blech hier mit dem handbetätigten Streckgerät gerichtet. Auch hier führen also mehrere Wege zum Ziel.

Nachdem das Nachfertigungsteil der Form des Originalteils exakt genug entspricht, können wir nun die überschüssigen Blechstreifen anzeichnen und abtrennen.

Das neue Blech liegt sauber und gleichmäßig auf dem Originalteil auf, ist aber noch etwas wellig.

Mit der Rollenstreckmaschine lassen sich die unebenen Stellen sehr schön glätten.

Als Folge der allzu brachialen ersten Hammerschläge (siehe erstes Bild dieser Bildfolge) muss das Blech noch etwas nachgeschlichtet werden, die Form stimmt aber bereits.

ROLLENSTRECKMASCHINEN

Zu den ersten Formübungen an der Rollenstreckmaschine bearbeiten wir ein 30 x 30 cm großes Tafelblech von zwei Seiten, um eine zweidimensionale Wölbung (im Fachjargon als sphärisch oder räumlich gekrümmte Fläche bezeichnet) zu erzeugen. Um eine gleichmäßige Wölbung herzustellen, würde man das Blech nicht nur in genau zwei Richtungen durch die Rollenstreckmaschine ziehen – wenn wir uns aber auf nur wenige Bearbeitungsrichtungen beschränken, sind die Ergebnisse der einzelnen Bearbeitungsschritte leichter zu erkennen und die Einarbeitung geht schneller. Es kann auch nicht schaden, sich vorab mithilfe einiger Online-Lehrvideos einen ersten Eindruck von der Bedienung einer Rollenstreckmaschine zu verschaffen. Vor Beginn aller Arbeiten müssen die Bleche außerdem sorgfältigst entgratet und sämtliche Schmutzreste vom Blech und von den Rollen der Maschine entfernt werden. Für die Streckversuche verwenden wir in der Maschine eine Formrolle mit einem leicht balligen Profil, die so gleichmäßig wie möglich an der Oberrolle anliegen muss. Notfalls wird die zu tief sitzende Seite der Formrolle mit einem Stück Schleifpapier oder dünnen Karton unterfüttert.

Als Schablone für die im Blech herzustellende Wölbung zeichnen wir die Wölbung in einer Linie auf einem Stück Blech auf und schneiden selbiges entsprechend aus. Dann legen wir das Blech am einen Rand ein (ohne dass die Rollen unter Druck stehen), ziehen die Formrolle soweit an, dass das Blech nicht seitwärts wegrutscht, wenn man auf das Blech drückt, und schieben dann das Blech durch die Rollen soweit durch, dass es die Rollen gerade noch nicht verlässt. Dann schwenken wir das Blech geringfügig um seine Anlagefläche und ziehen es wieder soweit zu uns her, dass es ca. 3 bis 6 mm versetzt gegenüber dem ersten Durchgang zwischen den Rollen durchläuft. Kurz bevor der Blechrand erreicht ist, halten wir an, schwenken das Blech erneut und lassen es in einem neuen Streifen seitlich neben dem soeben bearbeiteten Bereich erneut durchlaufen. Bei diesem und dem nächsten Durchgang halten wir ca. 25 mm näher am Blechrand an als bei den beiden ersten Durchgängen. Wird das Blech ständig im gleichen Bereich angehalten, bilden sich im Blech leichte Furchen aus aufgeworfenem Metall parallel zu den Blechrändern. Werden die Anhaltepunkte aber etwas versetzt, verteilt sich der bearbeitete Bereich besser auf das gesamte Werkstück. Außerdem wird das Blech in den Endbereichen nicht zu sehr gestreckt. Das Prinzip ist ähnlich wie beim Lackieren mit der Spraydose: Wenn wir die Lackierrichtung am Rand des lackierten Blechs abrupt ändern, wird die Lackschicht dort zu dick. Daher sollte man immer etwas über den Blechrand hinaus sprühen. Warum ziehen wir dann aber das Blech nicht komplett zwischen den beiden Rollen durch? Müsste das Blech immer wieder aus den Rollen herausgezogen und wieder zugeführt werden, würde es in diesen Randzonen sehr schnell stark gestreckt werden.

Die Formrolle ruht in einer sehr einfachen, stabilen Aufnahme. Je nach Konstruktion bedeuten Schnellverschlussaufnahmen unter der Formrolle eine mögliche Verschleißstelle, da hier Spiel entstehen kann. Diese Aufnahme hat bereits kilometerweise Bleche geformt und trotzdem ist noch keinerlei Seitenspiel festzustellen. Durch Spiel in der Formrolle verändert sich die Anlagefläche und beim Strecken der Bleche lassen sich kaum mehr beherrschbare Ergebnisse erzielen. Notfalls kann die Aufnahme gedreht und damit wieder richtig auf die Oberrolle ausgerichtet werden. Schmale Rollen sind für die Bearbeitung enger Stellen vorgesehen.

An dieser Formrolle dürfte schon mancher eifrige Anfänger gescheitert sein. Diese stark bombierten Formrollen eignen sich für das Strecken eng begrenzter Teilbereiche und für das Rollenstrecken an Stellen, an denen man mit anderen Formrollen nicht hinkommt, ihre Handhabung ist aber nicht unproblematisch. Durch die schmale Anlagefläche wird das Blech zwar schnell, aber fast wie mit dem Laserstrahl gestreckt und es bleiben nur zu leicht Laufmarken auf dem Blech zurück.

Vor dem Rollenstrecken müssen die beiden Rollen über die gesamte Breite der Anlagefläche in exakt konstantem Abstand zueinander stehen. Liegen die Rollen ungleichmäßig aneinander an, muss die zu tief sitzende Seite mit einem Streifen Schleifpapier oder einem dünnen Karton unterlegt werden. Papier wäre allerdings zu weich als Unterlage.

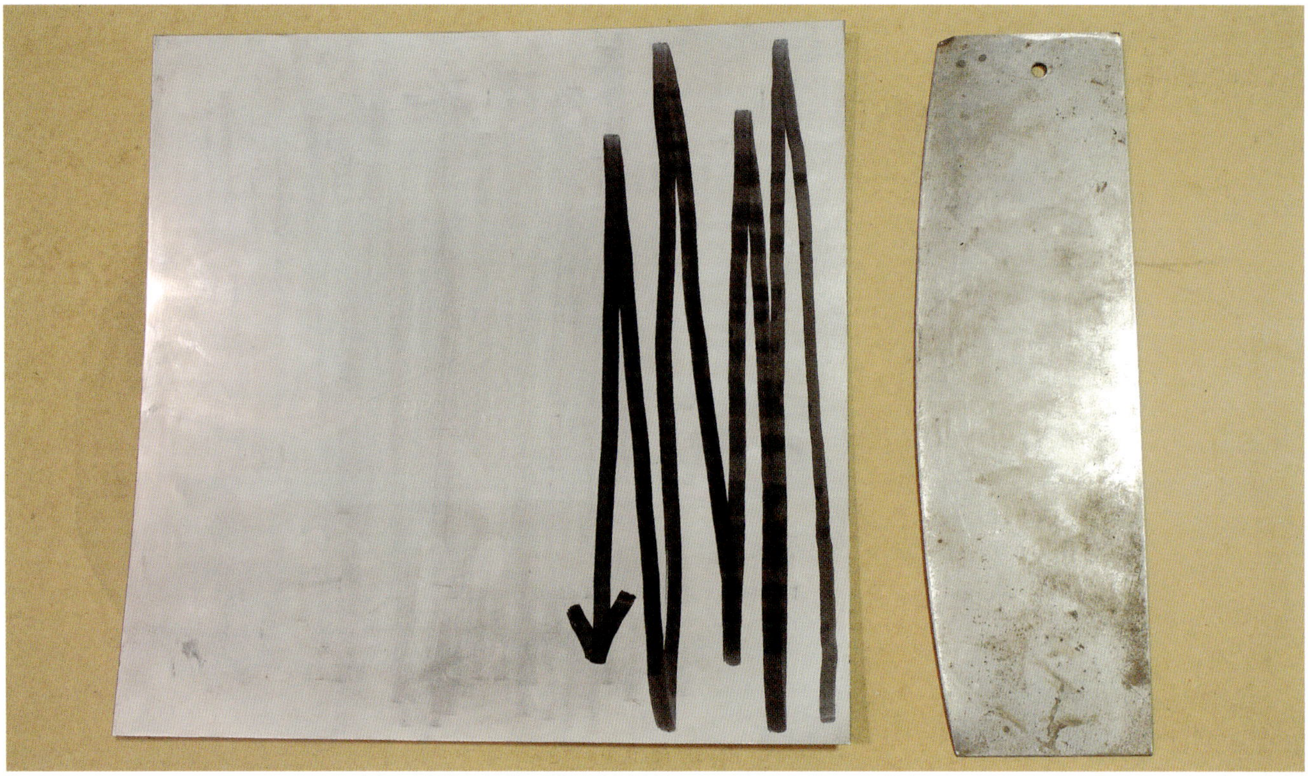

Für die erste Übung an der Rollenstreckmaschine verwenden wir ein 30x30-cm-Blech (hier mit 0,8 mm Stärke, es eignen sich jedoch sämtliche Bleche, die nicht wesentlich dicker sind). Für die beabsichtigte Wölbung wird eine Schablone entsprechend der Zeichnung aufgezeichnet und zugeschnitten. Die schwarzen Markerstriche zeigen die empfohlene Richtung der Blechbewegungen durch die Maschine (siehe Text).

Wir beginnen am Blechrand mit dem Strecken. Das Blech wird zwischen den Rollen eingelegt und die (untere) Formrolle soweit angezogen, dass das Blech nicht rutscht, wenn man seitlich auf das Blech drückt. In der Praxis müsste der Anpressdruck der Rollen bei den meisten Streckarbeiten noch etwas höher sein, zum Üben belassen wir es aber bei etwas geringerem Anpressdruck, bis sich eine gewisse Sicherheit im Umgang mit der Maschine einstellt.

Wenn das Blech zwischen den Rollen hindurchgeschoben wird, stoppen wir den Durchgang kurz vor dem Blechrand. Dann wird das Blech leicht verschwenkt und auf einem neuen Abschnitt, der an den soeben bearbeiteten Bereich anschließt, durch die Rollen zurückgeführt.

Der Anpressdruck der Rollen könnte zwar am Ende jedes Durchgangs gelockert werden, damit würde sich die Arbeit an der Rollenstreckmaschine aber extrem verlangsamen und das Blech ließe sich praktisch nicht mehr mit gleichbleibendem Anpressdruck bearbeiten. Die altbewährte Methode, die Endpunkte der einzelnen Durchgänge zu variieren, genügt also vollauf. Eine gewisse Lockerheit ist an der Rollenstreckmaschine von Vorteil – was aber nicht bedeuten soll, dass wir das Blech in Schlangenlinien durch die Maschine schubsen. Es kommt nur auf den richtigen Mittelweg an. Wenn die Durchgänge auf dem Blech dicht beieinander liegen und die Endpunkte immer etwas versetzt werden, ist der Anfang für ein gleichmäßig umgeformtes Blech bereits gemacht – versprochen!

Um eine räumlich gekrümmte Fläche – also eine in zwei Ebenen verlaufende Wölbung – herzustellen, muss das Blech in der Mitte mehr als in den Randbereichen gestreckt werden. Dazu wird der am stärksten gewölbte Bereich in der Blechmitte in ungefähr drei Mal so vielen Durchgängen wie die Randbereiche durch die Maschine geführt. Wenn die erste Folge von Durchgängen bis zu den Rändern verläuft, stoppen wir die zweiten Durchgänge ca. 25 mm vor den Blechenden und die dritten Durchgänge ca. 50 mm vorher usw. Nach diesem Grundprinzip bearbeiten wir das gesamte Blech.

Sobald wir mit dem ersten Durchgang über das gesamte Blech fertig sind, lockern wir den Anpressdruck der Formrolle, entnehmen das Blech, drehen es um 90 Grad und führen es im zweiten Durchgang Bahn für Bahn im rechten Winkel zur ersten Durchgangsrichtung durch die Maschine. Auf keinen Fall das Blech bei der Vor- und Rückwärtsbewegung nach oben oder unten drücken. Vorläufig braucht das Blech bei dieser Übung noch nicht gebogen zu werden. Zwischendurch überprüfen wir die Passung des Blechs immer wieder anhand der Schablone. Auf den ersten Blick scheint sich nicht viel zu ändern, da das Blech nur unter geringem Rollendruck durchgeschoben wird. Jetzt wiederholen wir den Streckprozess durch die Maschine in beiden Richtungen mit etwas höherem Anpressdruck. Nach und nach zeichnen sich auf der Blechoberfläche die Laufspuren der Rollen ab. Falls bei den einzelnen Durchgängen jedoch deutliche Ränder entstehen und das Blech eine facetten- oder gar streifenartige Oberfläche zeigt (passiert garantiert irgendwann), muss der Anpressdruck der Formrolle etwas verringert werden. Anschließend bewegen wir das Blech in einem kompletten Durchgang in umgekehrter Richtung durch die Rollen, um die Oberfläche zu glätten. Unsaubere Blechoberflächen lassen sich glücklicherweise mit einen oder zwei Durchgängen bei geringem Anpressdruck über das gesamte Blech ausgleichen, da dies Verspannungen abbaut. Als letzte Rettungsmaßnahme, wenn das Rollenstrecken zu deutliche Spuren hinterlässt, sollte man diese Methode im Hinterkopf behalten.

Nicht vergessen werden darf bei den ersten Versuchen an der Rollenstreckmaschine, dass das Blech auf ihr – wie der Name bereits sagt – in erster Linie gestreckt wird. Mit den flacheren Formrollen erzeugt die Maschine eine Wölbung, die vorwiegend in Richtung der Rollen verläuft, da die Anpressfläche die Form eines länglichen Ovals aufweist.

Einige Minuten Übung sind schon notwendig, bis wir das Blech richtig zwischen den Rollen durchschieben können, aber irgendwann ist der erste Durchgang fertig. Im Haupttext ist beschrieben, wie die Länge der einzelnen Durchgänge variiert wird. Dann lösen wir den Anpressdruck an der Formrolle, entnehmen das Blech, drehen es um 90 Grad und wiederholen den gesamten Durchgang an der Maschine in dieser Richtung.

Bei stark bombierten Formrollen ist die Anpressfläche annähernd rund, d. h. das Blech wird unter den Rollen im 360°-Winkel gestreckt; es bleiben dann allerdings deutlichere Laufspuren auf dem Blech zurück und die Streckwirkung setzt sich in allen Richtungen fort. Anders ausgedrückt: Wenn wir etwas seitlich neben dem Rollenpaar stehen (siehe Abbildungen), erhält das Blech eine Wölbung in der Achse unserer ausgestreckten Arme, wenn die flacheren Rollen montiert sind. Wer ein Blech – selbst mit mäßigem Druck – zwischen den Rollen durch die Rollenstreckmaschine bewegt, erzeugt dabei eine Art Buckel im Blech, dessen Wölbung in Richtung der ausgestreckten Arme verläuft. „Buckel" beschreibt den Blechumformvorgang insofern recht gut, als die Wölbung in der einen Richtung stärker ist als in der anderen – ähnlich einem Kamelhöcker, und genauso läuft die Formgebung auch zwischen dem Rollenpaar ab. Das Blech wölbt sich meistens in Richtung der ausgestreckten Arme stärker als in Querrichtung. Diese Vorgänge können wir uns nun bei unseren Musterblechen zunutze machen.

Nach den ersten Rollenstreckversuchen ist im Übungsblech hoffentlich ähnlich wie in der Abbildung des ersten Musterblechs bereits eine Wölbung zu erkennen. Wenn die Schablone quer über die Mitte der Blechunterseite gelegt wird, berührt sie das Blech nun in dessen Mitte, allerdings auf einer größeren Fläche als zu Anfang, als das Blech noch völlig flach war. Bei den ersten Steckversuchen an der Rollenstreckmaschine neigen Anfänger instinktiv dazu, den Blechbereich, der auf der Schablone anliegt, als richtig geformt zu betrachten und den Fehler in den Rändern zu suchen: „Der Mittelbereich liegt an der Schablone an, was wir ja auch wollen, also muss die Form dort stimmen. Also müssen die Bereiche, in denen die Form noch nicht stimmt, nachgearbeitet werden." Selbst wenn sich dies sogar begründen ließe, können wir Korrekturen mit der Rollenstreckmaschine aber nur vornehmen, indem wir das Blech weiter strecken. Das Blech muss also in seinem mittleren Bereich weiter gestreckt werden, bis es durch die eintretende Formänderung ein ausgeprägteres Profil erhält und damit höher liegt, so dass auch die bisher noch nicht an der Schablone anliegenden Blechbereiche exakt anliegen.

Ein weiteres häufiges Problem beim Rollenstrecken ist, dass das Blech ungleichmäßig geformt ist – siehe zweite Abbildung des Musterblechs: Das Blech liegt in zwei Streifenbereichen beidseits der Blechmittellinie an der Schablone an. Diese ungleichmäßige Oberfläche rührt von der ungleichmäßigen Bearbeitung des Blechs her. In den Bereichen, die von der Schablone abstehen, wurde das Blech zu stark gestreckt.

Man könnte natürlich auch sagen, dass die flacheren Bereiche, an denen die Schablone anliegt, nicht genug gestreckt wurden. Zur Korrektur bearbeiten wir die flacheren Bereiche im 90°-Winkel zur Schablonenrichtung. Nach diesem punktuellen Rollenstrecken lohnt es sich, das gesamte Blech in zwei verschiedenen Richtungen nochmals bei leichtem Anpressdruck zwischen den Rollen durchzuführen, um verbliebene Unebenheiten im Blech zu glätten.

So allmählich müsste das Rollenstrecken richtig Spaß machen. Bei dem gleichmäßigen Sirren der rotierenden Rollen haben wir das Blech vielleicht sogar zu stark gestreckt, so dass nur noch die Blechränder an der Schablone anliegen (siehe drittes Beispielfoto). Da wir das Blechprofil an dieser Maschine aber nur durch zusätzliches Strecken korrigieren können, strecken wir diese Randzonen vorsichtig und verringern den Anpressdruck etwas, um einen gleichmäßigen Übergang der neu gestreckten Bereiche in die äußeren paar Randzentimeter des Blechs herzustellen. Vorsicht beim Bearbeiten der Blechränder auf der Rollenstreckmaschine! Es passiert nur zu schnell, dass die Bleche überstreckt werden. In derartigen Fällen sieht der Blechrand wie eine Augenbraue aus, da die Flächenvergrößerung an einem Höcker im Blech zu erkennen ist. Dies ist nicht nur unbefriedigend für das eigene Ego, sondern auch schwer zu korrigieren. Am besten wird dann der Randbereich des Blechs in einem manuellen Stauchgerät bearbeitet und die bei diesem Stauchvorgang verursachten Marken nachgeschlichtet. Wer diese schwierige Phase bewältigt hat, dessen Blech müsste aus der Mitte heraus in jeder Richtung auf der Schablone anliegen.

Wenn wir die Schablone in der Blechmitte auflegen und sich dieses Bild ergibt, ist die Wölbung noch zu gering. Der Mittelbereich muss in der Rollenstreckmaschine weiter gestreckt werden. Die Schablone liegt nur in der Blechmitte an, allerdings in zwei Richtungen – Nord-Süd und Ost-West –, sofern das Blech gleichmäßig gewölbt ist. Beim Rollenstrecken wird das Blech bei flacheren Rollen in der Laufrichtung der Rollen stärker gestreckt als in Querrichtung dazu. Zur Kontrolle des Formfortschritts muss die Schablone stets senkrecht auf dem Blech angesetzt werden.

Ist das Blech so geformt, wurde es ungleichmäßig gestreckt. Zur Korrektur führen wir das Blech in den Bereichen, in denen es an der Schablone anliegt, einige Male im rechten Winkel zur Schablone durch die Maschine, um diese Bereiche weiter zu strecken. Mit zunehmendem Streckfortschritt liegt die Schablone irgendwann über die gesamte Breite des Blechs ohne Lichtspalt an der Schablone an.

Nacharbeit: Wenn das Blech so aussieht, wurde es zu sehr gestreckt und die Wölbung ist zu ausgeprägt. Zur Abhilfe strecken wir die äußersten Blechränder noch etwas mehr und verringern den Anpressdruck der Formrolle etwas, damit ein gleichmäßiger Übergang der nachträglich gestreckten Ränder in die übrigen Blechzonen entsteht.

So stimmt die Passung schon ziemlich gut. Ganz rechts ist noch ein minimaler Lichtspalt zu erkennen, den wir für unsere Zwecke aber vernachlässigen können.

Nachdem wir nun die grundsätzliche Funktion der Rollenstreckmaschine kennengelernt haben, versuchen wir, eine richtige Wölbung in beiden Achsen herzustellen, so dass die Schablone – wie im ersten Teil der Übung – in Längs-, Quer- und Diagonalrichtung gleichmäßig am Blech anliegt. Wenn das Blech gleichmäßig geformt wurde, ist dafür oft gar nicht viel Aufwand erforderlich. Es darf lediglich die Blechmitte nicht zu sehr gestreckt werden, damit sie sich nicht zu stark wölbt. Die Streckgänge müssen gar nicht exakt gleichmäßig durchgeführt werden, und vor allem sollte die Blechmitte nur gelegentlich überfahren werden. Wir schieben das Blech bevorzugt in den Diagonalrichtungen durch die Rollen, in denen das Blech etwas zu flach scheint, und drehen das Blech immer wieder, damit ein gleichmäßiger Übergang der bisher unbearbeiteten Bereiche in die übrigen Blechbereiche erreicht wird. Wenn die Schablone über den gesamten 360°-Bereich an unserem Versuchsblech anliegt, sind wir für die Anfertigung jedes weiteren einfachen bombierten Blechs gerüstet.

Damit sind die Einsatzmöglichkeiten der Rollenstreckmaschine allerdings erst ansatzweise umrissen: Nicht jedes Blech, das wir anfertigen, benötigt eine

Wölbung oder eine räumlich gekrümmte Oberfläche. Manchmal muss das Blech nur in einer sanften Rundung gebogen werden.

Auch auf der Rollenstreckmaschine kann in derartigen Fällen – gewissermaßen als Rollenversion der Abkantpresse – die gewünschte Rundung hergestellt werden. Wir montieren die allerflachste oder zweitflachste Formrolle, legen das Blech ein und erhöhen den Anpressdruck der Rollen genau so weit, dass das Blech seitlich weitergeschoben werden kann, ohne durchzurutschen. Nun ziehen wir das Blech zu uns her und ziehen es an dem Punkt, an dem der Anfangspunkt der Biegung liegen soll, behutsam nach unten. Am Ende des Hubs schieben wir das Blech seitlich etwas weiter (wie bei der ersten Streckübung) und drücken das Blech mit möglichst geringem Widerstand zwischen den Rollen durch. Bei der Schubbewegung darf das Blech nicht weiter gebogen werden, sonst knickt es vorzeitig ab. Diesen Vorgang wiederholen wir, bis die Biegung über die gesamte Breite im Blech angebracht wurde. Muss der Verlauf der Biegung hier und da nachkorrigiert werden, wiederholen wir den Vorgang und ziehen das Blech entweder abrupter nach unten, damit eine ausgeprägtere Biegung entsteht, oder heben das Blech an, um den Biegewinkel zu reduzieren, während wir es zu uns herziehen.

Mit dieser Methode kann auch in einem gewölbten Blech eine Biegung eingearbeitet werden, damit sich das Blech ab einem bestimmten Punkt plötzlich stärker rundet oder das Blech eine Biegung in Längsrichtung erhält. Allerdings ist dabei gewisse Vorsicht geboten. Um eine stärkere Rundung zu erzeugen, wird das Blech unter geringem Druck nach unten gedrückt, während wir es durch die Rollen zu uns heranziehen. Ist der Anpressdruck der Rollen zu hoch, streckt sich das Blech stärker und es entsteht ein Höcker. Um das Blech in Längsrichtung zu biegen, montieren wir eine Formrolle mit genug Freiraum, so dass die Ränder der Rolle nicht mit dem Blech kollidieren und keine unerwünschten Druckstellen hinterlassen. Das Blech wird in Längsrichtung durchgeführt und neben den Rollen mit der Hand sanft nach unten gedrückt. Aber Vorsicht bei der Wirkung dieses Biegevorgangs auf das Blech! Wenn das Blech entlang einer Krümmungslinie gebogen werden soll (wie bei unserem Versuchsblech), wohin soll dann das Blech nach der Biegung ausweichen? Braucht es mehr Platz oder weniger? Im Prinzip produzieren wir bei diesem Vorgang eine andere Version der weit geschwungenen Rundung unseres auf der Treibform umgeformten Blechs. Wenn wir – wie hier – eine Biegung auf der Außenseite einer Rundung herstellen, wo dem Blech nach dem Biegevorgang nur noch eine kürzere Strecke zur Verfügung steht, muss das Blech gestaucht (d.h. eingezogen) werden. Liegt der verkürzte Bereich nahe einem Blechrand, kann das Blech vielleicht mit einem manuellen Stauchgerät oder Faltenzieher in die gewünschte Form gebracht werden, liegt die Rundung jedoch weiter innen im Blech, lässt das Blech sich zwar noch mit bestimmten Maschinen stauchen, von Hand ist dies aber kaum noch möglich. Wir müssen die nötige Rundung also bereits zu Anfang der Bearbeitung im Blech anbringen und die gewünschte Form durch Strecken herstellen oder aber das Blech aus mehreren kleineren Teilblechen herstellen, die nur gestreckt werden müssen.

Um mit der Rollenstreckmaschine eine sanfte Biegung in das Blech zu bringen, montieren wir die flachste vorhandene Formrolle (die frei von scharfen Graten sein muss) und drücken das Blech unter geringem Druck in dem Bereich, in dem die Biegung im Blech geformt werden soll, vorsichtig nach unten, wenn wir es durch die Rollen zu uns ranziehen.

Die Wölbung eines kürzeren Blechs lässt sich verstärken, wenn man es beim Durchgang durch die Rollen nach unten drückt. Dabei genügt aber leichter Druck, andernfalls wird das Blech überstreckt und die Rollen hinterlassen Marken auf dem Blech.

Eine Biegung kann auch in Längsrichtung ausgeformt werden, indem wir das Blech direkt neben der Formrolle nach unten drücken, allerdings ist zu beachten, wie sich diese Biegung auf das restliche Blech auswirkt. Würde in dieser Rundung mehr als nur eine leichte Knicklinie gebogen, müsste das Blech unter dem Scheitelpunkt der Rundung gestaucht werden, denn unterhalb dieser Rundung würde die vorhandene Blechlänge in einen kürzeren Bereich gezwängt.

Mit der Rollenstreckmaschine kann man sogar – ähnlich wie mit einer Sickenmaschine – besondere Details im Blech formen. Muss beispielsweise eine markante Prägelinie in einem Karosserieblech reproduziert werden, montieren wir dazu die flachste vorhandene Formrolle und stellen den Druck so ein, dass sich das Blech nicht seitwärts wegbewegen kann, wenn wir das Blech unter Druck vorwärtsbewegen. Nun führen wir das Blech entlang der gewünschten Knicklinie langsam vor und zurück und drücken das Blech neben den Rollen nach unten. Noch schärfer kann die Linie ausgeprägt werden, wenn wir auf der entsprechenden Seite der Achse der Formrolle eine dünne Beilagscheibe unterlegen, die den Anpressdruck erhöht. Viele Karosseriebleche weisen dezente Knicke oder Prägelinien auf, die am einen Ende deutlich ausgeprägt sind, aber zum entgegengesetzten Ende hin in der Blechfläche auslaufen. Bei unseren Versuchen wird das Blech bei der Vor- und Rückwärtsbewegung nach oben gedrückt und es bildet sich eine entsprechende Linie im Blech. Entscheidend ist, dass die Linie nach und nach in kleinen Schritten ausgeformt wird. Es genügt nicht, das Blech zwischen die Rollen zu zwängen und auf Anhieb eine vollendete Knicklinie zu erwarten. Man bewegt das Blech schrittweise vor und zurück und hebt es gleichzeitig neben den Rollen an. Ist der gewünschte Knick fertig ausgeprägt, kann das Blech mit der Rollenstreckmaschine oder dem Karosseriehammer noch weiter geformt werden. Unser Versuchsblech erhielt im Blechrand eine Wölbung, die langsam in den ursprünglichen Teil des Blechs hinein ausläuft.

Um scharfe Kanten im Blech zu erzeugen, wird die Rollenstreckmaschine wie eine Sickenmaschine verwendet. Dazu die Rolle mit dem flachsten Profil montieren und mit nur geringem Druck arbeiten.

Eine scharfe Linie kann in einem einzigen Durchgang erzeugt werden, einfacher ist jedoch die schrittweise Umformung, ähnlich wie wenn wir mit dem Bleistift einen Kreis zeichnen. Die Rollen stehen nur unter geringem Druck und das Blech wird erst dann an der Außenseite nach unten gedrückt, wenn wir die Ideallinie gefunden haben. Je nach Kantenradius der Oberrolle kann das Blech auch gegen die Oberrolle gebogen werden.

Ähnlich, aber noch drastischer als der vorherige Fall ist dieses Anwendungsbeispiel der Rollenstreckmaschine, die markante Linien oder Richtungsänderungen in das Blech walzt.

Das Blech wird neben den Rollen nach oben gedrückt und durch die Rollen vor- und zurückbewegt, so dass nach und nach eine Knicklinie im Blech entsteht.

Mit leichtem Druck auf die Formrolle wird der frisch geprägte Bereich so geformt, dass er im übrigen Teil des Blechs ausläuft.

Diese Bildfolge soll einige Anregungen liefern, wie die Rollenstrecktechnik noch erweitert werden kann. Hier wird der durch die Kante abgesetzte Teil des Blechs aus dem vorherigen Bild auf einen Runddorn aufgelegt und mit dem Hammer eine Wölbung herausgearbeitet.

Das Blech wird nun in Längsrichtung weiter in die gewünschte Form getrieben, wobei vorsichtig ein gleichmäßiger Übergang zwischen der Wölbung und dem übrigen Blech hergestellt wird.

Der Blick auf die Blechunterseite zeigt, wie weit das Blech umgeformt wurde.

HERSTELLUNG VON SICKEN IM BLECH

Wer über eine Sickenmaschine mit einer zuverlässigen Tiefenlehrvorrichtung verfügt, kann die Lehre auf den gewünschten Abstand von der zu prägenden Sicke, einstellen und die Lehre beim Formen der Sicke als Führung verwenden. Falls keine Tiefenlehre vorhanden ist oder das Blech ein zu ausgeprägtes Profil aufweist, um die Lehre ansetzen zu können, bleibt nur, die Sicke freihändig zu walzen. Zur Vorbereitung des Blechs auf das Sickenformen färben wir das Blech mit Tuschierfarbe ein und markieren den gewünschten Verlauf der Sicke mit einer Reißnadel. Dabei aber keine zu tiefen Kratzer im Blech hinterlassen – diese können später den Ausgangspunkt für einen Riss im Blech bilden. Also die Oberfläche nur soweit anreißen, dass die Tuschierfarbe verschwindet! Auch ein Dauermarker eignet sich hierfür, allerdings lässt sich ohne zusätzliche Zeicheninstrumente wie ein Kurvenlineal in Krümmungsbereichen nur schwer eine einheitliche Sickenbreite anzeichnen. Vorab prüfen wir die Maschineneinstellung an einem Probeblech und führen das umzuformende Blech dann in zwei oder drei Durchgängen gleichmäßig und nicht zu schnell durch die Maschine, wobei der Anpressdruck bei jedem Durchgang etwas erhöht wird. Wer nicht von Haus aus besonders lange Arme hat, sollte einen Helfer hinzubitten. Damit die Sicke passgenau ausgeformt werden kann, müssen die Sickenwalzen mit konstanter Geschwindigkeit gedreht und das Blech gleichmäßig durch die Maschine geführt werden.

Diese unschöne Reparatur eines Stahlkotflügels mit Randsicke ist typisch für die „Kampfspuren", die an zahlreichen Restaurierungsobjekten zu finden sind.

Dass es in den Händen fachkundiger Blechkünstler auch besser geht, zeigt diese gelungene Reparatur eines ähnlichen Einrisses in einem Kotflügel.

Vor dem Arbeitsbeginn an der Sickenmaschine müssen die Sickenwalzen unbedingt exakt aufeinander ausgerichtet werden. Durch eine fein dosierte Verstellung der Walzen zueinander lassen sich andererseits interessante weitere Sickenformen herstellen.

Zum Anzeichnen der Bearbeitungslinien auf Blechen wird Tuschierfarbe aufgetragen und die Sickenlinie mit einer Reißnadel oder einem Zirkel angezeichnet. Tuschierfarbe aus der Sprühdose lässt sich schneller als mit dem Pinsel aufgetragene Farbe bearbeiten, aufgepinselte Markierungen sind aber besser im Foto zu erkennen.

Dann markieren wir die Blechrückseite, stellen die Maschine auf ein Testblech ein und prägen die Sicke. Am besten geht dies, indem ein Helfer die Walzen mit der Kurbel dreht, während wir das Blech zwischen den Walzen durchführen.

Wer Zugang zu aufwändigeren Blechbearbeitungsmaschinen oder Kollegen mit entsprechendem Maschinenpark hat, der kann fast jede denkbare Sicke ins Blech zaubern. Doch auch für „normale" Hobby-Restauratoren liefert der Fachhandel erschwingliche Sickenmaschinen mit unterschiedlichen Walzensätzen. Besonders universell einsetzbar sind Varianten der Trapezwalzen. Die Oberwalze weist eine scharfe Kante auf, die in einer entsprechenden Nut in der Kunststoff-Unterwalze läuft.

Diese Walzen eignen sich hervorragend zum Anfertigen von dezenten Knicklinien und von Abkantlinien für Falze. Absetzkanten kann man auf der Sickenmaschine auch mit einem Absetzwalzenpaar herstellen. Derartige Walzen waren jahrzehntelang Grundbestandteil der Sickenmaschinen in Metallwarenbetrieben. Entsprechende antike Sickenmaschinen mit den zugehörigen Walzensätzen tauchen manchmal bei Werkstattauflösungen oder auf Teilemärkten bzw. im Internet auf. Auch schmale Rundsicken-Oberwalzen in Verbindung mit einer weich gerundeten Unterwalze eignen sich für die Herstellung von Falzen.

Eine Variante der an älteren Fahrzeugen und anderswo im Blechhandwerk anzutreffenden Sicken und Falze im Blech sind Drahteinlagen zur Versteifung der Blechränder, wie sie bei den unterschiedlichsten Artikeln von Gießkannen bis zu Pkw-Kotflügeln zu finden sind. Zu älteren Sickenmaschinen waren oft passende Falzwalzen zum Drahteinlegen erhältlich. Sie tauchen auch in alten Fachbüchern zur Blechbearbeitung auf, im Karosserieblechbereich liefern sie allerdings nur selten so saubere Ergebnisse wie das von Könnern ausgeführte Drahteinlegen von Hand – vielleicht, weil Karosseriebleche oft doch dicker als die bei Bauklempnern verwendeten Bleche sind, die Thema antiquarischer Blechfachbücher sind.

Zum manuellen Drahteinlegen legen wir entlang des Blechrands einen weich gerundeten 90°-Falz mit dem gerade greifbaren Werkzeug um – Abkantbank, Rollenstreckmaschine, Sickenmaschine oder Gripzange.

Mit diesen Sickenwalzen lassen sich Falze in der Blechkante ausformen oder dünne Knicklinien ins Blech prägen.

Unten: Wenn wir den Anpressdruck der Walzen kontinuierlich erhöhen, kann sogar eine allmählich auslaufende Sicke ins Blech geprägt werden. Beim Ausformen der Sicke beginnen wir auf der Seite, auf der die Sicke im Blech verschwindet, und erhöhen den Anpressdruck der Walzen stetig weiter, so dass sich die Sicke immer deutlicher ausprägt.

Mit diesem Abkantwalzenpaar können wir sehr saubere Falze ins Blech biegen. Der Anschlag neben den Walzen wird auf die gewünschte Falzbreite eingestellt und der erste Formdurchgang mit sehr geringem Anpressdruck der Oberwalze durchgeführt. Dann erhöhen wir den Druck etwas und führen das Blech mehrmals zwischen den Walzen durch, wobei das Blech an der Außenseite jedes Mal etwas angehoben wird.

Mit einer solchen schmalen Rundsicken-Oberwalze kann in Kombination mit einer ebenen Unterwalze eine scharfe Abkantlinie für einen Falz ins Blech geprägt werden. Beim Drahteinlegen muss als erster Schritt ein solcher Falz hergestellt werden.

Dieser Blick auf die Rückseite eines Autokotflügels zeigt das Grundprinzip der Drahteinlage im Kotflügelfalz. Wie eng das Blech um den Draht umgeschlagen wird, variiert von Hersteller zu Hersteller.

Auf der Sickenmaschine hat sich hierfür die Kombination einer flachen Unterwalze und einer sehr schmalen Rundsicken-Oberwalze bewährt. Die Breite des Falzstreifens sollte grundsätzlich das Zweieinhalbfache des Durchmessers des Drahts betragen, der eingelegt werden soll. Der 90-Grad-Winkel wird anschließend auf einem Löffeleisen oder glattflächigen Handeisen mit dem Hammer soweit umgeschlagen, dass ein U-förmiger Umschlag entsteht. Dieser U-förmige Umschlag muss unbedingt vorhanden sein. Der Draht wird nun am einen Ende mit dem Hammer, einer Gripzange oder dem in den Bildern gezeigten Eigenbauwerkzeug im Falz fixiert. Wir arbeiten uns dabei Stück für Stück am Draht entlang vor und bördeln den Blechfalz nach und nach um. Wer mit einer Drahteinlegezange nach dem Muster des abgebildeten Werkzeugs arbeiten möchte, setzt die Zange beim ersten Einlegedurchgang mit der konkaven Backe so an, dass der Falz gequetscht wird und der Draht nicht mehr ausweichen kann. Beim zweiten Durchgang drehen wir das Werkzeug um und quetschen den Draht mit der flachen Backe fest in den Blechfalz. Mit diesem Werkzeug lassen sich in Blechkanten sauberere Drahteinlagen herstellen als mit nahezu jedem anderen manuellen Verfahren. Ohne diese Spezialzange ist das manuelle Drahteinlegen anfangs etwas schwierig, mit etwas Übung gelingt es jedoch auch mit einem Hammer und einem glatten Gegenhalter, gegen den das Blech umgelegt wird.

Nachdem wir den Blechrand im 90-Grad-Winkel umgebogen haben, schlagen wir ihn auf einem der abgebildeten Werkzeuge als Unterlage zur U-Form um, in die der Draht eingelegt wird. Einige Ratschläge für die saubere Optik des Endergebnisses: Der Hammer sollte in einem leichten Winkel über die Werkbankoberfläche gegen den Falz gleiten, damit er den Falz vollflächig trifft, bei Krümmungen sollte ein Hammer mit gewölbter Bahn verwendet werden, um Schlagspuren zu vermeiden. Außerdem gelingt das Umlegen des Falzes zur U-Form besser, wenn das Werkzeug so zurechtgeschliffen wird, dass es den U-Kanal exakt umschließt.

Der von Hand hergestellte offene U-förmige Umschlag wird nun mit dem Hammer geschlossen und der Draht dabei fest eingeschlossen. Alternativ eignet sich auch ein Eigenbauwerkzeug wie auf den folgenden Abbildungen. Sogar eine Gripzange kann so modifiziert werden, dass der U-Falz über einem Distanzstück gebogen wird, das mit einer der beiden Backen verschweißt wird. Allerdings müssen wir dafür natürlich eine Gripzange opfern.

Mit diesem High-Tech-Bördelwerkzeug, das aus einer alten Beißzange entstand, wird der offene Falzstreifen im ersten Durchgang gequetscht und der Draht damit im Blechfalz eingeklemmt.

Zum zweiten Durchgang drehen wir das Werkzeug um und bördeln den Falz mit der flachen Backe entlang des gesamten Blechs fest um den Draht um. Die Zange darf aber nicht unter Druck um den Draht gedreht werden, sonst bleiben Marken auf dem Blech zurück. Also immer abschnittsweise bördeln, Zangendruck lösen, Werkzeug ein Stück weiterschieben, neu ansetzen und wieder bördeln.

An diesem Blech sind die drei Phasen beim Drahteinlegen zu sehen: 1) Falz zu einem U-Profil umschlagen, 2) Draht mit dem Bördelwerkzeug im Falz einspannen und 3) Draht festbördeln.

KOPIEREN VON FORMEN

Nachdem wir erste praktische Erfahrungen mit verschiedenen Blechumformtechniken sammeln konnten, stellt sich die Frage, wie Formen kopiert oder selbst erstellt werden können, an denen wir unsere Blechbearbeitungskünste anwenden können. Um ein vorhandenes Blechteil zu kopieren, beispielsweise einen rostigen, aber unverbeulten Kotflügel, ist nicht unbedingt ein Formmodell oder ein dreidimensionales Abbild erforderlich. Wir legen einfach das selbst angefertigte Teil während der Bearbeitung zur Kontrolle auf dem Original auf und sehen nun, ob die Eigenanfertigung ausreichend passgenau ist. Oft täuscht allerdings die Kontrolle des Nachbauteils anhand des Originalteils. Wenn man das Neuteil auf das Altteil auflegt, passt es womöglich um den gesamten Umfang wunderbar und trotzdem weicht es irgendwo auf der Fläche erheblich vom Original ab. Oft hilft dann nur die Kontrolle anhand einer oder mehrerer zusätzlicher Schablonen, um bestimmte Konturen des Nachbauteils in die genau mit dem Originalteil übereinstimmende Form zu bringen.

Das einfachste Hilfsmittel zum Kopieren einer Form ist wohl die Konturen- oder Profillehre, wie sie u.a. von Schreinern zum Kopieren von Holzleistenprofilen verwendet wird. Dazu zeichnen wir die Lage der Schablone mit Dauermarker auf dem Originalteil an, drücken die Profillehre auf dem Blech auf und übertragen die damit ermittelte Kontur auf ein Stück stabilen Karton oder eine Blechtafel. Die einzelnen Konturen nummerieren und kombinieren wir mit anderen Schablonen von quer dazu verlaufenden Konturen, damit die Endform möglichst exakt abgenommen werden kann. Für besonders komplex geformte Flächen sind entsprechend mehr Schablonen erforderlich. Wenn wir dann mit dem Formen der Blechtafel beginnen, lässt sich anhand der Schablonen laufend überprüfen, wie das Blech an welcher Stelle weiterbearbeitet werden muss. Wenn die Schablonen die Außenkonturen der gewünschten Form darstellen, muss beispielsweise in jenen Bereichen, in denen die Außenkanten der Schablonen und des Blechs aneinander anliegen, der Mittelbereich weiter gestreckt werden. Es spielen sich hier also die gleichen Vorgänge wie bei unseren oben beschriebenen ersten Versuchen an der Rollenstreckmaschine auf gewölbten Blechen ab, außer dass die Schablone diesmal auf der Außenseite des Blechs und nicht auf der Innenseite anliegen muss. Während des Formvorgangs muss das angefertigte Blech natürlich nicht nur anhand der Schablone, sondern auch anhand des Originalteils kontrolliert werden.

Mit einer Profillehre, wie sie im Schreinereihandwerk verwendet wird, können Formen und Konturen sehr einfach abgenommen werden. Die ermittelte Kontur übertragen wir auf einen stabilen Karton und schneiden ihn passgenau aus – fertig ist die Konturenschablone!

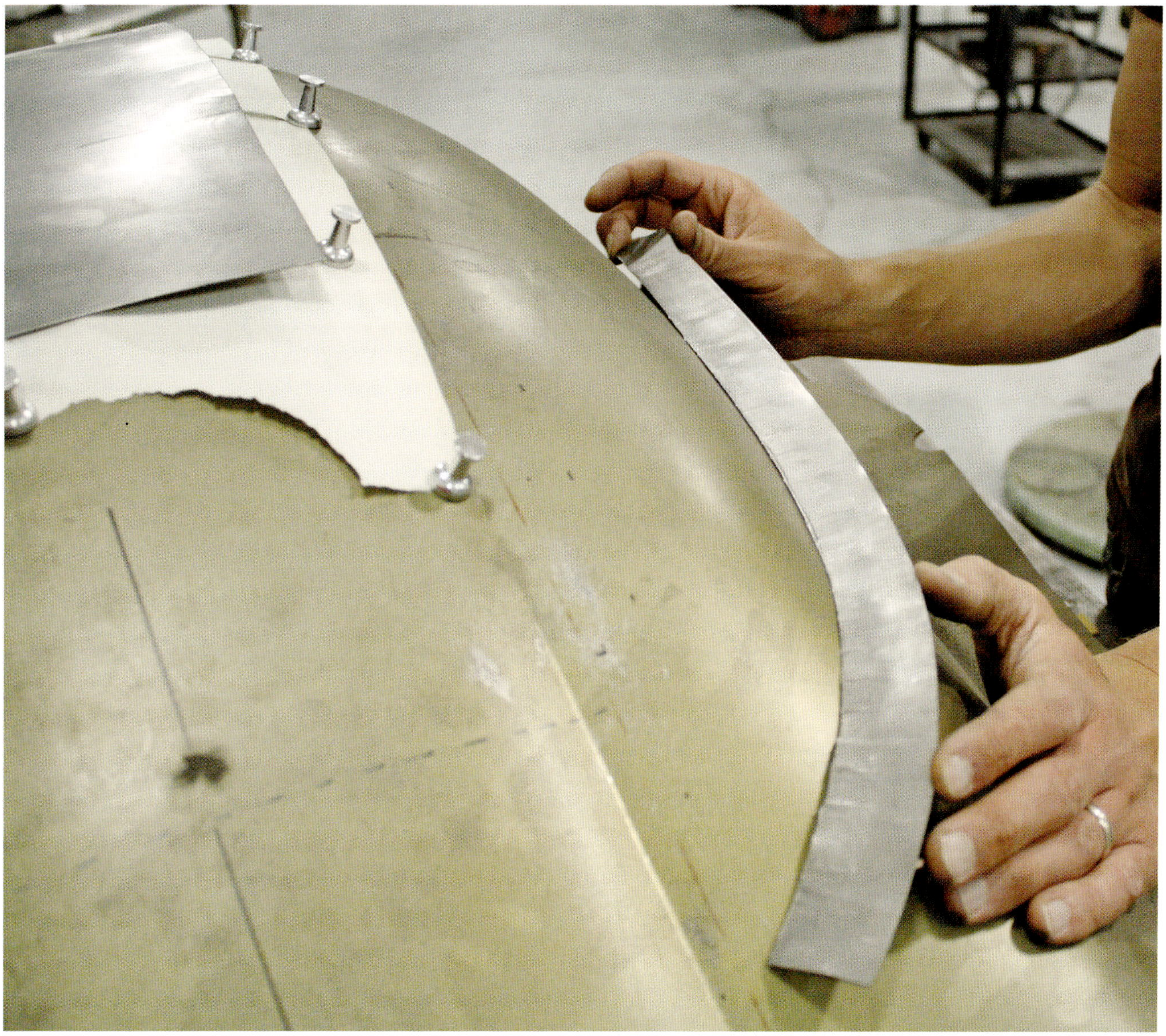

Bei Wölbungen, die länger sind, als sie mit einer Profillehre abgenommen werden können, stauchen und strecken wir einen Blechstreifen, bis er die Konturen annimmt, die kopiert werden sollen.

Sobald das Blechteil annähernd der Form des Originalteils entspricht, legen wir es auf dem Original auf und bewegen es vorsichtig hin und her. Die Reibung hinterlässt feine Kratzer auf der Innenseite des Blechs, die anzeigen, wo es noch weiter gestreckt werden muss. Diese Bereiche markieren wir mit einem Dauermarker und bearbeiten sie gezielt.

Wer keine Profillehre hat, kann Formen auch kopieren, indem er einen Blechstreifen im manuellen Stauch- und Streckgerät staucht bzw. streckt. Beim Stecken längt sich das Blech und wölbt sich vom Bediener weg, während es beim Stauchen kürzer wird und zum Bediener hingezogen wird. Wir stellen unsere Schablone aus einem ca. 25 mm breiten Blechstreifen her, dessen Länge der abzubildenden Kontur entspricht, und bearbeiten die äußeren 10-15 mm auf beiden Seiten mit dem Stauch-/Streckgerät, bis die Konturen dem Originalteil entsprechen.

Sogar durch Abtasten mit dem Zirkel lassen sich Formen kopieren. Dazu legen wir einen Karton genau senkrecht auf der Kontur auf, die wir kopieren wollen. Wir stellen den Zirkel am einen Ende der Kontur auf den größten Abstand zwischen Blech und Karton ein und bewegen den Zirkel über die Blechform weiter, wobei er die ganze Zeit exakt senkrecht zum Blech gehalten wird. Das damit angezeichnete überschüssige Stück des Kartons wird dann ausgeschnitten und die Form nochmals abgenommen. Nach dem zweiten Durchgang müsste die abgetastete Kontur des Kartons exakt stimmen. Wenn allerdings der Zirkel etwas zur Seite geneigt wird, fällt die angezeichnete Kontur etwas weiter als die des Originals aus. Die Kontur kann auch mit einem Spitzenzirkel angezeichnet werden, mit dem die Konturen auf dem Blech angeritzt werden, bei größeren Werkstücken ist dieses Verfahren allerdings umständlich.

Zur Übertragung sehr langer Konturen legen wir einen stabilen Karton senkrecht auf dem zu kopierenden Profil an, stellen den Zirkel auf den größten Abstand zwischen Werkstück und Karton ein und fahren die Kontur ab. Dabei muss der Zirkel ständig exakt senkrecht zur Blechfläche stehen. Wir fahren die Kontur einmal komplett ab, schneiden den überschüssigen Teil des Kartons weg, stellen den Zirkel nochmals ein und fahren die Kontur ein zweites Mal ab, um die Passgenauigkeit zu kontrollieren und ggf. zu korrigieren.

Auch mit flächigen Formvorlagen lassen sich Formen kopieren. Dabei machen wir uns das Prinzip flexibler und bei der Verarbeitung aushärtender Auflagematerialien zunutze, wie es z.B. bei Gipsbandagen oder kunstharzgetränkten Glasfasermatten zu beobachten ist. Auch gewisse Ausführungen handelsüblicher Transferklebebänder eignen sich hierfür. Die auf dem Original, dessen Konturen abgenommen werden sollten, aufgelegte „Bandage" aus kunstharzgetränkten Glasfasermatten nimmt die Form des Originals an und wird nach dem Auflegen so steif, dass sich die Konturen in ihr abzeichnen (Hinterschnitte sind dabei natürlich zu vermeiden). Nachdem sie ausgehärtet ist, kann sie abgehoben werden und bildet nun eine Negativform des Originals ab. Um dieses „Negativ", das als Formvorlage für die Blechanfertigung dienen soll, leicht abheben zu können, wird die Anlagefläche zuvor mit einem geeigneten Trennmittel bestrichen, das ein Festkleben verhindert (je nach Materialien genügt hier mitunter sogar Babypuder). Damit lässt sich eine brauchbare Formvorlage zum Kopieren von Formen anfertigen.

Diese flächigen „Negativ"-Formen eröffnen für manche Blechkünstler ganz neue Dimensionen im Vergleich zu starren Schablonen oder Holzformen. Im nächsten Kapitel kommen wir auf die Details der Anfertigung einer Holzform zu sprechen, allerdings sind Holzformen zeitintensiv in der Anfertigung und benötigen viel Stauraum, selbst wenn sie zum Einlagern zerlegt werden. Außerdem sind Holzformen besonders kompliziert, wenn spiegelbildliche Varianten eines Bauteils nachgefertigt werden sollen. Bei bestimmten Konturverläufen ist es schlichtweg unmöglich, die Einzelsegmente einer Holzform einfach um 180 Grad zu drehen, um ein spiegelbildliches Abbild zu erzeugen.

Diese flächigen Formvorlagen sind in Verbindung mit einem Grundbestand an starren Schablonen eine ideale Lösung zum Kopieren von Formen. Mit der flächigen Formvorlage lässt sich das gewünschte Profil am besten erfassen, das durch Treiben des Tafelblechs und durch die dabei eintretende Dickenänderung hergestellt werden soll.

Als Rohmaterialien für die Herstellung einer flächigen Formvorlage benötigen wir geeignetes flexibles Matten- oder Vliesmaterial, das nach der Verarbeitung soweit aushärtet, dass es ein stabiles Negativ der Form bildet, sowie ein Trennmittel (manchmal genügt Babypuder).

Dann wird die gesamte Kontur gleichmäßig beklebt. Um das Auflagematerial bei abrupten Profiländerungen faltenfrei verlegen zu können, muss es evtl. eingeschnitten werden. Lufteinschlüsse werden mit einem Kunststoffspatel (wie er z.B. zum Auftragen von Karosseriespachtel verwendet wird) herausgedrückt.

Das Matten- bzw. Vliesmaterial wird in mehreren winklig angeordneten Lagen aufgelegt und verklebt. Nach dem Aushärten wird die komplette „Negativform“ vom Blechteil abgehoben – fertig ist die Formvorlage für die Herstellung des Nachfertigungsblechs. Die Auflagefläche des Originals wird zuvor mit einem Trennmittel bestrichen, damit die Negativform sich vom Original abheben lässt, ohne klebenzubleiben. Je exakter diese Formvorlage auf dem nachgefertigten Teil aufliegt, desto perfekter ist das Endergebnis.

Kapitel 6
Wir bauen einen kleinen Benzintank

Dieses Projekt baut auf vielen der Fertigkeiten auf, die wir bei den Übungen in den vorigen Kapiteln erworben haben: Planen, Messen, Zuschneiden, Biegen, Sicken und Bördeln, Löten und Nieten. Und nebenbei lernen wir weitere Blechbearbeitungstechniken kennen. Bei der Restaurierung von Veteranenfahrzeugen müssen mitunter Blechbehälter wie Benzin- und Öltanks angefertigt werden. Unser Übungsprojekt Benzintank zeigt die typischen Schritte bei der Anfertigung eines praxistauglichen Vorratsbehälters. Speziell bei der Anfertigung eines Betriebsstofftanks sollten die Anweisungen in diesem Kapitel genauestens beachtet und im Zweifelsfall lieber jedes Detail zwei Mal nachgemessen werden, um unnötigen Frust zu vermeiden. An einem dichten Tank dürfen keinerlei Nahtspalte – egal wie winzig – auftreten! Und auch wenn dieser Tank hinterher gar nicht zum Einbau kommt, lohnt es sich, ihn aufzubewahren; vielleicht steht ja irgendwann der Bau eines Motorprüfstands an, und dafür ist ein externer Kraftstoffbehälter ein Muss.

Die Länge unseres Tanks wurde frei gewählt. Kritisches Maß ist der Durchmesser, der sich nach den Durchmessern von zwei großen Rohrstücken – eigentlich hohlen Stahlzylindern – richtet, mit denen die Abschlussdeckel des Tanks angefertigt wurden. Die Funktion dieser Zylinder wird bei der weiteren Projektbeschreibung deutlich. Natürlich würden sich auch exakt kreisrunde Holzklötze eignen, sofern die Blechränder mit größter Genauigkeit zugeschnitten werden.

Benzintanks in dieser Grundkonzeption sind in zahlreichen Veteranenfahrzeugen der 1920er und 1930er Jahre zu finden. Die für die Anfertigung eines solchen Behälters notwendigen Fertigkeiten sind gewissermaßen die Synthese aller bisher in diesem Buch behandelten Umformtechniken.

Die Größe unseres Versuchstanks richtet sich außerdem nach den zur Verfügung stehenden Stahlzylindern, zwischen denen die Abschlussdeckel geformt werden. Hier wird ein Kreisbogen auf dem Schwallblech für das Tankinnere angerissen, anhand dessen der obere Zylinder beim Prägen in der Hydraulikpresse genauer ausgerichtet werden kann. Die angezeichneten Halbkreise werden zuvor ausgeschnitten.

Im ersten Schritt werden drei kreisrunde Blechstücke mit einem Durchmesser von 185 mm (= Radius 92,5 mm) zugeschnitten. Anschließend wird in jedem dieser Kreisstücke ein zweiter Kreis mit einem Durchmesser von 160 mm (= Radius 80 mm) angerissen, der den Rand des Bördelfalzes an den einzelnen Kreisstücken markiert. Im ersten Kreisstück werden am Umfang vier schwach gerundete Öffnungen eingeschnitten, wobei die Größe der Ausschnitte zweitrangig ist. Dieses Blech dient als Schwallblech im Tankinneren. In den beiden übrigen kreisförmigen Blechen reißen wir einen weiteren Kreis mit einem Durchmesser von 100 mm (= Radius 50 mm) an, der die Lage eines Absatzes vorgibt, welcher zur Versteifung der Abschlussdeckel eingeprägt werden soll.

Im nächsten Schritt spannen wir die Abschlussdeckel und das Schwallblech einzeln nacheinander zwischen zwei großen Stahlzylindern ein und zentrieren sie in einer Hydraulikpresse. Die Stahlklötze spannen das Blech so fest, dass sich garantiert nichts bewegt, und nun kann der überstehende Randbördel des eingespannten Blechs mit dem Blechhammer umgelegt werden. Zur exakteren Dosierung des Umformvorgangs zielen die Hammerschläge auf ein Stemmwerkzeug – in diesem Fall eine umfunktionierte Speiche aus einem Holzspeichenrad der 1910er Jahre –, d. h. die Hammerschläge landen nicht direkt auf dem Blech (es könnte sonst passieren, dass das Blech gestreckt wird), sondern das Blech wird mit dem Stemmwerkzeug kalt gestaucht. An den beiden Rundblechen, auf denen der mittige 100-mm-Kreis angezeichnet wurde, wird anschließend der obere Stahlzylinder gegen einen kleineren Zylinder mit ca. 100 mm Durchmesser ausgetauscht und in der Hydraulikpresse ein genau mittiger Absatz in das Blech geprägt. Durch diesen Absatz erhält der Deckel zusätzliche Steifigkeit – und das Blech ein gefälligeres Aussehen. Damit wären also zwei Endbleche und das Schwallblech fertig.

Nun wird aus einem Tafelblech aus unlegiertem oder niedrig legiertem Stahl ein 250 mm breites und 540 mm langes Blech als Mantel für unseren Benzintank ausgeschnitten. Die Breite von 250 mm wurde willkürlich gewählt, denn der Tank soll ja nicht zu voluminös werden. Das zweite Maß ergibt sich aus der erforderlichen Blechfläche, um die beiden soeben angefertigten Abschlussdeckel mit ihrem Durchmesser von je 160 mm umschließen zu können. Dieses Maß bezeichnet also den Umfang der Abschlussdeckel, d. h. Durchmesser × pi ($\pi = 3,14$) zuzüglich der erforderlichen Materialzugabe, um eine saubere Naht entlang der Linie ausformen zu können, an der die beiden Enden des Blechs aneinanderstoßen. Knifflig ist dabei, dass der Durchmesser des Abschlussdeckels eigentlich 160 mm zuzüglich der zweifachen Blechdicke beträgt, denn die Außenwand des Blechs umschließt die Abschlussdeckel auf ihrer Außenseite. Würde der Durchmesser des Blechmantels exakt dem Durchmesser der Abschlussdeckel entsprechen (d. h. 160 mm), würden die Deckel nicht in den Mantel des Tanks passen. Diese zusätzliche Blechdicke muss also beim Messen des eigentlichen Durchmessers des Abschlussdeckels berücksichtigt werden. Im Fall dieses Versuchstanks beträgt er 504,20 mm, also (160 mm × 3,14) + 0,9 mm + 0,9 mm (zwei Mal die Blechdicke von je 0,9 mm) zuzüglich der Blechzugabe für die Nahtbereiche (gerundet auf 35,8 mm) = 540 mm. Die Blechzugabe für die Nahtbereiche basiert teilweise auf Erfahrungswerten (zwei Nähte zu je ca. 10 mm), teilweise auf Versuchen nach dem Prinzip „Versuch und Irrtum", um die nötige Materialzugabe für den Versatz zwischen den Falzen zu ermitteln.

Die Stahlblechrohlinge werden zwischen den Zylindern zentriert und fest in der Hydraulikpresse eingespannt. Danach wird der Randfalz umgebördelt. Das Stemmwerkzeug besteht aus Eichenholz, denn beim Kalteinziehen muss in der Regel die eine Fläche härter und die andere weicher als der eingezogene Werkstoff sein.

Nachdem die Falze der Abschlussdeckel passgenau umgebördelt wurden, nehmen wir den oberen Stahlzylinder ab und setzen einen Zylinder mit kleinerem Durchmesser auf. Die Presse erzeugt nun den erforderlichen Druck, mit dem eine ca. 1,5 mm tiefe kreisrunde Vertiefung im Deckel eingeprägt wird. Damit sich diese Prägung ringsum gleichmäßig im Blech abzeichnet, muss das Blech vor dem Prägen absolut plan aufliegen.

Wir benötigen noch zwei ca. 12,5 mm breite Falze, die um die Abschlussdeckel umgebördelt werden. Auf der Abkantbank wird an beiden Enden des Tankmantelblechs ein 45-Grad-Falz abgekantet. Bei der Montage der Abschlussdeckel wären diese Falze natürlich im Weg, also biegen wir diese Bereiche in der Rollenstreckmaschine wieder gerade. Nachdem die Abschlussbleche in ihre Einbaulage geschoben wurden, legen wir die Falze entlang exakt dieser vorgekanteten Linien wieder um.

Entlang des Rands des Mantelblechs wird eine Absetzkante eingeprägt, so dass die beiden Enden der Mantelnaht gegeneinander umgefalzt und der dabei entstehende Falz flach ausgehämmert werden kann.

Am oberen und unteren Ende der neuen Außenhaut des Tanks wird im 45-Grad-Winkel ein ca. 12,5 mm breiter Bördelfalz abgekantet. Beide Falze werden in gleicher Richtung abgekantet, denn sie sollen hinterher nach innen um die Abschlussdeckel umgebördelt werden. Anschließend führen wir diese Randfalze in Längsrichtung auf einer planen Walze durch die Rollenstreckmaschine, wodurch die Abkantungen wieder entfernt werden. Auch nach dem Rollenstrecken bleiben die Abkantlinien aber im Blech „gespeichert", d. h. das Blech kann hinterher wieder entlang dieser Falzlinien umgelegt und anschließend um die Abschlussdeckel umgebördelt werden.

Im nächsten Schritt zeichnen wir vier Bohrungen für die Befestigungsschrauben des Schwallblechs an und bohren die Löcher. Die vier Löcher sollten sich in ungefähr gleichem Abstand über den Umfang verteilen, so dass sie die Hauptnaht vollständig umschließen.

Um in Längsrichtung am Mantelblech des Tanks einen Versatz anzubringen, so dass diese Hauptnaht so flach wie möglich gehalten werden kann, wird im Abstand von ca. 25 mm zum Rand einer der Schmalseiten des Blechs eine Absetzkante im Blech geformt. Der Absatz ist der Tankinnenseite zugewandt, so dass die Naht auf der Oberseite des abgesetzten Bereichs umgefalzt werden kann. Der Absatz sollte zur Innenseite hin liegen, damit Platz für die Lötnaht bleibt. Die Innenseite des Blechmantels erkennen wir an den zuvor abgekanteten Falzen, die zur Blechinnenseite zeigen. Es kann aber nicht schaden, mit Dauermarker die entsprechende Blechseite groß und deutlich mit „Innen" zu beschriften.

Wer längere Zeit nicht mehr weichgelötet oder verzinnt hat, sollte das Kapitel weiter vorne in diesem Buch nochmals durchlesen, um die folgende Beschreibung optimal nutzen zu können. Als Nächstes tragen wir Verzinnungspaste auf die Innenseiten der Falze entlang der Tanklängsseite auf, ebenso auf die Außenseite des Blechs im Bereich der Bohrungen für das Schwallblech sowie im Randbereich des Blechs neben dem Mantellängsfalz und auf der Innenseite des Tankblechs auf dem dem Mantelfalz direkt gegenüberliegenden Bereich. Diese beiden Bereiche sollen hinterher verlötet werden. Außerdem werden beide Enden des Mantelblechs im Einbaubereich der Abschlussdeckel verzinnt, und natürlich auch die entsprechenden Gegenflächen an den Falzen der Abschlussdeckel. Hinterher werden alle verzinnten Bereiche mit weißem Essig gereinigt, denn Verzinnungspaste ist korrosiv.

Auf einer kleinen Abkantbank wird nun ein ca. 10 mm breiter Falz entlang der Schmalseiten des Mantelblechs für den Tank abgekantet und die Falze mit dem Hammer umgebördelt. Das Bild, das entstand, nachdem das Tankblech die Feinblechwalze durchlaufen hatte, zeigt, dass ein Falz nach oben zeigt, der andere nach unten; auf diese Weise werden die Falze ineinandergelegt. Auf der Feinblechwalze wird das Mantelblech unseres Übungstanks in eine zylindrische Form gebracht. Dazu schieben wir das Blech zwischen den beiden ersten übereinander stehenden Walzen ein und ziehen die hintere Walze nach und nach an – was selbst auf den Fotos komplizierter aussieht als es ist.

Auf der Feinblechwalze wird das Blech durch Drehen der Handkurbel vorsichtig ein- und auswärtsbewegt und die Schrauben an den übereinander angeordneten Walzen soweit angezogen, dass das Blech gleichmäßig durchläuft, ohne zu rutschen. Die Rändelschrauben an der versetzten dritten Walze (Biegewalze) ziehen wir soweit an, dass über die gesamte Blechbreite ein gleichmäßiger Anpressdruck auf dem Blech anliegt. Bei ungleichem Anpressdruck entstünde ein trichterförmig gerundetes Blech, denn auf der Seite, auf der der Anpressdruck höher ist, wird das Blech enger gerollt. Zum Rundformen führen wir das Blech immer wieder vor und zurück und erhöhen den Anpressdruck der versetzten Walze weiter, bis das Blech eine Zylinderform annimmt. Ist der richtige Zylinderdurchmesser erreicht, lösen wir die Walzen und entnehmen das Blech.

Sämtliche Dichtflächen werden mit Verzinnungspaste bestrichen: die Bördelfalze der Abschlussdeckel, die Bohrungen für das Schwallblech, die Längsnaht und die Endflächen des Mantelblechs für den Zylinder.

Wir legen die ebene Blechtafel für unser Tankmantelblech in die Feinblechwalze ein und spannen sie gleichmäßig zwischen den übereinander stehenden Walzen ein.

Damit das Blech seine Zylinderform erhält, bewegen wir es immer wieder durch die Walzen vor und zurück und erhöhen dabei den Anpressdruck der versetzt stehenden Biegewalze.

So sieht das zu einem Zylinder geformte Blech aus; daneben die beiden Abschlussdeckel und das Schwallblech. Besonders wichtig ist die Ausrichtung der Falze entlang der Nahtlinie des Tankmantelblechs.

Die beiden Enden des Mantelblechs werden entlang der Nahtlinie an der Blechlängsseite ineinandergelegt, dann falzen wir die Bleche auf einem T-Amboss mit einem Schlichthammer zu einem gleichmäßig geschlossenen, flachen Falz um.

Das Schwallblech wird mit Maschinenschrauben fixiert, die hinterher verlötet werden, so dass sie wie Nieten aussehen; das Schwallblech könnte aber auch direkt vernietet werden. Die Niete müssen in diesem Fall mit dem Setzkopf auf der Tankinnenseite eingesetzt werden, so dass der Schließkopf von außen geformt wird.

Damit die Abschlussbleche nicht zu tief in den Tank rutschen, prägen wir an beiden Enden des Mantelblechs eine Halbrundsicke als Endanschlag für die Abschlussbleche ein. Die Lage dieser Sicke kann mit einem Marker ganz einfach am Tankumfang angezeichnet werden.

Das nun bereits zylindrisch geformte und gefalzte Tankblech wird in der Sickenmaschine hin- und hergedreht und der Anpressdruck bei jedem Durchgang etwas gesteigert. Die Sicke endet zu beiden Seiten der Längsnaht in der Tankwandung.

Unser Tank lässt jetzt bereits seine zylindrische Form erkennen, also drücken wir ihn entlang der seitlichen Falze zusammen, bis die Falze ineinandergreifen, und hämmern die Falznaht auf einem breiten T-Amboss durchgehend flach aus.

Das Schwallblech wird ins Tankinnere geschoben und die Befestigungsbohrungen des Schwallblechs auf die Bohrungen im Mantel des Tanks ausgerichtet. Puristen würden das Schwallblech einnieten, bei unserem Versuchstank wurde es mit Maschinenschrauben befestigt, die hinterher verlötet wurden. Das Lot dient gleichzeitig als Muttersicherung. Wer auf Nummer Sicher gehen will, kann die Muttern vor dem Verlöten zusätzlich mit einem Schweißpunkt anheften.

Damit beide Abschlussdeckel stramm im Zylinderinneren sitzen, aber nicht zu weit in den Zylinder rutschen, bringen wir außerdem mit der Sickenmaschine in je ca. 25 mm Abstand zu den beiden Zylinderenden eine Halbrundsicke an, die zum Zylinderinneren zeigt. Die Sicke darf aber auf keinen Fall über die Längsnaht hinweglaufen, sondern muss zu beiden Seiten der Naht stoppen.

Die Abschlussdeckel – die wirklich stramm sitzen – werden nun von beiden Enden aus in den Tank eingeschoben, und das Mantelblech des Tanks wird im Kreuzungsbereich der Naht zu den Falzen der Abschlussdeckel sorgfältig gecrimpt. Dann werden die Falze des Tankblechs um die Falze der Abschlussdeckel umgelegt. Unser Übungstank bestand aus 0,9-mm-Stahlblech, bei einem dünneren Blech wäre das Umbördeln der Blechenden spürbar einfacher gewesen. Die Abschlussdeckel, Nieten und die Hauptlängsnaht verlötet man sorgfältig, um Undichtigkeiten vorzubeugen. Falls der Tank wirklich zum Einbau kommen soll, müssen natürlich noch ein Tankstutzen mit entsprechendem Deckel und ein Auslaufrohr angefertigt und angebracht werden. Einbaufertige Tankstutzen als Einschweißteile werden auch von Spezialhändlern vertrieben. Da unser Tank aber nur als Versuchsobjekt gedacht war, wurde lediglich eine Einfüllöffnung gebohrt und mit einem Anschlussstutzen versehen. Zur Dichtigkeitsprüfung wurden alle Nähte anschließend mit Seifenlaugelösung bestrichen und am Anschlussstutzen Druckluft ins Tankinnere geblasen. Das einzige festgestellte Leck an einem der Abschlussbleche ließ sich problemlos nachlöten.

Die Abschlussbleche lassen sich meist nur mit etwas Nachdruck in den zylindrischen Tankmantel einschieben. Wir verwendeten die Stahlzylinder, auf denen die Randbördel umgeschlagen wurden, als Druckstempel, um die Abschlussdeckel in ihren Sitz zu treiben.

Nachdem die Abschlussdeckel montiert wurden, wird die Naht am Mantelblech des Tanks an den Stellen, an denen sie die Bördelfalze der Abschlussdeckel kreuzt, ganz besonders sorgfältig verquetscht.

Die Falze für die Abschlussdeckel werden mit einer Gripzange nach innen über die Deckelränder umgebördelt. Dabei arbeiten wir uns in kleinen Schritten über den gesamten Umfang vor. Wird zu viel Blech auf einmal umgelegt, schlägt das Blech Wellen und der Tank ist nicht dichtzubekommen.

Um die Falze, die die Abschlussdeckel umschließen, sauber über die Deckel umzulegen, ist eine wohldosierte Mischung aus Feingefühl und Nachdruck notwendig. Am besten gelingt das Umbördeln, wenn der Falzstreifen durch gezielte Schläge mit einem passenden Karosseriehammer auf die Falzinnenseite fixiert wird.

Um das Tankblech an den beiden Tankenden zu glätten, legen wir den Tank auf einem T-Amboss auf und schlichten die Randbereiche des Tanks von außen mit einem Kunststoffhammer, bis die letzten Unebenheiten verschwunden sind.

Nachdem die Abschlussdeckel sicher im Tank befestigt sind, werden sie und alle übrigen Nähte mit 30/70er Karosseriezinn (das gerade zur Hand war) verlötet. 50/50er oder 40/60er Röhrenlot wäre ebenfalls geeignet gewesen.

Zur Dichtigkeitsprüfung bestreichen wir sämtliche Nähte mit Seifenlauge und blasen Druckluft durch die Auslauföffnung ins Tankinnere. Blasenbildung an den mit Seifenlauge bestrichenen Stellen weist auf Undichtigkeiten hin. Hier musste lediglich eine einzelne Leckstelle nachgelötet werden.

Kapitel 7
Blechumformen für Fortgeschrittene

Die ersten eingehenden Erfahrungen in der Umformung von Blechteilen wecken gemeinhin den Wunsch nach mehr. Den beeindruckenden Maschinenpark, mit dem Bleche noch schneller und exakter repariert oder angefertigt werden können, haben wir bereits kennengelernt, ebenso die Einsatzgebiete und Grundlagen für die Bedienung dieser Maschinen. Offenbar gibt es für so ziemlich jede denkbare Art, wie ein Blech geformt oder umgeformt werden kann, eine spezielle Maschine, und noch dazu für fast jeden Geldbeutel. Preis und Einsatzmöglichkeiten der Maschinen verhalten sich oft direkt proportional zueinander, fast immer sind jedoch bereits zu erschwinglichen Preisen Maschinen auf dem Markt, mit denen sich die Arbeiten wesentlich bequemer, schneller und präziser ausführen lassen. Dennoch sollte die Anschaffung keinesfalls überstürzt werden. Vorab ist zu klären, wofür die Maschine benötigt wird, und der Kauf entsprechend zu planen. Vor der Investition in Blechmaschinen macht es sich bezahlt, zuerst eines der in Oldtimerkreisen angebotenen Blechbearbeitungsseminare zu besuchen (z. B. bei der Fahrzeugakademie Schweinfurt oder ähnlichen Einrichtungen). Zu deren Lehrgangsinhalten zählen insbesondere praxisnahe Einführungen in den Umgang mit diversen Blechbearbeitungs- und -umformmaschinen, die weit aufschlussreicher als jedes Verkaufsgespräch sind. Wer bei diesen Lehrgängen erste eigene Versuche an der Maschine anstellen konnte, wird eine wesentlich fundiertere Kaufentscheidung treffen können. Allein damit machen sich die Lehrgangskosten oft bereits bezahlt. Auch der Erfahrungsaustausch in Oldtimer- und Karosserie-Onlineforen hilft weiter. Allerdings empfiehlt es sich, mit der Anschaffung zu warten, bis man über gewisse Mindestkenntnisse im manuellen Blechformen verfügt. Wer noch kein Gespür dafür entwickelt hat, wie sich Blech bei der Bearbeitung verhält, läuft Gefahr, gerade mit teuren Maschinen Ausschuss zu produzieren. Begnadete Blechkünstler würden wahrscheinlich auch mit einem Ziegelstein als Unterlage, einer Rohrzange und einem mit Sand gefüllten Strumpf erstklassige Blechformen zaubern können, handwerkliche Fähigkeiten (mit der Betonung auf „Hand") sind aber auf jeden Fall eine wichtige Grundlage für komplexere Blechumformungsarbeiten.

Die Heckpartie für diesen Quarter Midget-Racer von Kurtis-Kraft wurde aus Alublech nachgefertigt. Die halbfertige Blechhaut, wie sie hier zu sehen ist, gibt einen ersten Eindruck von der Vielfalt der Blechobjekte, die rund um das vierrädrige Hobby auf eine Eigenanfertigung warten. Das arg mitgenommene Original (rechts), das als Vorlage für den Nachbau diente, wurde von einem Schrauberkollegen zur Verfügung gestellt.

MASCHINENHAMMER

Kaum eine andere Blechbearbeitungsmaschine bringt passionierte Blechbieger so sehr in Verzückung wie die guten alten Maschinenhämmer (bestimmte Bauformen werden bei manchen Herstellern auch als Kraftformer bezeichnet). Größe, Gewicht und Kosten eines typischen Maschinenhammers übersteigen die Möglichkeiten der meisten Hobbyrestauratoren zwar bei weitem, die Einarbeitung in die Materie lohnt sich aber auf jeden Fall – entweder, um bei Werkstätten, die eine solche Maschine besitzen, die Maschine auch einmal nutzen zu dürfen, oder falls wir eine Tages doch eine bezahlbare Gebrauchtmaschine bei einer Werkstattauflösung oder Auktion ergattern können. Verschiedene Hersteller bieten mittlerweile einfachere Maschinenhämmer zu günstigeren Preisen und in Baugrößen an, für die auch in Schraubergaragen oft Platz ist. Für ganz Ambitionierte kursieren sogar Eigenbauanleitungen im Internet (auf englischsprachigen Websites – Suchbegriff: „power hammer").

Auch aus diesen Gründen machen sich die bereits angesprochenen Oldtimer-Blechbearbeitungsseminare bezahlt. Selbst bei der Anschaffung einer niedrigpreisigen Einsteigerversion eines solchen Maschinenhammers oder Kraftformers sollte vorab geklärt werden, welche Bleche man anfertigen möchte, welche Voraussetzungen dafür erfüllt sein müssen und inwieweit sich dies mit den eigenen Fähigkeiten und der Kapazität der Maschine verwirklichen lässt. Die Erkenntnisse aus solchen Seminaren, bei denen der Lehrstoff aus längeren Lehrabschnitten komprimiert innerhalb weniger Tage vermittelt wird, sind da eine unschätzbare Hilfe.

Alle Formänderungsvorgänge beim Blechformen laufen nach bestimmten wissenschaftlichen Grundprinzipien ab, die sich aus der Beschaffenheit der Werkstoffe sowie der Zusatzwerkstoffe – z. B. beim Schweißen von Blechen – ergeben. Wissenschaftliches Arbeiten ist also auch in der Werkstatt der beste Weg zum Erfolg. Bei der Arbeit mit dem Maschinenhammer werden die Vorteile deutlich, die die Formgebung durch Verdichten des unbearbeiteten Blechs im Vergleich zur Umformung durch manuelles Treiben des Blechs auf einer weichen Unterlage bietet.

Die Bewegungen, die sich im Blech abspielen, wenn es zwischen zwei Stahlstempeln verformt und verdichtet wird, vollziehen sich oberhalb der Elastizitätsgrenze des Blechs und führen daher zu einer bleibenden, unumkehrbaren Verformung. Die Elastizitätsgrenze bezeichnet den Punkt, ab dem das Blech nicht zurückfedern kann, wenn eine Last auf das Blech einwirkt. Wissenschaftlich betrachtet, laufen sämtliche Bewegungen oberhalb der Elastizitätsgrenze entlang von Versetzungslinien innerhalb des Kristallgefüges des Blechs ab.

Wird ein Blech auf einem Sandkissen oder auf weichen Stempelflächen umgeformt, sind die Umformvorgänge wesentlich weniger wirkungsvoll und nicht so exakt vorhersagbar, da das Blech bei einem erheblichen Teil der Treibarbeit lediglich Druck- und Zugkräften unterhalb seiner Elastizitätsgrenze ausgesetzt ist. Bei den Bewegungen, die sich im Blech unterhalb der Elastizitätsgrenze abspielen, verschieben sich die Atome im Werkstoffgefüge vorübergehend gegeneinander. Wirkt die Bearbeitungskraft nicht mehr ein, nehmen die Atome wieder ihre ursprüngliche Lage im Kristallgefüge des Blechs ein. Wenn also die Bearbeitung teilweise unterhalb der Elastizitätsgrenze des Blechwerkstoffs abläuft, muss beim Treiben auf einem Sand- oder Schrotkissen das Blech, nachdem es in die annähernd richtige Form gebracht wurde, geglättet und danach nochmals mit dem Hammer nachgearbeitet werden, da die hergestellte Form beim Glätten teilweise regelrecht „verpufft". Dieser „verschwundene" Teil der zunächst erzeugten Form war unterhalb der Elastizitätsgrenze des Blechs geformt worden. Weitere Vorteile der Bearbeitung oberhalb der Elastizitätsgrenze sind größere Widerstandsfähigkeit gegen Dellen, hochgradig maßhaltige Oberflächen sowie das Fehlen jeglicher Spannungskonzentrationen, wie sie beim Strecken auf weichen Unterlagen vorkommen können. Wer Zugriff auf die entsprechenden Maschinen hat, für den ist diese Form der Blechbearbeitung der Königsweg zu wirklich professionellem Blechumformen.

MINIATUR-MASCHINENHÄMMER

Nicht zuletzt dank der steigenden Zahl von Komplettrestaurierungen historischer Automobile und Motorräder wurden von innovativen Tüftlern kleinere Metallbearbeitungsmaschinen entwickelt, die eine Marktnische unterhalb der schwergewichtigen Werkstatt-Profigeräte von Eckold, Baileigh, Pullmax oder Yoder besetzen, welche seit Jahrzehnten im maschinellen Blechformen Maßstäbe setzen. Diese neuen, kleineren Maschinen, deren Gewicht sich in Kilo statt in Tonnen messen lässt, stehen oftmals auf Laufrollen, so dass sie in der Werkstatt dort aufgestellt werden können, wo sie gerade gebraucht werden und wo Platz ist. Natürlich können diese Miniatur-Maschinenhämmer nicht mit den Profimaschinen mithalten, wenn Bleche schnell geformt oder besonders schwere oder rückfedernde Werkstoffe verarbeitet werden sollen, sie sind jedoch überall dort eine wertvolle Hilfe, wo es mehr auf Kosten und Größe als auf Schnelligkeit und höhere Stückzahlen ankommt.

Einen Eindruck von den Einsatzmöglichkeiten gibt die folgende Beschreibung eines Mini-Maschinenhammers der US-Marke Dake, der für Stahlbleche bis 1,5 mm und Aluminiumbleche bis 2,3 mm geeignet ist. Dank der Ausladung von insgesamt 450 mm können sogar 900-mm-Bleche bis zur Mitte hin bearbeitet werden. Dieses Gerät ist robust, benötigt nur eine kleine Aufstellfläche und kann in der Werkstatt verfahren und mit normalem Netzstrom betrieben werden. Die Öffnungsweite zwischen den beiden Stempeln ist groß genug, um auch leicht gewölbte Bleche aufnehmen zu können. Zur Maschine gehören Stauchstempel und es können die üblichen Stempel mit 19-mm-Vierkantschaft montiert und dank der quadratischen Form der Stempelaufnahmen sogar um 90 Grad versetzt angeordnet werden, was die Einsatzmöglichkeiten abermals erweitert. Nachteilig sind allenfalls die begrenzten Möglichkeiten zum Strecken von Blechen, was bei derartigen Maschinen allerdings bauartbedingt unvermeidlich ist. Bei größeren Maschinenhämmern schlägt der Oberstempel in einer Streckbewegung auf den feststehenden Unterstempel. Diese kleineren Maschinen lehnen sich dagegen konstruktiv an die Pullmax-Maschinen an, die vorwiegend zum Blechnibbeln, Stauchen mit Stauchstempeln, Falzen und für unterschiedlichste Sickenoperationen eingesetzt werden.

Zur Erinnerung vor den ersten Versuchen am Maschinenhammer: Egal ob das Blech mit einer Maschine oder von Hand mit dem Treibhammer bearbeitet wird, die Grundsätze der Blechumformung sind in beiden Fällen dieselben. In beiden Fällen schlägt im Prinzip ein Stahlhammer auf ein Blech, das auf einer Stahlauflage aufliegt, auch wenn Umfang und Geschwindigkeit des Umformvorgangs je nach Maschine erheblich höher sind. Keine Angst vor der zunächst verwirrend anmutenden Vielfalt der Maschinenstempel. Genau wie beim manuellen Blechtreiben, führen auch hier oft mehrere Wege zum Ziel.

Bei der Auswahl der Stempel überlegen wir, welches Handwerkzeug wir für die Aufgabe verwenden würden. Ein Stempel mit relativ weicher Schlagfläche, z. B. mit Leder- oder Kunststoffbezug, verhält sich in Kombination mit einem Stahl-Gegenstempel ähnlich wie die Kombination aus Stahlhammer und Schrotkissen. In bestimmten Fällen sind zwei Stahlstempel das Werkzeug der Wahl, wenn der Werkstoff beim Strecken zugleich verdichtet werden soll, doch reicht hierfür möglicherweise die Maschinenleistung nicht aus. In diesem Fall lässt sich das gewünschte Umformergebnis oft nur schrittweise durch die Kombination eines harten Stempels mit einem weicheren Stempel erreichen. Und selbst wenn die ideale

Arbeitsmethode feststeht, ist es oft hilfreich, mit anderen Techniken zu experimentieren oder durch unkonventionellen Einsatz eines eigentlich „falschen" Werkzeugs Alternativen auszuprobieren. Oft eröffnen sich damit ganz neue Möglichkeiten, zumal kaum jemand alle Werkzeuge besitzt – oder überhaupt genug Werkzeuge (egal, was „mitfühlende" Freunde behaupten). Überhaupt tun sich in unserem Hobby doch nur dann Grenzen auf, wenn es an Werkzeugen oder an Platz in der Werkstatt fehlt – und wenn uns die Kritik notorischer Nörgler trifft, die die Freuden kreativer Arbeit nicht nachvollziehen können.

Dieser Mini-Maschinenhammer lehnt sich an die Bauweise der Pullmax-Maschinenhämmer an. Leistungsmäßig bleibt er erheblich hinter dem Pullmax zurück, leistet für seine Größe und mobile Bauweise aber eine Menge.

STAUCHEN VON BLECHTEILEN

Wie wir beim Blechformen mit Handwerkzeugen gelernt haben, bereitet das Stauchen bzw. Einziehen die größten Hindernisse beim manuellen Umformen. Mit genug Ausdauer ist auch mit Handwerkzeugen jede Umformarbeit möglich, gezwungenermaßen müssen wir unsere Blechformarbeiten aber so planen, dass die Bleche möglichst wenig gestaucht werden müssen. Wenn wir kompliziertere Formen in mehrere Abschnitte zerlegen, die überwiegend gestreckt werden, entfällt ein Großteil der Schwierigkeiten beim manuellen Stauchen. Mit einer Maschine mit Stauchstempeln lässt sich dagegen jedes Blech nach Herzenslust stauchen und der Stauchvorgang ist dann kaum schwieriger als das Strecken. Als Beispiel für die radikalen Umformmöglichkeiten mit diesen Maschinen und ihren Stempeln zeigt die Bildfolge, wie mit Stauchstempeln ein Probeteil hergestellt wird. Ähnlich wie der Faltenzieher, erzeugen die Stauchstempel eine Falte in dem zwischen den Stempeln eingeschobenen Blech. Diese Falte wird beim Herausziehen des Blechs flach ausgehämmert und dadurch gestaucht. Bereits der Nutzen dieser Stauchstempel ist fast schon den Preis der Maschine wert, selbst wenn sie nie für andere Blecharbeiten zum Einsatz kommt.

Nahaufnahme der Stauchstempel: Der Höcker im Unterstempel stellt beim Einführen des Blechs den Buckel im Blech her, der anschließend beim Herausziehen aus der Maschine eingestaucht wird.

Das Blech wurde in die Maschine eingeschoben und diese dann schlagartig abgeschaltet, um sichtbar zu machen, was sich in der ersten Hälfte des Stauchvorgangs in der Maschine abspielt. Der rechts angrenzende Bereich des Blechs wurde bereits eingestaucht.

Zum Einstellen der Maschine markieren wir den Blechrand mit Dauermarker und schieben das Blech die halbe Strecke zwischen den Stempeln ein. Wenn sich das Blech beim fortschreitenden Stauchvorgang weiter verdickt, muss der Spalt zwischen den Stempeln evtl. geringfügig vergrößert werden.

Solange das Blech im flachen Bereich der Stauchstempel anliegt, können die Stempel eng zueinander eingestellt werden, aber auf keinen Fall so eng, dass sie hart aufeinander aufschlagen. Die Markerstriche sollten gerade eben verwischt werden, die Blechkante darf aber noch nicht gequetscht werden. Mit dem Handrad unter dem Unterstempel kann der Spalt zwischen den Stempeln nachgestellt werden.

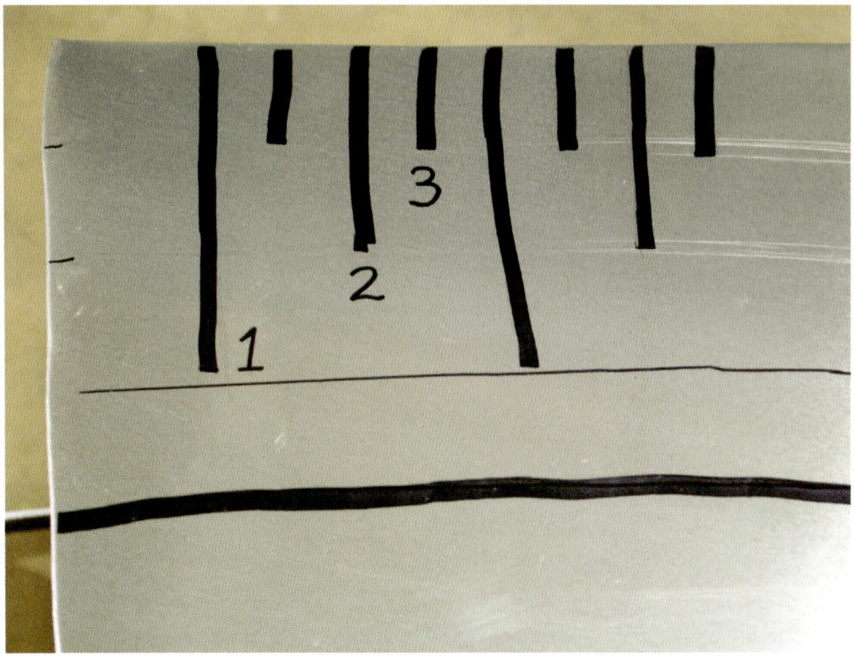

Beim Stauchen mit den Stauchstempeln sollten die Durchgänge zueinander versetzt werden; auf jeden weiter ins Blech hineingezogenen Stauchvorgang folgen links und rechts zwei Durchgänge, die weniger weit ins Blech hineinreichen.

Einstweilen noch unansehnlich, aber auf dem Weg zur Endform: Der gestauchte Bereich hebt sich bereits deutlich vom noch unbearbeiteten Blechbereich ab.

Wer bereits über gewisse Erfahrungen im manuellen Blechumformen verfügt, dürfte kaum erschrecken, wenn die ersten Versuche an der Maschine eher an Abfallbleche aus dem ersten Lehrjahr der Blechhandwerker erinnern. Manchmal sieht ein Blech während der Umformphase anfangs ausgesprochen hässlich aus, und auch die Stauchstempel hinterlassen zunächst unansehnliche Höcker. Ausdauer macht sich aber bezahlt: Optimale Stauchergebnisse erzielt man, wenn das Blech gleichmäßig über den gesamten Bereich gestaucht wird. Am leichtesten (ohne die Orientierung zu verlieren) geht dies mit einem kompletten Durchgang bis zu einem bestimmten Punkt im Blechinneren. Die nächsten beiden Durchgänge werden auf beiden Seiten des ersten Durchgangs, aber nicht ganz so weit bis ins Blechinnere ausgeführt. Die anschließenden beiden Durchgänge stoppen noch etwas früher auf dem Blech, außerdem sollten die letzten Stauchdurchgänge etwas über das Blech verteilt werden. Auf diese Weise wird das Blech in Richtung Blechrand stärker gestaucht, und im Blech bleiben – egal wie wellig es einstweilen noch aussieht – keine hässlichen Ränder zurück, an denen das Ende der Stauchdurchgänge zu erkennen ist.

Nach mehreren Durchgängen zeichnet sich deutlich ab, wo das Blech noch weiter gestaucht werden muss, denn in diesen Zonen bilden sich unübersehbare Falten. Wer dabei die Orientierung zu verlieren droht, kann als Anhaltspunkt zwei oder drei Linien im Abstand von ca. 25 bis 50 mm zueinander entlang des Blechumfangs anzeichnen. Der erste Durchgang wird bis zur innersten Linie im Blech fortgesetzt, der zweite Durchgang bis zur zweitinnersten Linie usw. Mit dieser Methode erreichen wir den gleichen Effekt wie mit der eingangs beschriebenen Methode, es kann aber sein, dass sich am Endpunkt der einzelnen Durchgänge Stufen im Blech abzeichnen. Diese Stufen beseitigen wir, indem wir das Blech in eng begrenzten Zonen durch die Stauchstempel laufen lassen, oder wir glätten sie durch Rollenstrecken.

Soll ein gewölbtes Blech durch Stauchen hergestellt werden, greifen wir das Blech zu beiden Seiten der Stempel. Um das Blech sicher führen zu können, muss beim Stauchen immer wieder nachgegriffen werden. Sobald wir das Blech am Ende jedes Hubs herausziehen, ziehen wir es dabei gleichzeitig nach unten. Die Bewegung des Blechs in Richtung Stempel verhindert offenbar, dass das Blech der Hammer-/Stauchbewegung eine Gegenbewegung entgegensetzt, und das Blech wird wirksamer gestaucht. Selbst deutliche Falten verschwinden wie durch Zauberhand aus dem Blech. Durch die Abwärtsbewegung beim Herausziehen wird das Blech gewissermaßen in die Richtung bewegt, in der es sowieso verformt werden soll. Dies verringert die Beanspruchung des unbearbeiteten Blechbereichs vor dem gestauchten Bereich. Diese Abwärtsbewegung des Blechs darf aber erst einsetzen, wenn wir beginnen, das Blech zwischen den Stempeln herauszuziehen. Ziehen wir das Blech bereits nach unten, solange die Stauchbacken noch ganz innen auf dem Blech stehen, entsteht durch die Kollision mit dem Unterstempel ein unschöner Höcker im Blech.

Beim Stauchen von Wölbungen ziehen wir das Blech beim Herausziehen aus der Maschine gleichzeitig nach unten. Das Blech verkürzt sich zwischen den Stempeln, also helfen wir dieser Bewegung gleich nach, indem wir das Blech in die Richtung ziehen, in der die Wölbung ohnehin geformt werden soll.

Auch wenn der Stauchvorgang mit den Stauchstempeln beendet ist, sieht das Blech vorläufig noch etwas barock aus.

STRECKEN DER BLECHE

Strecken ist nicht die Stärke der kleineren Einsteigermaschinen mit unveränderlichem Hub, ist aber in gewissen Grenzen möglich. Für unsere Streckversuche fertigten wir uns einen gummibeschichteten Oberstempel an und kombinierten diesen mit einem stark balligen Unterstempel. Ausgeprägt ballige Stempel konzentrieren die Umformkraft natürlich auf einen sehr eng begrenzten Bereich, was einen ähnlichen Effekt bewirkt wie der Schlag mit der Kugelseite eines Kugelhammers auf ein Schrotkissen. Wie bei der Arbeit mit Handwerkzeugen ist auch hier eine gleichmäßige Bearbeitung des Blechs entscheidend.

Nachdem unser Musterteil in der Mitte gestreckt und in den Randbereichen gestaucht wurde, muss die Oberfläche unbedingt geglättet werden, damit sie einigermaßen präsentabel wirkt. Mit dieser optisch wenig schönen Umformphase braucht man sich nicht lange aufzuhalten, wir zeigen die einzelnen Phasen aber zur Verdeutlichung in allen Einzelheiten. Zudem wird die Wirkung der einzelnen Bearbeitungsphasen gerade an den groben Streck- und Stauchaktionen deutlich. Wer sein Blech von Hand glättet, sucht sich dafür als Gegenhalter ein Einsteckeisen oder eine Handfaust, deren Rundungen annähernd den Rundungen des fertigen Blechteils entsprechen, und formt die gesamte Blechfläche mit dem Hammer auf dem Gegenhalter. Der Abstand zwischen den Stempeln ist einstellbar, er kann vergrößert werden, damit die Stempel sanfter auf dem Blech aufprallen. An unserem Musterteil lassen sich die Glättfortschritte anhand der Unebenheit der Blechoberfläche recht gut erkennen und beurteilen.

SICKENFORMEN

Blechmaschinen mit Hubstempeln sind vielseitig einsetzbar, um spezielle Kanten, Flansche und Sicken zu formen. Mit den passenden Werkzeugeinsätzen und einer stabilen Unterlage, gegen die das Werkstück abgestützt werden kann, lassen sich die unterschiedlichsten Details ins Blech zaubern.

Mit einem Oberstempel mit Gummiauflage und balligem Unterstempel aus Stahl kann unsere Blechschüssel mühelos im Mittelbereich gestreckt werden, so dass sich ihre Wölbung verstärkt.

Mit einem planen Oberstempel und einem balligen Unterstempel wird die Schüssel nachgeschlichtet, bis eine gleichmäßig glatte Oberfläche entsteht.

Diese Sickenstempel sind ein Musterbeispiel exzellenter Werkzeugmacherkunst. Sie laufen im Einlauf- und Auslaufbereich sanft aus, so dass selbst Bleche, die nie in eine Sickenmaschine passen würden, mit Sicken versehen werden können.

Wir stellen eine konstante Sickentiefe an der Maschine ein und tasten uns in mehreren Umdrehungen allmählich an die endgültige Sickenform heran, indem der Abstand zwischen den Stempeln bei jedem Durchgang etwas reduziert wird.

So sieht die fertige Sicke aus. Der Schlüssel zu einem derart gefälligen Endergebnis ist, das Werkstück ruhig und gleichmäßig zu führen und die Sicke schrittweise in mehreren Durchgängen zu formen.

Dieser druckluftbetriebene Glätthammer verrichtet seinen Dienst auch nach rund 10 Jahren Dauereinsatz nach wie vor einwandfrei.

Das vordere Ende unseres Versuchsblechs wurde mit den Stauchstempeln soweit gestaucht, dass die Vorderkante des Blechs sich nach unten wölbt.

Als Beispiel dafür, welche Sicken sich auf den kleineren Maschinenhämmern formen lassen, wurde ein Stempelsatz für eine 7/8-Zoll- bzw. 22-mm-Halbrundsicke montiert. Diese Stempel passen auch in Pullmax-Maschinen, die für Werkzeuge mit quadratischen 19-mm-Aufnahmen ausgelegt sind. Optimale Ergebnisse liefern diese Stempel, wenn das Blech in mehreren Durchgängen bearbeitet und der Abstand zwischen den Stempeln bei jedem Durchgang verringert wird. Das Blech wird derweil fest gegen den Unterstempel und den Anschlag gehalten, damit eine geradlinige, gleichmäßige Sicke entsteht.

DER GLÄTTHAMMER

Moderne Glätthammer sind Abkömmlinge der druckluftbetätigten Handwerkzeuge, mit denen in früheren Zeiten verbeulte Karosseriebleche ohne Ausbau geglättet wurden. Als Beispiel für die Möglichkeiten der typischen Glätthämmer stellen wir als erstes eine geschwungene Rundung her, die an die typischen Kotflügel der 1930er Jahre erinnert. Die Kontur dieses Blechs weist eine leichte S-Kurve auf – eine bei der Blechbearbeitung besonders tückische Kontur, bis man ihr Prinzip genau versteht. Eine S-Kurve oder Doppelkrümmung besteht aus zwei aufeinanderfolgenden, entgegengesetzt gerichteten Rundungen. Wer versucht, erst die erste Kurve und danach die zweite Kurve zu formen, wird feststellen, dass das Blech im Bereich der zuerst geformten Kurve dazu neigt, wieder seine ursprüngliche gerade Form anzunehmen, je mehr die zweite Kurve ausgeformt wird. Um zu verhindern, dass die zweite Kurve die erste wieder verdrängt, muss das Blech beim Formen der zweiten Kurve deutlich gestreckt werden. Im Bereich der zweiten Kurve wird das Blech unabhängig von der Formgebung der ersten Kurve gestreckt, d. h. die Konturen der ersten Kurve bleiben unverändert erhalten. Wenn die zweite Kurve weiter gestreckt wird, kann sich die Wölbung der ersten Kurve sogar noch verstärken.

An unserem Versuchsblech biegen wir die grundsätzliche Form des Blechs zuerst von Hand über einem dicken Rohr. Dies erzeugt im Blech eine leichte S-förmige Wölbung, die durch die gesamte Blechmitte – der Achse unseres Blechs – hindurchläuft. Anschließend wird mit den Stauchstempeln in unserem Mini-Maschinenhammer die Vorderkante wie bei einem Autokotflügel nach unten gezogen.

Würde der Stauchvorgang am Blechumfang fortgesetzt, entstünde eine eher schalenartige Form. Beim Stauchen würde die Blechmitte hochgezogen, wodurch der gegenteilige Effekt zu der leichten S-Kurve entstünde, die ja erhalten bleiben soll. Um also die Form im zentralen Achsbereich unseres Blechs beizubehalten, montieren wir im Maschinenhammer einen planen Oberstempel und einen länglich-schmal geformten unteren Streckstempel. Durch die längliche Anlagefläche des Streckstempels wird das Blech in den Seitenbereichen neben dem Stempel stärker gestreckt als an den Enden (Schmalseiten) des Stempels. Mit einem solchen länglichen Streckstempel lässt sich die Richtung, in der sich das Blech verformt, wesentlich besser steuern als bei einem Stempel, dessen Streckwirkung den gesamten 360-Grad-Radius abdeckt. Wir legen das Blech mit der Oberseite nach unten in die Maschine ein und richten den länglichen Streckstempel im rechten Winkel zur Achse des Blechs aus. Das Blech wird nun im Glätthammer vor- und zurückbewegt, so dass es in den Außenbereichen gestreckt wird. Beim Strecken verändern sich ja – wie wir bereits gelernt haben – Blechdicke und Oberfläche in umgekehrtem Verhältnis zueinander. Bei unserem Beispiel wird die Streckwirkung durch die Längenzunahme in den Seitenbereichen des Blechs deutlich. Diese zusätzliche Länge benötigen wir, um die Seitenbereiche des Blechs entgegen der Blechachse nach unten wölben zu können.

Damit die S-Kurve im Blech erhalten bleibt, müssen die Seitenbereiche gestreckt werden, die andernfalls Zug entgegen der Hauptkurve im Blech aufbauen würden. Wir montieren dazu einen länglichen Streckstempel im Glätthammer, so dass der Stempel quer zum Blech steht. Mit den Schlauchschellen wird eine plane, massive Stahlstange fixiert, die verhindert, dass sich der Stempel im Betrieb mitdreht.

Aufgrund des länglich-ovalen Profils des Streckstempels drückt sich die Ausrichtung des Stempels auf der Unterseite des Blechs durch ovale Eindrücke ab. Das Blech wird seitlich neben dem ovalen Stempelprofil stärker gestreckt als jenseits der Schmalseiten des Stempels.

Wenn sich das Blech durch den Streckvorgang im Randbereich zu längen beginnt (wie in unserem Beispiel), beginnt sich der gestreckte Bereich durch die Bearbeitung nach oben oder unten zu wölben. Da das Blech links und rechts vom bearbeiteten Bereich unbeweglich ist, längt sich das Blech zwischen zwei feststehenden Punkten. Diese zusätzliche Länge muss irgendwohin ausweichen können. Wir machen uns dies zunutze, indem wir das Blech gegen den länglichen Streckstempel etwas nach unten drücken. In unserem Beispiel soll sich das Blech sowieso entlang seines äußeren Randes nach unten wölben, und da das Blech auf dem Streckstempel mit der Oberseite nach unten aufliegt, bewegt sich das Blech durch den Druck nach unten in die gewünschte Richtung. Konturen oder Oberflächengüte des gestreckten Blechs entsprechen anfangs noch nicht unseren Vorstellungen, die Feinbearbeitung kann aber bis zu den nächsten Schritten warten. Zunächst müssen wir das Blech strecken, um die Kanten des Blechs nach unten biegen zu können, ohne dass die Blechachse ihr Profil verliert.

Nachdem wir die Randbereiche des Blechs mit dem länglichen Streckstempel quer zur Blechachse gestreckt haben, drehen wir das Blech um und drehen es soweit, dass der Stempel parallel zur Blechachse liegt. Außerdem tauschen wir den planen Oberstempel gegen einen leicht gewölbten Stempel aus, um bei der Bearbeitung der gewölbten Bereiche Schlagspuren im Blech zu vermeiden. Nun werden die Seitenbereiche des Blechs bearbeitet, wobei das Blech bei der Bearbeitung nach unten gedrückt wird, so dass entlang der Blechränder ein gerundetes Profil entsteht.

Die grundsätzliche Form des Blechs wäre damit hergestellt, und nun wird statt des länglichen Streckstempels ein gewölbter Unterstempel montiert und mit einem Oberstempel mit Lederbesatz kombiniert, der das Strecken erleichtern soll. Mit geringem Luftdruck am Glätthammer und feinfühlig betätigtem Fußschalter strecken wir nun den planen Bereich am höchsten Punkt unseres Übungsblechs. Dann stellen wir einen gleichmäßigen Übergang des am stärksten gewölbten Bereichs zu dem Absatz her, der bisher die Grenze des Stauchbereichs markierte, und geben dem stark gestauchten Bereich auf der Blechvorderseite eine etwas stärkere Wölbung. Unser Übungsblech ähnelt nun schon wesentlich eher einem gezielt geformten und nicht etwa verdellten Bauteil, ist allerdings noch immer etwas wellig. Für den anschließenden Schlicht- und Glättvorgang verwenden wir einen planen Oberstempel und zwei etwas unterschiedlich gewölbte Unterstempel. Der höchste Punkt und die Seitenbereiche des Blechs werden mit einem Stempel geschlichtet, dessen Profil der Blechwölbung ähnelt. Die Übergangsbereiche zwischen den planen und gewölbten Blechabschnitten werden mit einem Stempel geglättet, der etwas weniger gewölbt ist als der zuvor verwendete Stempel.

Der Streckvorgang ist weitgehend abgeschlossen und das Werkstück wird nun so gedreht, dass seine Hauptachse parallel zum länglichen Streckstempel liegt. Nun werden die nach unten gewölbten Ränder geformt. In diesem Bereich muss das Blech gebogen und zugleich gestreckt werden, damit eine abwärts gerichtete Wölbung entsteht, ohne dass sich die Hauptkrümmung des Blechs verändert.

An seinem höchsten Punkt ist das Blech nach wie vor eben, also montieren wir einen Oberstempel mit Lederbesatz und einen balligen Unterstempel, mit dem wir diesen Bereich strecken. Durch seine Nachgiebigkeit verhält sich der lederbezogene Oberstempel ähnlich wie ein Schrotkissen beim manuellen Strecken eines Blechs mit Handwerkzeugen.

Um ringsum gleichmäßige Übergänge herzustellen, schlichten wir das Blech mit einem stählernen Oberstempel und Stahl-Unterstempeln mit zwei unterschiedlichen Radien. Die Form des Unterstempels sollte dabei der in den jeweiligen Bereichen gewünschten Wölbung des Blechs entsprechen. Die beiden Bereiche werden zur Orientierung mit Dauermarker angezeichnet.

Um die Blechränder weiter zu glätten, lassen wir das Blech an den Randbereichen bei geringem Anpressdruck durch die Rollenstreckmaschine laufen.

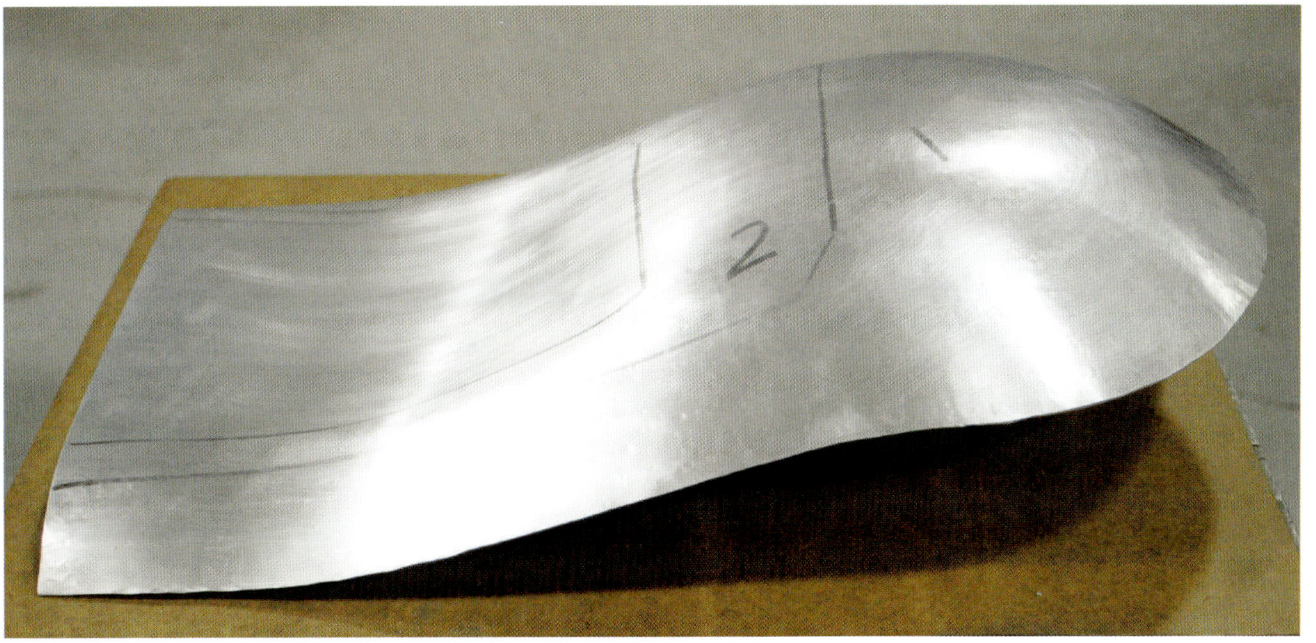

Das fertige Blech macht einen sehr professionellen Eindruck und erinnert mit seinen Wölbungen an das vordere Ende eines Frontkotflügels des Ford Model A.

Den letzten Schliff erhalten die Seitenflächen des Blechs in der Rollenstreckmaschine, in der die am stärksten bombierte Formwalze montiert wird. Eine noch stärkere Wölbung des Blechs lässt sich herstellen, indem man das Blech beim Durchlauf zwischen den Walzen in dem Bereich, der an die Anlagefläche des Blechs an den Walzen angrenzt, etwas nach unten drückt. Dieser zusätzliche Druck erzeugt eine Wölbung im Blechrand. Falls dadurch aber die Hauptwölbung des Blechs verlorenzugehen droht, strecken wir die Seitenbereiche in einigen Durchgängen mit der stark gewölbten Formwalze und drücken das Blech dann nach unten.

ÜBUNGSOBJEKT FÜR FORTGESCHRITTENE: ANFERTIGUNG EINER KÜHLERMASKE FÜR FORD MODELL 1932

Nachdem wir uns nun in zahlreiche Blechumformungstechniken eingearbeitet haben, können wir uns an die Anfertigung eines komplexeren Blechteils aus einem blanken Stück Tafelblech wagen. Wer Ambitionen auf anspruchsvollere Bauteile wie einen Kotflügel oder einen Motorradtank hegt, für den ist ein Formmodell als dreidimensionale Vorlage des gewünschten Blechteils sehr hilfreich. Beim

Diese Kühlermaske – die Arbeit eines begabten Blechkünstlers – entstand komplett ohne Verwendung einer Holz- oder Drahtform. Als Vorlage diente eine Repro-Kühlermaske.

Nachbau relativ geradflächiger Blechteile dürften wir freilich ohne eine solche Form auskommen.

Wir können anhand des Originals Schablonen als Grundlage für den Nachbau anfertigen. Die Anfertigung eines vollständigen Formmodells erfordert dagegen erheblichen Zeitaufwand, mitunter genauso viel wie für die Anfertigung des eigentlichen Nachfertigungsteils. Daher prüfen wir vorab, wie weit wir auch ohne Anfertigung einer solchen Form kommen, wie im nachstehenden Beispiel einer Kühlermaske für einen Ford Modell 1932.

Auslöser für diese Nachfertigung war, dass eine Kühlermaske ohne Ausschnitt für den Kühlerdeckel benötigt wurde. Vor allem bei Hot Roddern sind die glatten Linien einer entsprechend abgeänderten Kühlermaske beliebt. Damit erledigt sich zugleich das Problem, wo der Kühlmitteleinfüllstutzen sitzen sollte, und es kann ganz unauffällig ein modifizierter Kühler mit gegenüber dem Original seitlich versetztem Stutzen montiert werden. Natürlich liefern Repro-Teilehersteller auch Kühlermasken ohne diese überflüssige Deckelöffnung, doch wer knapp bei Kasse ist, aber über die nötigen Fertigkeiten und Ausdauer verfügt, greift zur Selbsthilfe und darf hinterher stolz auf das Geleistete sein. Als Vorlage dient eine Repro-Kühlermaske, die uns ein mitfühlender Schrauberkollege zur Verfügung stellte.

Zur Eingewöhnung wurden zuerst diverse Testbleche angefertigt, an denen unterschiedliche Techniken für die Anfertigung der Einzelbleche der Kühlermaske erprobt wurden. Diese „Proberunde" ist unbedingt empfehlenswert, denn sie spart Material und Nerven! An den Testblechen können wir die größeren Bearbeitungsprobleme weitgehend lösen, noch bevor die Nachfertigung ernsthaft beginnt. In unserem Fall fertigten wir zuerst ein Seitenteil, den Bördelfalz auf der Rückseite der Kühlermaske sowie einen Teil des markanten Oberteils der Maske an.

Die Formgebung mutet auf den ersten Blick zu kompliziert für einen Eigenbau an, also zerlegen wir das Bauteil in überschaubarere Einzelformen. Bei dieser Kühlermaske bot sich der um den Umfang des Kühlerausschnitts verlaufende Innenfalz als überschaubarste Einzelform bzw. Kombination von Einzelformen an. Ein 90-Grad-Falz ist denkbar einfach zu verstehen. Und wer bereits mit einem manuellen Stauch-/Streckgerät gearbeitet hat, weiß auch, wie er durch Stauchen bzw. Strecken eine Rundung in einen Falz bekommt. Nach nur wenigen Minuten ist das erste Teil des „Puzzles" fertig – ein Blech mit 90-Grad-Falz, das durch Stauchen die Kontur einer der unteren Ecken des Kühlerausschnitts in der Kühlermaske erhalten hat.

Am Anfang stehen die einfacheren Bestandteile: Der untere innere Eckflansch der Kühlermaske besteht lediglich aus einem 90-Grad-Bördelfalz, der durch Stauchen entlang seiner Unterkante in eine bestimmte Rundung gebracht werden muss.

Damit der Oberteil des Innenfalzes die gewünschte Rundung erhält, wird das Blech mit einem Schweifhammer auf einem T-Amboss mit passendem Gegenprofil bearbeitet. Dabei nimmt der Blechrand eine Rundung an, die in entgegengesetzter Richtung zur gegenüberliegenden Seite des Teilblechs zeigt – und dies, ohne dass sich das Blech an anderer Stelle in Falten legt. Grundsätzlich entspricht diese Bearbeitungsmethode den Umformprozessen, die weiter vorne in diesem Kapitel mit dem Glätthammer demonstriert wurden.

Nach vollendetem Streckvorgang passt der Innenteil der Kühlermaske wie angegossen.

Selbst Fachleute zerlegen Blechteile, die besonders intensiv gerundete Partien aufweisen, bei der Nachfertigung an den am stärksten gerundeten Stellen. Indem die komplizierteste Rundung in zwei Hälften geteilt wird, können wir die Rundung in zwei Einzelteilen anfertigen, die einfacher zu formen sind als ein Einzelblech, dessen passgenaue Herstellung mit Hobbymitteln oft unüberwindliche Schwierigkeiten bereitet. An der Kühlermaske wurde daher die 180-Grad-Rundung an der Vorderkante genau im Scheitelpunkt der Rundung geteilt. Wenn nur eine Hälfte dieser Rundung auf einmal angefertigt werden muss, braucht lediglich die Oberkante des gefalzten Blechs umgeformt zu werden, das zuvor auf einem Einsteckeisen im Schraubstock geformt wurde. Im Krümmungsbereich des Blechs wird das Blech noch von Hand etwas gestreckt und ist dann fertig. Wie in den Abbildungen zu sehen, lässt sich auf diese Weise der gesamte Innenteil der Maske anfertigen.

Nachdem nun also die ersten Falzbleche für die Innenseite der Maske fertig sind, wenden wir uns einem der langen Seitenbleche zu, die über ihre Breite hinweg leicht gewölbt sind und am rückwärtigen Rand eine schmale Sicke und einen 90-Grad-Falz aufweisen. Aufgrund der langen, ganz leicht geschwungenen Form ist die Anfertigung des Seitenblechs scheinbar sehr kompliziert – eine Sorge, die sich in der Praxis aber als unbegründet erwies. Die Seitenbleche erhalten ihre Wölbung entlang der Schmalseite durch Rollenstrecken, anschließend wird in ca. 6 mm Abstand zum rückwärtigen Rand eine Sicke eingeprägt und die verbleibende schmale Blechlasche mit dem Hammer entlang dem rückwärtigen Rand zu einem 90-Grad-Winkel umgeschlagen. Mit dem manuellen Stauchgerät stauchen wir dann das Blech entlang des Falzes, wodurch es die gewünschte Rundung in Längsrichtung erhält. Der Innenrand des Blechs wird auf dem gleichen Einsteckeisen umgelegt, auf dem zuvor die erste Hälfte der 180-Grad-Rundung geformt wurde, die entlang der Vorderseite der fertigen Kühlermaske verläuft. Am oberen Blechende kommt dann nochmals das manuelle Streckgerät zum Einsatz, um den gewölbten Übergang im oberen Eckbereich der Maske herzustellen.

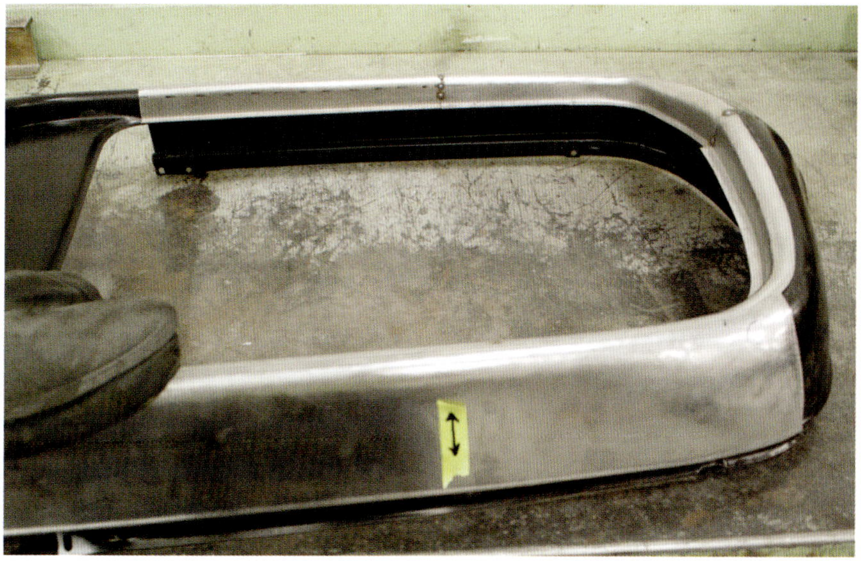

Die Wölbung in den Seitenteilen der Kühlermaske wird durch Rollenstrecken hergestellt, indem das Blech auf einer minimal gewölbten Formwalze in Richtung der Schmalseite des Seitenblechs durch die Maschine geführt wird. Anschließend wird eine Sicke am hinteren Rand des Seitenteils geformt und der verbliebene Falz hergestellt, bevor die Rückseite der Kühlermaske geformt wird.

Damit die Bleche optimal zusammenpassen, legen wir das Seitenblech auf und bewegen es mit leichten Scheuerbewegungen hin und her, bis sich leichte Kratzspuren auf der Blechunterseite abzeichnen. Diese Kratzspuren zeigen, wo das Blech noch stärker gestreckt werden muss.

Beflügelt von diesen Erfolgserlebnissen, machen wir uns an das Oberteil der Kühlermaske, das der gesamten Maske ihr charakteristisches Aussehen verleiht. Wie in den Abbildungslegenden erläutert, mussten beide oberen Teilbleche auf der Vorderseite mit den Stauchstempeln gestaucht und entlang der Ränder von Hand eingezogen werden, und anschließend wurden die Bleche in der Rollenstreckmaschine geglättet. Die beiden Teilbleche für das Kühlermaskenoberteil hätten auch weitgehend durch Rollenstrecken hergestellt werden können, durch den vorbereitenden Stauchvorgang war aber sehr schnell eine annähernd korrekte Form erreicht. Für die Nachfertigung formten wir das Oberteil mit einer durchgehenden markanten Knicklinie durch die Mitte der ursprünglichen Kühlerdeckelöffnung.

Da die Kühlermaske aus mehreren kleineren Teilblechen besteht, die anschließend miteinander verschweißt werden, übertragen wir die Umrisse des Kühlerausschnitts vom Musterteil auf eine MDF-Faserplatte, auf der die Einzelteile beim Schweißen in ihrer endgültigen Lage fixiert werden sollen. Entlang der Umrisse des Kühlerausschnitts bohren wir Löcher für Blechschrauben, an denen die Falze der Teilbleche unter den Schraubenköpfen fixiert werden können. Damit werden die Einzelbleche auf der MDF-Platte provisorisch in ihrer Einbaulage ausgerichtet und können sich beim Verschweißen nun nicht mehr verschieben. Die Einzelbleche, die den Kühlerausschnitt bilden, werden anschließend miteinander stumpf verschweißt, ausgenommen das untere Teilblech – das bisher anspruchsvollste Blech für die Selbstanfertigung.

Das glattflächige untere Abschlussblech der Kühlermaske verläuft auf der vom Kühler abgewandten Seite in einem sanften Schwung nach vorne und ist an den Seiten nach unten gewölbt. Die Nachfertigung derartiger Bleche ist nicht einfach, da nicht unmittelbar zu erkennen ist, wo das Blech gebogen, gestreckt oder gestaucht werden muss.

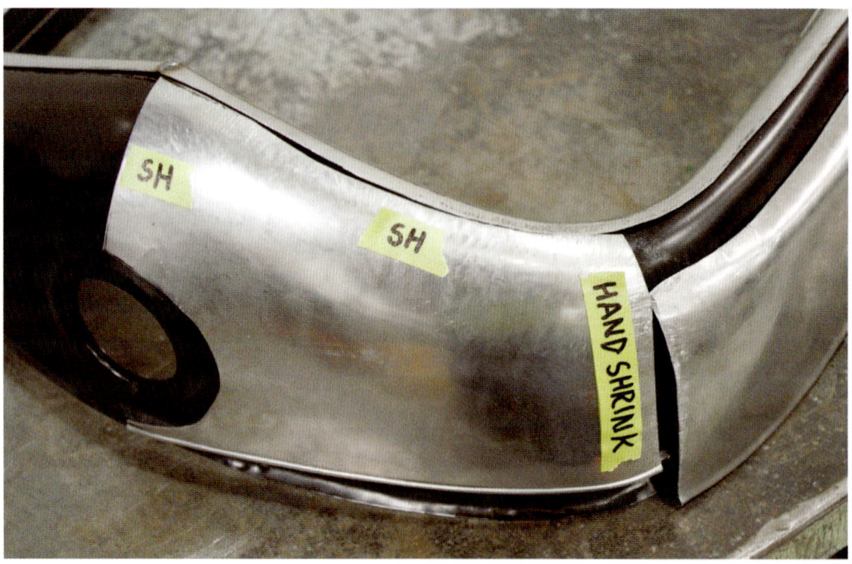

Die Teilbleche für die Kühlermaske werden zunächst in den wichtigsten Abschnitten gestaucht (siehe Markierungen „SH" = „shrinking" = „Stauchen"). Anschließend werden die Bleche in der Rollenstreckmaschine geglättet.

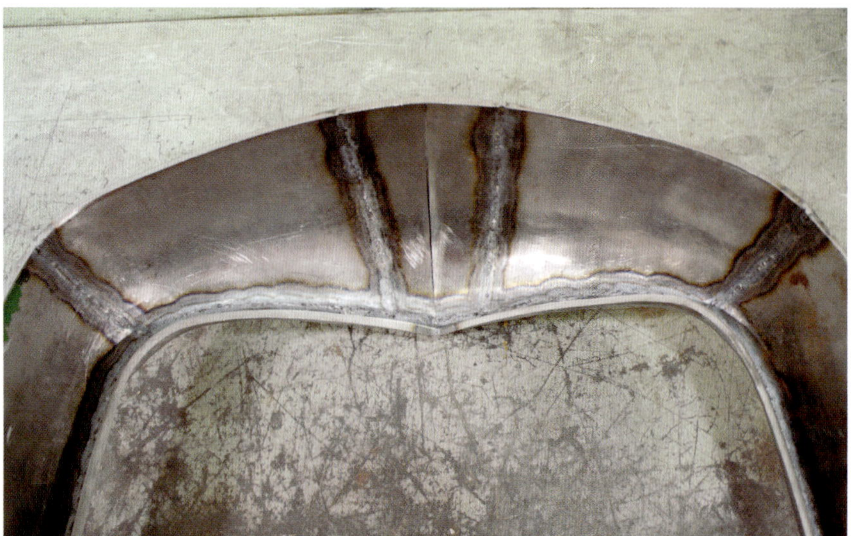

Auf der Rückseite der Maske ist die Lage der Schweißnähte gut zu erkennen.

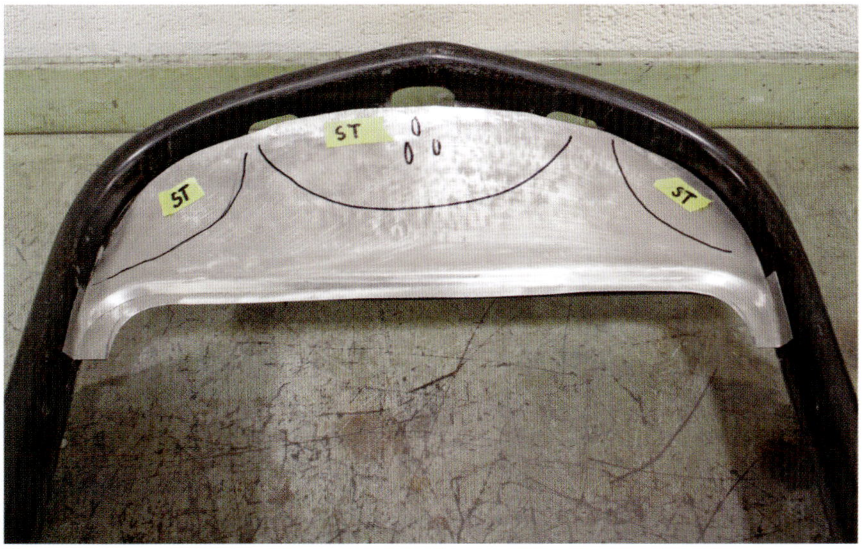

Das untere Teilblech für die Kühlermaske muss mit dem länglichen Streckstempel im Glätthammer gestreckt werden. Der Stempel steht dabei jeweils quer zur Hauptachse des Blechs. In der Mitte unten läuft das Blech nach vorne aus, an den Seiten ist es dagegen etwas zurückversetzt. Das Blech muss beim Strecken also so ausgerichtet werden, dass es durch Druck gegen den Streckstempel eine Wölbung in die gewünschte Richtung erhält.

Auf dieser billig anzufertigenden Auflage werden die diversen Teilbleche zum Verschweißen fixiert. Verzug ist damit beim Schweißen fast völlig ausgeschlossen.

Als letzter Bearbeitungsschritt werden auf der Rückseite der Kühlermaske die Ränder des leicht U-förmigen Winkelprofils gestreckt und in der Mitte des Profils eine Halbrundsicke geformt.

Als Orientierungshilfe bietet sich auch hier wieder ein Bogen Papier an, der über die Blechrundungen gelegt wird: Falten bedeuten, dass das Blech gestaucht werden muss, Einschnitte zeigen an, wo das Blech gestreckt werden muss. In unserem Fall muss der untere Bereich in der Mitte sowie in den Randbereichen mit dem länglichen Streckstempel gestreckt werden, damit sich das Blech in diesen Bereichen längt. Durch diesen Längenzuwachs bilden sich im Blech Wellen nach oben oder unten (je nachdem, wie man das Blech im Glätthammer hält). Nachdem das untere Teilblech an die übrigen Bleche angesetzt wurde, die den Kühlerrahmen bilden, wurden nacheinander die seitlichen, oberen und unteren Teilbleche an die Kühlermaske angesetzt. Um den Falz auf der Rückseite der Kühlermaske zu formen, wurde ein U-Winkelprofil in der Abkantbank geformt und mit dem manuellen Streckgerät an den passenden Stellen auf die erforderliche Rundung gebracht. Abschließend wurde eine halbrunde Sicke entlang der Mitte geformt.

ANFERTIGEN EINER DRAHTFORM

Falls es auf absolute Passgenauigkeit des nachgefertigten Blechteils ankommt oder ein stabiles Originalteil fehlt, das als Kopiervorlage dienen könnte, kann mithilfe eines Formmodells die gewünschte Endform festgelegt und die Arbeitsfortschritte während des Anfertigungsprozesses fortlaufend überprüft werden. Eine Drahtform lässt sich am einfachsten herstellen, sie ist aber meistens nicht vollkommen präzise. Bekannt wurden diese Formgestelle in den 1950er und 1960er Jahren durch die Karosserieschmieden aus Italien, die mit dünnen Metallrohren auf diesen Drahtskulpturen die Außenkonturen der fertigen Karosserie festlegten, anhand derer die Blechner die einzelnen Karosseriebleche anfertigten.

Die Drahtform für unseren nach dem Vorbild der Rekordfahrzeuge der 1930er bis 1950er Jahre geformten Mini-Streamliner entstand aus 6-mm-Weichstahldraht.

Hier werden die unteren Bleche für die Verkleidung probeweise angehalten. Der Vorteil der Drahtform ist, dass zur Kontrolle der Passgenauigkeit in allen Richtungen ungehinderte Sicht auf die Bleche möglich ist.

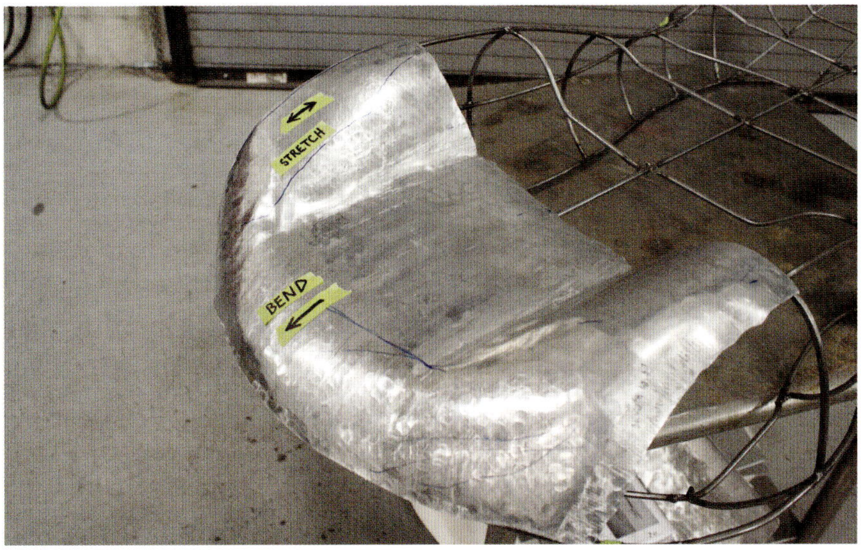

Das Frontmaskenblech besteht im Wesentlichen aus einem um die gesamte Vorderfront gewölbten Querblech, das seitlich stark gestreckt werden muss, damit es die Radkästen umschließen kann.

Ein weiterer Vorteil der Drahtform ist, dass die Bleche zum endgültigen Verschweißen auf dem Drahtgestell eingespannt und abschnittsweise verschweißt werden können.

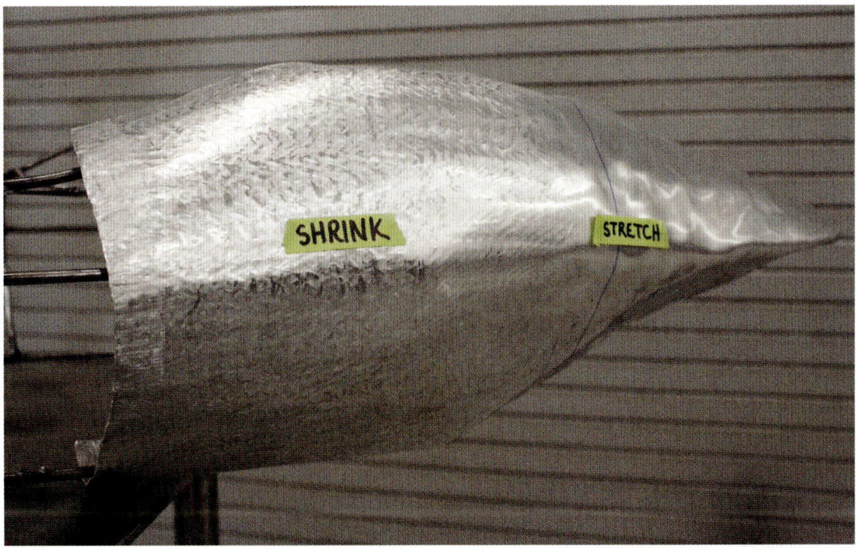

Die hinteren Seitenbleche wurden nach vorne durch Stauchen geformt (hier mit dem Aufkleber „Shrink" = „Stauchen" gekennzeichnet) und nach hinten gestreckt (siehe Aufkleber „Stretch" = „Strecken").

Das Deckblech auf der Karosserieoberseite dieses Streamliners war annähernd eben, musste allerdings in den Randbereichen gestreckt werden, um die Übergänge zu den Radkästen herzustellen.

Im Deckblech des Streamliners wurde ein Ausschnitt für das Cockpit angebracht und die Ränder mit einem Druckluft-Absetzwerkzeug soweit abgesetzt, dass die Kuppel passgenau montiert werden konnte.

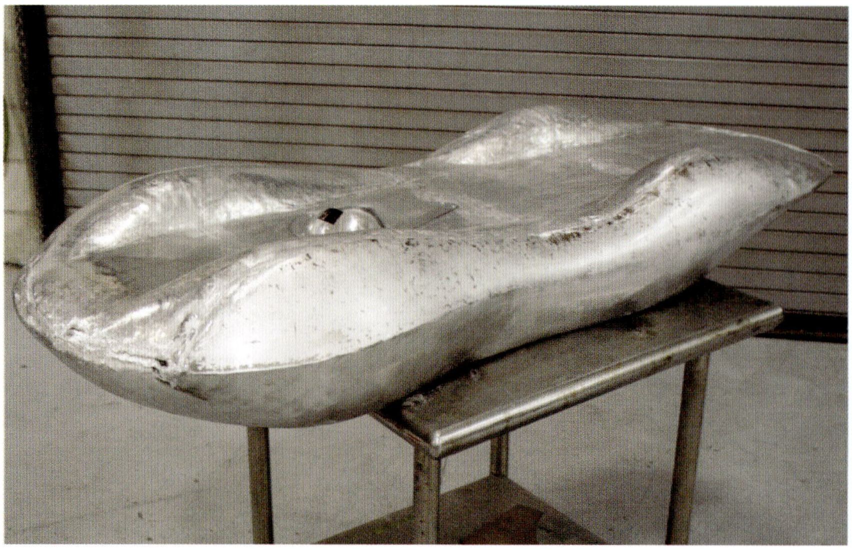

Das Oberflächenfinish entsprach noch nicht genau den Wunschvorstellungen, aber nachdem die Einzelbleche verschweißt und die Schweißnähte verschliffen waren, kam das Endergebnis einem authentischen Rekordfahrzeug aus den 1950ern schon recht nahe.

Als Beispiel für diese Modellbautechnik fertigten wir uns einen Drahtrahmen für den verkleinerten Nachbau der Karosserie eines Streamliner-Rekordfahrzeugs an, die anschließend aus Aluminiumblechen über dieser Drahtform angefertigt wurde. Hauptvorteil der Drahtform ist, dass sie sich sehr schnell herstellen lässt. Auch beim Verschweißen der Einzelbleche bietet die Drahtform Vorteile, da die Einzelteile problemlos auf den Drahtbögen der Form festgespannt und verschweißt werden können. Zur Anfertigung der Drahtform werden die Konturen des Fahrzeugs über dessen gesamte Länge mit 6-mm-Stahldraht nachgeformt, der in Form gebogen, mit Gripzangen zusammengespannt und bei Passungsabweichungen je nach Bedarf nachjustiert wird. Noch schneller hätte sich die Drahtform fertigstellen lassen, wenn die quer über die Karosseriekontur verlaufenden Drähte über die längs verlaufenden Drähte gelegt worden wären, statt sie abzulängen und zwischen den Längsdrähten einzupassen. Das fertige Formmodell war zwar nicht hundertprozentig symmetrisch, doch dies war auch bei den in den 1950er Jahren auf derartigen Formen produzierten Karosseriehäuten nicht immer der Fall, also kann das Endergebnis durchaus als „historisch korrekt" gelten.

FORMEN AUS STYROPOR UND HOLZ

Wenn besondere Genauigkeit verlangt wird, empfiehlt sich die Anfertigung eines Holzmodells auf der Grundlage einer Styroporform. Als Demonstrationsobjekt zeichneten wir zuerst eine imaginäre Form eines Pontonkotflügels auf Zeichenpapier auf. Die Zeichnung wurde anschließend maßstabsgetreu vergrößert und auf eine mitteldichte MDF-Faserplatte übertragen und die Silhouette des Kotflügels mit einer Stichsäge ausgeschnitten, so dass sie als Grundplatte für den Bau des eigentlichen Modells dienen kann. Anschließend wurden mehrere Lagen Baustyroporplatten mit 3M-Superkleber auf der Grundplatte aufgeklebt. Mit einem Elektroschleifer, einem Sägeblatt und einem Kombihobel wird nun das Styropor in die gewünschte Form des Kotflügels gebracht. Der Schleifer trägt das Styropor im Expresstempo ab und erzeugt Unmengen an Schleifrückständen – ähnlich wie der Auswurf einer Schneefräse. Also Vorsicht im Umgang mit dem Schleifer. Schutzbrille und Staubmaske sind Pflicht, ein Staubsauger sollte griffbereit stehen und die Göttergattin sollte sich möglichst weit weg von zuhause aufhalten, wenn wir uns an der Styroporform austoben.

Als ersten Schritt zur Anfertigung einer Schaumstoffform kleben wir mehrere Lagen Styropor-Isolationstafeln, die wir auf die ungefähre Form unseres Blechteils zugesägt haben, mit 3M-Superkleber auf die zuvor angefertigte Grundplatte auf.

Nun kann die Styroporform mit Schleifer, Säge und Kombihobel in die gewünschte Form gebracht werden.

Sobald die Außenkonturen des Formmodells stimmen, markieren wir mit Klebeband die einzelnen Lagen der Form, die als Vorlage für die Anfertigung der Einzelelemente des Holzmodells dienen, und sägen sie aus.

Anhand der Styroporsegmente wird der Sägewinkel der Stichsäge näherungsweise festgelegt, um den Schleifaufwand an den einzelnen Lagen der Holzform auf ein Minimum zu reduzieren.

Ein praktisches Hilfsmittel beim Aussägen der einzelnen Lagen einer Styroporform ist ein Heißdraht-Schneidgerät, das findige Tüftler sich in der gewünschten Größe (unter Verwendung eines 4A-Netzteils oder eines Batterieladegeräts mit mindestens 4 A) sogar selbst bauen können.

Es ist aber kein Drama, falls doch einmal zuviel Styropor weggesägt wird. Wir schleifen einfach ein Ersatzstück in der passenden Stärke auf die Sollform nach und kleben es ein. Falls ein symmetrisches Blechteil hergestellt werden soll, bietet sich eine Profillehre als Hilfsmittel an, um das Profil für die andere Seite der Form festzulegen.

Sobald die Styroporform die richtigen Konturen aufweist, schneiden wir sie mit einem Sägeblatt in einzelne Scheiben und kopieren diese so exakt wie möglich auf entsprechende MDF-Platten, die die einzelnen Lagen unserer Holzform bilden. Noch leichter geht der Zuschnitt der Styroporsegmente mit einem Heißdraht-Schneidgerät – in unserem Fall ein Eigenbau, bei dem ein MIG-Edelstahldraht (Dicke 0,8 mm) in einem Holzrahmen gespannt und an den Enden mit den Polen eines 6V-Netzteils verbunden wurde, wodurch er zum „Heißdraht" wurde.

Bevor die einzelnen Lagen der Holzform auf ihr Trägergestell montiert werden, sägen wir aus der Mitte jeder Lage ein großes Stück heraus. Dies verringert nicht nur das Gewicht der Form, sondern ermöglicht auch die Montage von Schraubzwingen beim Schweißen. Außerdem lässt sich die Passung des Blechs bei der Bearbeitung leichter kontrollieren. Die einzelnen Holzlagen werden nun mit dem Mittelträger verschraubt und mit Holzleim verklebt. Die Schraublöcher sollten vorgebohrt werden, sonst reißen die MDF-Platten beim Eindrehen der Schrauben aus. MDF-Platten sind zwar nicht extrem stabil, sie lassen sich dafür aber kinderleicht schleifen. Um die Oberflächen der Holzform in perfekte Form zueinander zu bringen, bespannen wir einen langen Schleifklotz mit Schleifpapier mit 80er Körnung und schleifen alle Oberflächen so nach, dass sie einen gleichmäßigen Formverlauf bilden. Es empfiehlt sich, das Profil der einzelnen Holzlagen zueinander dabei von Zeit zu Zeit mit einem Stahlband oder einem Schweißdraht zu kontrollieren.

Mit etwas vorausschauender Planung lässt sich sogar die Formgebungsfunktion einer Treibform mit der Kontrollfunktion eines Holzformmodells kombinieren. Überall dort, wo das Blech besonders stark gestaucht werden muss, montieren wir zur Versteifung zusätzliche Holzlagen, so dass das Blech mit dem Treibhammer auf der verstärkten Formunterlage bearbeitet werden kann.

MDF-Platten lassen sich leicht zusägen und schleifen. An dem fertigen MDF-Formmodell werden die Konturen mit einem langen, halbflexiblen Schleifklotz nachgeschliffen, bis in alle Richtungen gleichmäßige Übergänge hergestellt sind.

Mit einer Profil- oder Konturenlehre wird die Symmetrie des Heckbereichs der Holzform nachkontrolliert.

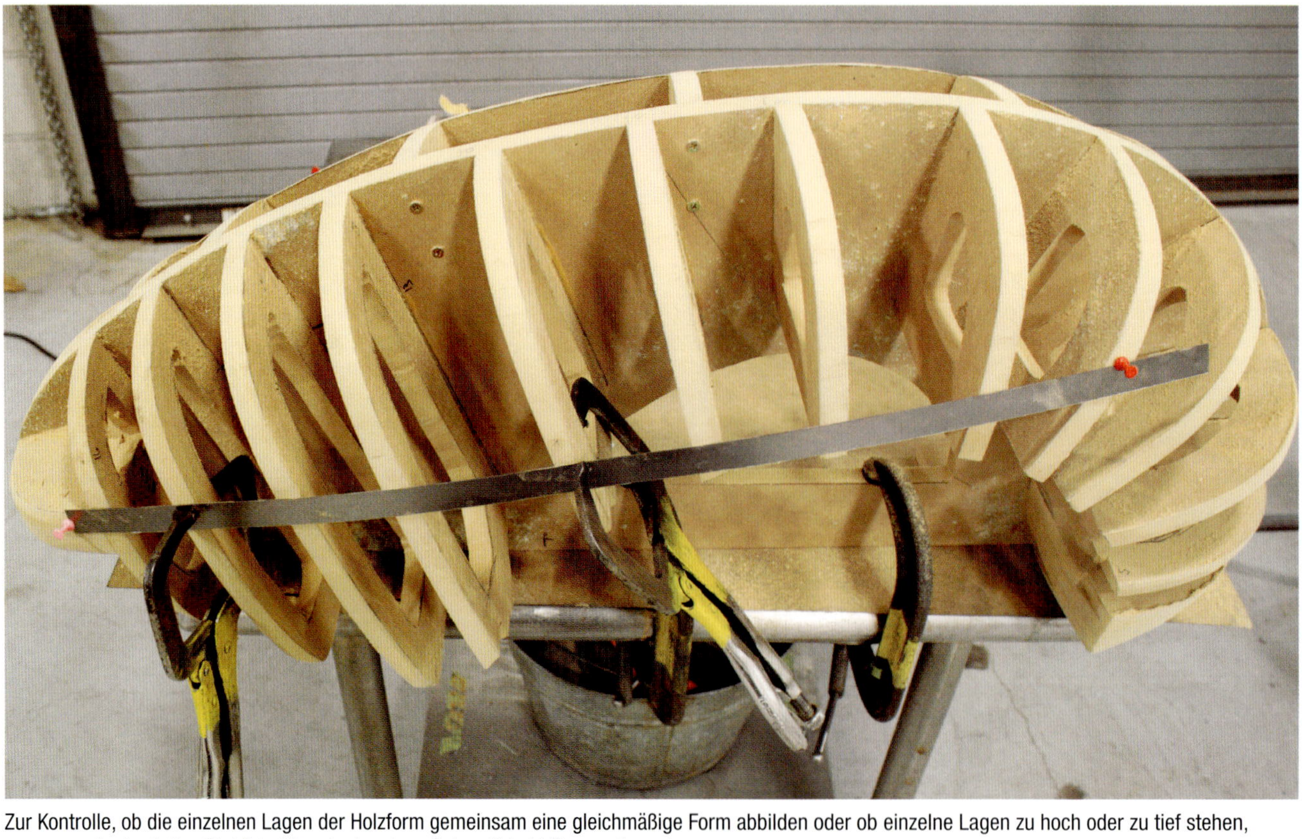

Zur Kontrolle, ob die einzelnen Lagen der Holzform gemeinsam eine gleichmäßige Form abbilden oder ob einzelne Lagen zu hoch oder zu tief stehen, spannen wir ein glattes Stahlblechband oder einen Schweißdraht über mehrere Lagen.

Kapitel 8

Anfertigung eines Kotflügels – vom Entwurf bis zum einbaufertigen Bauteil

Als Anschauungsobjekt für die Anwendungsmöglichkeiten eines Mini-Maschinenhammers, eines Glätthammers und anderer Karosseriewerkzeuge an einem Projekt für Fortgeschrittene kommen wir nun zur Anfertigung eines Aluminiumkotflügels auf der im letzten Kapitel angefertigten Form – mit bewusst ausführlicher Beschreibung, damit sich die Arbeitsschritte besser nachvollziehen lassen. Als Anregung für die Entwicklung eigener Problemlösungstechniken, wie sie beim Blechformen immer wieder benötigt werden, zeigen wir auch, wie die dabei aufgetretenen Probleme bewältigt wurden. Um vorab die Arbeitsgänge beim Umformen der Einzelbleche für den Kotflügel festzulegen, befestigen wir einen Bogen Papier mit Reißnadeln auf der Holzform und bringen am Papier die erforderlichen Falten und Einschnitte an, bis das Papier gleichmäßig auf der Form anliegt. Der Papierbogen zeigt deutlich, wo das Blech wie umgeformt werden muss.

PLANUNG UND KONSTRUKTION

Der Kotflügel soll entlang seiner Längsachse eine markante Knicklinie erhalten, die zum Ende hin im Blech ausläuft. Eine Möglichkeit, diese Knicklinie abzubilden, wäre, die Kotflügelhälften entlang dieser Linie zusammenzufügen. Dies erfordert allerdings eine perfekte Nacharbeit der Schweißnaht, weshalb wir letzten Endes von dieser Methode Abstand nahmen. Alternativ hätte die eine Kotflügelhälfte mit etwas Überbreite gefertigt und die Linie in den Randbereich dieser Kotflügelhälfte gelegt werden können. Dabei hätte der Randsteg zur kürzeren Kotflügelseite, der an diese Knicklinie anschließt, gestaucht werden müssen, da die Knicklinie bereits den höchsten Punkt des Kotflügels markiert.

In diesem Kapitel werden die Einzelschritte beschrieben, mit denen wir diesen Kotflügel aus einem einfachen Tafelblech anfertigen können.

Mit großen Papierbögen lässt sich vorab sehr gut feststellen, in welcher Richtung das Blech bearbeitet werden muss. Der Schattenwurf ist beabsichtigt, denn er verdeutlicht die Konturwechsel auf dem Kotflügel.

Bei diesem zweiten Verfahren wäre der Schweißaufwand etwas geringer, fraglich ist allerdings, ob der Randsteg so passgenau geformt werden kann, dass er exakt mit der Kotflügelhälfte jenseits der Knicklinie zusammenpasst. Als dritte Möglichkeit könnten wir einen Satz spezieller Stempel für den Mini-Maschinenhammer anfertigen und die Knicklinie in den fertigen Kotflügel einprägen. Allerdings ist auch das Formen einer absolut geradlinigen Knicklinie, die an ihren Enden allmählich im Blech ausläuft, in einem großen, bombierten Blechteil keine einfache Sache, vor allem, wenn wir die Maschine alleine bedienen. Eine vierte Möglichkeit wäre, die Oberrolle einer Rollenstreckmaschine abzuändern, indem wir sie mit einem Reifenschlauch umwickeln oder gegen eine Hartgummirolle austauschen, und das fertige Kotflügelblech über einer Formrolle, die einen scharf ausgeprägten Knick aufweist, durch die Maschine führen. Die Anfertigung einer Formrolle mit einem solch scharf ausgeprägten Profil bedeutet allerdings ziemlichen Aufwand. Als fünfte Möglichkeit könnte man am fertigen Kotflügel die Knicklinie von der Rückseite mit einem stumpfen Meißel entlang des Scheitelpunkts des Kotflügels formen. Auch dabei ist das gleichmäßige Formen einer solchen Linie nicht einfach, also entschieden wir uns letzten Endes dafür, das Knickprofil in einem separaten Alublechstreifen herzustellen und diesen Streifen mit Cleco-Fixiernadeln auf der Holzform zu befestigen. Die Lage des Knicks ließ sich damit exakt fixieren, der Schweiß- und Nacharbeitsaufwand war aber dennoch immens. Der auf der Holzform fixierte Blechstreifen mit der entlang der Scheitellinie verlaufenden Knicklinie bietet aber den Vorteil, dass damit gewissermaßen das Rückgrat des Kotflügels als Fixpunkt festgelegt ist.

Ein solcher Fixpunkt hilft auch allen, die sich mit der Festlegung der endgültigen Bauteilform schwertun und deshalb bei der Anfertigung nicht recht vorankommen. Oft jongliert der Hobbyblechner mit mehreren Teilblechen, von denen jedes sauber auf der Form anliegt, nur passen die Bleche nicht aneinander, solange wir auf der Suche nach einer noch besseren Passung dauernd an allen Ecken und Enden nacharbeiten.

Nachdem die Knicklinie auf der Sickenmaschine in den auf der Holzform aufgelegten Mittelstreifen eingeprägt wurde, mussten die Randbereiche mit dem manuellen Stauchgerät eingezogen werden, damit der Blechstreifen die Rundung der Holzform annimmt und spielfrei auf dieser anliegt. Anschließend konnte der Streifen auf der Form befestigt werden. Als Material für den Kotflügel wurde 1,60 mm starkes Aluminiumblech 3003 H-14 verwendet. Da nicht alle Alusorten gleich gut umformbar sind, ist es ratsam, auf Blechen, die aus größeren, hinterher nicht mehr eindeutig zu identifizierenden Tafelblechen herausgetrennt werden, den Werkstoff zu notieren. Für die weiteren Anfertigungsphasen wurden 40x60 cm große Blechreste verwendet, die von einem anderen Projekt übriggeblieben waren. Natürlich hätten wir auch eine neue Blechtafel zuschneiden können (was weniger Einzelteile erfordert hätte, und auch einige Nähte hätten anders gelegt werden können), die Arbeit mit Blechresten dürfte aber eher der Praxis vieler Hobbyschrauber entsprechen.

Wir legen nun also die Papierschablone auf dem Tafelblech auf und zeichnen mit einer Stoßnadel auf dem Blech die Grenzlinie des Bereichs an, der gestaucht

Der gewünschte Längsknick im Kotflügel wird auf einem separaten Blechstreifen geformt, der längs auf der Scheitellinie des Formmodells montiert wird. Sicherer für die Herstellung des fertigen Kotflügels, aber aufwändiger in der Vorbereitung.

werden muss. Die Folge von Nadelmarken, die entsteht, wenn das Papier mit den Stoßnadeln durchstochen wird, wird anschließend mit einem Dauermarker auf dem Blech zu einer Linie durchgezogen. Die Stauchstempel im Mini-Maschinenhammer hatten sich bereits bewährt, also sollte der Kotflügel großenteils durch Stauchen geformt werden. Würden wir dieses erste Blechteil mit Handwerkzeugen anfertigen, würden wir eine Naht am Scheitelpunkt der Längswölbung anbringen. Eine Naht ließe sich an dieser Stelle mit nur geringem Stauchaufwand entlang der Kante des langen, nahezu ebenen Teils des Blechs herstellen, und der gewölbte Teil des Blechs würde vorwiegend durch Strecken (und in geringerem Umfang durch manuelles Stauchen an den Rändern) geformt.

Je nach Arbeitstechnik kann es bei den Stauchstempeln passieren, dass sie am Ende ihrer Bearbeitungsstrecke auf der Blechtafel eine Beule zurücklassen. Diese Beule ist umso ausgeprägter, je abrupter das Blech sich abwärts wölbt. Wer über ein Stauchgerät mit besonders großer Arbeitstiefe und Einziehbacken verfügt, kann diese Beulen durch zusätzliches Stauchen ganz einfach beseitigen. Die Einziehbacken – eine weitere Werkzeugform neben den Stauchstempeln – greifen das Blech wie die Backen in handbetätigten Stauchgeräten und verdichten es, wenn sich die Backen schließen. Buckel, die beim Stauchen mit Stauchstempeln in Alublechen zurückbleiben, können mit dem Holz- oder Lederhammer jedoch relativ leicht kalt eingezogen werden, alternativ lassen sie sich mit Einsätzen mit weicher Oberfläche im Glätthammer entfernen oder mit der Rollenstreckmaschine glätten, sofern sie nicht allzu ausgeprägt sind.

Vermeiden lässt sich die Beulenbildung bei der Arbeit mit Stauchstempeln am besten, wenn das Blech beim Stauchvorgang so umgeformt wird, dass am Ende einer gestauchten Zone kein abrupter Übergang zu dem angrenzenden unbearbeiteten Blechbereich entsteht. Nach jedem Stauchgang werden in der Rückwärtsbewegung etwaige Wölbungen herausgedrückt und die Blechkonturen anschließend auf der Holzform kontrolliert.

Die wichtigsten Markierungen auf der Papierschablone – z.B. die Stauchgrenzen auf dem Blech – werden mit einer Stoßnadel auf das Blech übertragen.

ABSCHLIESSENDE FEINARBEITEN AM ERSTEN KOTFLÜGEL-ABSCHNITTSBLECH

Nach den Stauch- und Glättschritten sieht das erste Abschnittsblech für unseren Kotflügel recht gut aus, es liegt an seinem vorderen Ende aber noch nicht eng genug an der Holzform an und muss noch stärker gestaucht werden. Die Holzform war vorne und hinten durch zusätzliche Segmente versteift worden, da in diesen Bereichen des Kotflügels Schwierigkeiten beim Stauchen absehbar gewesen waren. Dank dieser Versteifungen eignet sich die Holzform nun sogar als Treibform für die letzte Stauchphase. Zum punktuellen Einziehen sollte das Blech punktförmig geglüht werden. Dazu nehmen wir das Blech von der Holzform ab, zeichnen den einzuziehenden Bereich mit dem Marker an und brennen die Markerfarbe mit dem Autogenbrenner (dessen Flamme wie beim Schweißen eingestellt wird) weg. Dann lassen wir das Blech abkühlen, das nun geglüht ist. Nach dem Glühen lässt sich Aluminium mit einem weichen Hammer oder Schlageisen bzw. Klopfholz kinderleicht einziehen. Das Glühen beseitigt auch die Effekte der Kaltverfestigung, da sich in dem geglühten Blechbereich neue spannungsfreie Gefügestrukturen ausbilden.

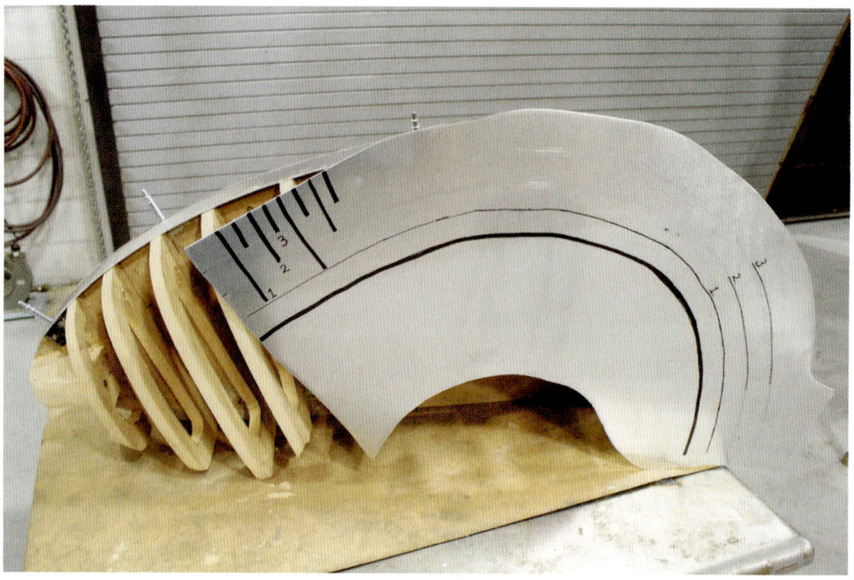

Die Markerlinien zeigen die Abfolge der Stauchvorgänge mit den Stauchstempeln an.

Nachdem die Beulen mit der Rollenstreckmaschine geglättet wurden, liegt das Oberteil des Teilblechs bereits relativ sauber an dem Blechstreifen an, in den zuvor der Längsknick eingeprägt wurde.

Das erste Teilblech steht an seinem vorderen Ende von der Holzform ab und muss hier noch weiter gestaucht werden. Wir markieren den abstehenden Bereich und erhitzen die markierte Zone. Das Blech wird dabei weichgeglüht.

Die Flamme des Schweißbrenners darf vorsichtig über dem angezeichneten Bereich am vorderen Ende des Teilblechs streichen, damit das bei der vorangegangenen Bearbeitung kaltverfestigte Metall weichgeglüht wird und dadurch besser gestaucht werden kann.

Die Beule am vorderen Ende des Blechs wird mit einem mit Leder bezogenen Klopfholz geglättet, bis das Blech sauberer auf der Form anliegt.

Das zweite Blech wird – wie das erste Blech – mit den Stauchstempeln entlang seines Außenrandes eingestaucht. Da das Blech sehr abrupt vom ebenen in den gewölbten Teil übergeht, bilden sich am oberen Rand des gestauchten Bereichs deutlich sichtbare Beulen im Blech. Um dies auszugleichen, legen wir ein Vorhalteisen auf mehreren Schrotkissen auf und ziehen die Beulen mit einem Lederhammer ein. An Stahlblechen wäre dies nicht ganz so einfach, es bleibt jedoch immer die Möglichkeit, derartige Beulen warm einzuziehen und anschließend durch Rollenstrecken zu glätten. Am hinteren Ende und an einer Stelle entlang des Radausschnitts muss unser Teilblech ebenfalls noch etwas gestaucht werden, also bearbeiten wir das Blech nochmals mit den Stauchstempeln. Bevor wie es aber mit der Formgebung übertreiben, bringen wir auf der Blechrückseite Markierungen an, die die Lage des Blechs auf der Holzform festlegen.

In dieser Nahaufnahme des zweiten Teilblechs sind die Beulen zu erkennen, die die Stauchstempel im Blech hinterließen.

Aluminium ist sehr gut dehn- und streckbar und damit der ideale Werkstoff, um das Formen von Blechen zu lernen. Mit dem Lederhammer lassen sich erhabene Bereiche im Blech sehr gut kalt einziehen, indem wir das Blech auf einem Vorhalteisen, das auf einem Stapel Schrotkissen aufliegt, mit wohldosierten Hammerschlägen in Form bringen.

Das zweite Teilblech liegt bereits recht genau auf der Holzform an, wir zeichnen jetzt aber die Lage des Blechs in Relation zum Mittelteil der Form mit eindeutigen Markierungen an, die die ideale Lage des Blechs auf der Form festlegen.

Das dritte Teilblech, das den rückwärtigen Abschluss des Kotflügels bildet, wird an seinem gesamten Umfang mit den Stauchstempeln eingezogen. Dieses Blech muss besonders intensiv gestaucht werden und erfordert daher die meiste Arbeit. Wenn mehrere Stauchdurchgänge notwendig sind, dürfen wir das Blech zwischendurch ruhig mehrmals erwärmen und glühen, damit keine Kaltverfestigung eintritt, die das Blech sogar zum Einreißen bringen könnte. Etwas weniger mühevoll wäre, am Scheitelpunkt der stärksten Rundung im Blech eine Naht zu legen, Zweck dieses Übungsblechs war aber, möglichst auch die komplizierten Rundungen aus einem einzigen Teil zu formen, auch wenn dies eine extreme Stauchung erforderte. Nach mehreren Stauch- und Glühgängen liegt das hintere Teilblech schließlich annähernd perfekt auf der Holzform auf. Genau wie am anderen Ende des Kotflügels erhält das Blech einige dosierte Schläge mit einem Lederhammer, um es auf der Form noch besser in Anlage zu bringen. Ein Lederhammer funktioniert ähnlich wie ein Klopfholz, seine Schlagfläche ist allerdings kleiner. Wir sehen auch hier wieder, dass für nahezu jedes Problem der Blechbearbeitung mehrere Lösungswege möglich sind.

Das dritte Teilblech muss sehr stark gestaucht werden, bis es spielfrei auf der Holzform anliegt.

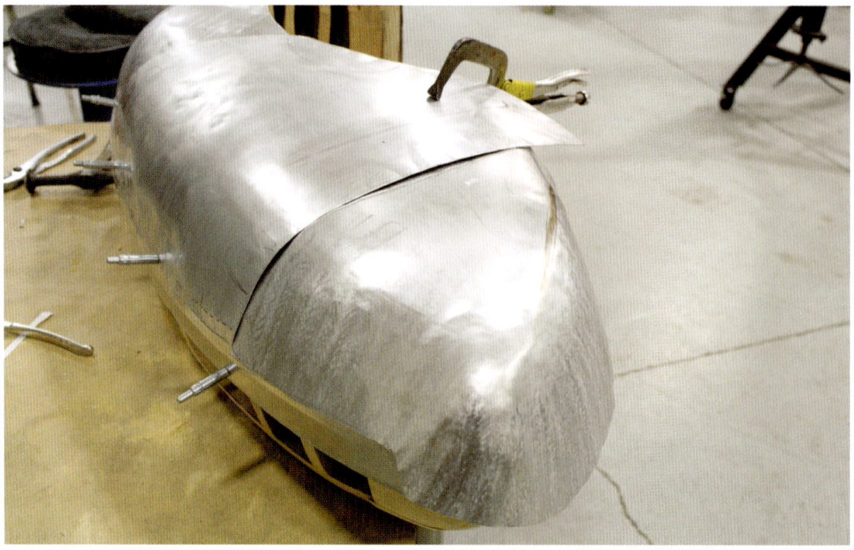

Nach mehreren Stauchgängen, zwischen denen das Blech immer wieder weichgeglüht wurde, stimmt die Passung bereits weitgehend.

Nun darf der Lederhammer wieder in Aktion treten, um das hintere Ende des dritten Teilblechs soweit kalt einzuziehen, dass es sauber an der Holzform anliegt. Hier macht es sich bezahlt, dass die Holzform in diesem Bereich durch zusätzliche Einzelsegmente versteift wurde.

Endlich – auch das dritte Teilblech liegt gleichmäßig an der Holzform an.

Am hinteren Ende unseres Musterkotflügels schließt ein langer gewölbter Abschnitt an einen breiten, geraden Randsteg an, der zur Versteifung noch um 90 Grad abgewinkelt werden muss. Das erste Teilblech wird mit den Stauchstempeln ohne vorheriges Weichglühen gestaucht. Durch die beim Stauchen entstehende Spannung wölbt sich das Blech dabei allerdings nach oben. Wir behelfen uns, indem das Blech erneut weichgeglüht und unter Mitwirkung eines kräftigen Helfers auf der Werkbank glattgebogen wird. Hintergedanke bei der Gestaltung der Holzform für den Kotflügel war, die Form in einigen Bereichen als Treibform zu verwenden, beispielsweise am hinteren Kotflügelabschluss. Jetzt spannen wir das erste hintere Teilblech mit mehreren Schraubzwingen und Holzunterlagen auf der Holzform fest und können es mit einem Lederhammer in Form bringen. Die Hammerschläge hinterlassen gewisse Unebenheiten auf dem Blech, also entfernen wir die Schraubzwingen und lassen das Blech durch den Glätthammer laufen. Zum Glätten verwenden wir einen Oberstempel mit Kunststoffauflage sowie zwei verschiedene Unterstempel – einen leicht ballig gewölbten Unterstempel für den gewölbten Teil des Blechs und einen größeren, planen Stahlstempel für den Bördelfalzbereich.

Nachdem das widerspenstige hintere Teilblech geglüht wurde, drückt ein kräftiger Helfer den Verzug auf der Tischfläche wieder aus dem Blech heraus.

Nach dieser etwas rabiaten Nacharbeit auf der Tischfläche als Unterlage sitzt das Blech bereits wesentlich besser auf der Holzform.

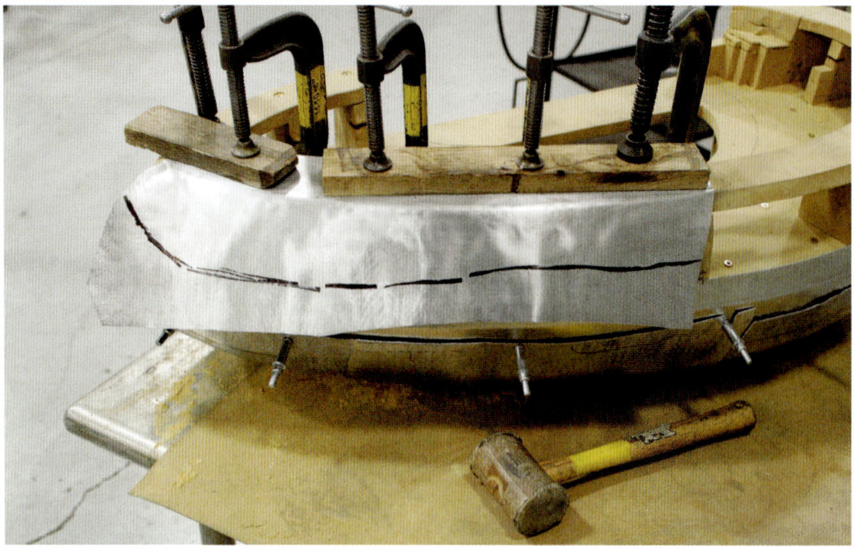

Der untere Blechrand muss noch weiter gestaucht werden; dazu spannen wir das Blech mit mehreren Holzzwischenlagen und Schraubzwingen auf der Holzform fest und ziehen das Blech – wie die zuvor bearbeiteten Teilbleche – mit dem Karosseriehammer ein.

Dieses Blech bereitete besondere Schwierigkeiten, also wurde es zwischen einem Oberstempel mit Kunststoffauflage und einem planen Unterstempel für den ebenen Teil des Blechs – bzw. einem leicht balligen Unterstempel für den gewölbten Bereich – eingespannt.

Beim Glätten ist die Richtung, in der das Blech geführt wird, zweitrangig – wichtig ist vielmehr, dass absolut gleichmäßig geglättet wird.

Nach dem Glätten liegt das erste hintere Teilblech sehr schön an der Holzform an – und auch die Oberfläche wirkt bereits sehr glatt.

Das zweite hintere Teilblech wird ähnlich wie das erste hergestellt, bei unserem Musterblech kam uns allerdings unser Geiz im Umgang mit den Materialien in die Quere. Beim Übertragen der Konturen von der Papierschablone auf das blanke Tafelblech hatte sich gezeigt, dass sich dieses Teilblech unmöglich aus einem 40x60-cm-Alublech herstellen ließ. Prompt fehlte hinterher Material in etlichen Bereichen, in denen das Blech nicht bis an den Blechstreifen heranreichte, der die entlang der Mittelachse verlaufende Knicklinie trägt. Abhilfe ist in derartigen Fällen am besten möglich, wenn wir ein weiteres Blech mit Übermaß zuschneiden und den Blechrand so zuschleifen, dass er das fehlende Blechstück entlang der geplanten Schweißnaht exakt ausgleicht. Damit das Blech beim Durchschweißen an den Nahtenden nicht durchbrennt, klemmen wir an den Endpunkten einen Kupferklotz hinter den Blechen fest und können nun ohne das Risiko einer Lochbildung bis an den Blechrand weiterschweißen. Auf dem Übermaßblech verteilt sich die Schweißwärme über eine größere Fläche, was das Verschweißen wesentlich erleichtert. Eigentlich ist man beim Anfertigen der Bleche versucht, das Blech für den gewünschten Reparaturbereich genau auf Maß zuzuschneiden. In den Randbereichen sollte das Blech allerdings immer über die anvisierte Kante hinausreichen. Erst wenn das Reparaturblech fertig eingeschweißt und die Naht glatt verschliffen ist, wird es auf Maß gestutzt. Durch dieses Übermaß passiert es nicht so schnell, dass zu viel weggeschliffen wird, und der präzise Endzuschnitt ist einfacher.

Das zweite Blech wird ähnlich wie das erste Blech hergestellt, allerdings war unser Blechrohling nicht groß genug (wie an dem Spalt zu dem Blechstreifen zu sehen, der die in Längsrichtung über den Kotflügel laufende Knickkante trägt).

Mit einem hinter der Schweißnaht angelegten Kupferklotz können wir bis zur Kante des Reparaturblechs durchschweißen.

Wenn an ein vorhandenes Blech ein Reparaturstück angesetzt werden muss, sollte das zusätzliche Blech immer über die endgültige Blechkante überstehen. Erst wenn die Schweißnaht sauber verschliffen ist, schneiden bzw. schleifen wir das Reparaturblech auf die endgültigen Umrisse zu. Beim Schweißen sollte das Schweißbad nicht zu schnell abkühlen, da sich sonst ein Krater bilden kann (wie hier zu sehen).

Die reparierte Kante ist von dem umliegenden Blech nicht mehr zu unterscheiden.

An seinem hinteren Ende steht dieses Blech etwa 15 mm von der Holzform ab. Der mit „SH“ markierte Bereich muss daher noch weiter gestaucht und der darunterliegende Bereich „ST“ nochmals gestreckt werden. Bildlich können wir uns diese Formänderung wie eine Hummerschere vorstellen, die sich langsam schließt.

Nachdem das Blech mit den Stauchstempeln gestaucht und mit dem länglichen Streckstempel im Glätthammer gestreckt wurde, ist die Passgenauigkeit des Blechs deutlich besser.

Das zweite hintere Teilblech sieht zwar gut aus, liegt aber noch nicht sauber auf der Holzform an. Entweder passt das eine oder andere Ende perfekt, nicht aber beide zugleich. Zur Abhilfe ziehen wir den planen Randsteg ein und strecken den angrenzenden gewölbten Bereich mit dem länglichen Streckstempel im Glätthammer. Durch diese Kombination von Einziehen und Strecken verändert das Blech seine Form so, dass es spielfrei an der Holzform anliegt.

Das letzte hintere Teilblech am unteren Ende des hinteren Kotflügelabschlusses wird anders als die zuvor hergestellten Teilbleche gestaucht. Beim Stauchen des Blechs stehen die Stauchstempel diesmal parallel zu der Knickkante, an der der eingezogene Teil des Blechs an den ebenen Falz anschließt. Normalerweise stehen die Stempel bei diesem Stauchvorgang quer zur Hauptachse des Blechs. Diese abgewandelte Stauchmethode funktioniert erstaunlich gut, wenn ein Blech bis zu einer ganz bestimmten Stelle, an der die Blechkontur ihre Richtung ändert, gestaucht werden muss, ohne dass sich in der Nähe der Knickkante Beulen im Blech bilden. Zum Abschluss wird das Blech unterhalb des ersten Durchgangs in herkömmlicher Weise gestaucht (die Stauchstempel stehen quer zur Hauptrichtung des Blechs). Anschließend spannen wir das Blech auf der Holzform fest, bringen es mit dem Lederhammer in Form und schlichten es in gleicher Weise wie die zuvor bearbeiteten Teilbleche.

Um das Blech noch weiter einzuziehen, wird es in der Glättmaschine weiter bearbeitet; die Stauchstempel stehen dabei parallel zur Knickkante.

Auch dieses Blech wird anschließend – wie bereits die zuvor angefertigten Teilbleche – auf der Holzform festgespannt und mit dem Karosseriehammer nachbearbeitet.

Nun liegt das letzte Teilblech passgenau auf der Holzform an und zeigt eine gleichmäßig glatte Oberfläche.

SCHWEISSEN DES KOTFLÜGELS

Inzwischen ist das letzte Teilblech für den rückwärtigen Kotflügelbereich fertig, so dass es ans Verschweißen gehen kann. Vorher müssen aber die Passung sämtlicher Teilbleche nochmals überprüft und die Bleche entlang der Kanten ggf. nachgearbeitet werden. Bevor wir mit dem Schweißen beginnen, müssen die Bleche so genau wie möglich zusammenpassen, um hinterher allzu breite Spalte, Verzug, übermäßiges Nachschleifen und sonstige unvorhergesehene Pannen zu vermeiden. Nehmen Sie sich also Zeit für diese Vorbereitungen. Das starr fixierte Mittelteil, das die Knickkante in Längsrichtung des Kotflügels trägt, und die komplexe Holzform tragen wesentlich zur Stabilisierung der Blechkonstruktion bei. Außerdem soll der Kotflügel bis zum allerletzten Augenblick auf der Holzform montiert bleiben, da dies die Verzugsgefahr beim Schweißen wesentlich verringert.

So genau sollten die Bleche auf- bzw. aneinander anliegen, wenn sie für das Verschweißen vorbereitet werden. Eine gute Blechpassung macht 90 Prozent des Schweißergebnisses aus, vor allem an Alublechen.

Ein genauer Blick auf die Blechränder zeigt den feinen Grat, der vom Winkelschleifer zurückbleibt. Diese Grate müssen vor dem Schweißen glattgefeilt werden, sonst brennen sie weg und erzeugen eine Oxidschicht, die auf unerklärliche Weise die Bildung einer sauberen Schweißnaht verhindert. Falls die Grate stehenbleiben, heizen sich zwar die Blechkanten beim Schweißen auf, aufgrund der Schleifrückstände an dem aufgeworfenen Grat verschmelzen die Blechränder aber nicht sauber miteinander.

Damit sich die Bleche nicht verziehen, sollten sie während des Schweißvorgangs möglichst spielfrei auf der Holzform festgespannt werden.

Als unser Testkotflügel bis auf eines der hinteren Teilbleche verschweißt war, mussten in letzter Minute noch diverse Detailanpassungen vorgenommen werden, bevor der Kotflügel von der Holzform abgenommen werden konnte. Das letzte noch nicht verschweißte Teilblech passte nicht ganz optimal, sondern lag im Vergleich zu dem Blech, an das es anschließen sollte, etwas zu tief. Der zu tief liegende Bereich ist auf dem Foto mit Dauermarker angezeichnet. Mit dem länglichen Streckstempel im Glätthammer lässt sich dieser Bereich aber problemlos soweit wölben, dass er spaltfrei an das Nachbarblech anschließt. In derartigen Fällen sollte der Streckstempel quer zum Blechrand stehen, damit der Randbereich des Blechs gestreckt werden kann, die Konturen des gestreckten Bereichs aber nahtlos an das restliche Blech anschließen.

Kritisch ist auch die Oberflächengüte dieses letzten Teilblechs. Ist dieses Blech erst einmal mit den übrigen Kotflügelblechen verschweißt, ist es ungleich schwieriger, das Blech weiter zu glätten. Es wird also bereits jetzt im Glätthammer mit Stempeln mit drei verschiedenen Radien geglättet. Wir beginnen mit dem am stärksten gewölbten Stempel auf dem am stärksten gewölbten Teil des Blechs, und wechseln nacheinander die Stempel, wenn wir uns zu dem annähernd planen Teil des Blechs vorarbeiten.

Ein klassisches Problem, das sich mit den länglichen Streckstempeln im Glätthammer beheben lässt: Das hintere Blech ist im markierten Bereich zu kurz und liegt damit tiefer als die Konturen des Nachbarblechs. Es muss daher in diesem Bereich mit den Streckstempeln gelängt werden.

Um den Problembereich zu strecken, wurde der längliche Streckstempel quer zum Blechrand angesetzt und dieser Blechabschnitt so nachgerundet, dass er an Länge gewann. Dann muss nur noch der Randbereich zum angrenzenden Blech etwas gelängt werden und schon stimmt die Rundung des Blechs.

Ist das Blech schließlich ausreichend glatt, nehmen wir den Kotflügel von der Holzform ab und schweißen noch das letzte Teilblech an. Dies klingt einfacher als es bei unserem Übungsobjekt war – vor allem, weil sich das noch lose Blech nur unter größten Mühen auf stabile Weise an dem nicht besonders verwindungssteifen Kotflügelblech festklemmen ließ. Hätten wir die Unterseite des hinteren Kotflügelabschlusses aus nur einem einzigen Teilblech angefertigt, hätte der Kotflügel etwas länger auf der Holzform montiert bleiben können, was die Schweißarbeiten vereinfacht hätte. Wenn alle Teilbleche verschweißt sind, gehen wir mit dem WIG-Gerät nochmals auf der Blechrückseite über sämtliche Nähte, damit eine sichere Einbrandtiefe gewährleistet ist und die Nähte vor dem Verschleifen etwas flacher werden.

Bei der Endbearbeitung der Schweißnähte mit 110-mm-Elektrowinkelschleifer und Karosseriefeile ist besondere Vorsicht vonnöten: Solange nur die Naht glänzt, besteht noch keine Gefahr, dass die angrenzenden Bleche zu dünn geraten. Sobald das Werkzeug in den Bereich neben der Schweißnaht gerät, sollte man aufpassen, dass das Blech neben der Naht nicht zu dünn geschliffen wird. Um eine Schweißnaht so zu verschleifen, dass sie nicht mehr von den angrenzenden Blechbereichen zu unterscheiden ist, muss in aller Regel mit Richthammer und Handfaust als Gegenhalter oder gar dem mechanischen Glätthammer nachgearbeitet werden, um letzte Schweißunebenheiten zu beseitigen. Zum Schlichten muss auch die Rückseite der Schweißnaht soweit verschliffen werden, dass sie die Glättversuche nicht behindert. In besonders engen Stellen hat sich eine spezielle Schleifscheibe für Schweißnähte in einem Druckluft-Kleinschleifer bewährt. Sobald die Schweißnähte sauber mit dem angrenzenden Blech verschliffen sind, werden sie im Glätthammer so gut wie möglich nachgeglättet. Für Nähte, die außerhalb der Arbeitstiefe des Glätthammers liegen, bleibt nur der Weg der manuellen Nacharbeit.

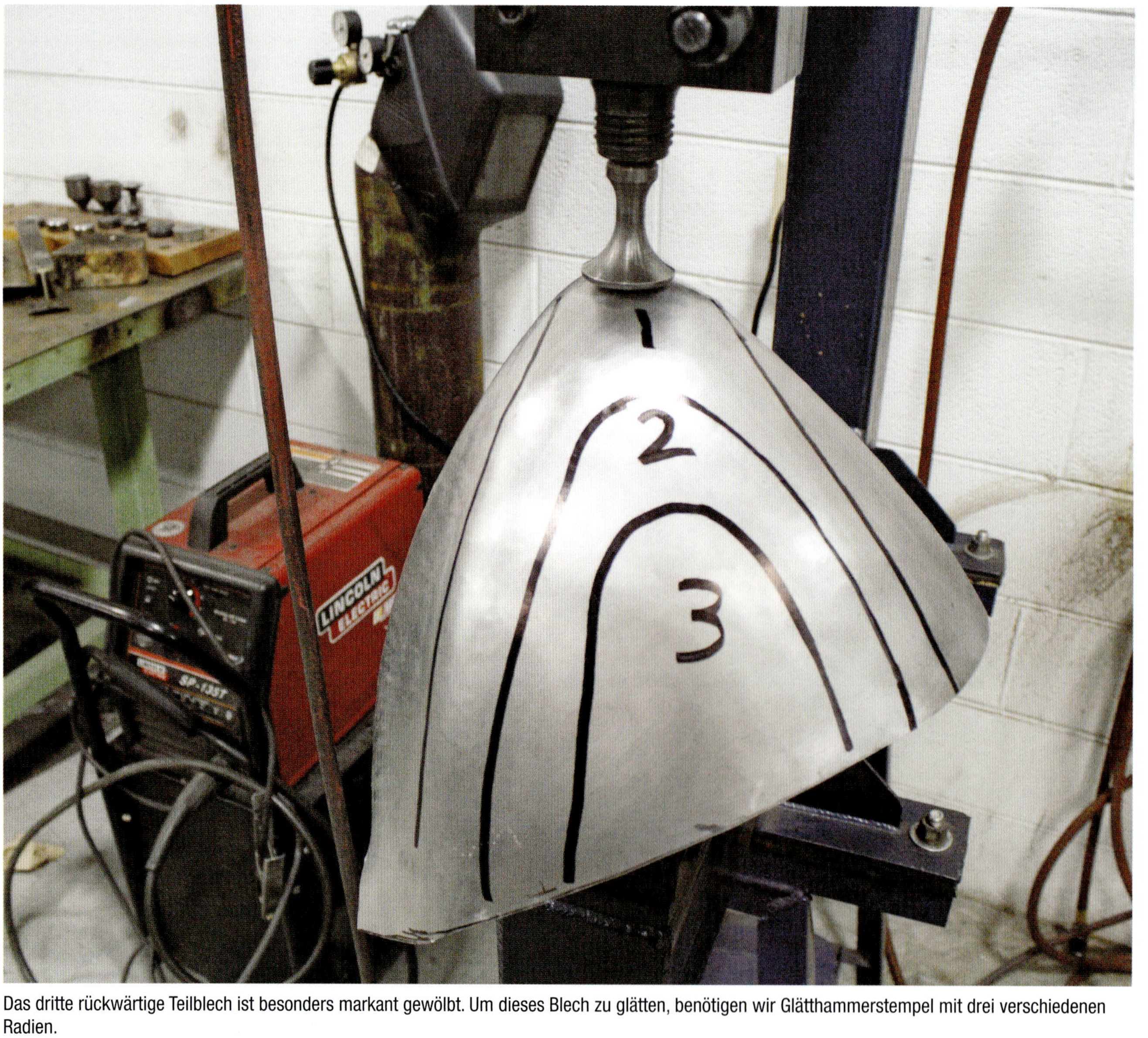

Das dritte rückwärtige Teilblech ist besonders markant gewölbt. Um dieses Blech zu glätten, benötigen wir Glätthammerstempel mit drei verschiedenen Radien.

So sieht die Rückseite der Schweißnaht aus. In einem zweiten Durchgang mit dem WIG-Gerät verschmilzt diese Naht noch besser mit den angrenzenden Blechbereichen.

Mit einem Elektroschleifer lassen sich die dicksten Stellen der Schweißraupe schnell abtragen. Auch mit einer groben Karosseriefeile kommt man hier rasch voran.

Ein Druckluft-Kleinschleifer ist besonders praktisch für Nacharbeiten an schwer zugänglichen Schweißnähten, beispielsweise an der Kotflügelinnenseite.

Nachdem die gröbsten Unebenheiten der Schweißnähte bündig mit den umliegenden Blechbereichen verschliffen wurden, glätten wir die Nähte im Glätthammer noch weiter.

Sind die Schweißnähte absolut sauber verschliffen, trennen wir die überstehenden Metallränder am Radausschnitt und am rückwärtigen Ende des Kotflügels ab. An unserem Übungskotflügel fiel uns nun auf, dass der rückwärtige Bördelfalz nicht umgelegt worden war, bevor der Kotflügel von der Holzform abgenommen wurde. Auf der Holzform wäre das Umlegen des 90-Grad-Falzes, der in Längsrichtung am Kotflügel entlangläuft, ein Kinderspiel gewesen. Die Holzform war so konstruiert worden, dass die Oberseite der Form zugleich als Treibform für die Gestaltung dieses Falzes herhalten konnte. Nun bogen wir den Falz entlang des Kotflügelendes mit einer Gripzange und glätteten ihn mit Hammer und Handfaust. Der Falz entlang des Radausschnitts wird so weit wie möglich mit den Falzstempeln im Glätthammer umgelegt und anschließend mit Hammer und Handfaust nachgeschlichtet.

Das überschüssige Blech am Radausschnitt wird mit einer Handblechschere entfernt.

Um den Falz am hinteren Kotflügelabschluss umbördeln zu können, setzen wir ein Handeisen hinter dem Falz an und klopfen das freie Blech im 90-Grad-Winkel um.

Der größte Teil des Falzes am Radausschnitt wird im Glätthammer umgelegt, der dazu mit einem planen Unterstempel und einem Oberstempel mit Kunststoffauflage bestückt wird. Die letzte Feinarbeit erfolgt von Hand.

Die Falze sind fertig umgebogen und wir können den Feinschliff fortsetzen: Der komplette Kotflügel wird mit Schleifpapier mit 180er Körnung auf einem Tellerschleifer überschliffen. Erhabene Stellen und Vertiefungen, die dabei zutage treten, müssen mit Schlichthammer und Handeisen, Picker oder anderen geeigneten Werkzeugen nachgearbeitet werden, damit eine ausreichend glatte Blechoberfläche entsteht, ohne dass das Blech beim Schleifen stellenweise durchgeschliffen wird. Für die anschließenden Schleifgänge verwenden wir 320er und danach 600er Schleifpapier auf einem Exzenterschleifer. Die Exzenterbewegung verhindert Schleifmarken auf dem Blech, wie sie bei um eine starre Achse rotierenden Schleifscheiben entstehen können. Als letzten Schliff polieren wir das vordere Kotflügelteil mit Tripoli-Polierpaste auf einer Polierscheibe. Wenn der komplette Kotflügel spiegelblank und glatt werden soll, müssen wir noch weiter schleifen, doch selbst dieser erste Polierdurchgang zeigt, welche Oberflächengüte sich bereits durch Handarbeit erzielen lässt.

Um die Oberfläche noch glatter hinzubekommen, sprühen wir eine dünne Schicht Kontrastprimer auf dem Heckbereich auf. Schon ein kurzer Schleifgang mit einem Schleifklotz zeigt alle „Höhen" und „Tiefen" in der Blechoberfläche.

Die erhabenen Stellen müssen eingeebnet, die zu tiefen Stellen nach oben getrieben werden, bis die gesamte Oberfläche so glatt ist, dass wir mit dem Polieren beginnen können.

Mit dem Schlageisen, das genau auf das Handeisen auf der Rückseite des eingesunkenen (mit Marker angezeichneten) Bereichs zielt, kann das Blech auf das gewünschte Niveau hochgetrieben werden – aber hoffentlich nicht darüber hinaus.

Nach einigen gezielten Schlägen mit dem Schlageisen und einem weiteren Schleifgang mit dem Schleifklotz ist die Primerschicht komplett verschwunden. Der Bereich, der bisher zu tief lag, ist jetzt gleichmäßig mit den angrenzenden Blechen eingeebnet.

Eine derartige punktförmige Vertiefung ist das ideale Betätigungsfeld für den Picker.

Nach ein paar vorsichtigen Schlägen mit dem Picker und einem kurzen Anschliff mit dem Schleifklotz ist zu erkennen, dass die Vertiefung bereits wesentlich weniger ausgeprägt ist.

Der Tellerschleifer funktioniert im Prinzip wie ein Schleifklotz, außer dass das Schleifmedium rotiert. Mit dem Tellerschleifer wird auch schnell Metall abgetragen, so dass selbst annähernd glatte Flächen vollends geglättet werden können. Allerdings darf der Materialabtrag nicht zu groß sein, sonst wird das Blech zu dünn. Um eine tadellos glatte Oberfläche hinzubekommen, ist dieser Bearbeitungsschritt aber unumgänglich.

Der letzte Schleifgang folgt mit dem Exzenterschleifer. Abschließend polieren wir den vorderen Kotflügelbereich auf Hochglanz, um zu demonstrieren, welches Oberflächenfinish sich mit diesen Blechbearbeitungstechniken erzielen lässt.

Kapitel 9
Altes Blech in neuem Glanz: Ausbeulen, Schleifen und Polieren

Eine Frischzellenkur für ein angejahrtes Blechobjekt ist eine mühevolle, aber lohnende Beschäftigung. Vor den Lohn – eine verrostete, verbeulte und unvollständige Karosserie vom Zahn der Zeit zu befreien und sie wieder in ihrem ursprünglichen Glanz erstrahlen zu lassen – haben die Götter allerdings den Schweiß gesetzt, daher folgt in diesem Kapitel eine Einweisung in die Techniken für das Entfernen alter Lack- und Rostschichten, das Ausbeulen von Karosserieblechen und die Aufarbeitung der Blechoberflächen für eine optimale Lackvorbereitung.

ENTFERNEN VON LACK UND ROST

Egal welches Restaurierungsziel wir uns gesetzt haben, die vorhandenen Altlack- und Rost- bzw. Korrosionsschichten stehen unserem Ziel erheblich im Weg. Eine frühzeitige Bestandsaufnahme ist daher dringend anzuraten. Es kam schon oft genug vor, dass unbesehen erstandene, vermeintlich „gesunde" Veteranenfahrzeuge sich hinterher als Meisterleistung eines Spachtelmasse-Modellierkünstlers entpuppten. Oftmals kam die schaurige Wahrheit sogar erst beim Strahlen oder chemischen Entlacken ans Licht, nachdem der Besitzer zur Vorbereitung der Restaurierung bereits immense Summen in die Ersatzteilbeschaffung investiert hatte. Noch vor Beginn der Arbeiten sollten wir daher dem tatsächlichen Zustand auf den Zahn fühlen und entscheiden, ob sich der zu erwartende Aufwand lohnt. Als altbewährte Methoden zur Entlackung und Entrostung sind noch immer Abschleifen bis auf das blanke Blech, chemisches Entlacken sowie Strahlen mit unterschiedlichen Strahlmedien erste Wahl.

Kaum zu glauben, aber diese Tretauto-Auspuffanlage entstand aus rostigen Fahrradlenkern und einem Stück Pkw-Auspuffrohr – nach reichlich Schweißen, Schleifen, Polieren und abschließendem Vernickeln.

Aus ein paar Metern Entfernung sah dieser Jaguar XK120 gar nicht schlecht aus. Der Besitzer hatte bei einer Onlineauktion einen geradezu obszönen Betrag dafür bezahlt. Nach dem Gang durch das Entlackungsbad kam dann die traurige Wahrheit ans Licht. Nicht minder irritierend ist allerdings, dass das Entlackungsmittel nicht bis zu den hier sichtbaren Innenblechen vorgedrungen war.

Die einfachste, aber sicher auch dreckigste Methode, um alten Lack- und Rostschichten zu Leibe zu rücken, ist das altbewährte Schleifen. Aufwändige Geräte werden dafür nicht benötigt und die Teile können einzeln nacheinander bearbeitet werden, so dass die Projektetappen überschaubar bleiben. Ist ein Blechteil komplett geschliffen und entrostet, wird es mit Epoxydharzprimer grundiert und bis zur Endlackierung eingelagert. Für Amateurrestauratoren und alle, die mit vielen kleineren Blechteilen zu tun haben, ist Schleifen eine praktische Lösung. Große Schleifgeräte mit 175- oder 225-mm-Fiberschleifscheiben in grober 36er Körnung liefern am schnellsten Ergebnisse, doch auch mit kleineren Schleifern kommt man ans Ziel, falls keine größeren Geräte zur Hand sind. Nachteilig sind der oftmals gesundheitsgefährdende Schleifstaub und die Gefahr, dass sich die Bleche bei unsachgemäßem Schleifen verziehen oder zu dünn geschliffen werden. Auch das Entrosten verwinkelter Ecken und Ritzen ist nicht einfach. Im Vergleich zum chemischen Tauchentlacken und Strahlen ist Schleifen jedenfalls eine arbeitsintensive Angelegenheit.

Chemisches Tauchentlacken ist ein Fall für Fachbetriebe – Kosten und logistischer Aufwand für den Transport der Blechteile zum Entlackungsbetrieb und zurück sollten jedoch von vornherein eingeplant werden. Beim Tauchentlacken verschwinden absolut alle Beschichtungen vom Blech, bei älteren Karosserien wird hinterher also sicher einiges an Verzinnungsaufwand an Karosserienähten notwendig. Besonders wichtig vor dem Gang zum Entlackungsbetrieb sind Referenzen und Informationen darüber, wie gewissenhaft und mit welchen Methoden dort entlackt und gereinigt wird. Größere Blechteile ohne allzuviele Winkel und Ritzen, in denen sich die Entlackungschemikalien einnisten könnten, sind für eine Entlackung unproblematisch. Falls aber die Gefahr besteht, dass sich die Entlackungsmittel hinterher nicht mehr komplett entfernen lassen, sind spätere Korrosionsprobleme und Blasenbildung im Lack nicht auszuschließen. Jeder Restaurator wird bereits mit Karosserien zu tun gehabt haben, die sofort nach der Anlieferung durch das Entlackungsbad gingen, bei denen hinterher aber der eine oder andere Winkel oder Hohlraum eben doch noch nicht sauber war – meistens, weil die Lauge infolge von Luftblasen nicht überall vordringen konnte. Alle Außenflächen, an die die Lauge hinkam, waren dagegen makellos sauber. Nach der Entlackung und gründlichen Reinigung des Objekts – egal ob ein einzelnes Blechteil oder eine komplette Karosserie – sollte sofort grundiert werden, andernfalls kommt es auf dem blanken Blech in Rekordtempo wieder zu Rostansätzen.

Alternativ können wir jedes Teil auch einzeln mit Lackabbeizer entlacken. Dieses Verfahren ist allerdings zeitaufwändig, schmutzig und im Vergleich zum Strahlen auch arbeitsintensiver. Bei heutigen Abbeizern ist es ratsam, sich bei Schrauberkollegen nach wirksamen Produkten umzuhören, denn die Abbeizer früherer Jahrzehnte sind aus Umweltschutzgründen (Gewässerschutz!) heute durch umweltverträglichere, oft aber leider weniger wirksame Mittel ersetzt worden. Immerhin ist das Abbeizen aber weniger dreckintensiv als das Entlacken mit dem Schleifgerät oder Schleifklotz. Der Abbeizer wird mit dem Pinsel auf das Blech aufgetragen (ggf. auch in mehreren Schichten), darf je nach Gebrauchsanweisung mehr oder minder lang einziehen und wird dann mit dem Schaber entfernt. Bestimmte (aber nicht alle) Abbeizersorten entfernen nicht nur Lacke, sondern auch Spachtelschichten, bei größeren Schichtdicken muss aber mehrmals Abbeizer aufgetragen werden, bis sich die Altmaterialien auf ihrer gesamten Dicke angelöst haben. Auf weicheren Untergründen wie Aluminium sollte grundsätzlich ein Kunststoffschaber verwendet werden, um Kratzer und Riefen im Blech zu vermeiden. Ist das Blech komplett entlackt, waschen wir die Rückstände gründlich ab. Auf Stahlblechen sollte auf das Abbeizen sofort eine Metallvorbehandlung folgen, wie sie weiter hinten in diesem Kapitel beschrieben wird, und das Teil anschließend sofort grundiert werden. Entsprechende Vorbehandlungsprodukte gibt es auch für andere Metalle, da wir bei Stahl aber beinahe zusehen können, wie sich der Rost einnistet, ist eine sofortige Schutzgrundierung hier besonders wichtig.

Viele Karosserierestauratoren schwören zum Entlacken auf nichts anderes als Strahlen. Die Strahlverfahren sind schnell, bemerkenswert gründlich, und dank der Vielzahl der unterschiedlichen Strahlmittel, die heute am Markt sind, lässt sich damit so ziemlich jede Oberfläche auf sichere Weise säubern. Vor allem an Karosserien, die gestrahlt und anschließend sofort mit Epoxydharzprimer grundiert wurden, ist die weitere Arbeit eine wahre Freude. Der Rost ist verschwunden, jedes Blech ist quasi für die Ewigkeit mit einer leicht schleifbaren Schutzgrundierung überzogen, so dass die Reparatur der einzelnen Bleche nacheinander beinahe zum Kinderspiel gerät. Wenn das Blech gleich zu Anfang gestrahlt wird, kommen unweigerlich alle Schwachstellen zutage. Strahlkabinen sind in vielen Größen lieferbar und können damit ideal an die räumlichen Gegebenheiten in der Hobbywerkstatt und die Größe der zu behandelnden Teile angepasst werden, sofern ein Druckluftkompressor mit entsprechender Förderleistung zur Verfügung steht. Für größere Bauteile empfiehlt sich ohnehin der Gang zu einem Fachbetrieb.

Der kleine Abschnitt, der an dieser Ford-Felge gestrahlt wurde, verdeutlicht die Vorteile der Entrostung durch Strahlen, vor allem in all jenen Bereichen, in denen jede andere Entrostungsmethode unweigerlich zum Alptraum geraten würde.

Wer in eine Strahlkabine investiert hat, wird sich fragen, wie er je ohne diese Entrostungsmöglichkeit auskommen konnte. Diese Kabine wurde seitlich durch einen geräumigen Anbau verlängert, so dass auch sperrige Bauteile wie Kotflügel in der Strahlkabine Platz finden. Dieser Anbau besteht aus 0,9-mm-Blechen, die mit der Kabine vernietet und an den Übergängen mit Karosseriedichtmasse abgedichtet wurden. Durch das Gefälle am Bodenblech fließt das Strahlgut leichter in die Kabine zurück.

Jeder Schrauber dürfte heutzutage in erreichbarer Entfernung einen Fachbetrieb für Sand- und andere Strahlverfahren finden. Gründliche Auftragsvorbereitung ist jedoch auch hier die halbe Miete: Sinnvollerweise lassen wir zunächst ein kleineres Teil im Betrieb unserer Wahl strahlen, bevor wir ihm unsere unersetzlichen Originalteile zur Behandlung anvertrauen. Notfalls darf es sogar eine Tür aus einem Schlachtfahrzeug sein, die aller Wahrscheinlichkeit nach nicht weiterverwendet werden soll. Auch die Frage nach Referenzen und Beispielen für die ausgeführten Arbeiten muss erlaubt sein: Wer kennt nicht die Schauergeschichten anderer Hobbyschrauber, deren zwar rostige, aber unverbeulte Motorhaube hinterher eher an ein Wellblechdach erinnerte? Die intensivere Suche nach einem gewissenhaft arbeitenden Fachbetrieb lohnt sich also auf jeden Fall.

Sinnvoll ist auch ein Blick über die Schulter des Fachmanns, damit wir uns einen Eindruck von den verschiedenen Strahltechniken und den möglichen Arbeitsergebnissen verschaffen können. Kompetente Fachleute werden von vornherein darauf hinweisen, wie wichtig die Wahl des richtigen Strahlmediums und deren sachgemäße Anwendung ist. In modernen Betrieben kommt je nach Beschaffenheit des Trägermetalls häufig Strahlgut auf der Basis verschiedener Kunststoffgranulate – auf Harnstoff-, Acrylharz- und Melaminharzbasis – zum Einsatz, die sich in ihren Eigenschaften und Anwendungsgebieten unterscheiden. Kunststoff-Strahlgut ist scharfkantig und zieht den Lack regelrecht von der Metalloberfläche. Kunststoff verformt sich beim Aufprall auf der Blechoberfläche und wirkt daher nicht so abrasiv wie Strahlsand. Wer dagegen ein unter hohem Druck mit Sand gestrahltes Blech genauer inspiziert hat, wird festgestellt haben, dass die Oberfläche eher einer Schleifscheibe mit 80er Körnung ähnelte. Auch die Gesundheitsschädlichkeit durch lungengängige Sandpartikel, die Silikose verursachen können, entfällt bei Kunststoff-Strahlmedien. Der Strahlfachmann kann durch entsprechende Einstellung des Luftdrucks, des Strahlgutdurchsatzes, des Strahlabstandes und -winkels sehr feinfühlig regulieren, wie aggressiv und schnell das Objekt gestrahlt wird. Diese Unterschiede muss auch der Strahlexperte berücksichtigen, damit er das zu strahlende Objekt risikolos und einigermaßen zügig bearbeiten kann.

Für rostige Stahlflächen empfiehlt der Fachmann Aluminiumoxid als Strahlmittel, das in einer großen Zweimann-Strahlkabine verarbeitet wird. Zum Reinigen von Metallteilen, bei denen die Oberfläche nicht angegriffen werden darf, hat sich Glasstrahlen bewährt. Nach dem Strahlen sollten die gestrahlten Flächen mit 180er Schleifpapier oder einem Schleifpad überschliffen, komplett mit Silikonentferner gereinigt und so rasch wie möglich grundiert werden, um Anrostungen vorzubeugen.

Bei Stahlteilen mit mäßigem Oberflächenrost oder Nichteisenmetallen mit leichtem Korrosionsbefall ist das Strahlen oft zuviel des Guten oder finanziell unrentabel. Als Alternative kommt eine chemische Vorbehandlung der Bleche in Betracht. Dabei stehen verschiedene Korrosionsentferner auf Phosphorsäurebasis zur Wahl, mit denen das Blech in jungfräulichen Zustand zurückversetzt und einige Zeit in diesem Zustand konserviert werden kann.

Bei der Blechaufbereitung sollten – soweit möglich – durchgängig die Produkte des Herstellers verwendet werden, von dem hinterher auch die Lackmaterialien bezogen werden. Nach der Oberflächenbehandlung schließt sich eine Behandlung mit Epoxydharzprimer an.

Wenn keine Stahlbleche, sondern andere Metalle verarbeitet werden sollen, muss – nach den Vorgaben des Reinigerherstellers – die Konzentration des Metallreinigers ggf. angepasst werden. Bei unserer Stahlkarosserie wurden PPG-Metallreiniger und Wasser in einem Verhältnis von einem Teil Reiniger auf zwei Teile Wasser in einer Sprühflasche angesetzt. Dann wurde das Blech abschnittsweise bearbeitet und dazu ein Reinigungspad mit dem Reiniger eingesprüht und die Blechfläche eingerieben. Der Reiniger verblieb einige Minuten auf dem Blech und dann wurde die Fläche mit dem Reinigungspad nachgerieben. Der Reiniger darf nicht auf dem Blech antrocknen, sonst gelingt die weitere Oberflächenbehandlung nicht recht. Die Bleche sollten also nicht im Freien bei Sonnenschein behandelt werden. Anschließend spülen wir die Fläche mit Wasser ab, reiben sie mit einem Tuch trocken und trocknen sie zusätzlich mit Druckluft. Sind noch Reste vorhanden, wiederholen wir die Behandlung. Nach der Reinigung tragen wir den Metallkonditionierer auf einem neuen Reinigungspad abschnittsweise auf der Blechoberfläche auf, lassen ihn einige Minuten einwirken und spülen und trocknen das Blech auf gleiche Weise wie zuvor beim Metallreiniger. Anschließend die gesamte Oberfläche gründlich mit Silikonentferner reinigen, und nun kann grundiert werden.

RICHTEN VON BLECHTEILEN

Nachdem alle Altlack- und Korrosionsreste vom Blech verschwunden sind, können wir uns der nächsten Etappe zuwenden: Dass unter den teils kiloschweren Spachtelschichten, die beim Entlacken verschwunden sind, manche unschöne Unebenheit zum Vorschein kommt, überrascht uns schon nicht mehr – mit den mittlerweile gewonnenen Fertigkeiten beseitigen wir den Pfusch, den unsere Vorgänger nur überspachtelt haben, ein für alle Mal.

Wenn ein Blech mit dem Hammer getrieben, gebogen, umgeformt oder durch Beschädigungen verformt wird, verändert sich sein Gefüge und das Blech wird immer steifer und fester. Das Bestreben des Blechs, durch diese Kaltverformung steifer zu werden, wird als *Kaltverfestigung* bezeichnet. Mitunter ist diese Kaltverfestigung ein beabsichtigter Teil der Umformprozesse bei der Fertigung des Blechteils. Die Kaltverfestigung verleiht dem Blechobjekt Steifigkeit und Festigkeit und trägt dazu bei, dass das Blechteil seine Form behält. In anderen Fällen tritt die Kaltverfestigung ungewollt als Folge eines Unfalls ein, wenn wir beispielsweise beim Rangieren den Kotflügel oder Kofferdeckel an einem Pfosten eindellen. Durch den Aufprall auf dem Pfosten verformt sich das Blechgefüge und lässt sich nach jeder weiteren Schlageinwirkung noch schwerer richten.

Durch die Kaltverfestigung speichert das Blech seine Form wie in einem „Gedächtnis" – ein Umstand, den wir uns entweder zunutze machen können oder der bei unsachgemäßem Vorgehen unsere Reparaturversuche erschwert. Bei den meisten Karosserieaußenblechen lassen sich Kollisionsschäden oft durch einige gezielte Schläge mit dem Karosseriehammer richten. Wenn wir die Blechoberfläche mit Hammer und Handeisen in Form bringen, ist das Blech durch seinen „Gedächtniseffekt" bestrebt, wieder seine ursprüngliche Form anzunehmen. Daher sollten wir – soweit irgend möglich – versuchen, den vom ursprünglichen Fertigungsvorgang noch vorhandenen „Gedächtniseffekt" zu nutzen. Bei stärkeren Verformungen verliert das Blech diesen Effekt unwiederbringlich, allerdings ist dies eher die Ausnahme als die Regel.

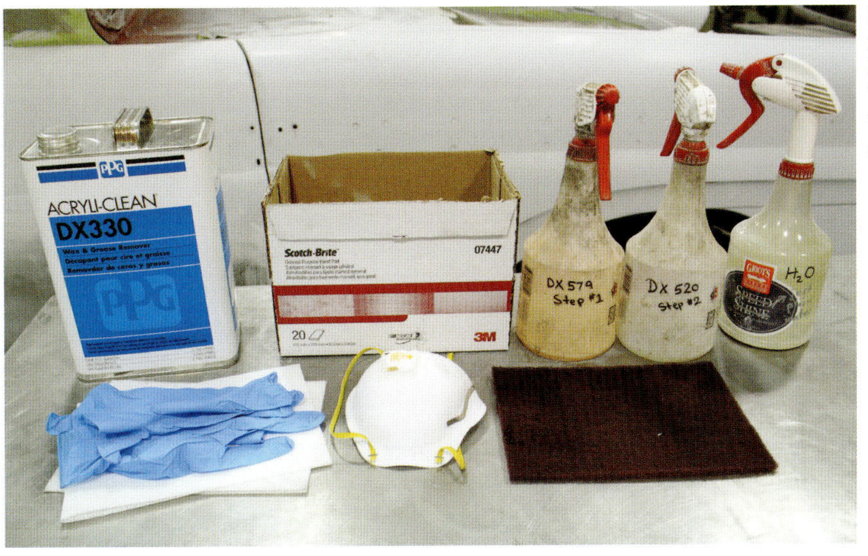

Die Arbeitsausrüstung für die Arbeit mit Metallreinigern und Metallkonditionierer: Gummihandschuhe, ein Vorrat an Reinigungspads und sauberen Tüchern, Staubmaske, Silikonentferner, sauberes Wasser sowie diverse Sprühflaschen zum Auftragen der Reinigungslösungen.

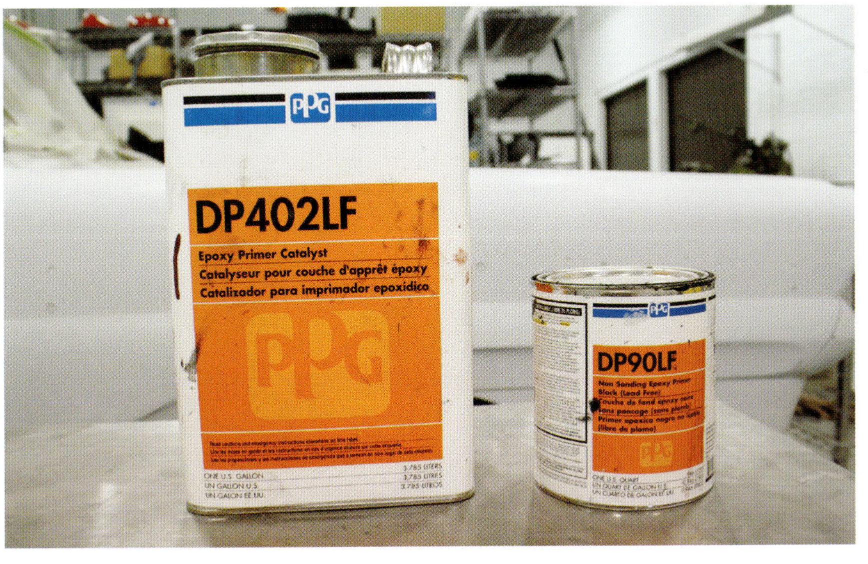

Für die Grundierung von Blechen, die mit Metallreinigern und -konditionierern vorbehandelt wurden, sollte ein Primer (in diesem Fall 2K-Epoxydharzprimer) des gleichen Herstellers verwendet werden.

Auf der rechten Seite dieser Ford Model-T-Speedster-Karosserie ist Oberflächenrost zu erkennen. Die linke Seite wurde mit Metallreiniger und Metallkonditionierer behandelt.

Um das Prinzip der Kaltverfestigung zu verdeutlichen, biegen wir ein dünnes Stahlblech von Hand kräftig hin und her. Der Stahl erwärmt sich dabei spürbar – eine Folge der Reibung im Inneren des Stahlgefüges – und lässt sich immer schwerer biegen. Besonders robuste Naturen, die jetzt noch weiterbiegen, stellen fest, dass das Blech irgendwann entlang der Biegelinie einreißt und bricht – ein Zeichen dafür, dass das Gefüge keine weiteren Verformungen mehr aufnehmen kann. Dieses wiederholte Hin- und Herbiegen ist nur ein Beispiel für eine typische Kaltverfestigung. Bei den ursprünglichen Tiefzieh-, Bördel-, Press-, Walz- oder Sickenprägevorgängen, mit denen das neue Blechteil seine Form erhält, ist diese Kaltverfestigung durchaus beabsichtigt. Diesen Effekt können wir uns nämlich in aller Regel zunutze machen. Unbeabsichtigte Kaltverfestigung als Folge von Kollisionen, Vibrationen, unsachgemäßen Reparaturen usw. ist für unsere Zwecke dagegen hinderlich. Unbeabsichtigt kaltverfestigte Bleche, die dadurch steifer als je zuvor werden, sind oft äußerst schwer zu reparieren, da wesentlich höhere Kräfte als bei unbeschädigten Blechen erforderlich sind, um an ihnen eine Formänderung herbeizuführen. Es kann sogar passieren, dass benachbarte unbeschädigte Bereiche um die Schadstelle versehentlich gestreckt werden. Auf Einziehverfahren unter Wärmezufuhr, mit denen kaltverfestigte Bleche repariert werden können, kommen wir später zu sprechen. Vorläufig merken wir uns, dass Kaltverfestigung bei den hartnäckigsten Dellen und Beulen an unserem Restaurierungsobjekt ins Spiel kommt und wir diese Verformungen nicht mit allzuviel Gewalt zu beseitigen versuchen sollten.

Um verbogene Bleche wieder in ihre ursprüngliche Form zu bringen, sollte man vor allem vermeiden, den eingetretenen Schaden durch allzu rabiate Hammerschläge noch zu verschlimmern, denn mit Gewalt lässt sich verformtes Blech in den seltensten Fällen wieder richten. Derartige Aktionen bringen uns lediglich noch schlimmer verformte Bleche und anhaltenden Frust ein. Stattdessen atmen wir erst einmal tief durch und analysieren die Beschädigung und ihre Ursachen in aller Ruhe. Wichtig ist dabei nur der ungefähre Unfallhergang. Am besten lassen sich Blechschäden beheben, indem wir das Blech in genau der umgekehrten Reihenfolge der Schadenseinwirkung bearbeiten. Bei einer typischen Delle in der Tür arbeiten wir uns also nach und nach vom äußersten Rand bis zum Mittelpunkt der Delle vor und drücken dabei das Türblech von der Rückseite her mit der Hand oder ggf. durch wohldosierte Schläge mit dem Richthammer zurück. Damit gehen wir genau entgegengesetzt der Richtung vor, in der das Blech verformt wurde. Hoffentlich hat das Blech sein „Formgedächtnis“ noch soweit behalten, dass es bei dieser Rückverformung von selbst bestrebt ist, wieder seine ursprüngliche Form anzunehmen.

Diese Reihenfolge ist an sich ein probates Mittel für das Richten von Blechteilen, nur lässt sich nicht immer rekonstruieren, in welcher Abfolge bzw. Richtung das Blech verformt wurde, oder es ist zwar der Ablauf der Schadenseinwirkung klar, nicht aber, wie sich dieser Prozess rückgängig machen lässt. Es gibt allerdings gar nicht so viele Wege, auf denen Bleche ihre Form ändern. Muss ein Blechteil gerichtet werden, wurde es auf eine oder mehrere der folgenden Arten beschädigt: es wurde verbogen, kaltverfestigt, gestreckt und/oder gestaucht. Wie bereits erläutert, ist eine Biegekante im Blech im Prinzip nichts anderes als eine Faltung in einem Blatt Papier: Zwei Lagen Material treffen sich in einer gemeinsamen Achse, der Knicklinie. Wird das Bauteil nur geringfügig gebogen, beispielsweise in einem Winkel von 10 oder 20 Grad, lässt sich das Blech meist relativ einfach in seine ursprüngliche Form zurückbiegen und behält dabei auch seine ursprüngliche Stärke. Technisch betrachtet, wird das Blech beim Biegen auf der Außenseite der Biegestelle gestreckt und auf der Innenseite gestaucht, dies soll uns jedoch vorerst nicht weiter kümmern, sondern wir merken uns einstweilen nur, wie eine Biegestelle zustandekommt. Wir tun uns mit dem Richten von Blechen leichter, wenn wir den Biegevorgang gedanklich von den komplexeren Prozessen des Streckens und Stauchens trennen. Verbogenes Blech verhält sich oft, als hänge es an einem Scharnier: Um das Blech zu richten, schwenken wir es also an dieser Biegekante wie um ein Scharnier zurück. Damit wäre bereits die einfachste Form der Blechreparatur beschrieben, also sollten wir sie nutzen, wo immer dies möglich ist.

FEHLERBEHEBUNG BEIM BLECHUMFORMEN

Die Metalle, aus denen unsere Blechteile bestehen, besitzen ein kristallines Gefüge, und daher beeinflussen Schäden eines bestimmten Bereiches schnell auch die umliegenden Metallbereiche. Stellen wir uns das Gedränge beim Rugbyspiel vor – alle Spieler stürzen übereinander und es gibt ein einziges Durcheinander. Ähnlich verhalten sich die Körner im Metallgefüge zueinander: Wenn ein Bereich des Gefüges durch eine Schlageinwirkung aus seiner Ordnung gerät, löst dies auch in den Nachbarbereichen Reaktionen aus. Der größte Teil der Verformungen vollzieht sich entlang bestimmter Gleitebenen innerhalb der einzelnen Kristallkörner im Gefüge. Je nach der Lage der Körner zueinander und je nachdem, wie dicht die einzelnen Atomebenen in den Körnern besetzt sind und wie viel Platz zwischen parallelen Ebenen dicht besetzter Atome verbleibt, kann sich diese Gleit- oder Verformungsbewegung über die Kristallkörnchen hinaus weiter fortsetzen.

Hat das Blech mehr als nur einen einfachen Knick erlitten, sind noch weitere Kristallkörnchen im Metallgefüge betroffen. Der Schaden erstreckt sich also nicht mehr nur entlang einer bestimmten Linie, sondern auf einen ganzen Bereich. Ein gestrecktes Blech ist länger, breiter und dünner als vorher, ein gestauchtes Blech ist kürzer, dichter und dicker als zuvor.

Das größte Hindernis bei unseren Versuchen, das Richten von Blechen zu lernen, ist bereits halb überwunden, wenn wir uns bewusst machen, worin dieses Hindernis besteht: Unsere natürlichen Impulse bei den spontanen Reparaturversuchen sind meist grundfalsch. Abgewöhnen können wir sie uns nur durch eine gewisse Erfahrung. Um es an einem Beispiel zu verdeutlichen: Wir haben eine ebene Blechtafel mit einer wunderschönen Beule vor uns, die durch den Aufprall eines kleinen Fremdkörpers auf der Rückseite des Blechs verursacht wurde. Unser natürlicher Reflex wäre, das Blech auf eine flache Unterlage aufzulegen und die Erhebung mit einigen kräftigen Hammerschlägen flachzuklopfen.

Dass dies anfangs zu funktionieren scheint, beflügelt uns zusätzlich. Sobald das Blech aber wieder annähernd eben ist, scheint es mit einem Mal zurückzufedern. Also hämmern wir umso verbissener weiter drauflos – in der Hoffnung, die Delle vollends zu beseitigen. Falls die Auflagefläche oder der Hammerkopf weicher als das Blech selbst ist, bekommen wir die Delle vielleicht sogar geglättet, falls der Hammerkopf aber aus Stahl besteht, beginnt sich das Blech unweigerlich zu wölben, denn mit jedem Hammerschlag wird das Blech zwischen Hammerkopf und Auflagefläche weiter gequetscht, verliert an Dicke und beginnt sich zu strecken. Der Bereich, den wir mit dem Hammer bearbeitet haben, wird fester und beinahe so hart wie eine Panzerplatte. Die Wölbung, die wir durch unsere Hammerschläge im Blech produziert haben, ist hinterher vielleicht sogar noch schlimmer als der ursprüngliche Schaden, den wir eigentlich beheben wollten. Wenn wir jetzt mit der Hand auf die Wölbung drücken, springt das Blech mit einem knackenden Geräusch hin und her: Wir haben eine klassische „Springbeule" fabriziert. Derartige Schäden lassen sich beheben (dazu später mehr in diesem Kapitel), wir merken uns aber, dass dies jedes Mal passiert, wenn wir blindlings auf das auf der Metallunterlage aufliegende Blech eindreschen. Das Blech wurde durch die Hammerschläge auf dem als Unterlage dienenden Amboss gequetscht und hat sich dadurch kaltverfestigt und ist jetzt viel steifer als vorher, und auch seine Abmessungen stimmen nicht mehr. Der mit dem Hammer bearbeitete Bereich des Blechs ist dünner, nimmt aber ringsum zu dem nicht bearbeiteten Bereich hin mehr Platz in Anspruch. Dadurch bauen sich Spannungen zwischen dem bearbeiteten Bereich und dem umliegenden, unbearbeiteten Bereich auf, die sich durch das knackende Geräusch des hin- und herfedernden Blechs entladen, wenn Druck auf das Blech ausgeübt wird. Manchmal ist das Blech derart überstreckt und kaltverfestigt, dass es überhaupt nicht mehr hin- und herfedert und auch kein Geräusch von sich gibt, sondern sich gegenüber der ursprünglichen Kontur spürbar aufwölbt. Wer also mit Blechen zu tun hat, an denen ein früherer Ausbeulversuch gescheitert ist, wird mit ziemlicher Sicherheit gestrecktes Metall wie die hier beschriebene Wölbung in Ordnung bringen müssen. Um zu stark gestreckte Bleche wieder in Form zu bringen, müssen wir sie stauchen bzw. einziehen – eine Technik, auf die wir gleich noch näher eingehen.

Bei der Blechrestaurierung von Kraftfahrzeugen kommt es öfters vor, dass Wölbungen wie diese gerichtet werden müssen.

Wer eine Beule durch allzu rabiate Schläge gegen ein Handeisen als Gegenhalter beseitigen will, riskiert am Ende, dass eine zwar kleinere, aber umso härtere Wölbung im Blech zurückbleibt. Durch die Quetschung zwischen Hammer und Gegenhalter hat sich das Blech gelängt, da das Blech in diesem Bereich jetzt dünner, aber zugleich länger geworden ist; das Material aus dem dünner gewordenen Blech muss ja schließlich irgendwohin ausweichen.

Beim Erwärmen eines Blechs entsteht Verzug, da sich rings um den erwärmten Bereich eine Zone bildet, in der das Blech schrumpft bzw. sich einzieht. Kühlt das Blech ab, reicht die Spannung im Blech nicht aus, um es in seine ursprüngliche, ebene Form zurückzuziehen. Der erwärmte Bereich ist kürzer und es entsteht eine Art Trampolineffekt in diesem Bereich inmitten des unberührten Blechs.

Übermäßig geschrumpfte Bleche müssen gestreckt werden. Mit dem Richthammer wird das Blech auf einer flachen Unterlage ausgehämmert, so dass sich die Spannung in dem geschrumpften Bereich abbaut und das Blech wieder flach aufliegt.

Geschrumpfte bzw. gestauchte Bleche bereiten aus mindestens zwei Gründen seltener Probleme als gestreckte Bleche. Erstens lässt sich Blech wesentlich leichter strecken als stauchen, und zweitens treten die Einwirkungen, unter denen es zum Stauchen des Blechs kommt, wesentlich seltener unkontrolliert auf als die Faktoren, die zum Stecken führen. Blech lässt sich nur dann erfolgreich stauchen, wenn es fest eingespannt wird und der Krafteinwirkung so ausgesetzt ist, dass die Kristallkörnchen im Metallgefüge aneinanderstoßen und einander ausweichen können, ohne dass sich das Blech allzusehr verformt. Im atomaren Gefüge müssen sich die einzelnen Atomlagen übereinanderschieben. Bei einer Kollision kann dieser Effekt eintreten, eine Änderung der Lage des Blechs in Relation zu der auf das Blech einwirkenden Kraft führt jedoch in aller Regel dazu, dass das Blech sich verbiegt und streckt und nicht etwa gestaucht wird, außer in dem extrem schmalen Streifen auf der verdichteten Seite eines scharfen Knicks.

Auch durch Wärmeeinwirkung kann es zum Schrumpfen des Blechs kommen. Wenn wir das Blech mit einem Autogenbrenner oder beim Schweißen erhitzen, kann sich das Material durch den dabei eintretenden Schrumpfeffekt verziehen. Die Kristallkörnchen dehnen sich bei der Erwärmung aus, ihre Seitwärtsbewegung wird allerdings durch das kühlere Metall außerhalb des erwärmten Bereichs gebremst. Durch diese gebremste Ausdehnung des heißen Metalls entsteht eine Stauchung an der Stelle, an der das heiße Metall auf das kühlere umliegende Metall trifft. Hat sich das Metall abgekühlt, nimmt der zuvor erwärmte Bereich als Folge des inzwischen eingetretenen Stauchprozesses etwas weniger Platz ein als zuvor. Dadurch setzt der geschrumpfte Teil des Blechs den unbearbeiteten, umliegenden Blechbereich unter Zugspannung und das Blech verzieht sich. Sofern nicht eindeutige optische Indizien wie Schweißnähte oder Wärmeverfärbungen erkennbar sind, ist der Ursprung gestauchter oder geschrumpfter Blechbereiche mit bloßem Auge oft nicht zu lokalisieren. Gestreckte Blechzonen sind dagegen optisch sofort zu erkennen – sie wölben sich nach innen oder außen. Gestauchte Blechbereiche fallen zwar nicht sofort auf, kommen in den an beschädigte Blechbereiche angrenzenden Zonen aber oft vor. Ob sich die genaue Lage der Stauchung bestimmen lässt, ist jedoch zweitrangig, denn beseitigen müssen wir die Stauchung beim normalen Ausbeulen sowieso.

Wenn wir die zu tief liegenden Bereiche strecken und gestreckte Bereiche im Blech durch Wärmeeinwirkung einziehen, werden auch die angrenzenden Stauchspannungen im Blech abgebaut. Damit sind die Grundzüge der möglichen Schadensszenarien an Blechteilen umrissen und wir können uns den ersten praktischen Übungen zuwenden.

Beim Einstieg in die Behebung von Blechschäden gilt es zunächst, ein Gefühl für den Umgang mit dem Werkstoff „Blech" zu entwickeln. Für die ersten Ausbeulversuche verpassen wir daher einem Kotflügel eines Vorkriegsfahrzeugs mit einem massiven Hammer gezielt eine Delle. Als Demonstrationsobjekt ist ein solcher Kotflügel ideal, denn seine Größe ist überschaubar, seine Dicke beherrschbar und durch den Tiefziehprozess bei der Fertigung besitzt das Blech ein ausgeprägtes „Formgedächtnis". Die Delle können wir mit einem großen, glatten Hammer oder einem beliebigen runden Objekt produzieren. Weniger geeignet sind kleinflächige Schlosser- oder Ingenieurhämmer oder Pinnhämmer, die tiefe Schlagspuren im Blech hinterlassen, welche den Ausbeulvorgang unnötig komplizieren. Diese Hämmer heben wir uns für später auf. Wer nicht viel Ausbeulerfahrung hat, sollte eine großflächige Vertiefung bzw. eine Reihe mehrerer Vertiefungen im Blech anbringen, an der geübt werden kann, wie der Schaden in der umgekehrten Richtung der ursprünglichen Schlageinwirkung Stück für Stück herausgedrückt und dabei das Formgedächtnis des Blechs genutzt wird, damit das Blech seine ursprüngliche Gestalt leichter wieder annimmt.

Eine gewisse Kreativität bei der Wahl der Ausbeulwerkzeuge kann nicht schaden. Bei größeren Dellen wie an unserem Übungskotflügel dürfen wir ruhig einen großen Gummihammer und ein passendes Handeisen oder ein anderes passend zugeschliffenes Metallobjekt einsetzen. Es kommt dabei nicht vorrangig auf das Gewicht dieser Ausbeulinstrumente an, sondern darauf, dass sich die Schlagwirkung durch die relativ großen Schlagflächen der Werkzeuge gleichmäßig auf dem Blech verteilt und unbeabsichtigte Folgeschäden durch hässliche Schlagmarken möglichst vermieden werden. Mit schweren Werkzeugen wird das Blech allerdings sehr schnell gestreckt. Außerdem sollte die Wölbung der Schlagfläche des Werkzeugs idealerweise zumindest annähernd der Blechwölbung entsprechen. Das beste Werkzeug ist daher gar nicht so selten der eigene Handballen. Den Kotflügel legen wir zur Bearbeitung möglichst flach auf der Werkbank auf und legen im Schadensbereich ein Schrotkissen unter. Dann beginnen wir am äußeren Umfang und arbeiten uns von der Blechrückseite her um den gesamten Umfang der Druckstelle Schlag für Schlag immer weiter zum Mittelpunkt der Schadstelle vor. Bei Ausbeularbeiten auf der Werkbank ist das Schrotkissen jedem Sandkissen deutlich überlegen, da das Werkstück dabei wie mit Knetmasse unterbaut wird, so dass die Kraft der Hammerschläge gezielt dosiert werden kann und die Gefahr, das nicht ausreichend unterlegte Blech versehentlich zu strecken, weitgehend gebannt ist.

Die Reparatur verbeulter Kotflügel lernt man am besten durch die Reparatur verbeulter Kotflügel. Falls gerade kein Kotflügel mit Delle zur Hand ist, verpassen wir unserem Übungskotflügel mit einem großen, glattflächigen Schlagwerkzeug eine Delle.

Dummerweise geriet die Delle an unserem Übungskotflügel fast schon zu gut, es ist also nicht damit getan, sich bei der Wiederherstellung der Ausgangsform auf das Formgedächtnis des Blechs zu verlassen. Die Falten im Blech lassen erkennen, dass wir um weitere Richtarbeiten nicht herumkommen werden. Sobald unsere Ausbeulbemühungen erste Fortschritte erkennen lassen, müssen wir unsere Reparaturmethoden an die Widerspenstigkeit des Blechs anpassen. Die erste Runde mit der Handfaust ist erledigt, aber für die noch erkennbaren Falten müssen wir jetzt den Ausbeulhammer auf der Kotflügelinnenseite ansetzen und dabei mit einem kleinen Schrotkissen auf der Außenseite gegenhalten. Kleinere vertiefte Stellen lassen sich strecken (und damit hochziehen), indem wir sie mit einem Schlageisen auf einem Handeisen mit balliger Anlagefläche bearbeiten, allerdings kann das Blech sich dabei zu sehr strecken und wölben. Die glatte Oberfläche, die sich mit dem Schlageisen herstellen lässt, wirkt oft trügerisch, und möglicherweise weist das bearbeitete Blech noch gar nicht die richtige Kontur auf. Es ist sinnvoller, die unebene Fläche mit einem Schleifklotz leicht zu überschleifen und damit die Höhen und Tiefen in der Oberfläche zum Vorschein zu bringen. Alternativ hilft auch der alte Karosserieschlossertrick, mit flach auf dem Blech aufliegendem Handballen ein feines Baumwolltuch über das Blech zu ziehen. Das Baumwolltuch verhindert, dass das Fett unserer Haut und Schleifrückstände auf dem Blech unseren Tastsinn austricksen, und wir können Unregelmäßigkeiten in der Blechoberfläche präzise ertasten. Statt mit dem Hammer oder dem Schlageisen direkt auf das unterlegte Handeisen zu zielen, sollte das Handeisen auf der Vertiefung angesetzt und der direkt danebenliegende Blechbereich ausgehämmert werden – also nach dem Prinzip der „indirekt unterlegten Handfaust". Jedes Blech verhält sich unter dem Ausbeulhammer wieder anders, also probieren wir selbst, welche Arbeitsmethode am besten zum Ziel führt. Immer nach dem gleichen Schema vorzugehen, kann hin und wieder grundfalsch sein.

Mittlerweile ist die Delle in unserem Übungskotflügel zu rund 80 Prozent beseitigt. In der letzten Phase der herkömmlichen Ausbeultechnik kommen Pickwerkzeug und Feile zum Einsatz. Karosserieschlosser der alten Schule würden jetzt den gesamten Schadensbereich mit einer Karosseriefeile bearbeiten, die die zu hoch und zu tiefliegenden Stellen schnell zum Vorschein bringt. Anschließend würden die Vertiefungen mit dem Ausbeulhammer oder dem Pickhammer nach oben getrieben und die zu hohen Stellen mit dem Schlichthammer eingeebnet. Diese Methode ist nicht verkehrt, sie hat allerdings etliche Schwächen. Zum einen trägt man mit der Karosseriefeile schnell zu viel Material ab und das Blech wird stellenweise zu dünn. Zum anderen endet der Versuch, mit dem Pickhammer jede kleine Vertiefung einzeln nach oben zu treiben, mitunter in einer welligen Oberfläche, die an akuten Pickelbefall erinnert. Wem dies passiert, der wird es wahrscheinlich auch mit der Karosseriefeile übertreiben, und versucht dann prompt, die zu hohen Stellen wiederum mit der Karosseriefeile einzuebnen, worauf das Blech aussieht, als sei es mit dem Schrotgewehr traktiert worden. Und damit ist das Endergebnis schlimmer als die ursprüngliche Delle.

Unten: Die Rückseite der Delle wurde mit dem Schleifklotz leicht überschliffen, so dass die Änderungen im Höhenprofil deutlich werden. Dies ist ein klassisches Beispiel, wie die Delle in der umgekehrten Richtung zur ursprünglichen Stoßeinwirkung herausgetrieben wird. Wir beginnen mit einem großflächigen Ausbeulwerkzeug (wie dieser Universalfaust) entlang der Außenränder der Delle.

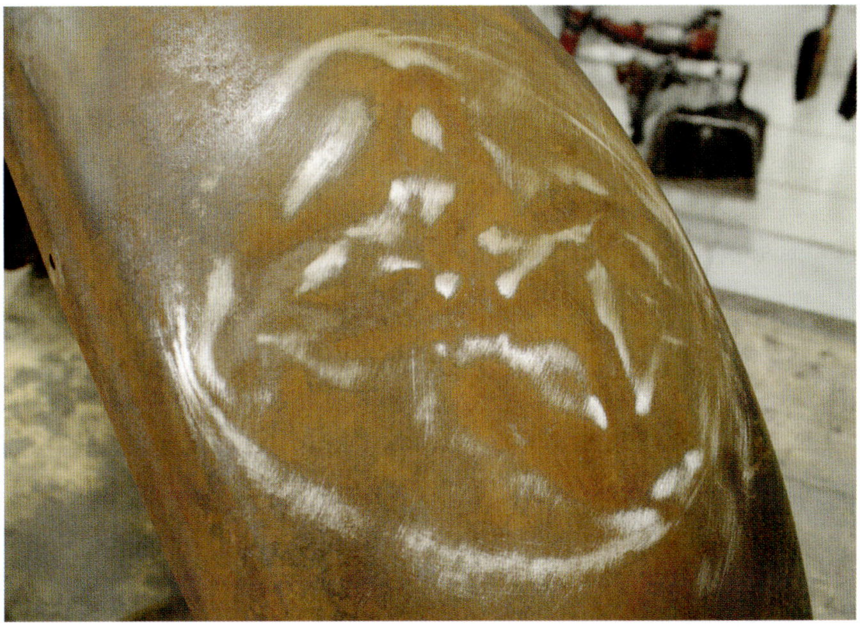

Nach der ersten Runde, in der das Blech mit der Universalfaust von der Rückseite her ausgebeult wurde, sieht die Delle schon deutlich besser aus, die Oberfläche ist allerdings noch immer ziemlich wellig.

Im nächsten Schritt kommt der Kunststoff-Rundhammer auf dem Schrotkissen zum Einsatz, um die Vertiefungen so weit wie möglich zu glätten.

Statt mit der Karosseriefeile sollte der Schadensbereich mit einem Schleifklotz überschliffen werden. Dies bringt Unebenheiten in der Blechoberfläche sehr schnell ans Licht – mehr muss auch nicht sein, denn unser Ziel ist ja nicht, das Blech glattzuschleifen. Um die „Topografie" der Blechoberfläche sichtbar zu machen, genügt eine dünne Schicht Haftgrund. Wichtiges Kriterium für den Materialeinkauf ist, dass sich die Grundierung bzw. der Haftprimer leicht schleifen lässt (Umfragen nach bewährten Markenprodukten unter Schrauberkollegen oder in Foren bringen schnell Auskunft). Diese Primer sind auch hervorragend als Kontrastgrundierung zum späteren Feststellen von Unebenheiten beim weiteren Lackaufbau geeignet – wobei natürlich auf die Verträglichkeit des Primers mit den in den weiteren Lackschichten verarbeiteten Materialien zu achten ist. Vor der Lackierung wird der Primer zwar wieder geschliffen, es wäre aber mehr als ärgerlich, wenn der Decklack sich nicht mit dem Haftprimer verträgt. Beim Ausbeulen genügt es, das Blech nur einzunebeln. Wer eine zu dicke Schicht spritzt, vergeudet nur Material und ist entsprechend länger mit dem Abschleifen der Primerschicht beschäftigt.

Nahaufnahme zweier unterschiedlicher Dellen: Delle Nr. 1 sollte nur von der Rückseite her gegen ein Schrotkissen ausgebeult werden, Delle Nr. 2 ist dagegen so minimal, dass die Bearbeitung mit dem Löffeleisen und einer Handfaust als Gegenhalter bereits zum Erfolg führen dürfte. Die Gefahr besteht bei tieferen Dellen wie Nr. 1 darin, dass das Blech durch zu rabiate Schläge überstreckt wird.

Manche Dellen sehen bei der Reparatur anfangs viel schlimmer aus, bevor sich ihr Anblick wieder bessert. Nach weiteren Richtversuchen mit dem Kunststoff-Rundhammer hat sich die Zahl der Vertiefungen deutlich reduziert, beim Anschleifen mit dem Schleifklotz zeigt sich allerdings, dass noch etliche Unebenheiten geschlichtet werden müssen. In derartigen Situationen spielt das Schrotkissen als Hammerunterlage seine Stärken aus. Die Delle wird von der Innenseite mit einem Hammer mit balliger Bahn bearbeitet und das Schrotkissen auf der Kotflügelaußenseite untergelegt.

Das Schlichten von Blechteilen ist eine langwierige Angelegenheit, die Geduld und genaues Arbeiten erfordert. Die Unebenheiten müssen einzeln beseitigt werden, bis das Blech nach und nach wieder seine ursprünglichen Konturen annimmt. Wer kein Schrotkissen zur Hand hat, kommt mit der Ausbeultechnik mit indirekt unterlegter Handfaust am besten voran: Die Handfaust wird an der Vertiefung angesetzt und der Hammer zielt von der anderen Seite auf den unmittelbar danebenliegenden Bereich, um Höhen und Tiefen im Blech aneinander anzugleichen.

Egal ob wir den Arbeitsfortschritt mit einer Haftprimer-Kontrastschicht kontrollieren: Das Grundprinzip bei Ausbeulen derartiger Dellen lautet, das Blech zu glätten, indem zu hohe Bereiche eingeebnet und Vertiefungen hochgetrieben werden. Der Pickhammer als Werkzeug zum Ausgleichen von Vertiefungen ist nicht die ideale Wahl – besser ist ein Hammer mit einer möglichst großen Schlagfläche, damit sich die Wucht des Schlags möglichst weit verteilt. Dabei sollte das Profil der Hammerbahn möglichst der Kontur des bearbeiteten Blechs entsprechen. Gewölbte Hammerbahnen kommen auf der Rückseite gewölbter Bleche zum Einsatz, plane Bahnen dagegen auf der Außenseite einer Wölbung. Ist die Hammerfläche zu groß oder nicht ausreichend gewölbt, setzt der Hammer im Bereich um die eigentliche Delle zuerst auf und hinterlässt Schlagspuren auf dem Blech. Außerdem muss die Hammerfläche beim Aufprall stets senkrecht und plan auf dem Blech aufsetzen, andernfalls bleiben wieder Schlagspuren zurück. Am schnellsten und mit den geringsten Beschädigungen geht das Ausbeulen, wenn wir eine Handfaust als Gegenhalter unter den Vertiefungen ansetzen und auf die danebenliegende erhöhte Stelle zielen oder aber – wenn das Blech von der Rückseite her bearbeitet werden muss – das Blech in eine Holz- oder Pappunterlage oder ein Schrotkissen treiben. Wir können uns die meisten Ausbeuloperationen als Einebnungsprozess vorstellen, bei dem das aus seiner Lage verschobene Blech wieder dorthin gedrückt wird, wo es hingehört.

WARMEINZIEHEN VON DELLEN IM BLECH

Einfachere Dellen lassen sich nach der oben beschriebenen Methode ohne übermäßigen Aufwand beseitigen. Als nächste Schwierigkeitsstufe strecken wir das Blech so weit, dass es nicht mehr unter Mithilfe des eigenen „Formgedächtnisses" in seinen Ursprungszustand gebracht werden kann. Wir legen unseren Testkotflügel also auf ein Schrotkissen und verpassen der Blechfläche einen kräftigen Schlag mit der Kugelseite unseres Kugelhammers. Dadurch müsste eine tumorähnliche Ausbeulung entstehen, die dem Beispiel im Foto ähnelt.

Man ist nun akut versucht, diesen Auswuchs mit dem Hammer flachzuklopfen. Damit verschlimmert sich das Problem zwar nur, gleichzeitig erhält die dann notwendige Reparaturmethode aber ihren besonderen pädagogischen Wert. Die Reparatur eines derart überstreckten Blechs – von der Anfertigung eines neuen Teilblechs einmal abgesehen – gelingt nur, wenn wir das Blech zum Schrumpfen bringen. Blech lässt sich auf unterschiedliche Weisen schrumpfen (bzw. einziehen). Eine seit Urzeiten bewährte Methode ist das Warmeinziehen mit dem Autogenbrenner.

Im Verlauf unseres lebenslangen Lernprozesses im Umgang mit Karosserieblechen begegnen uns unterschiedliche Varianten des Autogen-Einziehverfahrens. In den richtigen Händen funktionieren sie alle, also probieren Sie ruhig aus, welche Methode bei Ihnen die besten Ergebnisse bringt.

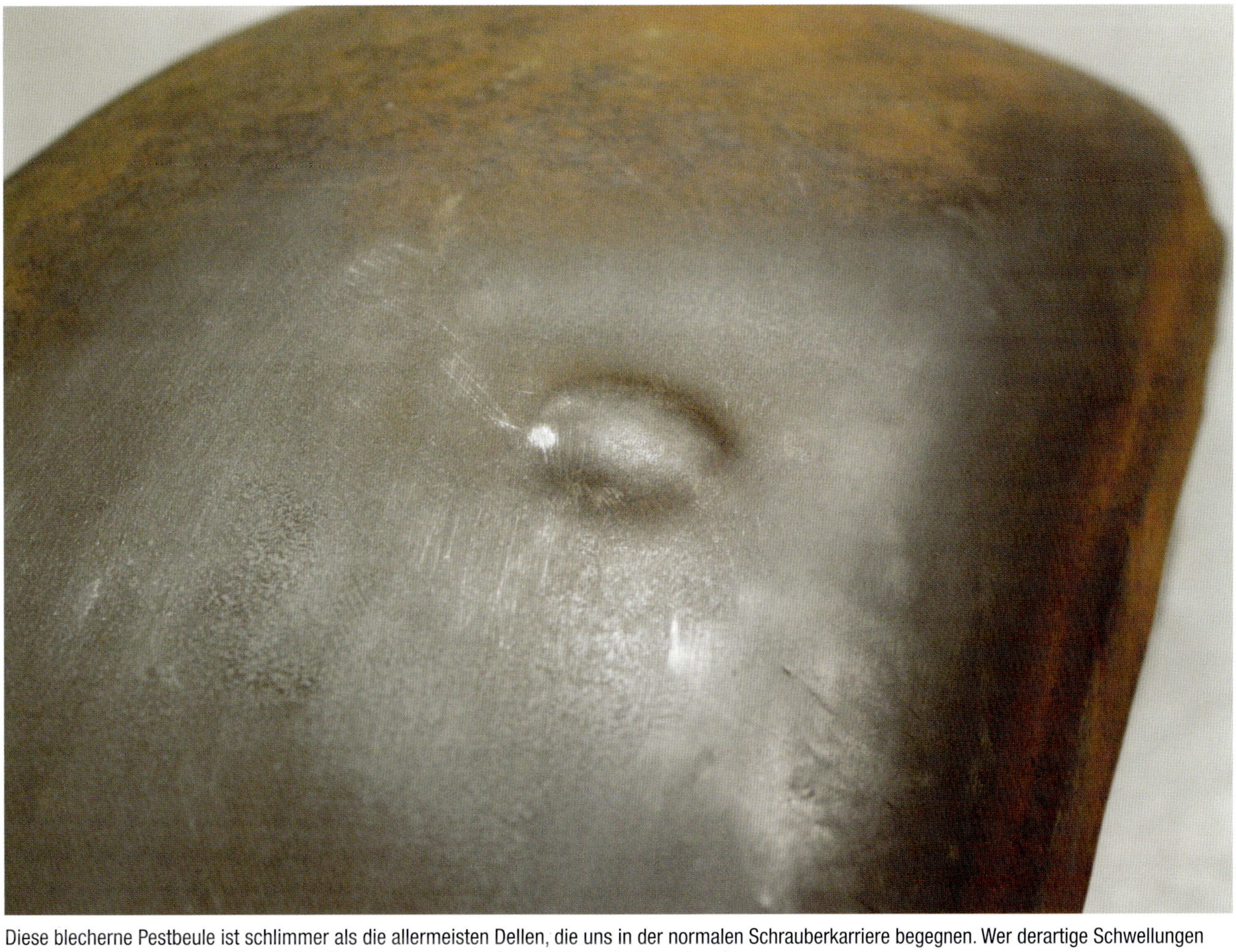

Diese blecherne Pestbeule ist schlimmer als die allermeisten Dellen, die uns in der normalen Schrauberkarriere begegnen. Wer derartige Schwellungen perfekt einzuebnen vermag, den dürften kaum noch irgendwelche Ausbeularbeiten schrecken.

Für das Warmeinziehen von Stahlblechen wird die nachstehende Methode empfohlen. Wir benötigen dazu eine Handfaust, die genau so stark oder geringfügig weniger gewölbt ist wie das Blech, dessen Oberfläche geschrumpft werden soll. Zunächst legen wir einen kleinen Planierhammer und den Brennerhalter bereit, damit wir schnell und sicher zwischen Brenner und Hammer wechseln können. Die Flamme am Autogenbrenner stellen wir wie beim Schweißen ein und erwärmen eine Fläche in der ungefähren Größe eines 50-Cent-Stücks, bis sie rotglühend anläuft. Üblicherweise wölbt sich die erwärmte Stelle auf, wenn sie sich ausdehnt. Nun setzen wir blitzschnell die Handfaust hinter der erwärmten Stelle an und legen den Brenner auf seinem Halter ab. Dann nehmen wir den Planierhammer und geben einen gezielten Schlag genau senkrecht auf den erhitzten Bereich, an dem wir von hinten mit der Handfaust gegenhalten. Der Schlag darf ruhig so kräftig sein wie beim Einschlagen eines Polsternagels. Das Blech gibt dabei an der noch immer heißen Stelle statt eines hellen metallischen Scheppergeräuschs nur ein dumpfes Klicken von sich. Scheppert es trotzdem, ist dies ein untrügliches Zeichen, dass der Schlag zu kräftig war. Mit dem ersten Schlag wird die erhitzte Aufwölbung angestaucht, so dass der Bereich wie ein winziges Hochplateau aussieht. Nach dem ersten Schlag klopfen wir etwas vorsichtiger entlang des Umfangs dieses Hochplateaus weiter, um die Beule weiter einzuebnen und zu glätten. Es ist nicht nötig, die Aufwölbung gleich im ersten Durchgang komplett beseitigen zu wollen. Zum einwandfreien Glätten eines eingezogenen Bereichs im Blech sind ohnehin meist weitere Nacharbeiten notwendig.

Das Einziehen mit dem Autogenbrenner ist eigentlich einfach, scheitert aber oft an unsachgemäßen Arbeitstechniken, daher sind einige Vorsichtsmaßregeln zu beachten. Der Grat zwischen „genau richtig" und „völlig falsch" ist ziemlich schmal. Erstens muss der erhitzte Bereich eingeebnet werden, solange er noch Farbe hat. Schnelligkeit ist entscheidend, und falls die Werkzeuge doch nicht direkt griffbereit sind, warten wir lieber, erwärmen das Blech nochmals und starten einen neuen Versuch.

Zum Warmeinziehen mit dem Autogenbrenner erhitzen wir eine Fläche ungefähr in der Größe eines 50-Cent-Stücks auf Rotglut. Hier ist der erhitzte Bereich sogar etwas zu heiß – er sollte auf dem Foto eben gut erkennbar sein.

Der Schlag auf den erhitzten Bereich darf ruhig so fest wie beim Einschlagen eines Polsternagels sein. Auf der Rückseite wird mit einem Handeisen gegengehalten, das etwas weniger stark gewölbt ist wie unser Blechteil.

Nach dem ersten Hammerschlag müsste die Wölbung wie ein winziges Hochplateau aussehen.

Nach dem ersten Schlag hämmern wir den äußeren Rand des Hochplateaus ringsum aus, um die Beule noch weiter zu glätten. Macht das Blech einen federnden Eindruck und will es sich nicht weiter einziehen lassen, müssen wir es nochmals erwärmen.

Zweitens tendiert manch einer dazu, den Hammer vor dem Schlag erst leicht auf dem Blech aufzusetzen – gerade so, als wollte er zielen. Beim Bearbeiten des erwärmten Blechs dauert dies aber viel zu lange. Den Hammer einfach in die Hand nehmen und einen gezielten, trockenen Schlag setzen! Drittens darf der Hammerschlag aber nicht zu heftig ausfallen, sonst wird das Blech gegen die Handfaust gequetscht und dadurch gestreckt. „Zu hart" wäre in etwa ein Schlag, mit dem man einen längeren Nagel in einen Baumstamm klopft. Viertens sollte man nicht aus falsch verstandenem Übereifer eine zu große Fläche auf einmal erhitzen. Das erhitzte Blech könnte dann nicht innerhalb der Grenzen zum kühleren umliegenden Blechbereich auf der Handfaust eingezogen werden. Sinnvoller ist es, sich in kleinen, beherrschbaren Intervallen vorzuarbeiten. Wie gesagt: Mit dem ersten Hammerschlag wird das Blech eingezogen und mit den weiteren Schlägen wird es nur noch geglättet. Beim erstmaligen Erwärmen wölbt sich das Blech aufgrund der Wärmeausdehnung etwas, denn diese Wölbung ist für das Blech der Weg des geringsten Widerstandes. Mit dem ersten Schlag mitten auf die Spitze dieser Wölbung wird das glühend heiße Blech im Randbereich dieser Wölbung angestaucht. Die Schlagfläche des Hammers verdichtet die Oberfläche des erhitzten Blechs, das kühlere Blech außerhalb des erhitzten Bereichs setzt diesem Schlag Widerstand entgegen und die Handfaust verhindert, dass das Blech unter dem Hammerschlag einfach einwärts gedrückt wird. Anschließend lassen wir das Blech an der Luft abkühlen und prüfen mit der Hand (sobald das Blech allenfalls noch handwarm ist), wie erfolgreich unser Einziehversuch war. Keine Panik, falls diese Stelle noch mehrmals erwärmt und mit dem Hammer geglättet werden muss. Eine Beule, die wir mit der Handinnenfläche abdecken können, dürfte beispielsweise einen Einziehgang in der Mitte und fünf weitere Einziehgänge über den Umfang der Beule erfordern.

Um die eigenen Fertigkeiten im Warmeinziehen von Blechen zu perfektionieren, bauen wir uns ein solches Übungsblech. Der Brenner darf dabei auch auf seinem Halter verbleiben und wir führen das Blech mit der einen Hand in den Flammenkegel hinein und wieder hinaus und halten in der anderen Hand den Hammer griffbereit, mit dem wir die Schrumpfstelle sofort glätten. Die im Haupttext empfohlene Methode eignet sich allerdings besser als Vorbereitung auf das Warmeinziehen von Verformungen an Blechen am Fahrzeug.

Diese Methode des autogenen Einziehens ist die narrensicherste Universalmethode. Stimmt einer der Parameter nicht exakt, funktioniert sie eben nicht, aber wer die Methode beherrscht, kommt damit immer ans Ziel. Vor allem wird das Ausbeulen damit berechenbarer. Übungsbleche lassen sich ja kinderleicht vorbereiten, eigene Versuche sind also unbedingt ratsam, bevor es an das eigentliche Restaurierungsobjekt geht. Zu warten, bis uns das lehrbuchmäßig überstreckte Blech unter die Finger kommt, an dem wir das Gelernte mustergültig anwenden können, ist riskant: Genau dieses Blech ist dann entweder unersetzlich, so dass auf keinen Fall Fehler unterlaufen dürfen, oder aber es kommt zum völlig falschen Zeitpunkt. Sinnvollerweise übt man daher bereits vorab an selbst fabrizierten „Härtefällen". Für Eigenversuche wie im vorliegenden Fall empfiehlt es sich, entlang der Seiten des Übungsblechs einen schmalen Falz abzukanten, die Eckbereiche sollten allerdings frei bleiben, damit das Blech sich verwinden und verziehen kann, falls es überstreckt wird. Die Falze verleihen dem Blech eine gewisse Grundsteifigkeit, und es verhält sich eher so, wie man es von einem richtigen Tiefziehblech erwarten kann. Ob nun die Pontonkarosserie eines Shoebox-Ford, ein Vorkriegsschnauferl mit separaten Kotflügeln oder ein Ferrari jüngerer Baujahre bearbeitet wird – Bleche verhalten sich nach dem Herstellungsprozess oder nach einem Unfall meistens völlig anders als in jungfräulichem Zustand als Tafelblech, denn durch die Kaltverfestigung des Umform- oder Verformungsprozesses erhalten die angrenzende Blechbereiche eine besondere Steifigkeit. Wir bringen also entlang der Seiten des Übungsblechs einen Falz an, legen das Blech mit den Falzen nach unten auf ein Schrotkissen und verpassen der Blechfläche einen ordentlichen Schlag mit dem Kugelhammer. Dann drehen wir das Blech wieder um, spannen es zur Stabilisierung am einen Ende auf der Werkbank fest und können nun unsere Ausbeultechniken üben.

Variationen

Bei einer Variante des Autogen-Warmeinziehens wird die bearbeitete Stelle im Anschluss an die beschriebenen Schritte mit kaltem Wasser abgeschreckt. Bei wieder einer anderen Variante wird davon abgeraten, den erwärmten Schrumpfpunkt mit einem Handeisen zu unterlegen. Für die ersten eigenen Einziehversuche ist es nicht ratsam, das Blech abzuschrecken, da es durch das Abschrecken noch viel stärker zum Schrumpfen neigt und sich dieser Prozess schwerer beherrschen lässt, vor allem auf von vornherein ebenen oder fast ebenen Blechen. Erst wenn wir das Autogen-Warmeinziehen (ohne Abschrecken) sicher beherrschen, können wir uns an Abschreckversuche an einem ebenen Blech wagen. Das Blech ohne unterlegtes Handeisen einziehen zu wollen, ist – nach eigenen Versuchen zu urteilen – nicht ganz so wirksam wie mit dem Handeisen. Ohne auf der Rückseite anliegendes Handeisen neigt das erhitzte Blech beim Einziehen zum Wegsacken, statt sich stauchen zu lassen, wenn es durch das unterlegte Handeisen am Ausweichen gehindert wird. Das Blech wird unter dem ersten Hammerschlag trotzdem in gewissen Grenzen gestaucht, tendenziell fühlt sich die Blechoberfläche nach dem ersten Schlag aber fast wie Kaugummi an.

Sobald das Schrumpfen mit dem Autogenbrenner an den Übungsblechen sicher klappt, können wir Einzieharbeiten an einem größeren Stahlblech mit leichter Wölbung in Angriff nehmen, beispielsweise an einer Pkw-Tür.

Dabei kann es passieren, dass der Einziehvorgang lustig fortgesetzt wird – und vielleicht sogar noch mit einem nassen Lappen abgeschreckt wird, damit es schneller geht –, und dann wölbt sich das Blech auf einmal mit einem unschönen Knackgeräusch konkav durch. Jetzt ist's passiert – das Blech wurde zu sehr geschrumpft. Derartige Schrumpferscheinungen können auch im direkt an eine Schweißnaht angrenzenden Bereich auftreten. In beiden Fällen muss das Blech wieder in seine normale Lage zurückgestreckt werden. Auf ganz primitive Weise geht dies, indem wir das Blech mit der Oberseite nach unten mit einem Karton als Unterlage auf der Werkbank ablegen. Dann setzt man ein Löffeleisen bzw. Schlageisen auf der Vertiefung an und schlägt mit dem Hammer auf das Löffeleisen. Durch das Löffeleisen als Zwischenlage wird die Einwirkung der Schläge soweit verteilt, dass das Blech keinen Schaden nimmt, und der überstreckte Bereich wird geglättet.

Wer das Richten zu stark geschrumpfter Bleche üben möchte, präpariert ein Übungsblech nach der für das Warmeinziehen beschriebenen Methode. Dann ziehen wir das Blech in mehreren Durchgängen mit dem Autogenbrenner punktuell ein und schrecken den Schrumpfbereich sofort nach dem Aushämmern ab. Hoffentlich verzieht sich das Blech jetzt so richtig! Nun legen wir das Blech auf die Werkbank und bewundern unser Werk. Falls das Blech partout nicht flach aufliegen will, hat es sich bilderbuchhaft verzogen. Um den Verzug zu beseitigen, drehen wir das Blech um, so dass es nur an seinen Falzen aufliegt. Nun bearbeiten wir die Blechrückseite vorsichtig mit einem Kunststoff- oder Lederhammer. Auch ein Versuch, das Blech auf einem Handeisen oder einem Holzklotz oder auf einem Linoleumstück auf einer harten Unterlage zu schlichten, wäre sinnvoll. Die passende Werkzeugkombination, die genau die gewünschte Streckwirkung erzeugt, lässt sich nur durch Probieren ermitteln, durch Strecken kann das Blech jedoch soweit geglättet werden, dass keine Springbeule zurückbleibt. Das Problem wurde durch den Schrumpf- bzw. Einziehvorgang ausgelöst, also kann es durch den umgekehrten Prozess – durch Strecken – behoben werden. Das Autogen-Warmeinziehen, wie es hier beschrieben wurde, ist nur ein kleiner Teil dessen, was beim Einziehen von Blechen durch Erwärmen und Abschrecken möglich ist, wer die beschriebenen Versuche jedoch erfolgreich absolviert, wird bereits wesentlich besser abschätzen können, wann und wie stark ein Blech warm eingezogen werden muss.

EINZIEHEN MIT WIDERSTANDSSCHWEISSGERÄTEN, BOLZENSCHWEISSPISTOLEN UND EINZIEHSCHEIBEN

Das Autogen-Warmeinziehverfahren hat sich bei Hobby-Blechbearbeitern vielfach bewährt, doch lassen sich Blechteile auch noch auf andere Weise einziehen. Manchmal muss nur ein eng begrenzter Bereich eingezogen werden, wofür ein Brenner unzweckmäßig wäre. Widerstandsschweißgerät, Bolzenschweißpistole oder Einziehscheiben bieten sich hier als weitere wirkungsvolle Waffen im Werkzeugarsenal an.

Bei Widerstands-Punktschweißgeräten und Bolzenschweißpistolen denkt man gemeinhin eher an Schweißarbeiten, doch auch als Warmeinziehgeräte können sie gute Dienste leisten. Beide Werkzeuge sind neu ziemlich kostspielig, also lohnt sich ihre Anschaffung als reine Einziehgeräte kaum.

Handwerklich primitiv, aber wirksam ist das Strecken zu stark geschrumpfter Bleche mit einem Löffeleisen, das als Unterlage für die mit dem Hammer auf die Blechrückseite geführten Schläge dient. Das Löffeleisen verteilt die Kraft der Hammerschläge und verhindert Schlagspuren auf dem Blech. Unter dem Blech sollte ein Karton unterlegt werden, damit das Blech unter den Schlägen etwas nachgeben kann.

Wer sich jedoch ein solches Gerät ausleihen oder es gebraucht erstehen kann, sollte zugreifen. Das Prinzip der Widerstands-Punktschweißgeräte basiert auf dem Stromfluss durch zwei Elektroden, zwischen denen das zu verschweißende Blech eingeklemmt wird. Durch den Widerstand, den das zwischen den beiden Elektroden eingeklemmte Blech aufbaut, heizen sich die Bleche soweit auf, dass sie an der Klemmstelle verschweißt werden. Beim Schweißen muss das Werkstück stramm zwischen den beiden Elektroden eingeklemmt und der Geräteschalter mehrere Sekunden lang betätigt werden. Da Widerstandsschweißgeräte für ihre Funktion auf eine gute elektrische Verbindung angewiesen sind, ist ihre Einstellung für das Punktschweißen nicht immer ganz einfach. Die auswechselbaren Kupferspitzen der Elektroden weisen eine ganz bestimmte Form auf und müssen senkrecht mit einem bestimmten Druck auf dem zu schweißenden Blech aufsetzen. Beim Warmeinziehen kommt es dagegen nicht auf die beim Schweißen notwendige Genauigkeit an. Für Reparaturfälle wie die verzogene Heckklappe des Ford Fairlane, von der später in diesem Kapitel die Rede ist, oder für das kleinflächige, lokale Schrumpfen spannen wir einfach das Blech an der Stelle, die eingezogen werden soll, zwischen den Elektroden fest. Dann betätigen wir den Startschalter und zählen „ein-tausend-eins". Vorsicht: Wird der Schalter zu lange gedrückt gehalten, brennen die Elektroden ein Loch ins Blech. Das Blech darf sich nur soweit aufheizen, dass eine ganz kleine Wölbung entsteht, die sich als blauer Punkt auf dem Blech abzeichnet. In der Regel sind mehrere kleinflächige Schrumpfoperationen erforderlich, denn der Schrumpfeffekt ist sehr begrenzt. Leider hinterlassen die Elektroden an jeden auf diese Weise eingezogenen Punkt eine leichte Druckstelle. Wer mit derartigen winzigen Pickeln auf dem Blech nicht leben kann, sollte auf andere Methoden zurückgreifen. Wenn das Blech hinterher noch geschliffen wird, verschwinden diese Pickel aber in aller Regel.

Bolzenschweißpistolen funktionieren ähnlich wie Widerstands-Punktschweißgeräte und erzeugen durch die Wärmeentwicklung lokal begrenzte Stauchungen im Blech. Mit der Spitze der Bolzenschweißpistole wird ein kleiner Metall-Ziehstift an der Vertiefung im Blech angeschweißt. Dann greifen wir mit einem Gleithammer-Ausziehgerät den Stift und setzen den von hinten unzugänglichen vertieften Bereich unter Zugspannung. Die Schweißspitze kann gegen eine Heizspitze ausgewechselt werden, und damit verwandelt sich die Bolzenschweißpistole in eine Einziehpistole. Wir legen hinter dem einzuziehenden Bereich ein Stahl-Handeisen als Gegenhalter an und drücken die unter Federspannung stehende Heizspitze fest auf dem Blech auf. Dann drücken wir den Startschalter an der Pistole, zählen „Ein-tausend-eins, ein-tausend-zwei" und ziehen das Werkzeug wieder zurück. Bei Bedarf wird der Einziehvorgang wiederholt. Sowohl beim Widerstandsschweißgerät als auch bei der Bolzenschweißpistole müssen die bearbeiteten Bereiche wie auch die Elektrodenspitzen silbrig-glänzend blank sein. Rostbefall stört die Gerätefunktion, außerdem bildet sich dann ein Lichtbogen, der das Blech an der erwärmten Stelle regelrecht wegerodiert.

Widerstands-Punktschweißzangen eignen sich auch als Werkzeug für das Warmeinziehen.

Links eine konventionelle Bolzenschweißpistole, rechts eine Bolzenschweißpistole mit Heizspitze.

RICHTEN EINER TÜR

Als Versuchsobjekt für die Richtverfahren, die wir bis hierher kennengelernt haben, fand sich in unserem Altblechfundus die Tür eines Ford Model T mit grotesk verzogener Türhaut. Das Blech wölbte sich an unterschiedlichen Stellen mal nach innen, mal nach außen, und erschwerend – bzw. im Sinne unserer Übungsrunden als willkommener Zusatzeffekt – kam hinzu, dass das Türblech von hinten nur sehr schlecht zugänglich ist. Kurz, der ideale Kandidat für die praktische Anwendung des bisher Gelernten.

An der Türhaut dieser fast antiken Tür sind vier Schadensbereiche zu erkennen, deren Instandsetzung allerhand Tricks erfordern dürfte.

Die erhabenen Bereiche und Vertiefungen des Schadensbereichs werden sichtbar, wenn wir die Rückseite des Blechs anschleifen.

Bei der Reparatur beginnen wir auch hier mit den Methoden, die möglichst wenig Nacharbeit erfordern. Viele der großflächigen Verformungen lassen sich von Hand einigermaßen in ihre Ausgangsform zurückdrücken, das Blech ist allerdings dermaßen gedehnt, dass es wieder in seine bisherige Lage zurückspringt, sobald wir die Hand wegnehmen. Derart hartnäckige Dellen können nur durch Stauchen bzw. Einziehen beseitigt werden.

Nachdem es von Hand also nicht recht vorangeht, wenden wir uns – assistiert durch einen Helfer – der mit 1 markierten senkrechten Knickstelle im Blech zu. Wir klemmen ein breites Löffeleisen hinter die Türeinbauten im Türkasten, üben von der Rückseite her Druck auf die Knickstelle aus und ziehen das Blech mit der Heizspitze der Bolzenschweißpistole in mehreren Durchgängen entlang der Scheitellinie des Knicks ein. In den Bereichen, an die wir mit dem Löffeleisen nicht herankommen, setzen wir das Türblech von der Unterseite her unter Druck, indem wir eine Ausbeulfaust im Türinneren auf einem kleinen Holzklotz einklemmen. Mit der Bolzenschweißpistole lässt sich das Blech sehr gut einziehen, und am Ende sind die Knicke verschwunden. Das Blech muss zwar noch weiter geschlichtet werden, die am übelsten verzogenen Bereiche haben aber nun bereits ihre ursprüngliche Kontur zurückerhalten. Bereits nach dieser ersten Einziehphase ist die Türhaut nicht mehr so instabil wie zuvor.

Dieses Löffeleisen wird an der Türinnenseite als Hebel angesetzt und dient als Gegenhalter für die Heizspitze der Bolzenschweißpistole. Ohne Unterlage auf der Blechrückseite würde die Heizspitze das erhitzte Blech noch weiter nach innen drücken.

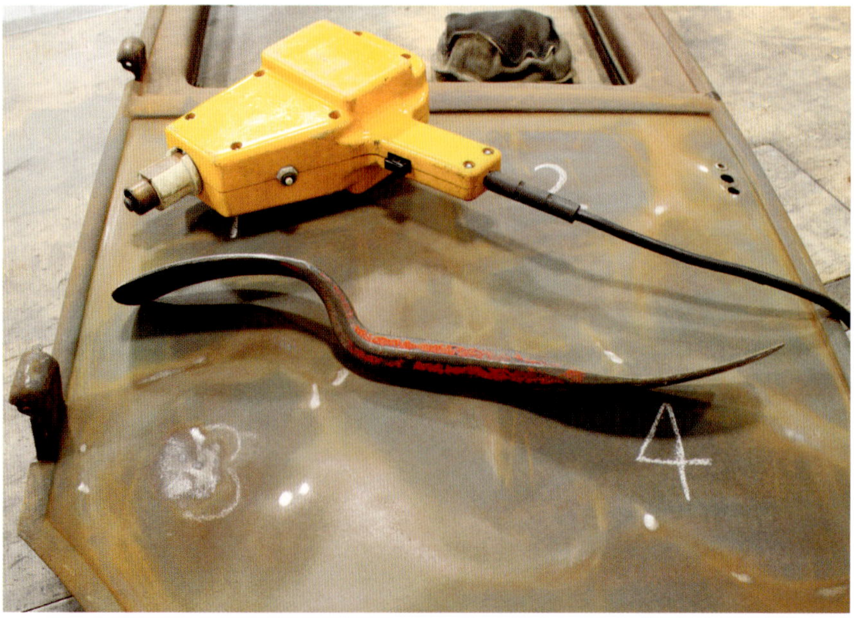

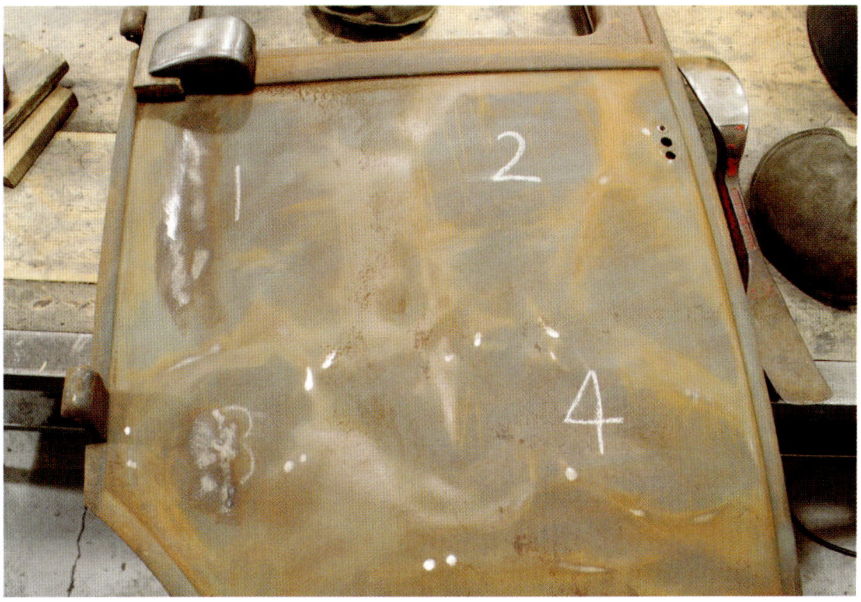

Im oberen Teil der Tür, in dem das Türblech von hinten nur schlecht zugänglich ist, klemmen wir diese Handfaust hinter den Bereich, der eingezogen werden soll. Ein Holzkeil fixiert die Handfaust unverrückbar am Blech.

Nun legen wir die Tür mit der Außenseite nach unten auf einem Karton auf der Werkbank auf und wenden uns den tiefsten noch verbliebenen Dellen zu. In konzentrischen Kreisen arbeiten wir uns vom Außenrand der Delle bis zu ihrem Mittelpunkt vor. Unkontrollierte Schläge auf den Scheitelpunkt der Delle führen nur zu einer weiteren Stauchung des bereits kaltverfestigten Bereichs, durch konzentrische Schläge von außen nach innen bis zum Mittelpunkt lässt sich der Bereich jedoch richten, ohne neue Unebenheiten zu produzieren. In den engen, unzugänglichen Winkeln hinter den Türrahmeneinbauten drücken wir die Dellen mit einem gewölbten Löffeleisen, das als Stemmwerkzeug dient, nach außen. Zur Kontrolle des Arbeitsfortschritts wird die Außenfläche mit einem Schleifklotz immer wieder leicht überschliffen, um die zu hohen Stellen und die Vertiefungen ans Licht zu bringen. Damit können die verbliebenen Nacharbeitsbereiche eingegrenzt und mit Schlichthammer und Handfaust als Gegenhalter – am besten mit indirekt unterlegter Handfaust – geglättet werden.

Der Knick in dem mit 5 markierten Bereich der Türhaut ist ein idealer Kandidat für einen Streckversuch mit dem Widerstandsschweißgerät. Dieses Gerät ist natürlich etwas unhandlicher als die Bolzenschweißpistole, denn die Elektroden müssen so dimensioniert sein, dass sie um Hindernisse herumreichen, aber wenn die Elektroden am gewünschten Punkt anliegen, lässt sich damit genauso gut arbeiten wie mit der Bolzenschweißpistole. Die Elektroden werden fest auf dem Blech in Anlage gebracht, wir drücken die Starttaste und zählen „ein-tausend-eins", und durch die jetzt entstandene punktuelle Stauchung wird die Blechfläche an der erhitzten Stelle eingezogen.

Mit dosierten Schlägen auf ein Löffeleisen, das auf der Rückseite des Türblechs anliegt, kann ein Teil der eingesunkenen Zonen auf ihr ursprüngliches Niveau hochgetrieben werden.

Löffeleisen eignen sich auch gut als Treibeisen, denn mit ihnen kommt man in schwer zugängliche Bereiche wie z. B. die Ecke dieser Tür.

Der Bereich 4 wird mit Hammer und Handfaust nach der Methode der „indirekt unterlegten Handfaust“ geglättet.

Der Knick in Bereich 5 kann mit dem Widerstands-Punktschweißgerät eingezogen werden. An der Stelle, an der das Blech zwischen den Geräteelektroden kurzzeitig bis zur Rotglut erhitzt wird, bildet sich eine winzige Stauchung.

Eine Delle unmittelbar unterhalb des Bereichs 5 ist von hinten unzugänglich, da sie durch den Türrahmen verdeckt wird. Hier kommt die Bolzenschweißpistole in ihrer ursprünglichen Funktion als Schweißgerät zum Einsatz. Wir setzen einen kleinen Ziehbolzen aus Stahl in die Schweißspitze ein und drücken die Spitze gegen das Blech. Dann drücken wir die Starttaste einige Sekunden lang, wodurch der Bolzen mit dem Blech verschweißt wird. Eine spezielle Ziehspitze wird an einem Gleithammer befestigt und der Bolzen vorsichtig zurückgezogen, so dass sich das Blech, mit dem er verschweißt wurde, hochzieht. Am glattesten wird das Blech, wenn mehrere Ziehbolzen möglichst dicht nebeneinander angebracht werden, statt an nur einigen wenigen Stellen umso stärker zu ziehen. An unserer Delle bringen wir zwei Bolzen an.

Bleche, die von hinten kaum zugänglich sind, stellen unsere Geduld und Erfindungsgabe auf eine besondere Probe. Einige Dellen in Nähe der Türaußenkanten sind wegen der Türkastenbleche von hinten praktisch nicht erreichbar, deshalb greifen wir auf eines der eigenwilligeren und seltener verwendeten Ausbeulwerkzeuge aus unserem Fundus zurück, einen langen Hebel mit 90-Grad-Haken am einen Ende. Dieses Stemmwerkzeug wird vorsichtig ins Türinnere eingefädelt, wir ertasten seine Lage durch leichtes Kippen des Werkzeugs, so dass auf der Vorderseite erkennbar ist, wo sich das Türblech aufwölbt. Sobald das Werkzeug richtig positioniert ist, schlichten wir den Bereich um die mit dem Werkzeug erzeugte Druckstelle. Mit ein paar Strichen mit dem Schleifklotz kann kontrolliert werden, wie die Ausbeulerei fortschreitet.

Die Bolzenschweißpistole ist die erste Wahl für die Bearbeitung von Dellen, die von hinten unzugänglich sind. In diesem Fall blockierte der Türrahmen den Zugang zur Blechrückseite, also werden ein oder zwei Ziehbolzen angebracht und das Blech von außen aus seiner Vertiefung hochgezogen.

Die Ziehbolzen werden mit einem speziellen Gleithammer hochgezogen. Bei diesem Gerät wird der Bolzen mit einer Rändelschraube fixiert, die den Bolzen fest umschließt, sobald der Hammergriff unter Zug gesetzt wird.

Wenn wir kontinuierlich am Bolzen ziehen und gleichzeitig den Bereich um den Bolzen mit dem Hammer glätten, wirkt der Zugvorgang ganz anders, als wenn nur am Bolzen gezogen wird. Durch die Kombination von Zug und kontrollierten Hammerschlägen lässt sich der Fortschritt beim Glätten des Blechs besser steuern.

In der letzten Phase unserer Ausbeularbeiten an der Model-T-Tür sprühen wir eine dünne Schicht Haftprimer als Kontrastgrund. Um an einige Bereiche am oberen Ende des Türblechs zu kommen, hätte ein Teil des Türrahmens herausgetrennt werden müssen. Manchmal lassen sich derartige Eingriffe nicht vermeiden, da dann die Türhaut wesentlich einfacher geglättet werden kann. Bei unserer Tür eines antiken Ford T verboten sich allerdings derart radikale Schritte. Wenn die Türhaut unbedingt vom Rahmen getrennt werden muss, ist darauf zu achten, dass der Türrahmen stabil genug ist und seine Form nicht verändert, wenn die Außenhaut abgenommen wird. Notfalls muss er durch Stützstreben versteift werden, damit die Tür nicht hinterher erst wieder mühsam in Form gebracht werden muss. Zum Abschluss werden die erhabenen Stellen und Vertiefungen mit Hammer und Handfaust geglättet; geringfügige Vertiefungen werden mit dem Löffeleisen gegen eine unterlegte Handfaust geschlichtet und das Blech immer wieder überschliffen, um zu kontrollieren, ob und wie die Unebenheiten verschwinden. Die Blechfläche sieht bei derartigen Ausbeularbeiten zwischendurch eher noch schlimmer aus als zuvor, bevor die Unebenheiten schließlich doch noch verschwinden. Viele Unebenheiten und Macken in der Oberfläche hatten sich zudem unter dem gleichmäßigen Rostüberzug des Türblechs versteckt. Wenn der Unterschied zwischen zu hohen und zu tiefen Bereichen im Blech nach und nach verschwindet, wirkt die Tür beim Überschleifen zunehmend fleckig. Wenn die zuvor dunklen Bereiche des Kontrastgrunds fast durchsichtig wirken, ist der Punkt erreicht, an dem das Blech mit 180er Schleifpapier vollends glattgeschliffen werden kann. Ist aller Rost beseitigt, kann grundiert werden.

DIE EINZIEHSCHEIBE

Vor allem in den USA ist die „shrinking disc" als Hilfsmittel für das Schrumpfen bzw. Einziehen verbreitet. Das Schleifgeräusch dieser „Einziehscheibe" ist einigermaßen durchdringend, es ist daher nicht ratsam, damit spätabends in Hörweite menschlicher Behausungen zu hantieren. Für alle, die sich nicht an einen Autogenbrenner herantrauen, bedeutet die Einziehscheibe eine preisgünstige Alternativlösung beim maschinellen Einziehen. Wer aber das Autogen-Einziehverfahren beherrscht, dürfte die Einziehscheibe als langsam und schwerfällig empfinden.

Das Wellenprofil der Einziehscheibe erzeugt bei den hohen Drehzahlen des Winkelschleifers Wärme auf der Werkstückoberfläche. Der Schleifer wird mit der Einziehscheibe über die Blechoberfläche geführt, bis sich der gestreckte Bereich, der eingezogen werden soll, unter der Wärmeeinwirkung zu wölben beginnt, und dann wird der erwärmte Bereich schnell mit kaltem Wasser abgeschreckt. Die abgebildete Einziehscheibe tut bereits seit vielen Jahren ihren Dienst, neuere Ausführungen haben allerdings eine plane Oberfläche sowie einen nach oben umgekanteten Sicherheitsrand. Dieser Rand versteift die Scheibe, so dass sie auf dem Blech nicht ganz so sehr wie die ursprüngliche Version wie ein rotierendes Sägeblatt wirkt. Für 110-mm-Schleifer sind auch kleinere Ausführungen dieser Scheiben erhältlich. Die gewellte ältere Version der Einziehscheibe muss mit einem Hartgummi- oder Fiberteller stabil abgestützt werden und neigt zum Einreißen. Aus Sicherheitsgründen verwenden wir beide Tellerscheiben zusammen.

Für dieses bizarr gebogene Spitzwerkzeug finden sich im Inneren unserer Versuchstür neue Einsatzmöglichkeiten, um eine Delle von der Rückseite aus dem Blech zu drücken. Zusätzliche Hebelwirkung erhält man an der Werkzeugspitze, indem der Griff seitlich verdreht wird.

Insgesamt sieht das Türblech jetzt bereits recht ordentlich aus. Mit einer weiteren Schlichtrunde mit Hammer und Handeisen verschwinden noch die letzten Unebenheiten – womit ihr Zweck als Übungsobjekt erfüllt wäre.

Als Allheilmittel für Blechrichtarbeiten aller Art taugt die Einziehscheibe allerdings nicht. Um mit ihr brauchbare Ergebnisse zu erzielen, sind gewisse Vorkenntnisse im manuellen Ausbeulen und Richten von Blechen unabdingbar, andernfalls sind die Enttäuschungen vorprogrammiert. Eine zentimetertiefe Druckstelle in einem Blech, an dem der Richtversuch gescheitert ist, verschwindet auch mit der Einziehscheibe nicht. Dafür lassen sich mit ihr die letzten zwei Prozent Unebenheiten beseitigen, an denen man andernfalls beim Schlichten des Blechs fast verzweifelt. Mitunter erfordern gerade diese letzten 2 Prozent mehr Geschick und Feingefühl als alle vorherigen Ausbeulschritte zusammen.

Als Versuchsobjekt diente die Heckklappe eines 1957er Ford Fairlane, die an Stabilität eingebüßt hatte. Sie hatte sich irgendwann einmal an der angrenzenden Regenablaufrinne verkantet und verzogen. Danach war sie so gut wie nur möglich gerichtet worden, die Außenhaut machte seither aber einen etwas wackligen Eindruck, denn auch die Versteifungen auf der Haubeninnenseite hatten sich bei dem Missgeschick verzogen und ihre Spannung zur Außenhaut teilweise verloren. Die Einziehscheibe eignet sich für kleinere Einziehaufgaben wie an dieser Heckklappe, die wieder etwas mehr Spannung erhalten soll: Die Arbeit mit der Einziehscheibe ist unkompliziert: Der gestreckte Bereich (in diesem Fall der instabile Bereich der Heckklappe) wird metallisch blank geschliffen, denn die Farbänderungen im Blech müssen sofort zu erkennen sein. Dann bewegen wir die rotierende Scheibe über den schadhaften Bereich, bis das Blech strohfarben anläuft, nehmen die Scheibe weg und lassen das Blech sofort von einem Helfer mit einem nassen Lappen abschrecken. Das Wasser darf auf dem heißen Blech ruhig zischen. Diesen Vorgang wiederholen wir, bis am Blech eine ausreichende Schrumpfung eingetreten ist. Im Fall der Fairlane-Heckklappe war nach zwei Durchgängen die Spannung der Bleche bereits wieder weitgehend hergestellt.

Instabile und gestreckte Bleche wie unsere Fairlane-Heckklappe können auch mit dem Autogenbrenner instandgesetzt werden, doch wer nicht über eine gewisse Erfahrung verfügt und den Reparaturverlauf nicht zu beurteilen weiß, kann sich damit schnell erhebliche Komplikationen einhandeln. Bei einer derartigen Detailreparatur mit dem Autogenbrenner drückt ein Helfer die Unterseite des instabilen Bereichs mit einem Handeisen nach oben, während wir die Autogenflamme vorsichtig über die Blechoberseite streichen lassen. Noch bevor das Blech seine Farbe ändert, schrecken wir das Blech mit einem nassen Lappen ab. Ändert sich damit noch nichts, wärmen wir das Blech nochmals an, diesmal aber etwas länger. Auf diese Weise konnten wir bereits zahlreiche Blechteile, die ihre Steifigkeit verloren hatten, wieder stabilisieren, die Reparatur ist aber nicht ohne Tücken, denn es lässt sich kaum vorhersagen, wie stark das Blech erwärmt werden muss. Sobald eine Farbänderung festzustellen ist, heizt sich das Blech sehr schnell auf, die Überhitzungsgefahr ist also entsprechend groß. Zudem sind die Folgen eines überhitzten ebenen Blechs gravierend, sowohl für das Blech als auch für die Schraubermoral. Wird das Blech zu stark eingezogen, zieht es sich mit erschreckendem Tempo muldenförmig zusammen.

Eine schon etwas in die Jahre gekommene Einziehscheibe und ein antiker Winkelschleifer mit Fiber- und Gummistützteller. Diese alte Version der Einziehscheiben benötigt einen sehr stabilen Stützteller, sonst reißt sie schnell ein.

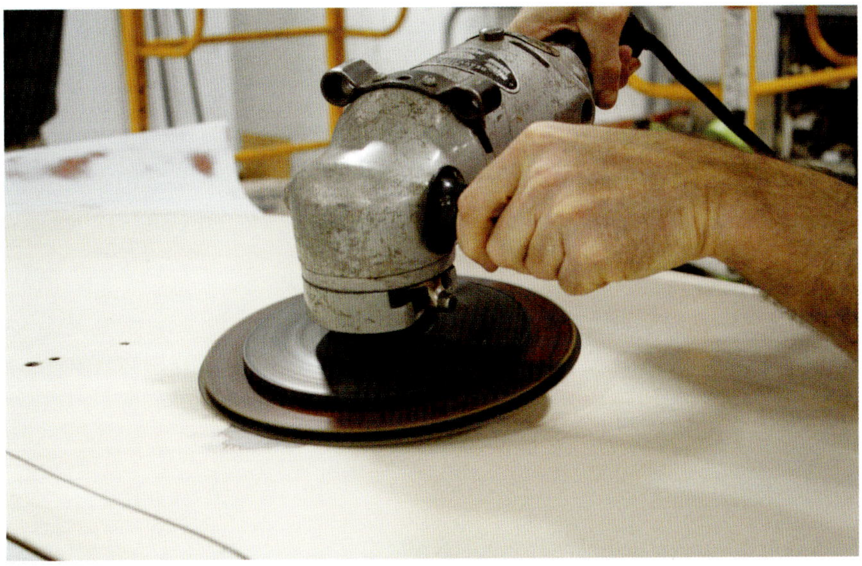

Die Einziehscheibe wird über die labile Stelle unserer Fairlane-Heckklappe geführt, bis das Blech erste Anlauffarben zeigt. Durch die Wärme wird offensichtlich ein Staucheffekt im angrenzenden Bereich des Blechs erzielt.

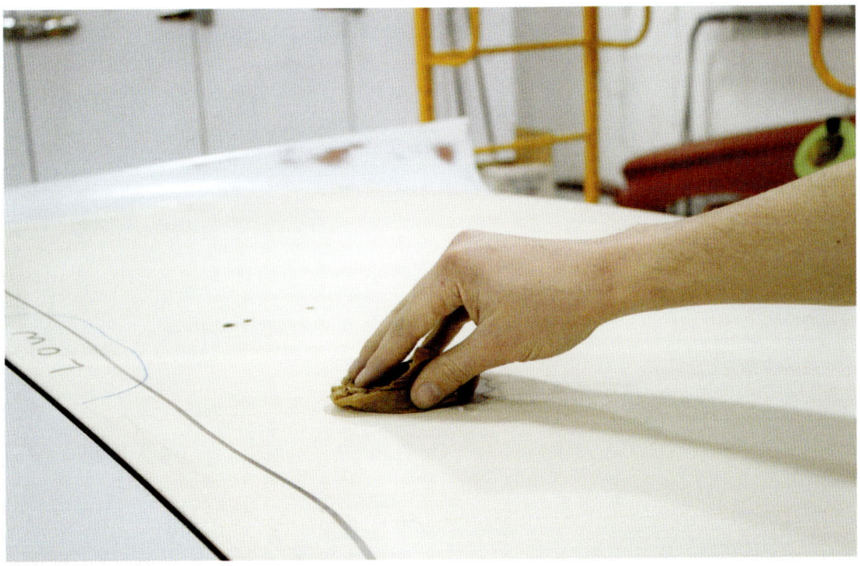

Nach jedem Durchgang mit der Einziehscheibe wird der erhitzte Bereich sofort mit einem nassen Lappen abgeschreckt. Das Abschrecken verhindert offenbar, dass die beim Erhitzen entstandene Stauchung sich wieder umkehrt. Wir machen uns also den Staucheffekt in größtmöglichem Maße zunutze.

Aber kein Grund zur Panik: Wir strecken das Blech jetzt einfach wie bei unserem oben beschriebenen Übungsblech. Die Fairlane-Heckklappe hätte auch mit dem Widerstandsschweißgerät oder mit der Bolzenschweißpistole mit montierter Heizspitze repariert werden können.

VERSCHLEIFEN VON SCHWEISSNÄHTEN UND ENDSCHLIFF DER BLECHE

Alte Hasen werden es bestätigen: Das fachmännische Verschleifen von Schweißnähten und die perfekte Endbearbeitung der Blechoberflächen sind längst nicht so einfach, wie man glauben möchte. Viel zu häufig sind ordentliche Vorarbeiten durch unsachgemäßes Schleifen ruiniert worden. Wenn hinterher die Reparaturstelle nirgends mehr erkennbar sein soll und nach dem Verschweißen mehrerer Einzelbleche keinerlei Schweißspuren zu sehen sein dürfen, müssen die Bleche perfekt verschliffen werden. Auch bei der Lackvorbereitung oder beim Polieren blanker Bleche müssen die Flächen mit jedem Reparaturschritt immer glatter werden.

Grundprinzip beim Schleifen von Schweißstellen ist, dass immer nur die Schweißnaht verschliffen wird. Anfänger neigen allzu oft dazu, Unebenheiten im Blech rings um eine Schweißnaht dadurch ausgleichen zu wollen, dass sie das Blech großflächig mit der Fiberschleifscheibe traktieren – in der Hoffnung, damit eine glatte Oberfläche hinzubekommen. Dies funktioniert vielleicht bei minimalen Unebenheiten und dicken Blechen, an Karosserieblechen ist damit aber meistens der Weg ins Verderben vorgezeichnet. Der höherliegende Teil der Naht bekommt den Großteil der Schleiferei ab und ist am Ende papierdünn. Ist das Blech zu dünn geraten, hilft nur, es herauszutrennen und ein neues Blechstück einzusetzen. Je nach Schweißverfahren besitzen die Schweißnähte ganz unterschiedliche Eigenschaften, beim Schleifen soll aber grundsätzlich nur überschüssiges Metall auf der Naht abgetragen werden, bis die Naht nicht mehr vom umliegenden Blech zu unterscheiden ist.

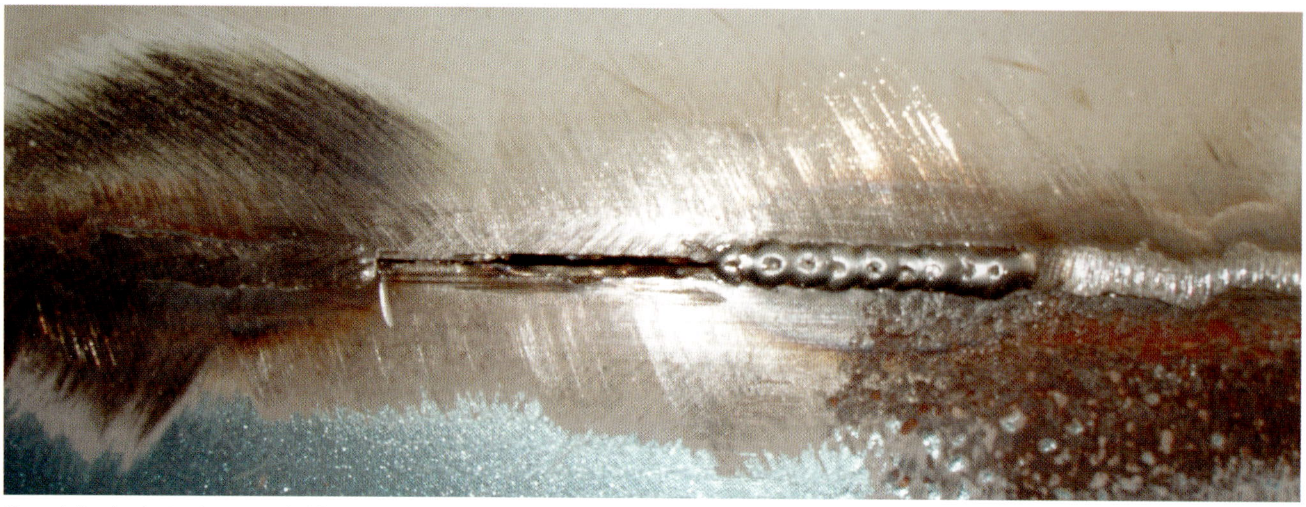

Dieser teilweise instandgesetzte Kotflügel eines Triumph TR3 zeigt links eine verschliffene MIG-Schweißnaht, in der Mitte einen Schnitt mit einer Trennscheibe, der ein Verkanten der Bleche verhindern sollte, sowie rechts eine noch nicht verschliffene MIG-Naht.

Es braucht also wirklich nirgends außerhalb der Schweißnaht geschliffen zu werden. WIG- oder Autogennähte sind im Allgemeinen ohnehin sehr flach und erfordern nur wenig Nachschleifaufwand.

Wie wir die Schweißnaht einebnen, richtet sich nicht zuletzt nach der Art der Schweißnaht. Beim MIG-MAG-Verfahren ist der Schweißgutauftrag meist am größten, also befassen wir uns zuerst mit diesem Verfahren. Manche Blechner tragen die höchsten bzw. dicksten Bereiche der MIG-Naht mit einer Schleifscheibe im Druckluft-Winkelschleifer ab. Schleifscheiben ähneln auf den ersten Blick Trennscheiben, sind aber rund 6 mm dick. Sie sollten möglichst immer quer zur Schweißnaht geführt werden, andernfalls „verlaufen" sie nur zu leicht in die Bereiche beidseits der Naht, die ja gar nicht überschliffen werden sollen. Auch mit einem Elektro-Winkelschleifer mit 110-mm-Fiberschleifscheibe ist diese erste Schleifphase schnell erledigt – fast schon zu schnell. Dass die Naht nahezu bündig verschliffen ist, merken wir daran, dass die Schleifscheibe das angrenzende Blech anzuknabbern beginnt. Wenn dieser Punkt erreicht ist, wechseln wir das Werkzeug. Mit einer 36er Fiberscheibe im Winkelschleifer lässt sich die Naht noch etwas weiter einebnen. Auch hier führen wir die Schleifscheibe quer zur Naht und nicht in Längsrichtung auf der Naht entlang, sonst verläuft die Schleifscheibe mit ihrem Rand zu schnell in das angrenzende Blech und schleift das Blech dort ruckzuck dünn. Die Schleifscheibe sollte möglichst flächig auf der Naht aufliegen, statt den Winkelschleifer schräg anzustellen und nur mit dem Rand der Schleifscheibe zu schleifen. Vertiefungen werden vorsichtig nach oben geklopft, erhabene Bereiche mit Hammer und Handfaust entlang der Naht eingeebnet, andernfalls werden diese Stellen garantiert zu dünn, wenn wir versuchen, die Unebenheiten allein mit dem Winkelschleifer auszugleichen. Zwischendurch kontrollieren wir das Blech auf verbliebene Unebenheiten, indem wir einen Schleifklotz oder eine Karosseriefeile in Zickzackrichtung über die Schweißnaht ziehen. Erhabene Stellen erscheinen dann metallisch blank, zu tiefe Stellen bleiben unverändert. Wirkt das Blech zu 99 Prozent glatt, schleifen wir mit einer Fiberscheibe mit 80er Körnung und danach mit 150er Körnung weiter, und zum Schluss folgt als Grundiervorbereitung noch ein Durchgang mit dem Schwing- oder Exzenterschleifer mit 220er Körnung. Manche Anfänger fangen mit teuren kleinen Roloc-Schleifscheiben an. Diese verschleißen allerdings ruckzuck auf der Schweißnaht, denn sie sind für kleinerer Flächen gedacht und sind mit der Bearbeitung von Schweißnähten überfordert. Durch ihre geringere Schleiffläche sind sie auch nicht das ideale Hilfsmittel, um ebene Flächen hinzubekommen – ungefähr so, als wollte man Bleche mit dem Pickhammer schlichten. Dabei geht ein kleines Vermögen für Schleifmittel drauf, und oft ist das Blech hinterher trotzdem wellig. Richtig angepackt, ist aber auch das Schleifen von MIG-/MAG-Schweißnähten kein Hexenwerk. Das Schleifmittel darf ruhig kräftig zu Werke gehen, wir sollten aber aufhören, bevor das Blech angegriffen wird.

Bei WIG- und Autogennähten beginnen wir mit einer 125-mm-Schleifscheibe mit Körnung 36, einer Feile oder evtl. einem Tellerschleifer mit Körnung 80, falls die Naht von vornherein einigermaßen flach ist. Zum Schluss folgt der Feinschliff mit einem Schwing- oder Exzenterschleifer (wie bei der MIG-MAG-Naht). Soll das Blech blank bleiben oder poliert werden, müssen wir mit noch feineren Körnungen weiterschleifen: von 180/220 über 320/400 bis zu Körnung 600. Ab der Körnung 600 können wir mit einer Polierscheibe weitermachen, wenn die Oberfläche noch glatter werden soll.

POLIEREN

Damit das Blech in makellosem Glanz erstrahlt, müssen selbst winzige Kratzer auspoliert werden, bis die Blechoberfläche das Licht gleichmäßig reflektiert. Wellen im Blech entstehen durch eine Folge erhabener und vertiefter Bereiche, die bereits in früheren Phasen der Endbearbeitung hätten entfernt werden müssen. Mit Schleifklotz oder Feile lassen sich auf dem noch unfertigen Blech erhabene Stellen und Vertiefungen lokalisieren. Falls nach dem Polieren unschöne Wellen sichtbar werden, die so nicht bleiben können, schleifen wir mit dem Schleifklotz und einer Schleifpapierkörnung nach, die gerade fein genug ist, dass sie auf der Oberfläche minimale Kratzer hinterlässt, an denen sich ablesen lässt, ob das Blech glatt genug ist oder nicht. Alle erhabenen Stellen und eingesunkenen Bereiche müssen mit einem Schlichthammer auf einer glatten, kratzerfreien Unterlage – die möglichst etwas nachgiebig sein sollte, beispielsweise ein Holzklotz – geschlichtet werden.

Tempo und Güte des Poliervorgangs sind von mehreren Faktoren abhängig: Schleifwirkung der Polierpaste, Art und Oberflächenstruktur der Polierscheibe, Drehzahl der Polierscheibe sowie die Art und Weise, wie das Werkstück an die Polierscheibe gehalten wird.

Beim Polieren von Metallflächen sollten grundsätzlich die Anweisungen des Herstellers der Polierprodukte beachtet werden. Auch Fachartikel und Fachbücher zu diesem Thema liefern wichtige Informationen.

In Fachkreisen wird beim Polieren zwischen einer ziehenden (abtragenden) und einer drückenden Polierbewegung unterschieden – je nachdem, ob Kratzer auspoliert oder eine Hochglanzoberfläche hergestellt werden soll. Viele Praktiker führen das Polierwerkzeug in der Regel von links nach rechts quer über die Oberfläche, aber in Längsrichtung, wenn es sich um ein langes, schmales Teil handelt, beispielsweise eine Kotflügelzierleiste. Zur intensiveren Oberflächenbearbeitung drücken wir stärker auf die Polierscheibe, während eine weichere Polierscheibe mit feinerem Poliermittel und leichterem Druck geführt wird, wenn es auf eine intensivere Polierwirkung ankommt. Vor dem Wechsel der Polierpasten sollte das Werkstück stets mit Verdünner oder einem intensiv reinigenden Lösungsmittel gereinigt werden. Andernfalls setzen sich Fremdkörper in den Polierscheiben ab und das aggressivere Poliermittel bricht beim weiteren Polieren immer wieder durch. Außerdem halten wir die Polierscheiben und Poliermaterialien für Eisen- und Nichteisenmetalle immer säuberlich getrennt, damit keine unerwünschten Kratzer in weicheren Metallen zurückbleiben, und jede Polierscheibe wird immer nur mit einer bestimmten Polierpaste verwendet.

Auf Eisenmetallen (auch Edelstahl) erfolgt die erste Polierrunde mit der Sisalscheibe – deren Oberfläche an eine Bürste mit steifen Borsten erinnert – und Polierschleifpaste. Anschließend folgt eine wellengefaltete Polierscheibe mit Edelstahlschleifpaste und zum Abschluss eine Schwabbelscheibe mit weißer Polierpaste (wobei die Bezeichnung „weiße Polierpaste" für das Feinpolieren von Stahl- und Edelstahlteilen nicht wörtlich zu verstehen ist: Die Farben der Polierpasten variieren je nach Pastenhersteller, daher sind im Zweifelsfall die Verwendungshinweise des Pastenherstellers zu beachten). Nichteisenmetalle wie Messing, Kupfer und Aluminium werden mit der Sisalscheibe mit Polierschleifpaste bearbeitet, falls spürbarer Materialabtrag erforderlich ist, anschließend mit einer spiralvernähten Vorpolierscheibe mit Tripoli-Paste, und zum Abschluss wird mit der Schwabbelscheibe mit weißer Polierpaste poliert. Vernickelte und verchromte Teile werden zuerst mit einer spiralvernähten Scheibe und Tripoli-Paste poliert, anschließend wird mit der Schwabbelscheibe mit weißer Polierpaste nachpoliert.

Links ein Block Tripoli-Polierschleifmittel mit spiralvernähter Vorpolierscheibe; rechts ein Block weiße Polierpaste mit einer Schwabbelscheibe.

Links ein Block Tripoli-Polierschleifmittel auf einer wellengefalteten Polierscheibe; rechts ein Block Edelstahl-Polierschleifmittel auf einer wellengefalteten Polierscheibe.

Grobe Polierschleifpaste auf einer Sisal-Vorpolierscheibe

Wir montieren unsere 200-mm-Polierscheiben auf einen Doppelschleifer, an dem die Schutzschilder entfernt wurden. Unabhängig von ihrer Drehzahl sind diese Polierscheiben extrem leistungsfähig. Bei manchen Profis sind sie stundenlang nonstop in den oben beschriebenen Arbeitsgängen im Einsatz und erfüllen klaglos ihren Dienst. Manche Gerätehersteller bieten spezielle Poliergeräte für die Montage auf der Werkbank an, für den normalen Hobbybereich ist es aber rentabler, einen Doppelschleifer für die relativ wenigen Gelegenheiten umzurüsten, bei denen wir mit größeren Polierarbeiten zu tun haben.

Das maschinelle Polieren birgt gewisse Gefahren und erfordert einige Vorsichtsmaßnahmen: Bei der Arbeit trägt man stets einen Gesichtsschutz und eine Staubmaske, Ohrschutz und Baumwollhandschuhe. Für jede Sorte Poliermittel, mit der wir arbeiten, verwenden wir ein eigenes Paar Handschuhe. Das Werkstück wird beim Polieren grundsätzlich unterhalb der Scheibenmittellinie an die Polierscheibe gehalten und die Werkstückkante muss stets von der rotierenden Polierscheibe wegzeigen. Die Mutter auf der Aufnahmewelle der Polierscheibe wird abgeklebt, damit sie nicht versehentlich irgendwo Kratzer hinterlässt. Diese Sicherheitshinweise sind keine Übertreibung – es ist kaum zu glauben, mit welcher Wucht eine rotierende Polierscheibe ein Werkstück, das sich in ihr verfängt, durch die Gegend katapultieren kann, und dann sollte der Bediener möglichst weit außerhalb der Geschossbahn stehen. Besonders gerne verfangen sich lange, unersetzliche Zierleisten in Polierscheiben – womit die einstmals gerade Leiste in Sekundenschnelle zu einem brezelförmigen, abstrakten Kunstwerk mutiert. Empfindliche Teile sollten daher stets mit Klebeband auf einer Holzleiste als stabilisierende Unterlage fixiert werden.

Auch beim Polieren ist die richtige Schutzausrüstung ein Muss: Gesichtsschutz, eine Staubmaske sowie weiche Handschuhe, wobei für jedes Schleif- bzw. Poliermittel ein eigenes Paar Handschuhe bereitliegen sollte. Das Werkstück muss stets nach unten zeigen und unterhalb des Mittelpunkts der Polierscheibe gehalten werden, damit sich die Polierscheibe nicht plötzlich in einer Kante des Werkstücks verfangen kann.

Jetzt geht es aber ans Polieren: Maschine einschalten und die Polierpaste kurz gegen die Polierscheibe drücken. Die Scheibe rotiert mit derart hoher Drehzahl, dass sie ruckzuck ringsum gleichmäßig mit Polierpaste bestrichen ist. Das Werkstück halten wir mit gewissem Druck gegen die rotierende Polierscheibe, so dass die Scheibe die Oberfläche mit Nachdruck bearbeitet, aber nicht so fest, dass der Maschinenmotor hörbar abbremst. Wir bewegen das Werkstück ca. 10 Sekunden lang auf der Polierscheibe hin und her und prüfen dann, wie sich der Oberflächenglanz entwickelt.

Dann polieren wir weiter und geben ungefähr jede Minute noch etwas Polierpaste auf die Scheibe. Falls sich das Werkstück schwarz verfärbt und der Glanz der Oberfläche sich scheinbar nicht mehr verbessert, ist die Polierscheibe durch zuviel Polierpaste zugesetzt. Das Werkstück muss jetzt mit Lösungsmittel gereinigt werden, dann halten wir eine Reinigungsdrahtbürste an die rotierende Polierscheibe, wodurch das überschüssige Poliermittel entfernt wird. Grundsätzlich sollte man jede Polierscheibe von Zeit zu Zeit reinigen, damit sie weich bleibt und sich keine Fremdkörper und Polierpastenrückstände ablagern können.

OBERFLÄCHENBESCHICHTUNG

Vernickeln und Verchromen gelten gemeinhin als Spezialitäten für Fachbetriebe, die diese Arbeiten unter strengen Umweltauflagen durchführen, doch in gewissem Umfang können ambitionierte Hobbyschrauber bestimmte Oberflächenbeschichtungsarbeiten auch in Eigenregie durchführen. Verschiedene Fachbetriebe für Oberflächentechnik vertreiben die benötigten Materialen und Anlagen, mit denen kleinere Galvanisier- und Alu-Eloxierarbeiten durchgeführt werden können. Vor größeren Investitionen in die benötigte Ausrüstung ist ein eingehendes Quellenstudium in Fachbüchern und den Websites der einschlägigen Anbieter unbedingt zu empfehlen. Stellvertretend für die verschiedenen Beschichtungsverfahren wird nachstehend die Do-it-yourself-Vernickelung eines Fächerkrümmers für unser im nächsten Kapitel beschriebenes Hot-Rod-Tretauto beschrieben.

Das Prinzip des Tauchgalvanisierens basiert darauf, dass positiv geladene Metallpartikel auf einer negativ geladenen Werkstückoberfläche aufgebracht werden. Die Partikel wandern von der Anode (Pluspol) zum Werkstück (Minuspol) und passieren dabei eine erwärmte Galvanisierlösung, die aus destilliertem, entionisiertem

Zu Beginn der Polierarbeiten reinigen wir die Polierscheibe mit einer speziellen Reinigungsbürste, die ausschließlich für die jeweilige Polierpastensorte verwendet wird. Auch während der Arbeit sollten die Polierscheiben gelegentlich gereinigt werden.

Dieses Aluteil zeigt den Unterschied zwischen dem Schleifergebnis mit 600er Körnung (hinten), der Politur mit Tripoli-Polierpaste auf einer spiralvernähten Vorpolierscheibe (Mitte) und dem Poliergang mit weißer Polierpaste auf einer Schwabbelscheibe (im schmalen Vorderteil).

bzw. durch Umkehrosmose gefiltertem Wasser hergestellt wird. Der Stromfluss, der den Galvanisierprozess in Gang setzt, wird durch einen Gleichrichter, eine oder zwei Batterien, ein Batterieladegerät oder eine Kombination aus Batterie und Batterieladegerät erzeugt.

Die Stromstärke für die Oberflächenbeschichtung richtet sich nach der Größe der zu beschichtenden Oberfläche. Die Anoden des Beschichtungsmetalls werden in einem mit dem Elektrolyt gefüllten Behälter neben dem Werkstück aufgehängt und so verdrahtet, dass die Ionen von der Anode zum Werkstück wandern. Während der Beschichtung wird das Wasser im Behälter umgerührt, um Wasserstoffblasen aufzulösen, die sich während der Beschichtung bilden und den Beschichtungsvorgang stören könnten. Beim Vernickeln muss das Werkstück mit einer oder mehreren Kupferschichten vorbeschichtet und anschließend vernickelt werden. Je nach Präferenzen kann auf das Vernickeln noch ein Verchromungsdurchgang folgen. In unserem Fall blieb es aus optischen Gründen beim Vernickeln, denn die vernickelte Oberfläche ergibt eine etwas wärmere Optik als der „kalte" Chrom.

Die rostigen, mit Pitting überzogenen Fahrradlenkerrohre, die als Ausgangsmaterial dienten, waren stellenweise arg angegriffen, doch mit entsprechender Vorarbeit ließen sie sich einwandfrei auf Hochglanz bringen. Voraussetzung für eine makellos beschichtete Oberfläche ist absolut gleichmäßig glattes Ausgangsmaterial. Deshalb trennen wir die Lenkerrohre auf, strahlen sie gründlich in der Perlstrahlkabine und montieren sie zu einem Miniatur-Fächerkrümmer. Die gesamte Oberfläche aller Einzelrohre wird mit 80er Schleifpapier auf dem Tellerschleifer geschliffen. Mit dem Tellerschleifer lassen sich unebene Stellen rasch einebnen und die noch verbliebenen Pittingstellen fallen kaum noch auf. Dabei wird die Schleifscheibe ständig bewegt, um zu vermeiden, dass sich punktuell flache Stellen im Blech bilden, wenn der Schleifteller zu lange auf einem bestimmten Punkt der Blechwölbung verharrt. In den nächsten Durchgängen werden auf dem Exzenterschleifer nacheinander Schleifscheiben der Körnungen 150, 220, 400 und 600 montiert. Abschließend folgt ein Nassschliff mit 600er Schleifpapier. Nach dieser Schleifphase zeigen die Rohre eine einheitlich satinfarbene Oberfläche. Jetzt beginnt die maschinelle Polierphase, in der wir die Rohre auf einer wellengefalteten Polierscheibe mit Edelstahl-Polierpaste polieren, und hierauf folgt ein zweiter Durchgang mit einer weicheren spiralvernähten Polierscheibe, die ebenfalls mit Edelstahl-Polierpaste getränkt wird. Wie beim Lackpolieren ist auch die Oberflächenbeschichtung nur so gut wie die Vorbereitung. Die in die Vorbereitungsphase investierte Zeit macht sich beim Endergebnis auf jeden Fall bezahlt. Nachdem die Fächerkrümmerrohre eine gleichmäßig blank glänzende Metalloberfläche zeigen, geht es zum Verkupferungstank.

Allerdings müssen die Krümmerrohre zunächst in einem speziellen Entfettungsbad entfettet und gründlich gespült werden, und nun kann die Kupferschicht

Zur Vorbereitung werden die Krümmerrohre mit dem Tellerschleifer und anschließend mit dem Schwingschleifer glattgeschliffen.

Nach dem Schleifen mit dem 600er Schleifpapier ist die Oberfläche bereits extrem glatt, so dass nun der Poliergang mit einer mit Edelstahl-Polierpaste getränkten wellengefalteten Polierscheibe folgen kann.

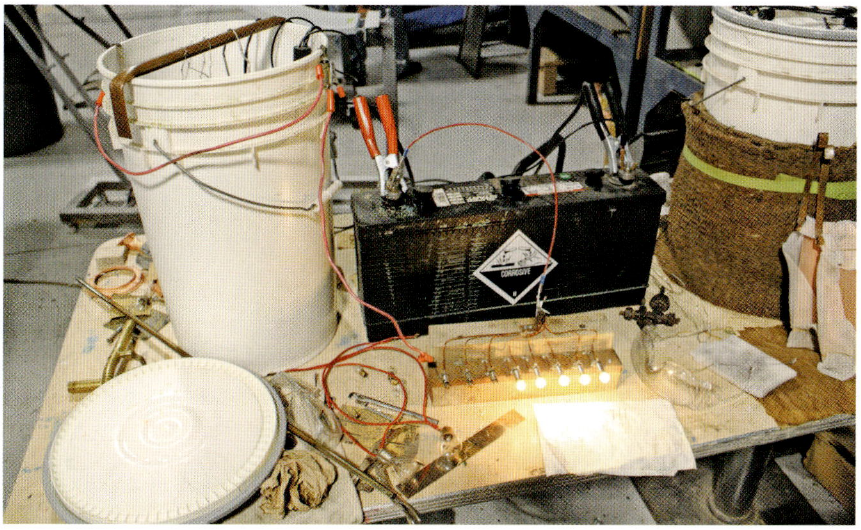

Ein Behälter ist für die Verkupferung vorgesehen, ein zweiter für die Vernickelung. Die 6-Volt-Batterie erzeugt die Spannung, die Glühlampen dienen zur Regulierung des Stromflusses zur Beschichtungsvorrichtung.

So sieht der frisch aus dem Kupferbad entnommene Fächerkrümmer aus. Nach einer gründlichen Reinigung kann die Vernickelung folgen. Das Endergebnis ist auf dem Aufmacherfoto auf der ersten Seite dieses Kapitels zu bewundern.

aufgebracht werden, die wie eine Grundierung für die weiteren Oberflächenveredelungsschichten wirkt.

Die Verkupferung sorgt für höhere Korrosionsbeständigkeit und erzeugt eine dichte Grundschicht, auf der die nachfolgenden Beschichtungen besser haften. Muss die Oberfläche jetzt noch nachgeglättet werden, kann eine zweite Kupferschicht aufgetragen werden, die nochmals geschliffen und poliert wird, bis sie makellos glatt ist.

Für unsere Beschichtungsbäder verwendeten wir 25-Liter-Tanks, d. h. manche größere Teile ließen sich nur mit Mühe unterbringen, so auch die Fächerkrümmer. Also wurde zuerst die eine Hälfte des Krümmers beschichtet und dann der Krümmer umgedreht und die andere Hälfte beschichtet. Bei der Verkupferung ist es unbedenklich, wenn sich die Schichten überlagern. Nach der Prüfung des pH-Werts der Beschichtungslösung wurden die Fächerkrümmer nacheinander in das Beschichtungsbad getaucht, wobei auf keinen Fall die Anoden berührt werden dürfen. Der Fächerkrümmer wurde mit Minuskabeln verbunden, die Anoden wurden über eine geregelte Stromversorgung angeschlossen, deren Einstellung sich nach der Oberfläche der Kathode (in unserem Fall der Fächerkrümmer) richtet, die beschichtet werden soll. Anschließend wurde jede Fächerkrümmerhälfte eine Stunde lang beschichtet. Nachdem die Krümmer aus dem Bad entnommen und gründlich abgespült wurden, folgte ein Schleifgang mit 600er Schleifpapier. Dann wurden die Krümmer auf einer spiralvernähten Vorpolierscheibe mit Tripoli-Polierpaste poliert, danach mit Silikonentferner gründlich gereinigt und auf einer Schwabbelscheibe mit weißer Polierpaste poliert und zuletzt zur Vorbereitung auf die Vernickelung nochmals entfettet. Der Schleif- und Poliergang ist eine entscheidende Voraussetzung für echten Hochglanz.

Die Vernickelung läuft ähnlich wie die Verkupferung ab, außer dass hier keine Überlappung der einzelnen Beschichtungslagen zulässig ist. Da wir aber jeweils nur eine Hälfte der Krümmer auf einmal beschichten konnten, trugen wir auf die Hälfte, die noch nicht beschichtet werden sollte, zwei Schichten Abdecklack auf. Die Nahtstelle zwischen den beiden Hälften wurde unmittelbar an die Schweißnaht des Übergangs zwischen Krümmerrohren und Austrittsrohr gelegt, so dass die Naht am fertig beschichteten Teil nicht sofort auffiel. Nachdem die erste Hälfte der Krümmer vernickelt war, wurde die Abdeckfarbe entfernt und stattdessen Abdeckfarbe auf den bereits vernickelten Teil aufgetragen, das Teil umgedreht und der nicht abgedeckte Teil vernickelt. Die fertigen Teile können sich wirklich sehen lassen, und auch die Naht zwischen den beiden Vernickelungshälften ist fast nicht zu erkennen, selbst wenn man weiß, wo man danach suchen muss.

Kapitel 10
Wir bauen uns ein Hot-Rod-Tretauto

Unser Tretautoprojekt entstand im Rahmen einer Benefizveranstaltung, die 2012 anlässlich des 80. Geburtstags des 1932er Ford V8 Roadster (in Ford-Sammlerkreisen als „Deuce" bekannt) im Petersen Automotive Museum in Los Angeles stattfand. Teil des Rahmenprogramms war ein Wettbewerb, bei dem verschiedene US-Customizer als Beweis ihrer Kreativität und handwerklichen Fähigkeiten ein serienmäßiges Nostalgie-Tretauto umdesignen und damit dem Kultobjekt aller Hot Rodder, dem '32er Ford V8 Roadster, ihre Reverenz erweisen sollten. Der Bau dieser Tretautos war bei allem Spaß eine ziemliche Herausforderung für alle Beteiligten. Die Arbeitsabläufe waren nicht völlig anders als bei einem ausgewachsenen Wagen, aufgrund der maßstäblichen Verkleinerung reduzierten sich aber Zeit- und Materialaufwand. Ein weiterer, im Vorfeld nicht abschätzbarer Vorteil war das Ausmaß der kreativen Detaillösungen, die ein derartiges Projekt erfordert, und der dabei durchgespielten Lösungsalternativen. Aus Fehlern lernt man besonders schnell, ein solches „zweckfreies" Projekt ist also eine ideale Übungsaufgabe und Gelegenheit zum Lernen. Und auch wer sich nicht sonderlich für Tretautos interessiert, wird feststellen, dass es kaum anderswo auf wortwörtlich engstem Raum so viel zu lernen gibt.

Das über den Ladentisch käufliche Tretauto, das als Ausgangsmaterial dienen durfte, war in erster Linie ein Spielzeug, verlangte aber geradezu nach stilistischen Verfeinerungen. Der Aufbau war unmöglich hoch geraten und das Heck fiel für unseren Geschmack viel zu kantig aus. Als Vorlage für unser Customizing-Projekt diente ein realer Traditional Rod, der Ende der 1940er Jahre von dem Kalifornier Paul Harris auf Basis eines 1932er Ford V8 Roadster aufgebaut worden war. Im Jahr 1950 ging Harris mit seinem mit einem Flathead-V8 motorisierten Roadster in Bonneville an den Start und wurde dort mit 131 mph gestoppt. Nach diversen Starts bei Drag Races in den 1950ern verkaufte Harris den Roadster 1958. In den 1970er Jahren wurde er unter Federführung von James Handy modifiziert und einer ersten Restaurierung unterzogen. Besondere Merkmale des Harris-Roadsters in seiner ursprünglichen Ausführung waren seine strömungsoptimierte Kühlermaske (Insidern als „Track Nose" bekannt), der Eigenbau-Fächerkrümmer mit langen offenen Auspuffrohren und die Vollscheiben-Stahlfelgen mit Firestone-Bereifung.

Beim Umbau dieses Tretautos waren viele der handwerklichen Fähigkeiten gefragt, die auch bei der Restaurierung ausgewachsener Pkw zum Einsatz kommen: Lackierung, Polsterung, Blechumformung und -anfertigung, und auch der Spaßfaktor war nicht zu vernachlässigen.

Das originale Tretauto, das jeder Customizer für den Umbauwettbewerb als Ausgangsbasis erhielt: Die Frontpartie erinnert in recht stimmiger Form an den Ford von 1932, das Heck ist aber viel zu kantig geraten.

Vorbild für unser Customizing-Projekt war dieser Hot Rod auf Basis eines 1932er Ford V8 Roadster, den der Kalifornier Paul Harris um 1950 auf die Räder stellte. Auffallende Merkmale der Originalversion von Anfang der 1950er waren der verchromte Eigenbau-Fächerkrümmer, die Stahlscheibenräder und die selbst gefertigte „Track Nose". Diese Details wurden auch für unser Tretauto übernommen.

DIE ERSTEN PLANUNGEN UND SCHWEISSARBEITEN

Unstrittig war die „Track Nose" das anspruchsvollste und zugleich wichtigste Teil dieses Tretauto-Umbaus. Der Charakter des originalen Roadsters lässt sich nur einfangen, wenn die Optik der Frontpartie korrekt umgesetzt wird. Nach verschiedenen Entwurfszeichnungen wurden die idealen Abmessungen der Track Nose festgelegt und eine Sperrholzform angefertigt, die die Endform für das Treiben der Bleche vorgab. Insgesamt besteht die Track Nose aus fünf Einzelblechen. Die Streckarbeiten erfolgten größtenteils auf einem Glätthammer mit einem planen Oberstempel und einem balligen Unterstempel. In den Randzonen der am stärksten gewölbten Abschnitte musste das Blech mit den Stauchstempeln im Miniatur-Maschinenhammer etwas gestaucht werden. Bei der Anfertigung eines symmetrischen Formteils wie dieser Stromlinien-Kühlermaske darf der Bau der Holzform ruhig etwas länger dauern, damit beide Seiten wirklich genau symmetrisch ausfallen, und der Blechformprozess ist erst dann zu Ende, wenn alle Bleche absolut passgenau auf der Holzform anliegen. Man ist bei derartigen Mammutprojekten oft versucht, sich mit Blechen zufriedenzugeben, die „fast exakt" auf der Holzform anliegen. Die Summe mehrerer „fast korrekter" Bleche ergibt nach dem Verschweißen aber ein Komplettteil, das hinten und vorne nicht mehr passt. Dass unsere Track Nose einwandfrei exakt saß, war neben der handwerklich gekonnten Formgebung vor allem dem Umstand zu verdanken, dass die Passung der Teile auf der Form erst hundertprozentig stimmen musste, bevor an das Verschweißen auch nur zu denken war. Erst als alle Einzelbleche rundum sauber auf der Holzform anlagen, wurden sie geheftet, die Passgenauigkeit der Frontmaske am Fahrzeug nochmals überprüft und dann alle Einzelteile autogen zusammengeschweißt. Zum Glätten der Schweißnähte kam das im vorherigen Kapitel beschriebene Verfahren mit Feile und Pickhammer zum Einsatz.

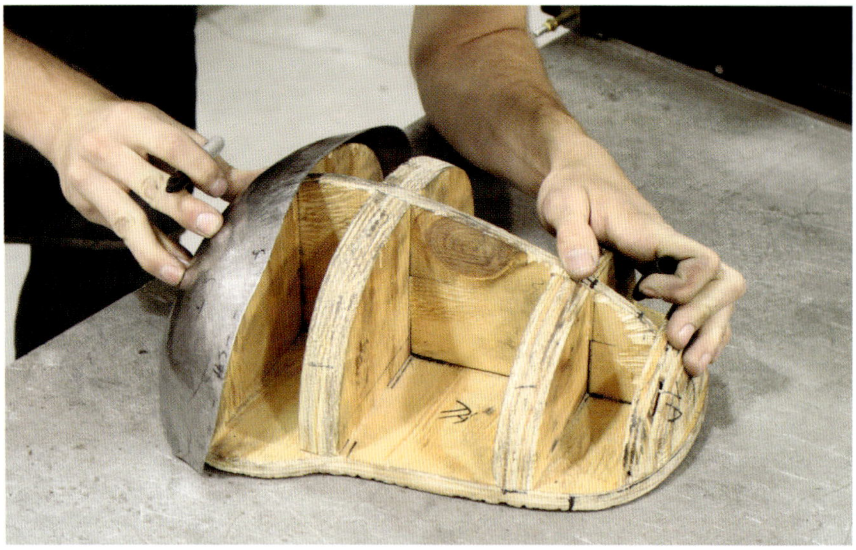

Prägend für die Optik des Originalfahrzeugs ist die stromlinienförmige Kühlermaske – die Track Nose, für die eine eigene Sperrholzform angefertigt wurde, über der fünf separate Abschnittsbleche geformt werden, aus denen sich die Track Nose zusammensetzt.

Mit den Stauchstempeln werden in den Teilblechen die ersten Wölbungen angebracht und anschließend die Bereiche, die gestreckt werden müssen, im Glätthammer bearbeitet.

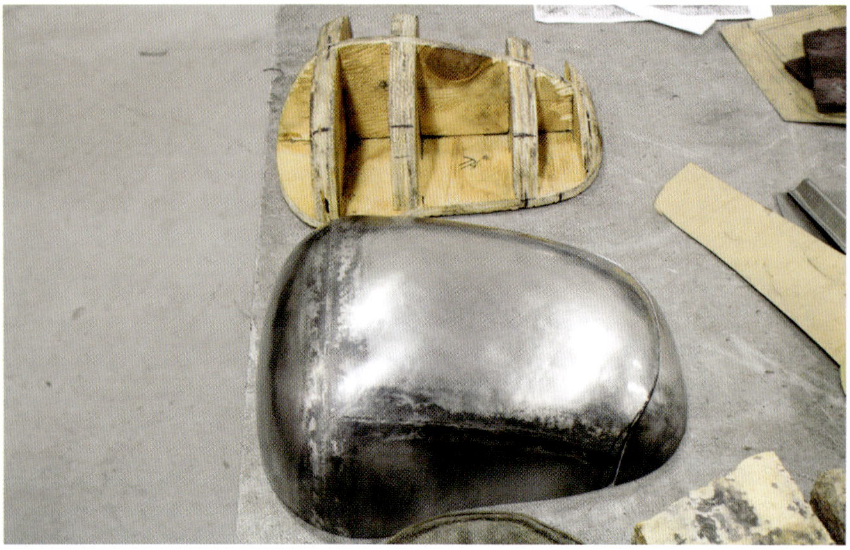

Die Einzelbleche werden autogen verschweißt. Vorläufig bleibt das mittlere Teilblech noch geschlossen, damit die genaue Form des Kühlergrillausschnitts an der am Fahrzeug montierten Frontmaske festgelegt werden kann.

Nachdem alle Schweißnähte an der Track Nose einwandfrei geglättet waren, wurde mit der Sickenmaschine ein Absatz am hinteren Blechrand eingeprägt, so dass die Kühlermaske in die Öffnung eingeschoben werden kann, die durch die Motorhauben- und vorderen Seitenbleche gebildet wird. Die Motorhaube des Serien-Tretautos konnte übernommen werden, es mussten lediglich die vorderen Seitenbereiche der Haube weiter ausgestellt werden, um einen gleichmäßigen Übergang zu den Rundungen der neu angefertigten Track Nose herzustellen. Dazu wurden die Motorhaubenränder mit einem Kunststoffhammer auf einem Schrotkissen gestreckt und anschließend mit einem Stahlhammer auf einer Stahl-Handfaust als Gegenhalter geschlichtet. An der fertigen Motorhaube laufen die Rundungen der Track Nose nahtlos in den Seitenteilen der Motorhaube aus, worauf sich mancher Betrachter fragen wird, wie ein derartiger Effekt zustandekommt. Oftmals ist der Hammer also doch das ideale Reparaturwerkzeug und führt auf verblüffend einfachem Weg zum Ziel – es kommt nur darauf an, ihn mit dem nötigen Feingefühl einzusetzen.

Ähnlich einfach lief die Anfertigung des Kühlergrillausschnitts in der Track Nose ab: Um die passende Form des Ausschnitts zu ermitteln, wurden mehrere Ausschnitte in Papier angefertigt und auf das einstweilen noch geschlossene Maskenblech aufgelegt. Die gelungenste Variante wurde auf dem Blech angezeichnet und die Öffnung mit einer Durchlauf-Blechschere ausgeschnitten, wobei ca. 12 mm Randzugabe stehenblieben, die später um den gesamten Ausschnitt nach innen umgebördelt werden sollten. Der größte Teil dieses Rundbördels wurde einfach mit einer Gripzange umgebogen, die schwierigeren Bereiche, in denen das Blech stärker gestreckt werden musste, wurden auf Rotglut erhitzt und mit Treibhammer und unterlegter Handfaust umgelegt. Anschließend wurde der Bördel mit einem Schlichthammer vorsichtig geglättet. Am rückwärtigen Außenumfang der Track Nose brachten wir nun Bohrungen für die Lochpunktschweißung an und verschweißten die „Nase" mit der Motorhaube. Um den optischen Eindruck des Original-Roadsters aufzugreifen, wurden Dzus-Verschlüsse seitlich hinter der Kühlermaske angebracht. Dzus-Verschlüsse sollten am besten angenietet werden, bevor die Blechteile lackiert werden. In der Blechumformphase ist der Spielraum für die Korrektur etwaiger Passungsfehler wesentlich größer als hinterher, wenn alle Bleche in makellosem Neulack erstrahlen. Wenn alle Bleche nach der Probemontage passgenau sitzen, die Spaltmaße stimmen und die Zahl der Verschlüsse festgelegt wurde, können wir die Niete, mit denen die Verschlüsse provisorisch montiert worden waren, wieder ausbohren und die Verschlüsse nach der Lackierung endgültig montieren.

In der Sickenmaschine erhielt die Track Nose an ihrem rückwärtigen Ende einen umlaufenden Absatz, mit dem sie in den durch die Motorhaube gebildeten Kühlermaskenausschnitt unseres Tretautos eingeschoben werden konnte.

Um einen gleichmäßigen Übergang von der in ihrem unteren Teil seitlich ausgewölbten Track Nose in die Seitenbleche der Motorhaube herzustellen, wurden die Seitenbleche mit einem Treibhammer auf einem Schrotkissen gestreckt. Diese Technik eignet sich auch für die Umformung der entsprechenden Bleche an einer echten Karosserie in diesem Stil.

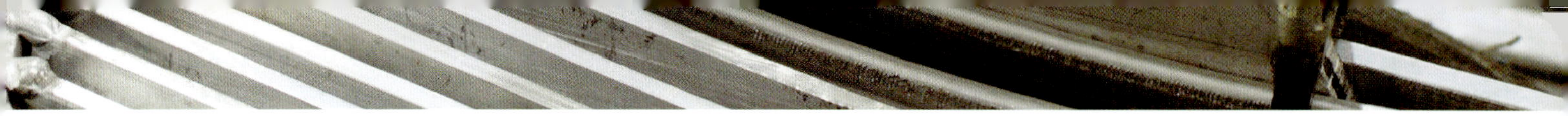

Mit einer Figurenblechschere wird der Ausschnitt für die Kühlermaske ausgeschnitten und der Ausschnitt am gesamten Umfang mit einer Gripzange von Hand zu einer weichen Rundung umgebogen. In den unteren Eckbereichen, in denen das Blech stärker gestreckt werden musste, wurde das Blech mit dem Autogenbrenner erwärmt.

Die Track Nose war nun fertig und die Übergänge zu den Motorhaubenseitenblechen ließen die endgültige Form der Karosserie erahnen, mit dem schmalbeinigen Fahrwerk des originalen Roadster-Tretautos erinnerte das Ganze aber immer noch zu sehr an den Rumpf eines antiken Flugzeugs. Also entschieden wir uns für andere Räder und Felgen, die Hinterachse wurde über den Rahmen hochgelegt und die Vorderachse erhielt maßgefertigte Lenkhebel, die eine Tieferlegung um mehrere Zentimeter ermöglichten. An der Vorderachse wurde der Rahmen um 5 cm verbreitert und die Lenkungsteile nach außen gelegt, so dass der Aufbau über den Rahmen nach unten gezogen werden konnte (also „gechannelt" wurde, um im Jargon der Hot Rodder zu bleiben). Wie bei vielen echten Customizing-Umbauten, zogen auch hier bereits geringfügige Änderungen drastische Eingriffe an anderer Stelle nach sich, um die Funktion aller Komponenten zu gewährleisten.

ANFERTIGUNG DER AUSPUFFANLAGE

Nach der Tieferlegung der Karosserie und der Wahl der Achskomponenten standen Bodenfreiheit und Aufbauhöhe des umgestylten Tretautos fest. Nun folgte die Anfertigung der Auspuffanlage. Das Biegen der geringen Rohrdurchmesser erwies sich als einigermaßen kompliziert, und so griffen wir auf mehrere Sätze alter Fahrradlenker zurück, entfernten ihre Chromschicht durch Glasstrahlen und sägten sie auf die passenden Längen zu. Als End- und Sammelrohr wurde ein Stück echtes Auspuffrohr mit 5 cm Durchmesser beschafft. Um die Krümmerrohre am Aufbau zu montieren, wurden Schrauben auf Unterlegscheiben aufgeschweißt, deren Durchmesser genau dem Innendurchmesser der einzelnen Krümmerrohre entsprach. Diese Scheiben wurden im Inneren der Rohre angeschweißt und zwischen Endrohr und Fahrzeugrahmen ein Haltewinkel zur Stabilisierung angebracht.

In seiner Originalform stand das Tretauto viel zu hochbeinig auf seinen Rädern, also wurden neue Lenkhebel für die Vorderachse aus Vierkantmaterial gefräst, mit denen die Vorderachse in klassischer Hot-Rod-Tradition „gedroppt" werden konnte. Die Hinterachse erhielt zur Tieferlegung eigens angefertigte „Lowering Blocks".

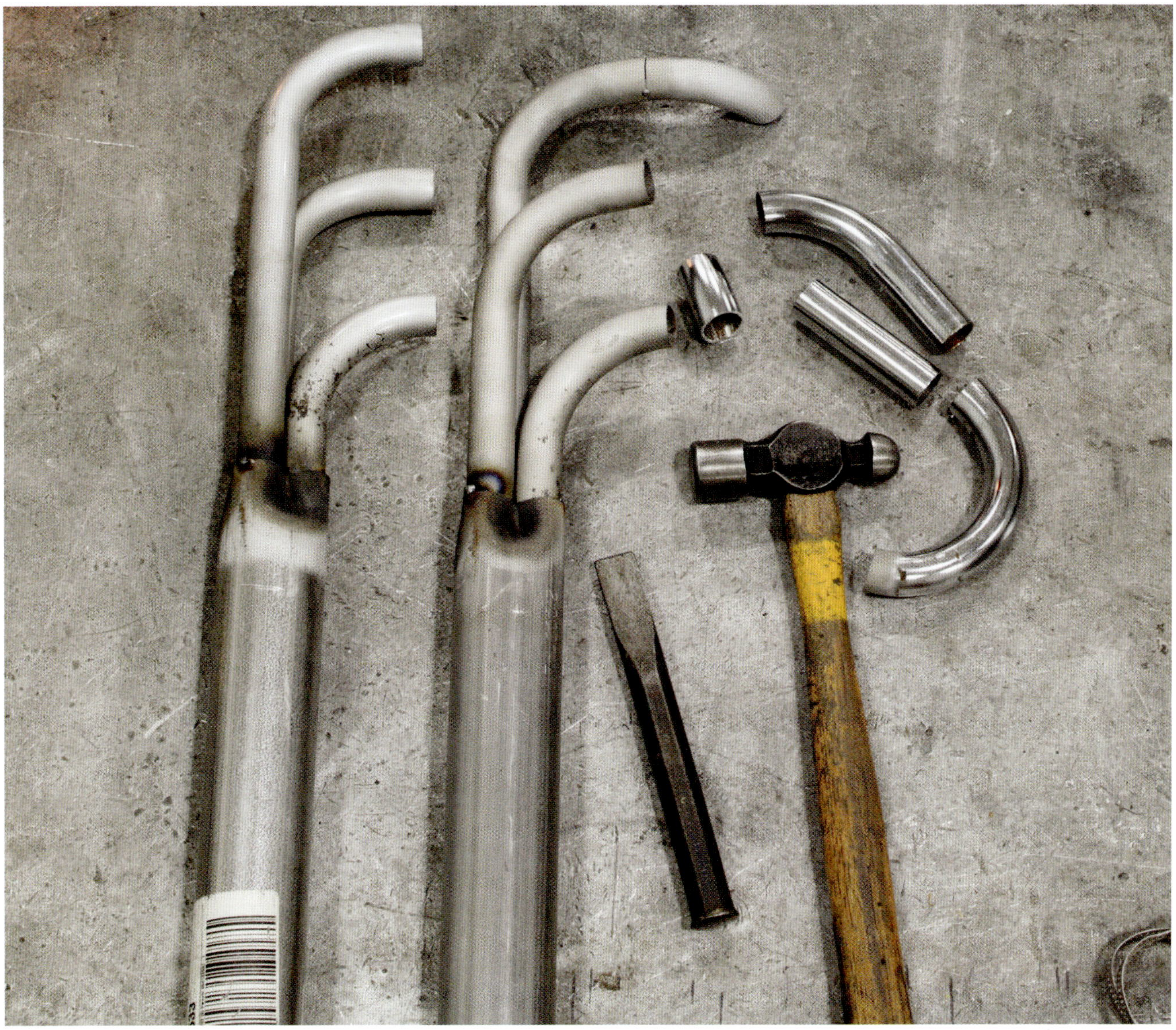

Unsere Krümmerrohre mussten in ihrem früheren Leben ihr Dasein als rostige Fahrradlenker fristen. Nach dem Zuschnitt der passenden Bögen wurden die Einzelteile zusammen mit einigen Pkw-Auspuffrohren glasgestrahlt und zu einem Fächerkrümmer zusammengestellt. Die Vertiefungen am Eintrittspunkt der beiden Krümmerrohre in das gemeinsame Sammel- und Endrohr wurden mit einem stumpfen Meißel am rotglühend erhitzten Blech geformt.

Je mehr die Track Nose und die Auspuffanlage Gestalt annahmen, desto unschöner wirkte das Heck unseres Umbauobjekts und erinnerte in seinen kantigen Konturen fast an einen Briefkasten. Werkstattnachbar unseres Tretautos war zufällig ein echter Ford Model A Roadster, der als Ideengeber wie gerufen kam. Die in den Seitenflächen eingeprägten Sicken nahmen sich an der originalen Tretautokarosserie gar nicht schlecht aus, nur stimmten die Proportionen der Heckpartie überhaupt nicht. Um die Sicken auf die neuen Bleche zu übertragen, aus denen neue hintere Seitenbleche entstehen sollten, zeichneten wir die Konturen der Sicken mit festem Daumendruck auf einem Bogen Schablonenpapier ab. Anschließend übertrugen wir den Außendurchmesser der Hinterreifen und die Außenkonturen der abnehmbaren Heckpartie ebenfalls auf das Schablonenpapier. Tür- und Karosserielinien wurden so modifiziert, dass sie mit der neuen Reifengröße, der tiefergelegten Karosserie und den verlängerten hinteren Seitenblechen harmonierten. Dann wurde die Papierschablone auf einem Tafelblech aufgelegt und fixiert und die neuen Idealmaße auf das Tafelblech übertragen und mit der Sickenmaschine die passenden Sicken angebracht. Oben und unten erhielten die hinteren Seitenbleche jeweils ca. 6 mm Materialzugabe für einen Bördelfalz: Erstens sollte das gesamte Blech eine kontinuierliche Wölbung erhalten, wozu diese Falze gestaucht werden mussten, zweitens sollte an diesen Falzen ein sauberer Abschluss der Bleche hergestellt werden, und außerdem bewirkten die Falze eine zusätzliche Versteifung, und zu guter Letzt war auch das Einschweißen eines separaten Innenradkastens einfacher, wenn in diesem Bereich bereits ein Falz vorhanden war.

Mit der Sickenmaschine werden die Türkonturen und die dem Originalaufbau nachempfundenen Karosseriesicken in die neuen hinteren Seitenbleche eingeprägt. An den Blechoberkanten bleiben schmale Falze zum Innenraum und zu den Radausschnitten stehen.

Beim Formen mehrerer Sicken in einem Blechteil sollte stets vorab geklärt werden, in welcher Abfolge die Sicken geformt werden können. Oft bleibt hierfür nur eine einzige Möglichkeit, ohne dass sich die verschiedenen Sicken gegenseitig in die Quere kommen. Auch der Anpressdruck sollte genau beachtet werden, denn die Sickentiefe muss jederzeit reproduziert werden können. In unserem Fall mussten wir lediglich die Anzahl Umdrehungen der Einstellschraube zählen, mit der der Druck an der Oberwalze unserer Sickenmaschine eingestellt wird. Nachdem die Hauptsicken in den hinteren Seitenblechen geformt waren, ließen wir die Randbereiche der Bleche durch die Prägewerkzeuge unserer Sickenmaschine durchlaufen, so dass eine Knicklinie für die Falze entstand. Die Falze wurden anschließend mit Gripzangen umgelegt bzw. mit dem Treibhammer gegen eine Handfaust umgeschlagen. Anschließend wurden die Falze in einem manuellen Stauchgerät soweit gestaucht, dass in den hinteren Seitenflächen eine Rundung entstand, wie sie auch in der Heckpartie der originalen Ford-Roadster jener Jahre zu finden ist.

Die Heckklappe des Original-Tretautos, die dank ihres Ford-Schriftzugs recht gefällig wirkt, übernahmen wir in unser eigenes Design. Der Innenraum des Originals war dagegen über alle Maßen lang ausgefallen, daher formten wir für den Bereich vor der Heckklappe noch ein Deckblech, das als vorderer Kofferraumabschluss und gleichzeitig als hinterer Abschluss des Innenraums dient und den Übergang zwischen den hinteren Seitenblechen und der Heckklappe herstellt. Die Sicke, die bei einem 32er Ford Roadster um den rückwärtigen Abschluss der Innenraumwanne läuft, ist aufgrund ihrer Richtungsänderungen und Wölbungen recht komplex. Wer ein derart kompliziertes Profil nachbauen möchte, sollte es in besser reproduzierbare Einzelabschnitte zerlegen. Nach mehreren Versuchen gelang uns ein annehmbarer Nachbau der Sicke in drei Einzelelementen. Die Schweißnähte wurden dort gelegt, wo zum Blechumformen in den Stauch- und Streckmaschinen ein ebener Rand benötigt wurde und die Nähte zum Verschleifen ausreichend gut zugänglich blieben. Das eigentliche Deckblech stellten wir in der Rollenstreckmaschine her – einschließlich der seitlichen Falze, an denen das Blech anschließend durch Lochpunkten verschweißt werden sollte.

Am vorderen Rand des Deckblechs war ein unauffälliger, aber wichtiger Kniff notwendig: Wer einmal versucht hat, einen Bördelfalz an einem gewölbten Blech zu biegen, wird festgestellt haben, wie sich das gesamte Blech beim Formen des Falzes verformt, vor allem, wenn der Falz entgegen der Hauptwölbung des Blechs gerichtet ist – wie es auch bei unserem Deckblech der Fall war. Dies ist darauf zurückzuführen, dass die Biegespannungen in das gesamte Blech hinein „abstrahlen". Wenn wir den Falz jedoch bereits vor dem Biegen in waagrechter Richtung strecken können, werden die im übrigen Blech aufgebauten Spannungen erheblich verringert.

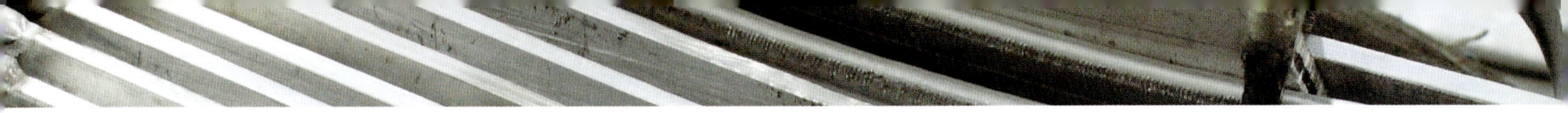

An unserem Blech strecken wir den vorderen Falz mit dem länglichen Streckstempel im Glätthammer und bringen ihn anschließend mit dem Karosseriehammer auf einem im Schraubstock eingespannten gewölbten Einsteckeisen in seine endgültige Form. Durch diese Kombination aus Streck- und Umformschritten lassen sich auch komplexere Bleche anfertigen. Grundsätzlich entspricht dieser Ablauf der Herstellung von Blechen mit S-Kurven im Kapitel zur Blechbearbeitung für Fortgeschrittene.

Zunächst erhält das Deckblech in der Rollenstreckmaschine die gewünschte Wölbung und anschließend werden mit der Sickenmaschine seitliche Montagefalze gebogen. Dann werden die Falze mit dem manuellen Stauchgerät gestaucht und damit die grundsätzliche Wölbung wiederhergestellt, die zuvor beim Biegen der Falze verlorengegangen war. Der Falz an der Vorderkante des Blechs zeigt nach oben und muss gestreckt werden.

Unten: Um die hinteren Seitenbleche mit dem Kofferdeckel und dem Deckblech am vorderen Kofferraumabschluss zu verbinden, wird ein Paar ca. 25 mm breite Zwischenbleche angefertigt. Im Prinzip bestehen diese nur aus um 90 Grad abgewinkelten Blechstreifen und werden von Hand eingezogen, bis sie sich an die Wölbung der Heckpartie anpassen. Dann wird eine Halbrundsicke in diese Zwischenbleche eingeprägt und die Bleche mit den Seitenblechen verschweißt.

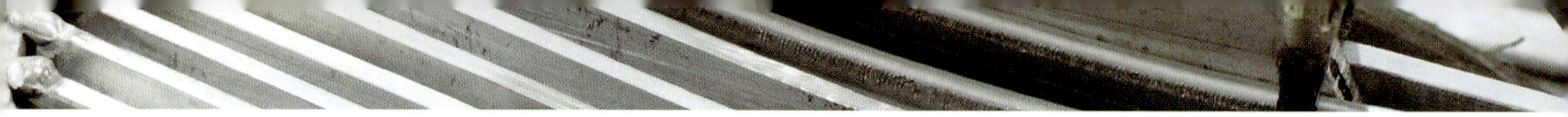

Im nächsten Schritt wandten wir uns der Nahtstelle zu, an der die hinteren Seitenbleche mit dem Heckklappenblech und dem Deckblech zusammenlaufen, und fertigten hierfür zwei lange dreiecksförmige Blechstreifen an, an denen entlang der geradlinig verlaufenden Kante ein ca. 6 mm breiter 90-Grad-Falz abgekantet wurde. Dann wurden die Bleche mit einem manuellen Stauchgerät soweit eingezogen, dass ihre Wölbung der Rundung der Kofferraumumrisse entspricht. Zum Schluss wurde entlang der Falzkanten noch eine Sicke eingeprägt, damit die Blechoptik noch etwas mehr dem 32er Ford ähnelt, und die Kanten (die keinen Falz aufwiesen) wurden soweit eingezogen, dass sie mit ihrer Rundung an die Seitenbleche anschließen. Die Schweißnaht verlief nun entlang dem Scheitelpunkt der Wölbung über den rückwärtigen Rand der hinteren Seitenbleche, so dass die Schweißraupen sehr leicht verschliffen werden konnten. Die Nähte waren von der einen Seite mit dem Autogenbrenner und von der Rückseite mit dem WIG-Gerät geschweißt worden und damit weich genug, um die geglättete und geschlichtete Naht nicht mehr von den umliegenden Blechflächen unterscheiden zu können.

ANFERTIGEN DER RADKASTEN-INNENBLECHE

Für die Radkasten-Innenbleche bot sich die Treibform als ideales Hilfswerkzeug an. Wir übertrugen die Konturen der Radauschnitte auf vier MDF-Platten und brachten zwei Tafelbleche mit dem Treibhammer in die benötigte Grundform, wobei am Außenumfang ein 6-mm-Befestigungsfalz blieb. Diese Radkasten-Innenbleche wurden durch Lochpunkten mit den hinteren Seitenblechen verschweißt, was eine saubere Optik ohne zeitaufwändiges Stoßschweißen ermöglichte. Auch die Verbindung der Seitenbleche zum Karosserierumpf und zum Deckblech wurde durch Lochpunkten hergestellt. Zur optischen Aufhübschung der Blechkante um den Innenraum schweißten wir einen 6-mm-Stahlstab entlang der gesamten Blechkante an und verschliffen die Naht absolut glatt. Das Endergebnis war wesentlich weniger arbeitsintensiv, als wenn wir nach traditioneller Methode einen Draht in den Blechfalz entlang der Karosserieränder eingezogen hätten.

Die Kühlermaske wurde aus einer Reihe dünner Aluminiumstreifen hergestellt. Im ersten Schritt wurde die Außeneinfassung in Form gebogen und verschweißt. Dann wurden die Innenstreben von Hand auf ihrer Rückseite soweit eingezogen, dass sie die gewünschte Wölbung annahmen, und am hinteren Rand an der Kühlermaskeneinfassung angeschweißt, wo die Schweißpunkte von außen nicht mehr zu erkennen sind. Das Schweißen von Aluminium ist alles andere als einfach, und auch hier nahm der Einbau der einzelnen senkrechten Streben für die Kühlermaske geraume Zeit in Anspruch. Die Passung an der Anlagefläche zwischen den senkrechten Einzelleisten und der Kühlermaskeneinfassung war denn auch nicht schlecht, aber auch nicht perfekt.

Die Radkasten-Innenbleche betonen die sachliche Optik des fertigen Blechteils, wie sie sich auf einer Treibform anfertigen lässt. Die Grundform der Radausschnittsicken wurde auf der Treibform hergestellt, die Versteifungssicken entstanden anschließend auf der Sickenmaschine.

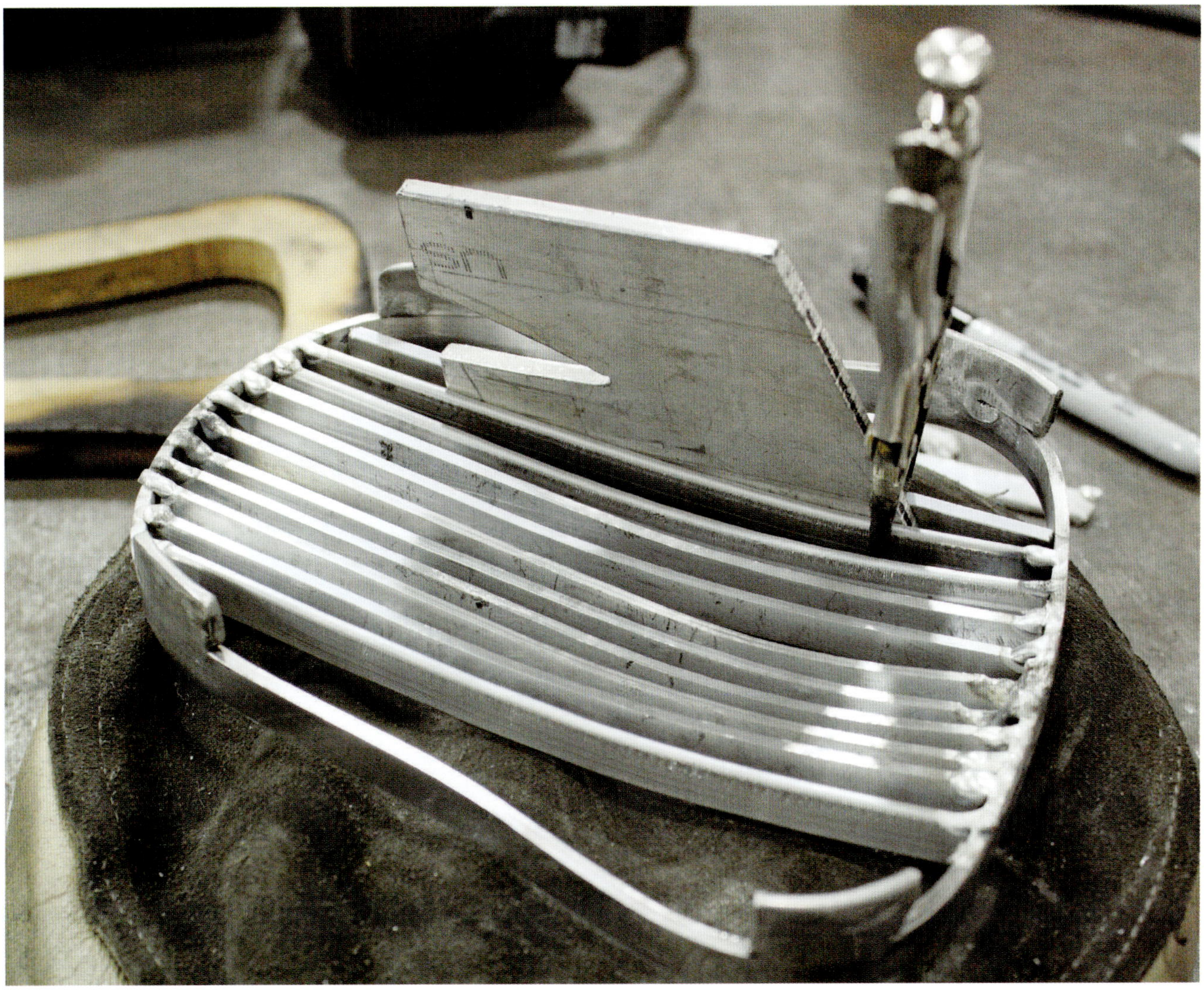

Als Abstandshalter wird ein Stück Alublech zwischen den senkrechten Leisten der Kühlermaske eingespannt. Damit können alle Leisten in exakt gleichem Abstand angeschweißt werden und auch der Wärmeverzug hält sich in Grenzen.

Wenn Aluminiumbleche WIG-geschweißt werden sollen und ein Spalt oder ein auch nur geringfügiger Fluchtungsfehler zwischen den beiden zu verschweißenden Blechen bleibt, zündet der WIG-Lichtbogen unweigerlich an der ersten Blechoberfläche, mit der er in Kontakt kommt, und verharrt dort. Anfänger versuchen dann, den Brenner auf das Schweißbad gerichtet zu halten, in der Erwartung, dass sich auch auf dem zweiten Blech ein Schweißbad bildet und die beiden Bleche verschmelzen. Stattdessen überhitzt aber das erste Blech, das Alu sackt nach unten weg und es entsteht ein Loch, ohne dass beide Bleche eine Verbindung miteinander eingehen. Abhilfe bei nicht ganz optimalen Blechpassungen schafft die Zugabe von etwas Schweißdraht an dem Blech, an dem sich das Schweißbad bildet. Der Lichtbogen wird einen Augenblick lange abgeschaltet, damit das Schweißbad auskühlen und fest werden kann, dann wird erneut gezündet und der Brenner auf das Werkstück gerichtet, an dem sich partout kein Schweißbad bilden will. Paradoxerweise lassen sich viele Probleme beim Verschweißen von Aluminium durch noch mehr Wärmezufuhr beheben. Wenn auch dies nicht hilft, stimmt etwas mit der Schutzgaszufuhr nicht. Will sich das Aluminium nicht recht schweißen lassen, weil sich im Schweißbad eine zähe Oxidtrennschicht bildet, ist möglicherweise die Schutzgaseinstellung falsch, das Blech ist verschmutzt oder am Ende des Schweißstabs hat sich eine Oxidkugel gebildet, bevor der Stab in das Schweißbad eintaucht. Der Schweißstab sollte stets dicht am WIG-Brenner gehalten werden, damit die Schutzgaswirkung genutzt werden kann, er sollte sich aber nicht soweit erhitzen, dass sich an seiner Spitze eine Schmelzkugel bilden kann.

Genial mutet die Konstruktion des Lenkrads für unser Tretmobil an: Eine plane Aluminiumplatte wurde zwischen zwei schweren Stahl-Hohlzylindern mit einem Durchmesser von ca. 200 mm eingespannt und ein kleinerer massiver Zylinder genau mittig auf dem Blech aufgesetzt. Dann wurde der mittige Zylinder in der Hydraulikpresse mit Druck beaufschlagt, während die beiden äußeren Hohlzylinder stehenblieben. Auf diese Weise konnte der perfekte Rohling für das Lenkrad geformt werden. Nach einer ähnlichen Methode wurden auch die Verschlussdeckel für den kleinen Benzintank, dessen Anfertigung in einem früheren Kapitel beschrieben wird, gefertigt. Anschließend wurden aus dem Rohling die Speichen ausgesägt und durchbohrt, eine Lenkradnabe gefräst und ein Lenkradkranz aus Walnussholz auf dem Alukern aufgezogen.

Nach dem gleichen Prinzip wie bei der Anfertigung des Benzintanks in einem früheren Kapitel wurde der Rohling für das Lenkrad aus einer Aluplatte geformt.

Das fertige Lenkrad lässt sicher manchen Betrachter rätseln, wie ein solches Kunstwerk zustandekam.

Das Tretauto – hier neben seinem historischen Vorbild – ist schon beinahe fertig für die Endlackierung.

Kapitel 11
Bodenbleche, Schweller und hintere Seitenbleche

Bei unserer Einführung in die hohe Schule der Blechbearbeitung kommen wir nun zu den wichtigsten Teilgebieten der Instandsetzung und Restaurierung von Karosserieblechen und zeigen Lösungswege für die häufigsten Schwierigkeiten bei der Schadensbeseitigung auf. Zunächst sind Bodenbleche, Schwellerbleche und die hinteren Seitenbleche der Karosserie an der Reihe, also die klassischen Schwachstellen unzähliger Sammlerfahrzeuge. Die einzelnen Schadensfälle werden in der Reihenfolge ihrer zunehmenden Schwierigkeit behandelt.

BODENBLECHE

Die Reparatur von Bodenblechen ist vergleichsweise unproblematisch und verschafft dem Hobbyrestaurator rasch erste Erfolgserlebnisse. Obendrein sind die restaurierten Bodenbleche sichtbarer Beweis für alle ungläubigen Zweifler in unserem Umfeld, dass unser Projekt voranschreitet und es die Garage aus gutem Grund blockiert. Bevor wir loslegen, ist allerdings eine ehrliche Bestandsaufnahme aller Bodenbleche und der angrenzenden Außen- oder Innenschweller bzw. Längsträger ein unbedingtes Muss. Lässt sich der marode Bereich reparieren, indem ein Reparaturblech von überschaubarer Größe zugeschnitten und stumpf eingeschweißt wird, vergewissern wir uns, dass keine empfindlichen Leitungen oder Kabel in unmittelbarer Nähe verlegt sind, und machen uns ans Werk. Wenn aber auch an den Rahmenträgern rund um die Bodenbleche Handlungsbedarf besteht, sollten wir uns den Bodenblechen erst zuwenden, nachdem wir die Träger und Streben im Schwellerbereich saniert haben. Es soll ja nicht so weit kommen, dass wir ein brandneues Bodenblech einsetzen, aber nicht befestigen können, weil die Anlageflächen des Schwellers durchgegammelt sind.

Bei kleinflächigeren Ausbesserungen am Bodenblech entscheiden wir vorab, ob wir ein Abschnittsblech stumpf einschweißen, so dass die Reparaturstelle hinterher nicht mehr vom Originalblech zu unterscheiden ist, oder ob wir auch mit einer Überlappungsnaht leben können, nachdem die durchgerosteten Blechpartien sauber herausgetrennt wurden. Abgesetzte Reparaturbleche, die mit einer Überlappungsnaht mit dem noch gesunden Originalblech verschweißt werden, verkürzen die Einpassungs- und Reparaturzeit erheblich. Ob das Aussehen noch dem Originalzustand entspricht, ist dabei meist zweitrangig, allerdings besteht erhöhte Rostgefahr, wenn Wasser zwischen den beiden Blechlagen eindringen kann.

Die Passung der Seitenbleche an diesem Ford Mustang macht einen erstklassigen Eindruck, allerdings war dies nicht immer so. Bei den sauber durchlaufenden Karosseriesicken und gleichmäßigen Türspalten half der Restaurator im Bemühen um einen Zustand „besser als werksoriginal“ mit allerlei Kniffen nach.

Die Bodenblechkonstruktion des Ford Mustang ist typisch für viele Fahrzeuge jener Jahre. Idealerweise werden die Blechanlageflächen an den Falzen mit Schweißprimer, die Außenflächen der Bleche mit einer dicken Grundierschicht und alle Nahtstellen mit Karosseriedichtmasse behandelt.

Überlappende Falze finden sich oft bereits ab Werk, denn sie sorgen nicht zuletzt für höhere Steifigkeit. Es wäre allerdings unsinnig, neue Bleche auf rostige Altbleche aufzuschweißen, denn an den Blechlagen setzt sich die bereits vorhandene Korrosion nur umso schneller fort. Ist das Originalbodenblech oder das Reparaturblech überlappend mit dem Nachbarblech verbunden, müssen sämtliche Anlageflächen absolut rostfrei sein und vor dem Schweißen mit Schweißprimer grundiert werden, und vor dem Decklack erhalten sämtliche Überlappungen eine Schicht Karosseriedichtmasse.

Bei größeren Bodenblechreparaturen muss das Fahrzeug sicher unterbaut und versteift werden, damit sich nichts verziehen kann, und die Fahrzeugunterseite wird eingehend inspiziert, denn wir wollen ja nicht versehentlich darunterliegende Teile durchtrennen. Auch der Innenraum sollte so weit wie möglich ausgeräumt werden. Trenn-, Schweiß- und Schleifarbeiten sind eine staub- und schmutzintensive Angelegenheit, d. h. Scheiben und Innenausstattung sind akut gefährdet. Es kann auch nicht schaden, Windschutz- und Heckscheibe von innen mit einem großen Karton abzukleben. In besonders heiklen Situationen hat sich auch eine Schweißplane über dem Arbeitsbereich bewährt. Einatmen des Schweißrauchs sollte möglichst vermieden werden. Die originalen Schweißpunkte bohren wir am Bodenblech ab und trennen das Blech mit einem Druckluftmeißel heraus. Auf keinen Fall aber die Altteile entsorgen, solange das neue Bodenblech noch nicht montiert ist! Vielleicht benötigen wir die Altteile ja noch als Orientierungshilfe. Sämtliche Blechoberflächen unter dem originalen Bodenblech müssen ebenfalls vorab instandgesetzt und gründlich gesäubert sowie anschließend mit Schweißprimer grundiert werden.

Beim Einpassen des neuen Bodenblechs überprüfen wir die Ausrichtung der Öffnungen (falls vorhanden) für Mittelschalthebel, Hauptbremszylinder und Kupplungsgeberzylinder. Soll das neue Bodenblech am Außenumfang lochpunktgeschweißt werden, stanzen oder bohren wir jetzt die Punktlöcher und grundieren den Einschweißbereich mit Schweißprimer. Auch die Lage der Sitzschienen- und Gurtaufnahmen, Stoßdämpferbefestigungspunkte (falls vorhanden) und Auspuffhalterungen sowie aller sonstigen Bohrungen und Öffnungen muss am neuen Bodenblech kontrolliert werden. Stimmt die Passung, fixieren wir das Blech mit einer Handvoll Blechschrauben, damit es sich nicht mehr verschieben kann, wenn das Einschweißen losgeht. Am einfachsten lässt sich das Einschweißen eines derartig großen Blechs bewältigen, wenn man es sich wie ein großes Laken vorstellt, das straffgezogen werden soll. Wir setzen also die ersten Schweißpunkte in der Mitte der längsten Seitenfalze und arbeiten uns dann in alle Richtungen zu den Ecken vor. Passungsmängel lassen sich dadurch mit etwas Geschick regelrecht aus dem Blech herausdrängen. Sauber, dicht und witterungsfest wird die Naht aber nur, wenn keinerlei Spalte zwischen dem Bodenblech und den Auflageblechen bleiben, mit denen es verschweißt wird. Das Bodenblech muss also spaltfrei auf seiner Auflage anliegen; notfalls verkeilen wir ein Kantholz zwischen Armaturenbrett und Bodenblech oder drücken das Bodenblech mit unserem Körpergewicht und einem stabilen Hammer beim Schweißen selbst gegen seine Auflage. Erhabene Schweißpunkte schleifen wir glatt, schweißen Lunkerstellen nach und reinigen den gesamten Arbeitsbereich mit dem Staubsauger. Je nach den Reparaturen, die noch ausstehen, kann es nicht schaden, das blanke Blech bereits jetzt mit Haftgrund aus der Spraydose zu schützen.

Sind die Reparaturen damit erledigt, dichten wir alle Blechnähte mit Karosseriedichtmasse ab und lackieren das Bodenblech. Sind Reparatur- oder Nachfertigungsbleche für die Bodengruppe lieferbar, entfallen komplizierte Eigenanfertigungen, lediglich die Einpassung der Bleche erfordert einiges an Geduld. Selbst für Hobby-Restaurierer ohne große Erfahrung gibt es also keinen Grund, sich nicht an derartige Arbeiten zu wagen.

SCHWELLERBLECHE

Restaurierungsarbeiten an den Schwellern (Außen- oder Innenschweller oder je nach Konstruktion auch Längsträgerbleche) hängen eng mit der Bodenblechrestaurierung zusammen – oft geht die Reparatur des einen Bereiches nahtlos in die Sanierung des anderen über –, können aber gewisse Komplikationen bereiten, da das Endergebnis viel mehr ins Auge fällt. Durchgerostete Schweller sind fast schon die Regel, mitunter wurden die Schweller auch durch nachlässig angesetzte Wagenheber eingedrückt, erlitten Knickspuren durch Aufsetzer beim achtlosen Abladen des Fahrzeugs vom Anhänger oder wurden bei einem Seitenaufprall malträtiert. Abschnittsreparaturen an Schwellern werden dadurch erschwert, dass die Schweißnähte kaum von hinten zugänglich sind, um Vertiefungen in der Blechoberfläche zu korrigieren, die durch Wärmeverzug beim Schweißen entstanden sind. Ein Beispiel für eine Schweller-Abschnittsreparatur ist unten im Foto des geschweißten Schwellers eines Ford Mustang zu finden. Erwartungsgemäß war die Blechoberfläche zu beiden Seiten der quer über den Schweller laufenden MIG-Schweißnaht etwas eingefallen. Eine angrenzende waagerechte Naht war allerdings eben geblieben, denn das Schwellerblech war an der Schwelleroberkante von Haus aus wesentlich steifer. Um den eingesunkenen Schwellerbereich zu richten, wurden mit einer Bolzenschweißpistole Ziehbolzen direkt auf der Schweißnaht gesetzt. Die Versuche, die Naht damit hochzuziehen, brachten allerdings keine durchgreifende Besserung, sondern die Bolzen rissen ab. Erst eine angeschweißte Mutter ergab ein ausreichend stabiles Widerlager, um die tiefsten Bereiche auf Millimeterbruchteile an das gewünschte Niveau hochziehen zu können, und nun konnte die Schweißnaht glatt verschliffen werden.

Anders als das Bodenblech des Ford Mustang besteht das Bodenblech dieses MGB GT aus zwei separaten Bodenblechhälften beidseits des Mitteltunnels. Alle Bodenbleche werden im Lochpunktverfahren geschweißt, da dies dem werksseitigen Punktschweißverfahren am nächsten kommt. Soweit möglich, sollte immer nur eine Hälfte auf einmal herausgetrennt und ersetzt werden.

Abschnittsreparaturen an einem Schwellerblech hinterlassen meistens eine entlang der Schweissnaht eingefallene Blechoberfläche – eine selbst bei sorgfältigster Vorbereitung der Schweißstelle fast unvermeidliche Folge des Verzugs- und Schrumpfungsprozesses bei der Hitzeentwicklung im Blech. Zudem ist das Blech in diesem Bereich wesentlich steifer als vorher. Zum Glätten der Bleche schweißen wir am tiefsten Punkt der Naht eine Mutter an und benutzen diese als Widerlager für das Beulenziehgerät. Wenn die Mutter an der Schweißnaht aufgeschweißt wird, brauchen wir nicht das jungfräuliche Reparaturblech zu verunstalten.

Durchrostungen an Schwellerblechen sind oft täuschend und frustrierend zugleich, denn erst wenn das Schwelleraußenblech entfernt oder zumindest aufgetrennt wurde, ist das gesamte Schadensausmaß zu erkennen. Wenn ein Schweller einen erneuerungsbedürftigen Eindruck macht, bestätigen sich bei der genaueren Untersuchung meist die schlimmsten Befürchtungen – allerdings nicht immer: Ist nur der Außenschweller punktuell durchgerostet, genügt es meist, nur dieses Außenblech zu ersetzen. Sind die Rostlöcher am Außenschweller allerdings bereits faustgroß, können wir in aller Regel auch Erneuerungsarbeiten am Innenschweller bzw. Längsträger einplanen. Sind Außen- und Innenschweller erneuerungsbedürftig, muss die Karosserie etwas aufwändiger versteift werden, insbesondere im Bereich der A- und B-Säulen. Ist das Fahrzeuginnere noch gut erhalten und soll der Türausschnitt nicht durch eine provisorisch eingeschweißte Stützstrebe verunstaltet werden, prüfen wir, ob sich die Innenverkleidungen mit vertretbarem Aufwand demontieren lassen und dahinter eine Strebe eingeschraubt werden kann. Bei der Schraubmethode sollte die Strebe allerdings an beiden Enden mit jeweils zwei Schrauben befestigt werden, denn eine einzelne Befestigungsschraube könnte, wenn sie sich auch nur minimal lockert, wie ein Drehpunkt wirken, um den sich die gesamte Strebe bewegen kann. Natürlich werden an den Anschraubpunkten große Beilagscheiben unterlegt, damit sich die angreifenden Lasten verteilen, und die Schraubköpfe mit Zahnscheiben gegen Losdrehen gesichert. Auf die naheliegende Idee, ein Stabilisierungsrohr zwischen einem oder beiden Türscharnierbefestigungspunkten und der Türschließfalle einzubauen, sollten wir verzichten, denn bevor der Schweller endgültig eingeschweißt wird, müssen wir die Passung des Schwellers und der eingebauten Tür überprüfen können. Falls auf beiden Seiten dieselben Fahrzeugbereiche repariert werden müssen, beispielsweise ein Schweller oder hinteres Seitenblech, sollten grundsätzlich erst die Reparaturen an einer Seite abgeschlossen werden. Die zweite Seite bleibt derweil unangetastet, nicht nur aus Stabilitätsgründen, sondern auch, um sie bei Bedarf zur Kontrolle der Passungen nutzen zu können.

Nachdem die Karosserie ausreichend versteift wurde und die bestmöglichen Türpassungen erreicht sind, machen wir uns an die Erneuerung des Schwellers und schleifen zuerst sämtliche Befestigungsfalze von Hand mit Schleifpapier blank. Mit den Fingerspitzen lassen sich die Vertiefungen ertasten, in denen die originalen Schweißpunkte liegen. Diese Schweißpunkte werden anschließend mit einem Schweißpunktbohrer abgebohrt und der Außenschweller möglichst beschädigungsfrei mit einem Druckluft-Karosseriemeißel vom Innenschweller (bzw. Längsträger) getrennt. Der Reparaturbedarf in den Bereichen hinter dem Außenschweller wird jetzt schnell deutlich. Mit etwas Glück lässt sich die Reparatur auf den Außenschweller beschränken. Ist der Innenschweller noch solide, säubern wir ihn mit Drahtbürste oder Fächerscheibe im Winkelschleifer und grundieren ihn mit Schweißprimer.

Das relativ einfach geformte Innenschwellerblech dieses MG Midget lässt sich nach gründlicher Säuberung und Reparatur der Durchrostungen oberhalb des Schwellers sogar noch retten. Oft ist aber der Innenschweller ähnlich marode wie der Außenschweller. Diese Cabrioletkarosserie wurde an der Türöffnung mit einer Hilfsstrebe stabilisiert.

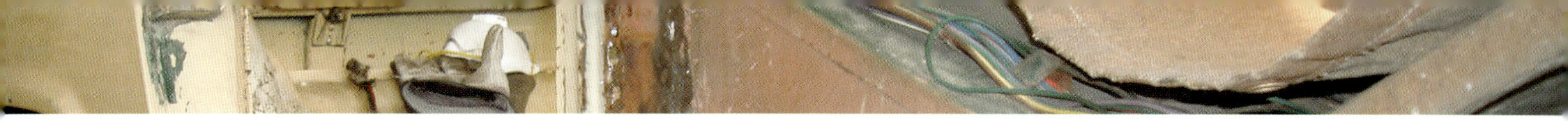

Ist aber auch der Innenschweller nicht mehr zu retten, kontrollieren wir jetzt, ob die Karosserie ausreichend versteift wurde, um auch den Innenschweller gefahrlos heraustrennen zu können, und bohren dessen Schweißpunkte an der Bodengruppe aus. Auch der Ausbau der Innenschweller ist in aller Regel unkompliziert. Lediglich in der Nähe verlaufende Brems- oder Kraftstoffleitungen oder Kabelstränge müssen ggf. entfernt oder zurückgebunden werden. An sämtlichen Anschweißflanschen des Neuteils wird die Grundierung entfernt und stattdessen Schweißprimer aufgetragen. Dann fixieren wir das neue Innenschwellerblech provisorisch mit Blechschrauben oder einigen Heftschweißpunkten, bevor es ans endgültige Einschweißen des Innenschwellers (üblicherweise durch Lochpunkten) und anschließendes Verschleifen der Schweißpunkte geht.

Entlang der Schweißfalze des neuen Außenschwellerblechs bohren oder stanzen wir die 5- bis 8-mm-Löcher für das Lochpunkten, und zwar im gleichen Abstand wie die Schweißpunkte am Originalblech. Der eventuell noch vorhandene schwarze Transportgrund wird komplett von den Einschweißflanschen entfernt. Die Rückseite dieser Flansche erhält eine Schicht Schweißprimer, und nun wird der Außenschweller mit Gripzangen (die so angesetzt werden, dass sich die Tür noch schließen lässt) in seiner Einbaulage positioniert. Dann kann die Türpassung überprüft werden. Manchmal lässt die Passgenauigkeit der Aftermarket-Reparatur- oder Nachfertigungs-Schwellerbleche erheblich zu wünschen übrig. Mitunter ist die Blechkante, an der der Schweller zur Türunterkante hin abschließt, zu stark gerundet und die Türspalte wirken von außen übermäßig breit. Zur Abhilfe passen wir den neuen Außenschweller so exakt wie möglich ein und schrauben ihn entlang der Oberkante mit Blechschrauben fest. Dann wird der Türspalt bei geschlossener Tür geprüft. Ist der Türspalt zu breit, legen wir eine lange Holzbohle an der Schwellerunterseite unter und drücken den Schweller mit einem Rangierwagenheber hoch. Meist macht diese kleine „Nachhilfe" bereits den Unterschied zwischen „passabel" und „gut" aus. In dieser Position fixieren wir anschließend auch den Außenschweller entlang seines unteren Falzes mit Blechschrauben.

Dann entfernen wir den Wagenheber unter dem Schweller, treten einen Schritt zurück und kontrollieren nochmals. Entspricht die Optik unseren Vorstellungen, kann endlich das MIG-Lochpunkten des Schwellers beginnen. Wer noch nicht viel Erfahrung mit Lochpunktschweißen und Schweißprimer sammeln konnte, sollte erst an Abfallblechen üben. Schweißprimer erschwert anfangs scheinbar das Durchschweißen, denn die Spritzerbildung an der Schweißstelle nimmt zu und der Lichtbogen verharrt zunächst an der oberen Blechlage, statt eine innige Verschmelzung mit der unteren Blechlage herzustellen. Das Schweißgut darf sich nicht an der Schweißstelle auftürmen. Wir zielen vielmehr auf das untere Blech (in der Mitte des im oberen Blech angebrachten Stanzlochs), erzeugen hier ein Schweißbad und füllen durch leichte kreisende Bewegungen das komplette Loch aus, damit oberes und unteres Blech verschmelzen. Wenn wir den Abzug an der Schweißpistole loslassen, sollte die Schweißstelle möglichst flach sein, damit nur wenig nachgeschliffen werden muss. Auch Lunker oder Fehlstellen am Schweißpunkt sind unerwünscht. Wer mit dem Schweißprimer gar nicht zurechtkommt, montiert einen hölzernen Hilfsdorn mit dem Durchmesser des Stanzlochs in der Bohrmaschine und lässt ihn kurz rotieren, bis die Grundierung entfernt ist. Blankes Blech schweißt sich erheblich leichter, als durch die Grundierung durchschweißen zu müssen. Die Schweißpunkte setzen wir im Pilgerschrittverfahren abwechselnd gleichmäßig verteilt über die gesamte Länge des Schwellers, damit sich das Blech nicht durch übermäßige lokale Wärmekonzentration verzieht.

REPARATUREN AN DEN HINTEREN SEITENBLECHEN

Wenn wir bei der Generalsanierung tief in die Außen- und möglicherweise auch Innenschweller vordringen, stoßen wir oft auch auf Korrosionsbefall an den benachbarten hinteren Radläufen oder im Radkasten. Bei Zweitürerkarosserien, die keine separaten Heckkotflügel im eigentlichen Sinn besitzen (vor allem bei den „Fastback"-Karosserien, die in den 1960er Jahren aufkamen), bilden die hinteren Außenbleche der Karosserie oft ein einziges Blechteil – das hintere Seitenblech, das bis an die Scheibenunterkanten reicht. Unfallschäden oder Rostbefall – vor allem an den Endspitzen und Radläufen – sind an diesen Seitenblechen keine Seltenheit. Einige grundsätzliche Fingerzeige für die Instandsetzung sind daher angebracht. Je nach Karosseriekonstruktion, Schadensausmaß und den Kosten für neue Ersatzbleche (sofern diese überhaupt aufzutreiben sind), kann es sich lohnen, das hintere Seitenblech komplett zu erneuern. Beim ersatzteilmäßig unproblematischen Ford Mustang schlägt die Außenhaut für das hintere Seitenteil beispielsweise gerade einmal mit dem Preis für ein gutes Essen für zwei zu Buche; und auch die Passgenauigkeit des Blechs ist passabel und nach leichten Retuschen an den Falzen vorne und hinten sogar richtig gut. Angesichts der mäßigen Ersatzteilpreise könnten wir uns auch zwei Sätze hinlegen – nur falls doch ein grober Montagefehler unterläuft. Wir gehen in diesem Kapitel auch auf die Neuanfertigung eines hinteren Seitenblechs ein, zuerst werden aber die Reparaturtechniken unter Verwendung fertig lieferbarer Neuteile beschrieben.

Auch bei der Reparatur oder Erneuerung eines hinteren Seitenblechs gilt der erste Blick dem Aufbau der Bleche und dem Schadensumfang: Genügt ein Abschnittsblech oder muss das komplette Seitenblech erneuert werden? Paradoxerweise bedeutet die Erneuerung des kompletten Seitenblechs vielleicht mehr Aufwand, ist aber unterm Strich einfacher. Bei Seitenblechen, die den gesamten Bereich von einer werksseitigen Originalnaht bis zur nächsten abdecken, müssen wir keine separate Schweißnaht mitten auf ein Blech legen, andererseits muss zum Wechsel des vollständigen Seitenblechs evtl. die Heckscheibe ausgebaut werden. Die Schweißarbeiten halten sich beim Tausch des kompletten Blechs meist in Grenzen. An den Rändern wird das neue Blech lochgepunktet, lange Stoßnähte sind nicht erforderlich. Wenn die Passgenauigkeit des Neuteils in Ordnung ist, sind derartige Reparaturen nicht sonderlich schwierig. Nur lässt sich vor dem Einbau leider kaum beurteilen, wie exakt ein derartiges Blech wirklich passt. Wie bei anderen Reparaturen an tragenden Teilen stabilisieren wir daher zuerst die Karosserie, da sie sich nach dem Ausbau des Blechs nirgends verwinden darf. An Karosserienähten, die im Werk mit Karosseriezinn verschwemmt wurden, schmelzen wir das Zinn weg, bohren die originalen Schweißpunkte ab und trennen das alte Blech mit einem Druckluftmeißel möglichst schonend vom Karosserierumpf. Dann wird das Neuteil angesetzt, um zumindest die ungefähre Passung prüfen zu können. Wer sich jetzt bereits am neuen Blech zu schaffen macht, kann es allerdings nicht mehr umtauschen, also muss eine Sichtprüfung für die Entscheidung genügen, ob man weitermacht oder nicht. Das alte Blech aufarbeiten zu müssen, ist zwar alles andere als verlockend, wenn aber die Passung des neuen Blechs zu sehr zu wünschen übrig lässt, ist eine Renovierung des Altteils oder ein besser erhaltenes Gebrauchtteil oft die einzige Alternative.

Ist die Passgenauigkeit des Neuteils in Ordnung, schleifen wir den schwarzen Transportgrund an den Schweißfalzen weg, stanzen oder bohren die Löcher für die Lochpunktschweißung, grundieren die Anlageflächen der Bleche mit Schweißprimer und montieren das Blech provisorisch mit Cleco-Fixiernadeln oder Blechschrauben in ihrer Einbaulage. Nach dem Schweißen müssen nur noch die Schweißnähte

Der Radkasten dieses 1954er Plymouth Belvedere entspricht in seinem Konstruktionsprinzip vielen Fahrzeugen jener Zeit: Der aus zwei Halbschalen bestehende, senkrecht geteilte Radkasten wurde in der Mitte und entlang der Ränder punktgeschweißt.

Dieses hintere Seitenblech des MGB GT ist in ähnlichen Varianten an vielen Fahrzeugen der 1960er und 1970er Jahre zu finden. Wie beim Plymouth Belvedere aus dem vorherigen Bild ist auch hier der Radkasten zweigeteilt, so dass die Rückseite der Schweißnaht notfalls von hinten zugänglich ist. Es empfiehlt sich, lange Schweißnähte in die unmittelbare Nähe einer steifen Karosserielinie zu legen, damit sich der Wärmeverzug beim Schweißen in Grenzen hält.

verschliffen und je nachdem, wie das Blech im Werk montiert wurde, die Nähte an der C-Säule und am Übergang zum Deckblech verzinnt werden. Soll die Heckscheibe im Zuge der Karosserierestaurierung sowieso ausgebaut werden, lohnt es sich meistens, das hintere Seitenblech gleich komplett zu erneuern.

Falls aber keine Seitenbleche lieferbar sind oder nicht mehr Blech als unbedingt notwendig erneuert werden soll, bleibt nur, den rostbefallenen Bereich herauszutrennen und ein Abschnittsreparaturblech einzuschweißen. Mancher Hobby-Restaurator hat ohnehin mehr Spaß an Eigenleistung – zumal so möglichst viel von der originalen Substanz des Fahrzeugs erhalten bleibt.

Soll nur ein Teilstück des Seitenblechs repariert oder erneuert werden, legen wir zuerst den Ablauf der Reparatur fest. Das Seitenblech muss zur Tür und zum Schweller hin sauber abschließen, die richtigen Rundungen aufweisen und passgenau am Radlauf bzw. Radkasten anliegen, und die Schweißnaht muss nach der Nachbearbeitung unsichtbar sein. Frustrierend wird die Fahrzeugrestaurierung immer dann, wenn Bauteile in einer Reihenfolge ausgebaut oder zerlegt werden müssen, die werksseitig so nie vorgesehen war. Viele Montageabläufe im Werk sind leider seit jeher mehr auf Fertigungseffizienz und weniger auf Reparaturfreundlichkeit ausgerichtet, selbst wenn dieses Problem bei älteren Sammlerfahrzeugen seltener auftritt. Die Kernfrage lautet also: In welcher Reihenfolge können wir alle Teile wieder montieren und die Schäden trotzdem beheben? Ideal wäre folgendes Prozedere: 1) Schnittlinie am alten Seitenblech entsprechend der Umrisse des neuen Teilblechs anzeichnen; 2) altes Seitenblech heraustrennen, das originale Radkastenblech bleibt aber eingebaut; 3) neues Seitenblech mit dem originalen Radkastenblech als Bezugspunkt heften oder mit Blechschrauben fixie-

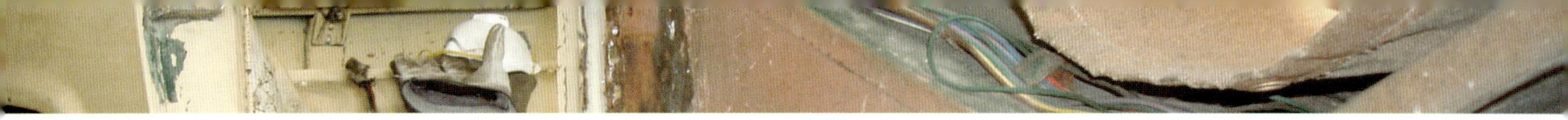

ren; 4) altes Radkastenblech heraustrennen; 5) neues Seitenblech einschweißen und Schweißnaht verschleifen und glätten; 6) neues Radkastenblech einschweißen und Schweißnähte verschleifen. An sich ein einfacher Ablauf, nur lässt sich diese Reihenfolge je nach den im Werk praktizierten Montagemethoden nicht immer durchhalten. Besteht der Radkasten aus zwei Hälften, die im Werk mit der Punktschweißzange an einem senkrechten Flansch hinter dem Seitenteil verschweißt wurden, klappt es vielleicht, nur den äußeren Teil des Radkastens zu ersetzen, nachdem die lange Schweißnaht des Teilblechs am hinteren Seitenblech gezogen wurde. Könnte man einen zweiteiligen Radkasten zur Passungskontrolle mit Schrauben zusammenschrauben und dann zumindest teilweise wieder ausbauen, während das Seitenblech eingeschweißt und die Naht geglättet wird, wäre dies optimal. Möglicherweise müssen wir, um auf der Oberseite des Radkastens schweißen zu können, durch den Kofferraum oder eine Öffnung in der inneren Seitenwand in den Radkastenbereich durchgreifen, für ein blitzsauber stumpf eingeschweißtes Teilblech für das hintere Seitenteil können wir aber auch die Beschwernis in Kauf nehmen, den Radkasten in einer unbequemen Zwangsposition schweißen zu müssen.

Falls der Radkasten intakt ist und unangetastet bleibt, stellt sich das Problem, dass die Schweißnaht mitten auf dem hinteren Seitenblech geglättet werden muss, obwohl das Blech von hinten so gut wie nicht zugänglich ist. Es wurde schon mancher Radkasten aufgetrennt, nur um an die Rückseite eines suboptimal eingeschweißten Seitenblechs heranzukommen. Nachdem die Naht auf dem Seitenblech sauber geglättet war, wurde das Radhaus wieder zusammengeschweißt. Bei Abschnittsreparaturen ist also eine strategische Planung wichtig, wie das Seitenblech geschweißt und geschlichtet werden kann. Unabhängig von der Abfolge der Arbeitsschritte ändert sich das eigentliche Einpassen und Einschweißen des Reparaturblechs dabei nicht nennenswert.

Wir legen das neue Teilblech so exakt wie möglich auf dem alten Seitenblech an und zeichnen die Trennlinie an der Oberkante des neuen Blechs an. Zusätzlich werden einige senkrechte Passungsmarken angebracht, anhand derer der exakte Sitz des neuen Blechs in Längsrichtung kontrolliert werden kann. Um ein langes Blech, an dem Gripzangen nicht sinnvoll angesetzt werden können, beim Schweißen exakt passgenau zu fixieren, eignet sich folgender Kniff: Beim Zuschnitt des Reparaturblechs für das Seitenteil bleiben entlang der Trennlinie einige kurze Laschen stehen. Diese Laschen liegen auf dem Rand des am Fahrzeug verbliebenen Originalblechs auf. Dann bohren wir diese Laschen durch und befestigen das Blech an jeder Lasche mit einer Cleco-Fixiernadel auf dem Originalblech, so dass sich beide Bleche nicht mehr gegeneinander verschieben können. Beim Heften trennen wir die Laschen mit einer geeigneten Säge oder dem Dremel ab, sobald sich die Heftpunkte der Lasche nähern, und drücken die Bleche zum weiteren Verschweißen bündig gegeneinander.

Unten: So können zwei stumpf zu verschweißende Bleche fixiert werden, die sich anders nicht sauber zusammenspannen lassen. Am Neuteil bleiben einige Laschen stehen, die mit einer Cleco-Fixiernadel auf dem Originalblech befestigt werden. Sobald die Bleche mit genügend Heftpunkten unverrückbar verschweißt wurden, sägen wir die Laschen nacheinander mit dem Dremel oder einer dünnen Karosseriesäge ab und bringen die Bleche bündig aneinander in Anlage.

Ist die Schweißnaht bequem von hinten zugänglich, empfiehlt sich das WIG-Verfahren, ist die Rückseite aber schlecht zugänglich, sollte MIG-geschweißt werden. WIG-Nähte sind sehr weich und lassen sich gut nacharbeiten, allerdings muss die Naht mit dem Hammer geschlichtet werden können, um dem starken Wärmeverzug beim Schweißen entgegenzuwirken. Eine nicht ausgehämmerte WIG-Schweißnaht führt oft zum Einfall des Blechs im Schweißbereich. Beim MIG-Schweißen sollten die Schweißpunkte abwechselnd an unterschiedlichen Punkten entlang der Schweißnaht gesetzt und nicht in einer Linie durchgezogen werden. Kühlen der Schweißstellen mit Druckluft (siehe Beschreibung im Schweißkapitel) ist ebenfalls hilfreich. Grundsätzlich müssen die Kanten der stumpf aneinandergesetzten Bleche beim gesamten Schweißvorgang ständig sauber aneinander anliegen.

Manche Schweißer bringen lieber am Rand des neuen Teilblechs oder am geglätteten Bereich des Originalblechs mit der Absetzzange einen Überlappungsfalz an. Dann wird das obere Blech mit Löchern für das Lochpunkten versehen und verschweißt. Die Zeitersparnis gegenüber dem stumpfen Einschweißen dürfte erheblich sein. Allerdings muss die Rückseite des Schweißfalzes mit Rostschutzfarbe und Karosseriedichtmasse gegen Rostansatz geschützt werden. Außerdem dürfte sich die überlappend geschweißte Nahtstelle nur mit einer Schicht Polyesterspachtel kaschieren lassen. Bei richtiger Verarbeitung hat Karosseriespachtel durchaus seine Daseinsberechtigung, zu dicke Spachtelschichten bringen aber an Fahrzeugkarosserien die hinlänglich bekannten Nachteile mit sich.

Selbst bei Modellen, für die keinerlei Reparaturbleche lieferbar sind, muss die Erneuerung der hinteren Seitenbleche kein unüberwindliches Hindernis bedeuten. Zuallererst sollten wir Karosseriebleche nicht primär nach ihrem typenspezifischen Verwendungszweck beurteilen, beispielsweise als „Führerhaus-Eckblech für einen Tempo Matador" oder „hintere Seitenwand für einen Simca Chatelaine", sondern sie uns vielmehr als eine Ansammlung unterschiedlicher Blechrundungen vorstellen. Mit etwas Nachdenken lässt sich mit Sicherheit jedes komplex anmutende Komplettteil in einfachere, überschaubar geformte Einzelbleche zerlegen. Eines der Lieblingsbeispiele aus unserer Lehrwerkstatt sind die durchgerosteten unteren Eckbereiche am hinteren Seitenblech (eigentlich dem Heckkotflügel) unseres 1954er Plymouth Belvedere. Die Reparaturideen des Karosserieschlossernachwuchses fallen üblicherweise unnötig kompliziert aus. Die denkbar einfachste Lösung – der Schadensbereich wird in zwei separate Bleche unterteilt – löst unweigerlich einen allgemeinen „Aha"-Effekt aus. Fazit: Scheinbar komplizierte Formen kann man sich auch als eine Folge wesentlich einfacherer Einzelformen vorstellen.

Unten: Diese scheinbar komplizierte Reparatur ist gar nicht so problematisch. Der kurze Bereich des Blechs unterhalb der blauen Markierungen ist ein 90-Grad-Winkel, der manuell gestaucht und gestreckt wurde. Der übrige Bereich des Blechs wurde entsprechend den Markierungen („Bend" = „Biegen" und „St" = „Strecken") gestreckt bzw. gestaucht. An der unteren Kante wurde mit dem Hammer ein weiterer Falz umgelegt. Fast jede komplexe Form lässt sich in mehrere einfachere Formen zerlegen.

An diesem hinteren Seitenblech für einen Ford Model A lässt sich verdeutlichen, wie ein gewölbtes und gesicktes Blech repariert werden kann. Zuerst befestigen wir einen Papierbogen mit Magneten auf dem Blech, zeichnen die Lage der Sicke mit dem Fingernagel nach und nehmen die Wölbungen des Blechs mit Profillehren ab.

Die richtige Wölbung für das Blech lässt sich mit einer nur leicht ballig geformten Formrolle sehr schnell herstellen, indem wir das Blech vorwiegend in senkrechter Richtung durch die Rollenstreckmaschine führen und nur einige wenige zusätzliche Rollenstreckgänge in der Waagerechten ausführen.

RESTAURIERUNG DES HINTEREN SEITENBLECHS EINES FORD MODEL A

Natürlich gibt es in den USA Spezialisten, die Repro-Seitenbleche für den Ford Model A anbieten, aber als Beispiel für eine Eigenanfertigung eignet sich gerade dieses in zwei Ebenen gewölbte Blech mit der (bei bestimmten Modellen) am unteren Blechrand eingeprägten Sicke besonders gut. Um ein Duplikat dieses Blechs anzufertigen, müssen die Wölbung des Originalblechs in senkrechter und waagerechter Ebene, die Außenabmessungen sowie das Profil und die Lage der Längssicke kopiert werden. Zur Ermittlung der Lage der Sicke legen wir einen Bogen Zeitungspapier auf den unteren Teil des Seitenblechs auf und befestigen ihn mit Magneten. Der Rand der Sicke wird mit dem Fingernagel ertastet und markiert und danach mit einem Kugelschreiber nachgezogen und das überschüssige Papier außerhalb der Sickenlinie weggeschnitten. Auf der Papiervorlage, die noch am Blech befestigt ist, setzen wir nun eine Profillehre in senkrechter und waagerechter Richtung in der Mitte des gewölbten Blechs an und übertragen diese beiden Wölbungen als Bogenlinien auf stabilen Karton, aus dem die Biegeschablonen angefertigt werden. Die Lage der Schablonen auf dem Papier sowie ihre Relativstellung zueinander wird ebenfalls angezeichnet, um alle Unklarheiten auszuschließen. Bei diesem Blech ist die Lage der Schablonen sogar zweitrangig, denn das Blech weist sowohl in senkrechter als auch in waagerechter Richtung eine durchgängig relativ konstante Wölbung auf. In der einen Ebene ist das Blech stärker gewölbt, die Wölbungen selbst sind aber über einen langen Bereich konstant. Bei anderen Karosserieblechen ist dies nicht unbedingt der Fall, daher sollte die Lage der einzelnen Schablonen auf dem Blech sowie ihre Lage zueinander eindeutig angezeichnet werden.

Anhand der Papiervorlage und der beiden Schablonen schneiden wir ein passendes Tafelblech zu, das nun in der Rollenstreckmaschine mit einer nur wenig gewölbten Formrolle seine Wölbung erhält. Das Rollenstrecken erfolgt vorwiegend in der Senkrechten, in geringerem Umfang auch in der Waagerechten, damit die beiden Wölbungsebenen korrekt im Blech abgebildet werden können. Zum Glätten folgen anschließend noch einige Durchgänge in zwei diagonalen Richtungen. Sobald die Schablonen in der senkrechten und waagerechten Achse durchgehend passgenau anliegen, übertragen wir die Lage der Sicke von unserer Papiervorlage auf die Blechrückseite und arbeiten mit der Sickenmaschine weiter.

Die passenden Walzen zum Sickenformen können nur durch Probieren ermittelt werden. Sinnvollerweise sollte die Sicke stufenweise in zwei oder drei Durchgängen geformt und der Druck von Durchgang zu Durchgang kontinuierlich erhöht werden.

Um das plötzliche Ende der Sicke in das Blech zu prägen, wird das Blech an der entsprechenden Stelle zwischen zwei stärkeren Stahlplatten eingespannt und die Sickenkante mit einem Schlagwerkzeug ausgeformt, das aus einem alten Nietdöpper angefertigt wurde.

Die Sicken in den Seitenwänden – und auch deren Profile – waren nicht bei allen Ausführungen und Jahrgängen des Model A identisch, für unsere Versuchsbleche entschieden wir uns daher für die leichter zu reproduzierende Sickenversion. Um sich an die richtige Einstellung und den geeigneten Anpressdruck der Walzen heranzutasten, ließen wir zuerst einige Abfallbleche durch die Sickenmaschine laufen. Letzten Endes wurde die Sicke nach Augenmaß anhand des mit dem Dauermarker angezeichneten Verlaufs angebracht, die Sickenbreite kann aber durch eine Art Korridor exakt vorgegeben werden, indem an der Sickenmaschine ein Winkeleisen eingespannt und der Blechrohling vorsichtig so zugerichtet wird, dass der Blechrand in genau dem Abstand innerhalb des Bearbeitungskorridors läuft, der die gewünschte Sickenbreite zuzüglich des an die Sicke anschließenden Falzes ergibt. Beim Ford A Roadster endet die Sicke nach vorne abrupt an einem bestimmten Punkt vor dem Übergang in die B-Säule. Um die Sicke in unserem Blech ebenso plötzlich enden zu lassen, klemmen wir das Blech zwischen zwei dickeren Stahlplatten ein und spannen die Konstruktion an der Werkbank fest. Die unter dem Blech eingespannte Stahlplatte bildet damit die Patrize unseres Formwerkzeugpaars, und mit einem Schlagwerkzeug kann jetzt die neue Vorderkante der Sicke geformt werden. Nachdem die Sicke fertig geformt wurde, legen wir das neue Blech auf das Originalblech auf und zeichnen den vorderen und unteren Rand an und legen damit die Biegekante für den Falz an diesen beiden Seiten fest.

An der unteren Vorderkante des Seitenteil-Reparaturblechs, an der der Radlauf seinen Ursprung hat, muss ein winziges Blechstück entfernt werden, um das Blech im Eckbereich sauber umlegen zu können. Andernfalls würde hier eine spitze Ecke im Blech entstehen. Dazu wird genau an diesem Eckpunkt ein kleines Loch ins Blech gebohrt. Auch ein durchgehender Trennschnitt mit der Trennscheibe wäre möglich. Im Zweifelsfall empfiehlt es sich, einen Bogen Papier nach den Konturen des Blechrohlings zuzuschneiden und auf dem Eckbereich des Blechs umzufalten und damit den optimalen Zuschnitt zu ermitteln, damit das Blech sauber umgelegt werden kann. Die Knicklinie für die Falze fertigen wir auf der Sickenmaschine an. Anschließend werden die Falze in klassischer Manier umgelegt, indem das Blech auf der Werkbank aufgelegt, mit einer Handfaust gegengehalten und der Falz mit einem Hammer entlang der Knicklinie gegen die Handfaust abgekantet wird. Das neue Blech soll vollflächig auf dem alten Blech aufliegen, also werden die Falze minimal weiter außen gebogen als beim Original. Eine optimale Passung des neuen Blechs würde natürlich nur erreicht, wenn die Falze innerhalb der Knicklinien umgebogen werden. Damit hätte sich das nachgefertigte Blech aber nicht mehr so gut als Anschauungsmaterial geeignet, denn das neue Blech hätte nicht passgenau (als „Überzugsblech") auf dem alten aufgelegt werden können. Wenn wir einen Bördelfalz am Rand eines gewölbten Blechs umlegen, muss der Falz meistens zusätzlich von Hand gestreckt bzw. gestaucht werden, damit die Wölbung des Blechs erhalten bleibt. Zur Probe legen wir das neue Blech auf das originale Seitenblech auf. Es passt ringsum genau, also ist das Werk für unsere Zwecke vollendet.

Am unteren Rand des Seitenwandblechs, an dem die Rundung für den Hinterradausschnitt ihren Ursprung hat, werden die Falze an ihrem Ursprung durchbohrt, da sich hier andernfalls eine scharfe Knickstelle im Blech abzeichnen würde. Das Blech könnte auch mit einer dünnen Trennscheibe bis an diese Stelle eingeschnitten werden.

Mit einer dünnen Oberwalze und einer planen Unterwalze kann die Knicklinie für den kurzen Falz entlang der Blechunterkante in das neu angefertigte Reparaturblech eingeprägt werden. Anschließend wird der Falz mit dem Schlichthammer vollständig umgelegt. Wenn ein gewölbtes Blech entlang seines Randes einen Bördelfalz erhalten soll, muss der Falz in der Regel zusätzlich von Hand gestreckt bzw. gestaucht werden, damit die Wölbung des Blechs erhalten bleibt.

Der entlang der Blechvorderkante verlaufende Falz wird in der Rollenstreckmaschine geformt, indem das Blech beim Durchgang durch die Maschine gegen die Oberwalze hochgedrückt wird.

Da der vordere Bördelfalz auf einem gewölbten Blech verläuft, muss er mit dem manuellen Stauchgerät eingezogen werden, da sich die Gesamtlänge des Falzes nach dem Abkanten verringert. Wird dies nicht beachtet, verzieht sich das Blech beim Abkanten und die Blechfläche ist bestrebt, statt der Wölbung wieder ein ebenes Profil anzunehmen.

Das fertige Nachbaublech entspricht exakt der Vorlage. Um es allerdings wirklich montieren zu können, müssten die Falze etwas innerhalb ihrer jetzigen Lage umgelegt werden. In seiner jetzigen Form umschließt unser auf „Übermaß" gefertigtes Blech das Originalblech und entspricht damit im Prinzip einem „Überzugsblech".

RADLAUFVERBREITERUNGEN FÜR DEN FORD MUSTANG

Zum Abschuss des Themenbereiches „Seitenwandbleche" fertigen wir ein Radlaufblech nach bzw. bauen ein vorhandenes Radlaufblech zu einer Radlaufverbreiterung um. Egal ob die Radläufe nur aus einer schmalen Blechlippe um den Radausschnitt oder weit ausgestellten Radlaufverbreiterungen für richtige „Discowalzen" bestehen, die Arbeitsschritte für die Blechanfertigung sind dieselben. Zuallererst muss die Konstruktion des Radlaufs zeichnerisch erfasst werden. Dazu legen wir zunächst die Umrisse des Radlaufblechs mit Abklebeband fest. Klebeband ist auch aus einer gewissen Entfernung gut zu erkennen und lässt sich leicht wechseln. Vorlage für unsere Nachfertigung ist das hintere Seitenblech eines Ford Mustang. Die Mitte des Radausschnitts wird ermittelt, indem der Radausschnitt vom Fahrzeugheck her ausgemessen und angezeichnet wird. Dann verlegen wir einen Streifen Klebeband vom obersten Scheitelpunkt der Rundung des Radausschnitts zum untersten Punkt ganz vorn am geplanten Radlaufblech. Die Rundung des Klebebands wird nachkorrigiert, bis sie unseren Vorstellungen entspricht, und anschließend ein Bogen Zeitungspapier darüber gelegt und mit Magneten befestigt. Jetzt zeichnen wir den Verlauf des Klebebandes durch schraffierende Bewegungen mit einem Bleistift auf dem Papier an und markieren zugleich die Unterkante des Radausschnitts auf dem Papier. Damit entsteht ein exakter Papierumriss einer Hälfte unseres geplanten Radausschnitts. Diesen Umriss schneiden wir aus, klappen ihn um und übertragen die Konturen auf die hintere Hälfte des Radausschnitts. Die Umrisse der zweiten Hälfte des Radlaufblechs markieren wir ebenfalls mit Klebeband, treten ein paar Schritte zurück und prüfen, ob die Konturen unseren Vorstellungen entsprechen. Bei unserem Ford Mustang funktionierte diese Methode erstaunlich gut und die Schablone konnte sogar für die Anfertigung der Radlaufschablone für die andere Fahrzeugseite verwendet werden.

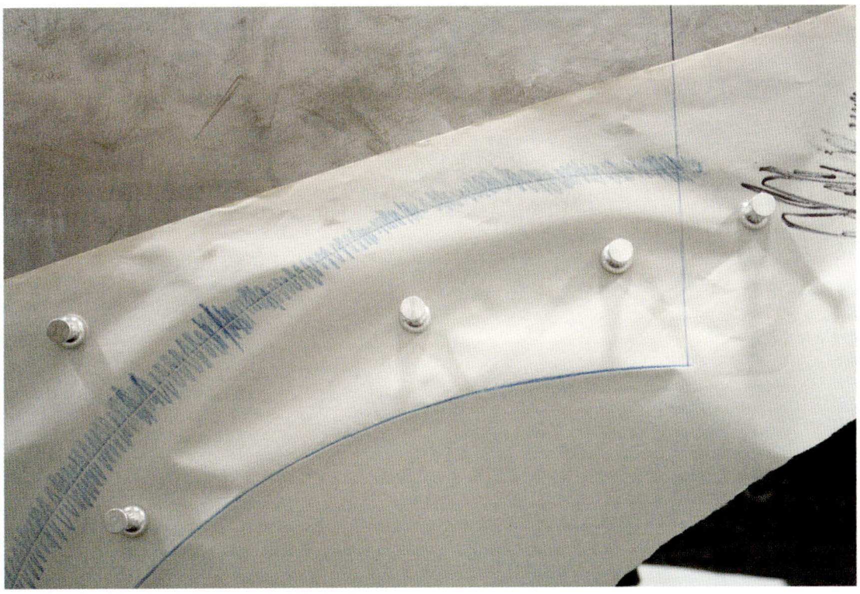

Das beschriebene Prinzip der Anfertigung von Radlaufblechen eignet sich für Radläufe aller Größen – von originalgetreuen Reparaturblechen für Serienfahrzeuge bis zu ausladenden Radlaufverbreiterungen für Rennsportfahrzeuge. Als Erstes markieren wir die Konturen einer Hälfte des anzufertigenden Radlaufblechs mit Klebeband auf dem Originalblech, legen einen großen Bogen Zeitungspapier auf und übertragen die Umrisse auf den Papierbogen.

Dann schneiden wir die angezeichnete Papierschablone für die vordere Hälfte des Radlaufblechs aus, klappen sie zurück und befestigen sie an der hinteren Hälfte des Seitenblechs und prüfen die nun entstandenen Konturen des Radlaufblechs. Sind die Konturen in Ordnung, markieren wir die Umrisse der für den hinteren Teil verwendeten Schablone mit Klebeband. Die Papierschablone kann in spiegelbildlicher Form auch für die andere Fahrzeugseite verwendet werden, um dort die Umrisse des Radlaufblechs festzulegen. Allerdings eignet sich dieses Prinzip der Übernahme der Konturen von der vorderen auf die hintere Radlaufhälfte nur für Fahrzeuge, deren Radausschnitte exakt achsensymmetrisch geformt sind oder z. B. beim Customizing einem „Radiusing" unterzogen werden (d. h. sie erhalten exakt kreisbogenförmige Radausschnitte). Bei Fahrzeugen mit asymmetrischen Radausschnitten, wie sie bei vielen Modellen der 1940er und 1950er Jahre vorkommen, müssen die vollständigen Radausschnittkonturen von der Vorder- bis zur Hinterkante mit Klebeband markiert und auf das Papier übertragen werden.

Die Wölbungen des Radlaufblechs bzw. der Radlaufverbreiterung lassen sich auf unterschiedliche Weise anfertigen, entweder aus einem neuen Tafelblech oder durch Umformen eines serienmäßigen Seitenwandblechs (wie in unserem Beispiel). In jedem Fall muss das Blech entlang des Radausschnitts erheblich gestreckt werden, damit das Blech im Bereich der Radlaufwölbungen – die bei einer Radlaufverbreiterung noch wesentlich drastischer ausfallen – eine längere und breitere Fläche abdecken kann. Am schnellsten lässt sich die Länge des Blechs entlang des Radausschnitts mit einem länglichen Streckstempel oder einem Schweifhammer vergrößern. Durch die längliche Arbeitsfläche dieser Werkzeuge wird das Blech mehr zu den Seiten als in den Endbereichen gestreckt – für uns genau der erwünschte Effekt. Auch eine Rollenstreckmaschine wäre geeignet, sofern das Rollenstrecken in Richtung des Radlaufbogens erfolgt, allerdings ist ein derart großes Blech für das Rollenstrecken ausgesprochen unhandlich, selbst wenn man zu zweit arbeitet. Wäre das Radlaufblech bzw. die Radlaufverbreiterung ein separates Einschweißblech, wäre das Rollenstrecken auch im Alleingang problemlos möglich. Soll der Radlauf am eingebautem Seitenwandblech verbreitert werden, müsste das Radlaufblech manuell mit einem Schweifhammer mit passendem Handeisen als Gegenhalter oder mit Drucklufttreibhammer und Handeisen gestreckt werden. Im Drucklufthammer dürfte eher ein Streckstempel mit rundem statt mit länglichem Profil zum Einsatz kommen, der längliche Stempel ginge jedoch auch. Wer Zugriff auf eine Rollenstreckmaschine mit schmaler, 50 mm breiter Oberwalze hat, kann – unter Mithilfe eines zweiten Manns – den Übergang zwischen der Radlaufverbreiterung und der Blechfläche verfeinern, indem das Blech durch Rollenstrecken an der Ursprungszone bearbeitet wird, in der sich die Radlaufwölbung aus der Blechfläche heraus aufzuwölben beginnt. Ist keine schmale Oberwalze zur Hand, verwenden wir einen maschinellen Glätthammer oder arbeiten den Übergang von Hand mit Schlichthammer und Handeisen heraus. Zusätzlich fertigen wir passende Schablonen für das Querprofil des Blechs an, damit die Radlaufprofile links und rechts in Übereinstimmung gebracht werden können. Nachdem die Radlaufverbreiterung ringsum vollständig gestreckt wurde, legen wir den ursprünglichen Randfalz mit Hammer und Gegenhalter wieder um.

Wir biegen den schmalen Falz entlang der Innenseite des Radausschnitts auf und strecken das Blech über dem Radlaufbogen mit einem länglichen Streckstempel im Glätthammer, wobei der Stempel quer zur Rundung des Radausschnitts steht.

Sobald der Radauschnitt ausreichend gestreckt wurde, drehen wir den Streckstempel, so dass er parallel zum Radlaufbogen steht, und bringen das Blech in das gewünschte Profil. Zuletzt wird der schmale Randfalz mit dem Karosseriehammer wieder entlang seiner ursprünglichen Falzkante nach innen umgelegt.

Wenn die Konturen der Radlaufverbreiterung nach der Probemontage am Fahrzeug unseren Vorstellungen entsprechen, sollte man mit der Profillehre Profilschablonen anfertigen, die die Anfertigung einer exakt spiegelbildlichen Radlaufverbreiterung auf der gegenüberliegenden Fahrzeugseite erleichtern.

Für sich alleine fällt der verbreiterte Radlauf kaum auf.

Im Vergleich mit dem serienmäßigen Seitenwandblech wird der Unterschied jedoch augenfällig.

Kapitel 12
Die Türrestaurierung

DAS TÜRAUSSENBLECH

Die Erneuerung des Türaußenblechs (auch als Türhaut bzw. Türblatt bezeichnet) ist eine der geläufigeren Blecharbeiten, mit denen Hobby-Restaurateure bei der Instandsetzung eines Klassikers irgendwann unweigerlich konfrontiert sein werden. Für manche Fahrzeugtypen sind Türhäute als Reparaturbleche oder Nachfertigungen lieferbar, ihre Qualität variiert allerdings erheblich. Mit wirklich passgenauen Qualitätsteilen ist die Neubeplankung einer Tür erheblich einfacher, als wenn wir die benötigten Bleche selbst anfertigen müssten. Es ist also keine Schande, auf Reproteile auszuweichen, wenn sie problemlos zu beschaffen sind; die Restaurierung eines Veteranen – selbst eines gängigen Modells – birgt noch genug andere Tücken, bei denen wir unser Können unter Beweis stellen müssen. In Markenclubs oder Onlineforen lässt sich rasch herausfinden, welche Erfahrungen andere Besitzer mit den Nachfertigungsblechen der einschlägigen Anbieter gemacht haben, so dass wir eine fundierte Kaufentscheidung treffen können. Allerdings beziehen manche Anbieter ihre Bleche teilweise von unterschiedlichen Herstellern, daher kann auch die Qualität ihres Sortiments variieren. In Fachkreisen spricht sich aber schnell herum, welche Nachbaubleche eines Herstellers etwas taugen und welche nicht.

Wer für sein Restaurierungsobjekt keine brauchbaren Nachfertigungs-Türhäute mehr auftreiben kann oder auf Eigenleistung setzt, findet in diesem Kapitel praktische Hilfestellung für die Selbstanfertigung der Türaußenbleche. Bevor wir die Türbleche aber auch nur anrühren, ist eingehend zu prüfen, wie gut die Tür in der Karosserie sitzt. Die Türschließfallen müssen nachgestellt und Spiel in den Scharnieren ggf. durch Beilagscheiben ausgeglichen werden, bis die Passgenauigkeit der Tür in ihrem Türausschnitt unseren Ansprüchen genügt.

Der Ausgangszustand der Tür verrät viele Details, die unweigerlich verlorengehen, wenn die Türreparatur erst einmal begonnen wurde. Passungsfehler an den Türsäulen und Schwellern lassen sich anhand einer Originaltür als Bezugsobjekt wesentlich leichter korrigieren (selbst wenn die Tür arg durchgerostet ist),

Unten: Abgesehen von der wüsten Delle auf Gürtellinienhöhe und Rostbefall an der Türunterkante war diese Tür eines Ford Model A in gar nicht einmal schlechtem Zustand. Nach einigen Stunden mühevoller Drückerei mit der Handfaust von der Türinnenseite und Ausbeularbeit mit dem Karosseriehammer von außen war die Delle an der Gürtellinie beseitigt. Das Reparaturblech für die Türhaut besteht im Wesentlichen aus einem leicht gewölbten Blech mit einer entlang der Türunterkante eingeprägten Sicke.

denn wer weiß, ob die Passung der eilig mit einer neuen Türhaut versehenen Tür überhaupt hundertprozentig stimmt? Die eingebaute Originaltür verrät dagegen, ob beim Aufziehen der neuen Türhaut Passungsmängel mit ausgeglichen werden müssen. Es kann also nicht schaden, den Ausgangszustand und die notwendigen Korrekturen mit reichlich Fotos und detaillierten Notizen zu dokumentieren. Die nächste Frage lautet, ob die Tür vorne und hinten korrekt im Türausschnitt sitzt. Zur Kontrolle halten wir ein langes Richtlineal vorne und hinten an der Tür an. Wenn die Tür beispielsweise zur Türschlossseite hin einen Versatz zwischen Türblechwölbung und angrenzendem Blech erkennen lässt und der Türspalt zum Schweller ungleich breit ist, soll dieser Fehler ja nicht in die neue Türhaut mit „eingebaut" werden. Ohne genaue Kontrolle können wir nie davon ausgehen, dass die montierte Tür einwandfrei sitzt – andernfalls handeln wir uns garantiert Passungsfehler ein, nachdem wir die Tür mühevoll nachgebaut haben. Eine Erfahrung, die selbst Profis nicht immer erspart bleibt.

Auch der Zustand der Türscharniere und der Türversteifungsbleche verdient eine genaue Inspektion. Ausgeschlagene Scharniere müssen instandgesetzt werden, bevor wir uns der Türhaut zuwenden. Gut sortierte Händler für Restaurierungsbedarf liefern auch Scharnierbuchsen-Reparatursätze, die sich für viele der gängigeren Türscharnierkonstruktionen verwenden oder passend machen lassen, in manchen Fällen bleibt jedoch nur der Einbau von Nachfertigungsteilen oder besser erhaltenen gebrauchten Scharnieren. Ist der Türkasten (der untere Türbereich, an dem das Wasser ablaufen soll) oder der Türrahmen erheblich rostgeschädigt, ist jetzt der Zeitpunkt für eine Generalsanierung. Bei der Restaurierung durchgefaulter Türkästen bleibt die Türhaut so lange wie möglich unangetastet, damit das Reparaturblech für den Türkasten nach den Konturen und Falzen der originalen Türhaut geformt werden kann. Es gibt nichts Schlimmeres, als Hals über Kopf alle maroden Bleche herauszutrennen und die Tür dann ohne jeden Bezugspunkt im Nichts rekonstruieren zu wollen. Die originale Außentürhaut ist immerhin, egal wie durchgerostet sie ist, der zuverlässigste Anhaltspunkt für die richtige Form der Tür. Im Allgemeinen ist es problemlos möglich, die originalen Schweißpunkte auszubohren und die Falze abzuschleifen, die die Türhaut am Türrahmen halten, ohne dass dadurch die Konturen der Türhaut verlorengehen oder die Türkanten, die wir noch als Bezugspunkte benötigen, Schaden nehmen.

Wenn wir die unteren Bereiche des Türkastens dann doch heraustrennen, sollte die Türinnenseite sofort perlgestrahlt werden, solange die Bleche bequem zugänglich sind. Dies geht natürlich auch, wenn die Türhaut bereits abgenommen wurde, es ist aber grundsätzlich empfehlenswert, normalerweise unzugängliche Ecken der Karosserie blitzblank zu säubern und mit Schweißprimer zu grundieren, wenn ihr Innenleben offen vor uns liegt. Evtl. sollte in dieser Phase gleich eine Versteifung, z. B. aus Vierkantrohr, eingeschweißt werden, damit die Tür sich nicht verzieht, sobald ein größerer Bereich herausgeflext wird, der normalerweise entscheidend zur Steifigkeit der Gesamtkonstruktion beiträgt. Es ist nicht immer einfach, die Steifigkeit der Türkonstruktion zu beurteilen, also sind Versteifungsstreben – die wir so anordnen, dass sie sich hinterher problemlos entfernen lassen – für die Zeit der Reparatur im Zweifel immer sinnvoll. Natürlich sollten diese Stützstreben so sitzen, dass sie den Einbau der Tür nicht behindern, falls zwischendurch eine Probemontage zur Kontrolle der Passung im Türausschnitt erforderlich wird.

ZUSCHNEIDEN DES TÜRBLECHS

Nachdem wir nun in allen Details über Passgenauigkeit und Zustand der Tür, die instandgesetzt werden soll, Bescheid wissen, messen wir die Größe der benötigten Türhaut aus und schneiden ein Tafelblech der passenden Stärke mit ausreichendem Übermaß zu, so dass noch genug Material für die Randfalze bleibt, die je nach Türkonstruktion seitlich und unten um den Türrahmen umgelegt werden müssen. Selbst wenn sich die Schäden auf den unteren Bereich der Türhaut konzentrieren, sollte die Reparaturnaht der neuen Türhaut so hoch angesetzt werden, dass die Rückseite des Blechs noch gut mit einer Handfaust als Gegenhalter zu erreichen ist. Die Schweißnaht lässt sich dann wesentlich leichter glätten. Wer eine Aftermarket-Türhaut verarbeitet, sollte den schwarzen Werks-Transportgrund überall dort, wo geschweißt wird, bis auf das blanke Blech entfernen und auf alle überlappenden Bleche Schweißprimer auftragen. An den für Stumpfschweißungen vorgesehenen Stoßkanten zwischen Reparaturblech und Originalblech ist Schweißprimer allerdings tabu. Zur Hilfestellung bei der Blechvorbereitung können wir auch einen Streifen Abklebeband entlang der geplanten Schweißnaht aufkleben, bevor der Schweißprimer aufgetragen wird. Anschließend ziehen wir das Abklebeband ab und erhalten einen sauberen Lackrand für das Schweißen.

Bei einer selbst angefertigten Türhaut muss das Blech so geformt werden, dass es ohne zu kippen auf dem originalen Türrahmen aufliegt. Vorläufig kanten wir die Falze aber noch nicht um. In aller Regel sind die Türbleche von oben nach unten stärker gewölbt als in Längsrichtung, also montieren wir eine relativ flache Formrolle in der Rollenstreckmaschine und geben dem Blech vor allem in der senkrechten Ebene Kontur – von oben nach unten, von unten nach oben in eng beieinanderliegenden Bahnen über die gesamte Vertikalrichtung der Tür. Beim Rollenstrecken erhält die Türhaut die erforderliche Wölbung und wird zugleich steifer, so dass sie beim Einschweißen auf dem Türrahmen nicht mehr so leicht ihre Form verliert. Etwas kniffliger ist die Anfertigung der Türwölbungen bei besonders profilierten Türen wie am 1950er Mercury, der als unser Versuchsobjekt herhalten durfte. Bei diesen Mercury-Modellen ist die Tür in einem relativ schmalen, ca. 250 mm breiten Längsstreifen über die gesamte Türlänge relativ gleichmäßig gewölbt. Darüber und darunter nimmt die Wölbung jedoch zu und beschreibt eine Biegelinie. Um eine derartige Rundung zu reproduzieren, zeichnen wir eine senkrechte Linie auf der Tür an, die die Mitte des gleichmäßig gewölbten Bereichs festlegt, und biegen das Blech in einem weiteren Durchgang in der Rollenstreckmaschine, ziehen das Blech aber etwas stärker nach unten, sobald wir während der Hin- und Herbewegungen des Blechs zwischen den Rollen diese angezeichnete Linie beim Zughub passieren. Bei den weiteren Durchgängen des Blechs durch die Rollenstreckmaschine drücken wir das Blech jedes Mal etwas nach unten, sobald wir das Blech zu uns herziehen. Dadurch entsteht eine Wölbung, die in etwa der Form entspricht, die entsteht, wenn das Blech auf einem riesigen Zylinder in der Waagerechten nach unten gedrückt wird. Falls unsere Tür an den Ecken oder in anderen Bereichen besonders stark gewölbt ist, kann auf die gleiche Weise auch die Längswölbung des Blechs beeinflusst werden. Wir müssen das Blech lediglich an der Stelle stärker nach unten ziehen, an der der stärker gebogene Bereich beginnen soll. Wenn wir das Blech in einem bestimmten Bereich nach unten biegen, wird sich der angrenzende Blechbereich allerdings nach oben aufrichten. Wenn bei der Umformung größerer Bleche wie z. B. eines Türblechs die Notwendigkeit auftritt, das Blech noch stärker zu formen, neigt der Hobby-Restaurator dazu, das Blech immer und immer wieder durch die Rollenstreckmaschine zu schicken. Wird das Blech aber unter Druck zwischen den Rollen durchgeführt, wird es gestreckt, es wird dünner und es entsteht eine Beule, denn wenn die Dicke abnimmt, vergrößert sich die Oberfläche. In manchen Fällen ist genau dieser Effekt erwünscht. In den oben aufgeführten Beispielen bewegen wir das Blech jedoch mit nur geringem Druck durch die Rollenstreckmaschine; das Blech soll nur gerundet, aber nicht gestreckt werden.

Nichts für schwache Nerven: Diese Tür eines 1950er Mercury hat erkennbar ein hartes Leben hinter sich und ist aufgrund ihrer Abmessungen und ihres schauderhaften Zustands das perfekte Versuchsobjekt, an dem wir die unterschiedlichen Techniken für die Restaurierung einer Fahrzeugtür demonstrieren können.

Lange Bleche verlieren in der Rollensteckmaschine durch den Streckeffekt ihre Form, wenn sie nicht ausreichend fixiert werden. Wir arbeiten uns daher von einem Ende bis zur Türmitte vor, entnehmen das Blech, drehen es um und wiederholen den Vorgang vom anderen Ende her. Im mittleren Bereich zwischen den waagerechten Linien weist dieses Blech von oben nach unten eine gleichmäßige Wölbung auf. Jenseits dieser Linien ist die Wölbung zunehmend stärker ausgeprägt.

Mittlerweile müssten auch die Kanten und die Unterseite der Originaltür mit einem Richtlineal überprüft worden sein. Sitzen die Türkanten absolut geradlinig im Türausschnitt, ist alles in Ordnung.

Verlaufen die Türkanten aber in einer Kurvenlinie oder Wölbung, wäre zuerst zu klären, ob diese Wölbung überhaupt hier hingehört. Wenn ja, zeichnen wir den Verlauf der Kurve bzw. Wölbung nach. Gehört an die Stelle aber keine Wölbung oder Kurve, beispielsweise an der Türunterkante am Übergang zum Schweller, muss bei der Anfertigung der Türhaut diese Ungenauigkeit so korrigiert werden, dass an der neuen Tür ein durchgängig gleichmäßiger Türspalt entsteht. Auch hier dokumentieren wir die Türkonturen und die Lage der Schweißnähte mit reichlich Fotos.

Wenn die neue Türhaut auf dem originalen Türblech aufliegt, zeichnen oder reißen wir über die gesamte Länge der Tür an der Türoberkante eine Linie an, die die Trennlinie bestimmt. Anschließend tragen wir noch einige senkrechte Bezugspunkte auf, anhand derer das neue Blech auf dem Originalblech zentriert werden kann und die richtige Einbaulage beim Einschweißen festgelegt wird. Die neue Türhaut spannen wir mit Schweißergripzangen auf der Tür fest (mit einer Unterlage unter den Zangenbacken, damit keine Druckstellen im Blech zurückbleiben). Jetzt müssen die Umrisse der Originaltür angezeichnet oder angerissen werden, um festzulegen, wo die neuen Türkanten auf dem Eigenbau-Türblech liegen sollen. Dieser Schritt ist etwas heikel, denn bereits geringfügige Abweichungen fallen sofort ins Auge, wenn die Türkante nicht exakt an der richtigen Stelle umgeschlagen wurde. Es wäre auch möglich, die Lage des Türrahmens auf dem neuen Türblech anzureißen, diese Methode ist allerdings nicht pauschal empfehlenswert, denn bei manchen Modellen besitzt der Türrahmen gegenüber den Außenkanten des originalen Türblechs ein erhebliches Untermaß. Die Gefahr, dass die Türspalte hinterher zu breit ausfallen, ist dann sehr groß. Sicherer ist also, die exakten Umrisse der Originaltür auf das neue Blech zu übertragen, allerdings muss der Falz auf jeden Fall innerhalb dieser Umrisse umgelegt werden, sonst wird die Tür zu lang bzw. zu hoch. Nachdem die Umrisse so genau wie möglich auf die neue Türhaut übertragen wurden, legen wir die Tür mit der Türhaut nach unten ab und schleifen die Ränder der alten Türhaut mit einem 125-mm-Winkelschleifer an, bis sie blau anlaufen. Aber den Falz noch nicht komplett durchtrennen! Der Türrahmen sollte möglichst vollständig erhalten bleiben. Wenn wir die Türhaut zunächst nur papierdünn schleifen, gelingt es ohne Mühe, den um den Türrahmen umgekanteten Falz durchgehend abzuziehen. Mit einem rechtwinklig abgebogenen Schlitzschraubendreher oder Spatel können wir den Falzstreifen von der Türrückseite her Stück für Stück vom Türrahmenblech abhebeln. Reparaturen am Türrahmen sollten grundsätzlich so erfolgen, dass die Türhaut unangetastet bleibt, denn sie liefert alle wichtigen Bezugspunkte für die weiteren Schweißarbeiten. Wenn der instandgesetzte Türrahmen mit der originalen Türhaut zusammenpasst, stimmt die Türgeometrie bis hierher.

Die alte Türhaut lässt sich mühelos abnehmen, indem wir die Türfalzbleche auf eine hauchdünne Restdicke abschleifen und den Falzstreifen mit einem passenden Hebelwerkzeug abhebeln.

Das Blech darf nicht zu weit zurückgeschliffen werden, sonst nimmt das Türrahmenblech hinter der Türhaut Schaden. Nachdem die alte Türhaut getrennt ist, reparieren wir alle schadhaften Bereiche des Rahmens und grundieren ihn mit Schweißprimer.

AUFTRENNEN DER TÜR

Jetzt entscheiden wir, mit welchem Schweißverfahren wir die neue Türhaut einschweißen, und trennen das alte Türblech heraus. Beim MIG-Schweißen ist – anders als beim WIG- oder Autogenschweißen – an der Trennlinie der erforderliche Luftspalt von 1 mm einzurechnen, der beim Stoßschweißen zwischen den Blechen verbleiben muss. Die Schnitte sollten so gerade wie möglich geführt werden. Leichter geht das Trennen, wenn die Trennlinie mit Klebeband exakt markiert wird. Die Trennscheibe darf keinesfalls verkantet werden, sonst wird die Trennkante rissig und lässt sich nur unter Mühen säubern. Das jetzt besser zugängliche Innere des Türrahmens sollte bei dieser Gelegenheit gestrahlt oder mit Winkelschleifer bzw. Drahtbürste entrostet und sofort mit Schweißprimer grundiert werden.

Nun legen wir die neue Türhaut auf dem Türrahmen auf. Die korrekte Justierung bestimmt zu mindestens 80 Prozent das Endergebnis. Die Türhaut muss ringsum absolut exakt positioniert werden. Sind am oberen Rand Korrekturen erforderlich, hilft eine lange Schlichtfeile, die wir mit der behandschuhten Hand über die Blechkante ziehen. Feilen tragen normalerweise bei der Schubbewegung Material ab, wenn wir die Feile aber umdrehen und über die Trennkante des Türblechs zu uns herziehen, entsteht eine vorbildlich gerade, sauber entgratete Kante. Robuste Schweißerhandschuhe sind bei diesen Feilarbeiten an der scharfkantigen Türhaut Pflicht. Sitzt die Türhaut ringsum tadellos, prüfen wir nochmals die Ränder des Türrahmens hinter der Türhaut, denn am gesamten Umfang des Türrahmens muss noch ausreichend Material vorhanden sein, um das der Falz der neuen Türkante umgelegt werden kann. Falls jetzt Änderungen an den Türkanten vorgenommen werden müssen, leisten unsere Aufzeichnungen und Fotos der Originaltür gute Dienste. Wenn klar ist, wo wir die Falze umschlagen müssen, schneiden wir die unteren Ecken der Türhaut im 45-Grad-Winkel ab, so dass eine Gehrung entsteht und die Falze einander nach dem Umkanten nicht überlappen. Zur Hilfe schneidet man dazu ein Blatt Papier auf die gewünschte Form der unteren Türblechkanten zu, faltet die Blattränder um und übernimmt dieses Blatt als Schablone für die Lage der Schnittkanten an der Türhaut. Die Schnittlinien übertragen wir auf das Blech und schneiden das Blech entsprechend zu. Nun kann die Türhaut ringsum umgeschlagen werden.

Der Falz der Türhaut lässt sich auf unterschiedliche Weise umlegen. Der Falz kann in mehreren Durchgängen mit schmalen Walzen auf der Sickenmaschine herausgearbeitet werden, indem die Türhaut bei jedem Durchgang etwas weiter angehoben wird. Auch auf der Rollenstreckmaschine können derartige Falze geformt werden. Selbst mit Do-it-yourself-Methoden kommt man ans Ziel: Entweder biegen wir den Falz in mehreren Durchgängen mit der Gripzange nach und nach weiter um, oder wir fixieren das Blech zwischen Werkbank und Hand- bzw. Löffeleisen und schlagen den Falz mit dem Hammer Stück für Stück um. Je lockerer aber das Blech eingespannt wird, desto eher wird beim Umlegen des Falzes die Wölbung der Türhaut wieder aus dem Blech gezogen und die Abkantlinie wird unpräziser – und beides wollen wir tunlichst vermeiden. Wenn ein Falz entlang des Randes eines gewölbten Blechs gebogen werden soll, muss das Blech, das den Falz bilden soll, auf einer geringeren Fläche Platz finden. Diesen heiklen Punkt sollten wir nicht vergessen. Der Falz am Rand eines gewölbten Türblechs muss ebenfalls in einer Wölbung verlaufen, damit die Wölbung des Blechs erhalten bleibt, und deshalb muss der Falz entlang seiner Knicklinie gestaucht werden. Andernfalls ziehen wir beim Biegen des Falzes die Wölbung aus dem Blech, denn das Blech folgt nicht freiwillig dem kürzeren Kreisbogen, auf dem der Falz verläuft. Sobald der Falz im 90-Grad-Winkel umgebördelt wurde, können wir die Wölbung im Blech wiederherstellen, indem der Falz mit einem manuellen Stauchgerät gestaucht wird, oder aber wir wechseln gleich beim Formen des Falzes zwischen Stauch- und Abkantgängen ab. Anschließend müssen nur noch die Löcher für das Lochpunkten gebohrt oder gestanzt werden, sofern die Türhaut im Werk angepunktet worden war.

Die erforderlichen Einschnitte an den Falzkanten in den Eckbereichen der Türhaut werden auf einem Bogen Papier angezeichnet, den wir über die Türkante gefaltet haben. Entsprechend den Einschnitten auf dem Papierbogen schneiden wir die Ecken der Türhaut zu.

Ein Beispiel einer lehrbuchmäßig sauber umgelegten Falzkante an der unteren Ecke einer erneuerten Türhaut.

Nachdem wir unsere neue Türhaut in Form gebracht haben, legen wir sie auf die originale Türhaut auf und zeichnen die Außenumrisse an, damit wir wissen, wo die Falze gebogen werden müssen. Die Biegelinien für die Bördelfalze wurden in einer Sickenmaschine vorgeformt. Hier wird gerade die Passung überprüft, bevor das Blech zu weit gebogen wird.

Die Tür des 1950er „Bathtub"-Mercury ist insofern untypisch, als sie eine zusätzliche waagerechte, von vorne nach hinten abfallende Knicklinie aufweist. Bei dieser Tür war an der Rückseite des Falzes bereits umfangreich geschweißt worden, also verzichteten wir darauf, den Falz in diesem Bereich abzutrennen, sondern legten die Schweißnaht in den angrenzenden Bereich, in dem das Blech noch einwandfrei glatt war.

Wenn die Blechkonturen noch etwas nachkorrigiert werden müssen, können die Falze jederzeit nachträglich nochmals gestaucht bzw. gestreckt werden.

AUFZIEHEN DER TÜRHAUT

Sobald alle Falze um 90 Grad umgekantet wurden, legen wir die neue Türhaut auf den Türrahmen und kontrollieren nochmals den richtigen Sitz. Wer bei der Anpassung der Türhaut nichts überstürzt hat, wird von ihrer Passgenauigkeit wahrscheinlich so begeistert sein, dass er sofort losschweißen möchte. Zuerst prüfen wir aber, ob die Spalte für das Schweißverfahren unserer Wahl stimmen. Falls der Spalt für das MIG-Stumpfschweißen zu eng ist, drücken die Bleche beim Schweißen gegeneinander und es bilden sich hässliche Wellen in der Oberfläche. In diesem Fall hilft nur, die Bleche an der Stoßstelle nochmals aufzutrennen, neu zu nivellieren und nachzuschweißen. Womöglich muss diese Korrektur sogar an mehreren Stellen vorgenommen werden. In dieser Phase sind Geduld und Ausdauer gefragt. Beim WIG-Schweißen klopfen wir jeden Nahtabschnitt vorsichtig mit dem Hammer und einer unterlegten Handfaust glatt, um Wärmeschrumpfungen im Blech zu vermeiden. Bei WIG-geschweißten Blechen gibt das Blech spürbar nach, wenn es auf einer Handfaust geschlichtet wird. Jetzt kommt es auf die richtige Dosierung des Hammerschlags an, der satt, aber nicht zu kräftig sein darf und die Naht spürbar glätten muss. Beschreiben lässt sich diese Dosierung kaum, hier hilft nur, sich notfalls an Übungsblechen das notwendige Feingefühl anzutrainieren.

Unabhängig vom Schweißverfahren wird die neue Türaußenhaut zuallererst im Abstand von je ca. 20 mm entlang der oberen waagerechten Stoßnaht geheftet, bevor die Naht komplett durchgeschweißt wird. Nach dem Heften legen wir den Falz der Außenhaut zu ca. 90% um den Türrahmen um und montieren die Tür zur Probe im Türausschnitt. Jetzt haben wir letztmalig Gelegenheit, die Türpassung vor dem Schweißen zu kontrollieren. Ist alles in Ordnung, bauen wir die Tür wieder aus und schweißen die obere Längsnaht durch. Dann legen wir die Falze vollends auf den Gegenfalz am Türrahmen um und verschweißen sie so, wie sie im Werk geschweißt wurden. Die Lage der neuen Türhaut darf sich gegenüber dem verbliebenen Teil der originalen Türhaut während des gesamten Schweißvorgangs nirgends verschieben. Bereits geringste Passungsabweichungen zwischen Alt- und Neuteil lassen sich hinterher nicht mehr durch Nachschleifen korrigieren, ohne dass die Bleche zu dünn werden. Manchmal muss der Nahtbereich mit Gripzangen fixiert werden, damit die neue Türhaut ihre Lage zum originalen Türblech nicht mehr ändert. Die Gripzangen dürfen allerdings keinesfalls so fest auf das vom Schweißen noch weiche Blech drücken, dass es sich verzieht. An den Außenrändern, an denen die Türhaut um den Türrahmen umgelegt ist, sollte ein dünnes Kupferblechstück zwischen Außenhaut und innerem Türrahmen eingeschoben werden. Andernfalls verschweißt die Türhaut an Stellen, an denen wir dies nicht wollen, mit dem darunterliegenden Türrahmen. Eingefallene Stellen lassen sich dann nicht mehr herausdrücken. Wird die Schweißstelle mit einer Kupferunterlage hinterlegt, bleibt die Trennung zwischen der neuen Türhaut und dem Türrahmen – wie bei der Originaltür – erhalten. Die neue Türhaut wird damit Teil des verbliebenen Originaltürblechs, die Falze lassen sich entlang der Ränder leichter umlegen und auch die Schweißnaht kann wesentlich leichter geglättet werden.

Unten: Wenn die neue Türhaut einwandfrei passt, setzen wir von der Türmitte aus eine Folge von Heftpunkten in Richtung Türaußenkanten, kontrollieren dabei aber immer wieder die Passgenauigkeit. Parallel dazu werden die Heftpunkte und danach die Schweißnaht auf einer unterlegten Handfaust kontinuierlich glattgehämmert, um Schrumpfungen des Blechs im Schweißbereich entgegenzuwirken.

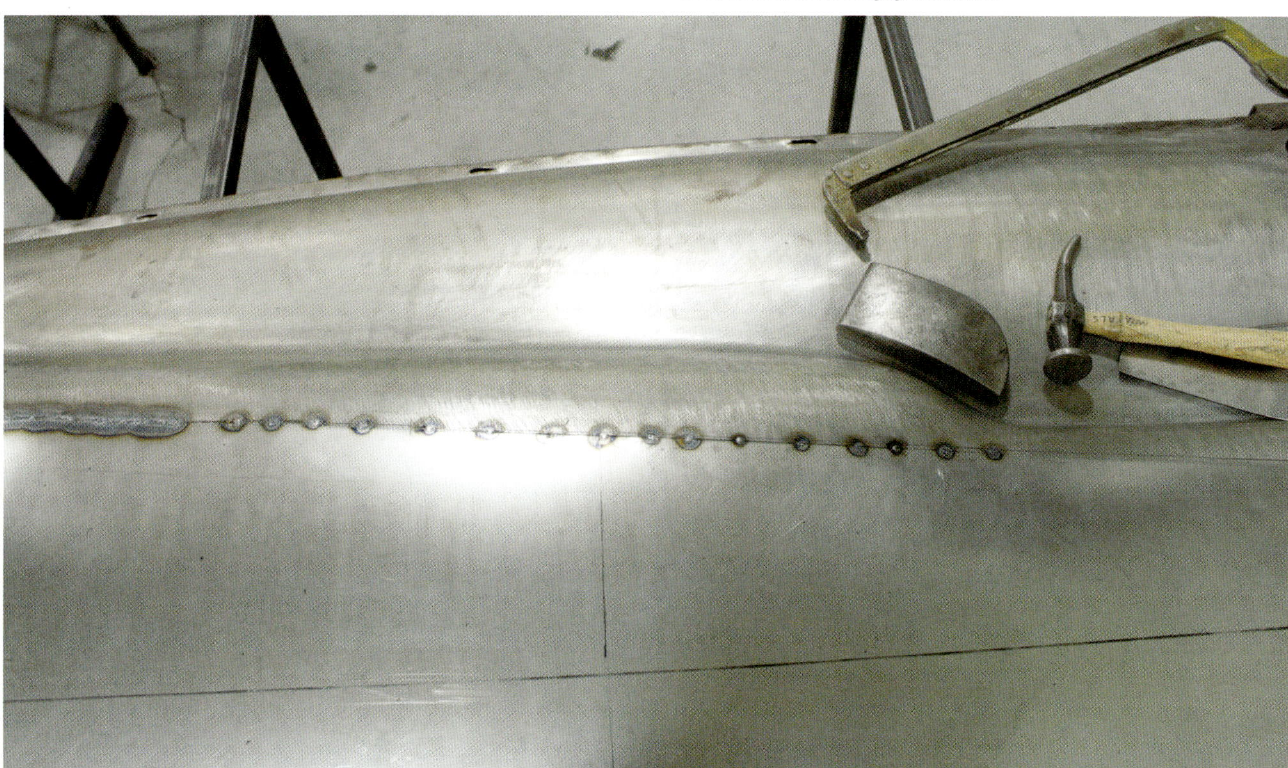

Die Türfalze werden auf der Werkbank oder einer Handfaust als Unterlage umgelegt und mit dem Hammer geschlossen, übermäßig heftige Hammerschläge sind allerdings tabu, sonst verziehen sich die Türkanten von neuem. Die Falze entlang der Türkanten dürfen nicht weiter als bei den Originaltürkanten zusammengedrückt werden. Unbedingt zu vermeiden sind spitz zusammengequetschte Falze, denn sie würden an der geöffneten Tür sehr unschön wirken. Die Hammerschläge sollten also auf den äußeren Rand des Falzes und nicht auf die Knickstelle zielen, dann lässt sich der Falz auch problemlos umlegen. Eine einigermaßen weiche Rundung des Türfalzes ermöglicht auch geringfügige Nachkorrekturen am Verlauf der Türkante. Wenn die Hammerschläge allerdings direkt auf die Falzkante zielen, muss die Außenseite der Türhaut mit einem Handeisen stabil unterbaut werden, sonst bilden sich bei derartigen Schlägen hässliche Beulen an der Blechaußenseite. Anschließend wird die Türhaut in den unteren Eckbereichen verschweißt. Die Schweißnähte schleifen wir glatt, aber nicht zu weit herunter. Erhabene und eingesunkene Stellen werden mit Hammer und Handfaust eingeebnet. Wenn wir beim Ausrichten der Bleche aufgepasst haben, stammen noch verbliebene Beulen, die sich nicht durch leichte Hammerschläge glätten lassen, daher, dass die Bleche beim Schweißen durch die Wärmedehnung aneinander anliegen und sich nun gegenseitig unter Spannung setzen. Dann bleibt nur, die Anlageflächen entlang der Schweißnaht durchzutrennen und neu zu verschweißen oder die welligen Stellen einzuziehen, sofern die Schweißnaht dort nicht allzu dick ist. Falls die Tür vor dem Einbau einige Zeit eingelagert werden soll, kann es nicht schaden, sie sofort komplett mit Haftgrund zu grundieren.

BEHEBUNG VON TÜRSPALTPROBLEMEN

Ein weiteres Ärgernis bei der Türrestaurierung sind zu breite oder ungleichmäßige Türspalte. Bei den heutigen Fahrzeugen sind wir lückenlose Qualitätskontrolle und perfekte Passungen aller Blechteile gewohnt. Unsere Veteranenfahrzeuge können da oft nicht ganz mithalten. Ungenaue Türspalte sind meist auf bereits ab Werk unbefriedigende Verarbeitungsqualität oder auf den Einbau nicht originaler Teile, frühere Schäden oder Durchrostungen an tragenden Teilen zurückzuführen. Rahmenschäden, ausgeschlagene Scharniere oder schadhafte Türschlösser sind gesonderte Problembereiche, die behoben werden müssen. Wenn die Tür an sich in Ordnung, der Türspalt aber trotzdem ungleichmäßig oder zu breit ist, gibt es eine relativ einfache Abhilfemethode: Wir schweißen ein Stück 3-mm-Schweißdraht oder einen schmalen Stahlblechstreifen mit konstanter Breite und der Dicke des umgelegten Türblechs in der benötigten Länge an der Türkante an, an der der Türspalt zu breit ist. Mit einem MIG-Gerät werden die Schweißpunkte abwechselnd von vorne und hinten gesetzt, damit sich der Schweißdraht nicht verzieht. Beim Anheften kann der Draht noch in die gewünschte Position zurechtgedrückt werden. Zuerst werden die Vorder- und Rückseite der Schweißstrecke verschliffen und dann die Türkante mit der längsten und schärfsten Metallfeile, die zur Hand ist, nachgefeilt. Dabei auf jeden Fall einen ausreichend dicken Arbeitshandschuh an der Hand tragen, die die Feile führt, und die Feile immer zum Körper herziehen. Auf diese Weise bekommen wir laserscharf gleichmäßige Türspalte, wie sie bei modernen Pkw nicht besser zu finden sind.

Beim Umlegen der Türfalze muss die Tür mit ihrer Außenseite fest auf der Werkbank aufliegen oder mit einem Handeisen unterbaut werden. Ein Türfalzhammer ist hierfür ideal, es geht jedoch auch mit einem Schlichthammer mit schmaler Finne. In der ersten, materialschonenden Phase wird der Falz mit einem Kunststofffäustel umgelegt.

Ist der Türspalt trotz aller Einstellversuche zu breit, kann ein Blechstreifen oder ein 3-mm-Schweißdraht mit dem MIG-Gerät an der zu kurz geratenen Türkante angeschweißt werden. Diese Lösung mutet krude an, sie erfüllt aber ihren Zweck und ist einfacher, als die komplette Tür neu zu beplanken.

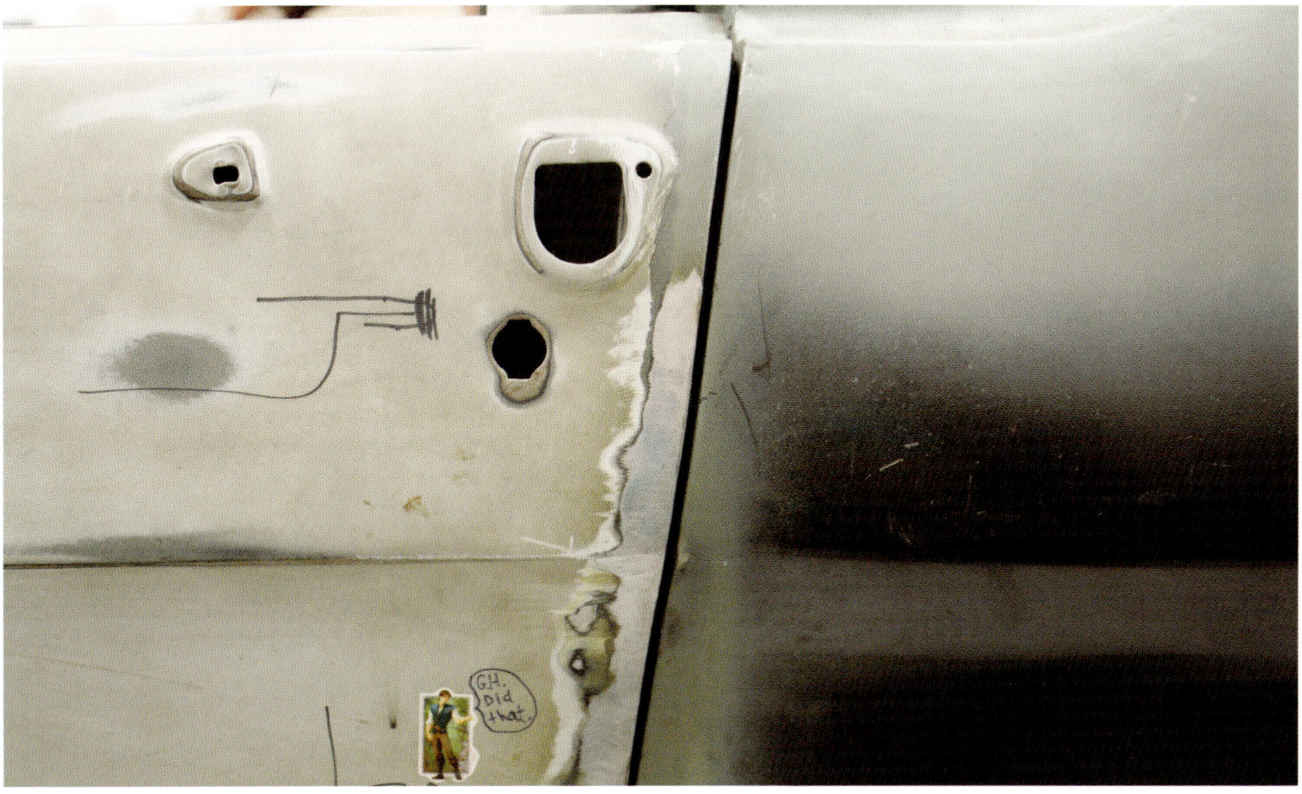

Nachdem die Naht sauber verschliffen wurde, merkt keiner mehr, wie hier „getrickst" wurde.

Kapitel 13

Restaurierung von Kotflügeln, Motorhauben und Heckklappen

In diesem Kapitel wenden wir uns einigen der verbreitetsten Leiden zu, von denen Kotflügel, Motorhauben und Heckklappen befallen sind. Natürlich ist jedes Fahrzeug anders, gewisse immer wiederkehrende Muster sind jedoch auch bei Korrosionsbefall und Kollisionsschäden zu erkennen. Zur Einarbeitung in die Materie empfiehlt es sich, mit überschaubaren Reparaturaufgaben zu beginnen, schon bald wird uns aber kaum ein Problem mehr rund um die Blechsanierung schrecken können.

KOTFLÜGEL ALS QUELL UNENDLICHER SCHRAUBERFREUDE

Kotflügel sind ein wichtiger Teil der empfindlichen Haut unserer vierrädrigen Lieblinge. Beschädigungen dieser exponierten Außenteile – sei es durch Kollisionen oder durch Witterungseinflüsse – sind daher keine Seltenheit. Die nachstehenden Abschnitte präsentieren verschiedene typische Problemzonen an den Kotflügeln und geben eine Einführung in modellübergreifend anwendbare Restaurierungstechniken, mit denen der Hobbyrestaurator die Kotflügel seines Restaurierungsobjekts wieder in einwandfreien Zustand versetzen kann.

Durchrostungen an den Unterkanten der Vorderkotflügel der seit den 1950er Jahren üblichen Pontonkarosserien sind nichts Seltenes und auch in der Instandsetzung weitgehend unproblematisch. Reparaturbleche – soweit erhältlich – variieren allerdings erheblich in ihrer Qualität, daher sind pauschale Empfehlungen für solche Neuteile guten Gewissens nicht möglich. Deutlich werden die Unterschiede zwischen den Nachbau- und Originalteilen am Beispiel eines typischen Reparaturblechs für den Ford Mustang. Hier ähnelte die eingeprägte Karosseriesicke im Reproteil der originalen Karosserielinie, und auch die Kotflügelkante entlang des Radausschnitts sieht ähnlich aus wie am Original, allerdings nicht exakt genug, um das neue Blech einfach statt des durchgerosteten Originals einschweißen zu können. Für seinen Preis war das Reproteil zwar nicht schlecht – und sicher ausreichend

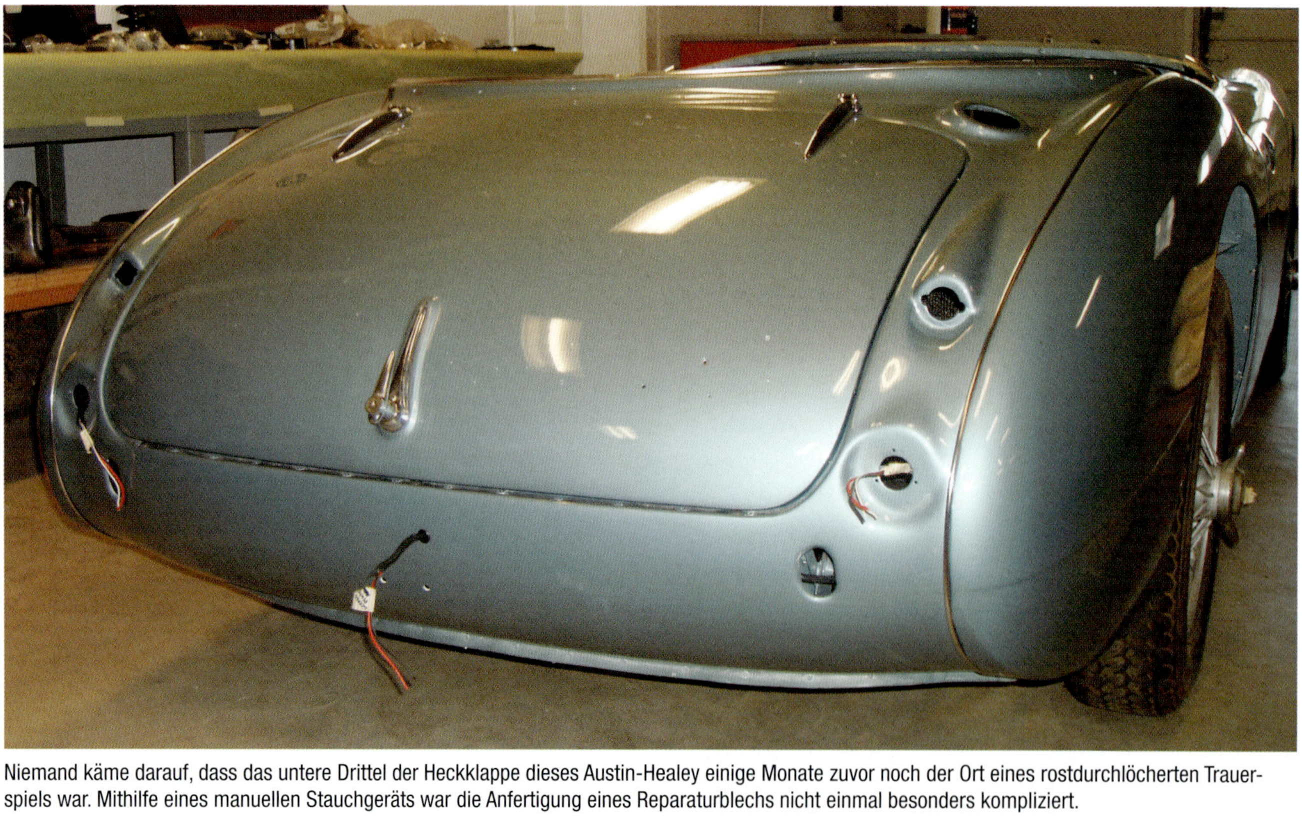

Niemand käme darauf, dass das untere Drittel der Heckklappe dieses Austin-Healey einige Monate zuvor noch der Ort eines rostdurchlöcherten Trauerspiels war. Mithilfe eines manuellen Stauchgeräts war die Anfertigung eines Reparaturblechs nicht einmal besonders kompliziert.

Dieses Reproblech für die Kotflügel des Ford Mustang ähnelt dem Original, die nicht wirklich originalgetreu auslaufende Karosseriesicke würde aber immer ins Auge fallen, wenn man ein solches Blech verwendet.

An vielen Vorderkotflügeln breiten sich Durchrostungen vor allem in den unzugänglichen und oft doppellagigen Blechwinkeln nahe der A-Säule aus, in denen sich Straßenschmutz und Feuchtigkeit einnisten können.

für alle, die sich eine Eigenanfertigung eines Reparaturblechs nicht zutrauen –, aber das Endergebnis hätte unseren Qualitätsansprüchen nicht genügt. Außerdem beschränkte sich der durchgerostete Bereich auf die Größe eines Golfballs, also gab es keinen Grund, die Karosserielinie und Kotflügelkante des Originalteils durch suboptimale Passungen zu verunstalten.

Bevor wir den schadhaften Bereich aus dem Originalkotflügel heraustrennen, prüfen wir zuerst eingehend, ob an den dahinterliegenden Versteifungsblechen weitere Reparaturen erforderlich sind und die Schweißnaht so gezogen werden kann, dass sie von hinten ausreichend zugänglich ist. Zu klären ist also, ob zuerst das Kotflügelaußenblech oder die dahinterliegenden Bleche saniert werden sollten. Beide Bleche zugleich auseinanderzuflexen, ist wenig ratsam, denn dadurch gehen wichtige Bezugspunkte verloren, die wir noch für den korrekten Zusammenbau benötigen. Man repariert also zuerst die Versteifungsbleche oder aber den Kotflügel und das jeweils andere Teil wird genutzt, um das Reparaturblech exakt positionieren zu können. Erfreulicherweise weist die Blechhaut vieler Vorderkotflügel in diesen typischen Durchrostungsbereichen nur eine Rundung in einer einzigen Ebene auf und ist nicht etwa ballig geformt. Diese Rundung lässt sich im Reparaturblech oft bereits reproduzieren, indem wir das Blech über dem Schenkel, der Sessellehne oder einer Gasflasche in der Werkstatt biegen. Eleganter geht es in der Rollenstreckmaschine, wobei wir das Blech beim Durchgang durch die Walzen mit leichtem Druck nach unten ziehen. Wenn die Rundung stimmt, liegt das Blech ringsum spielfrei und ohne zu kippen auf dem Originalkotflügel auf.

Im ersten Beispiel unseres Ford Mustang wurde das Teilblech einfach in die passende Form gebogen, die Blechumrisse auf dem Originalkotflügel angezeichnet und der Schadensbereich herausgetrennt. Die dahinterliegenden Versteifungsbleche wurden gestrahlt, die Einschweißkanten des Blechs abgeklebt und die Versteifungsbleche mit Schweißprimer grundiert. Dann wurde das Reparaturblech aufgelegt und zum Schweißen exakt positioniert und die rückwärtige Kante der Kotflügelversteifung auf dem Reparaturblech angezeichnet. Nun musste noch in der Sickenmaschine eine Falzlinie vorgekantet werden, an der das Reparaturblech an seinem hinteren Ende abgekantet wird. Dieser Falz wurde mit Hammer und Handeisen im 90-Grad-Winkel umgelegt und von Hand kontinuierlich eingezogen, um den Längenverlust des Falzes entlang der Wölbung

Für die Anfertigung derartiger Teilbleche werden keine komplizierten Werkzeuge benötigt. Der Blechrohling wurde über einer Schweißgasflasche in die passende Rundung gebogen.

Am leichtesten sind die originalen Schweißpunkte durch manuelles Überschleifen zu orten.

Nachdem der schadhafte Kotflügelabschnitt herausgetrennt wurde, strahlen wir den dahinterliegenden Bereich und grundieren ihn mit Schweißprimer.

Der rückwärtige Falz an diesem Reparaturblech wurde auf der Sickenmaschine geformt. Das Reparaturblech kann jetzt eingeschweißt werden.

auszugleichen. Nach einer letzten Probe auf rundum optimale Passung konnte das Blech geheftet und die endgültige Passung am Fahrzeug überprüft werden. Vor allem Abweichungen entlang der Blechkanten würden sehr deutlich auffallen.

Das Blech saß einwandfrei und konnte nun fertig eingeschweißt werden. Um die Nacharbeiten an der Schweißnaht zu vereinfachen, legten wir den Falz am rückwärtigen Blechende aber vorläufig noch nicht um. Solange der Falz noch fehlte, ließ sich ein schlankes Löffeleisen von hinten zwischen Versteifungsblech und Kotflügelaußenblech einschieben, um den eingesunkenen Blechbereich neben der Schweißnaht etwas nach oben zu drücken. Erst nachdem der Nahtbereich sauber geglättet war, wurde der Falz an der hinteren Blechkante umgelegt.

In der zweiten Variante der Kotflügelreparatur an unserem Ford Mustang sind verschiedene Lunker markiert, die nachgeschweißt werden müssen. Das Reparaturblech steht ca. 10-12 mm über die Kotflügelunterkante über. Wenn zwei Bleche an einer Blechkante miteinander verbunden werden müssen, die auf ein bestimmtes Maß zugeschnitten oder -geschliffen werden soll, darf das neue Blech bis nach dem Schweißen ruhig etwas überstehen. Wir können dann bis zum Blechrand durchschweißen, ohne dass dort sofort ein Loch ins Blech gebrannt wird, und der Reparaturbereich kann in einer sauber durchgehenden Linie zurechtgeschliffen werden. Häufig passiert es außerdem, dass sich die Bleche entlang der Schweißnaht zusammenziehen. Dieses Phänomen hatten wir bereits bei gerade verlaufenden Schweißnähten angesprochen, verschärft tritt es allerdings an auf zwei Seiten oder – wie hier – auf allen Seiten verschweißten Blechen auf. Behoben wird dieser Schrumpfeffekt durch sein Gegenteil, also Strecken. Bei dafür geeigneten Schweißverfahren wird dazu die Schweißnaht auf einem Handeisen als Unterlage mit dem Schlichthammer gestreckt. Nicht selten bildet sich auf einem Blech, auf dem – wie in unserem Fall – zwei Bleche im rechten Winkel aneinander ansetzen, nach dem Schweißen ein spürbarer Buckel. Dieser Buckel würde auch entstehen, wenn ein Blech an der Schnittstelle von zwei im rechten Winkel aneinanderstoßenden Blechen von Hand gestaucht wird. Das Blech zieht sich wie der Gummizug in einer Jogginghose zusammen, wenn wir den Hosenbund enger ziehen. Der Werkstoff, der sich durch Stauchen in benachbarten Bereichen der Blechoberfläche verdichtet hat, lässt sich beim Strecken der Schweißnaht aber nicht wieder in die gewünschte flache Form bringen, ohne dass der Buckel warm eingezogen wird.

Die Schweißnaht muss eingehend auf Lunker oder Fehlstellen kontrolliert werden. An diesem Blech wurden diverse Stellen angezeichnet, die nachgeschweißt bzw. geglättet werden müssen. Das Reparaturblech steht einstweilen noch an den Rändern über, damit es exakt zugeschliffen werden kann, sobald alle Schweißnähte sauber verschliffen wurden.

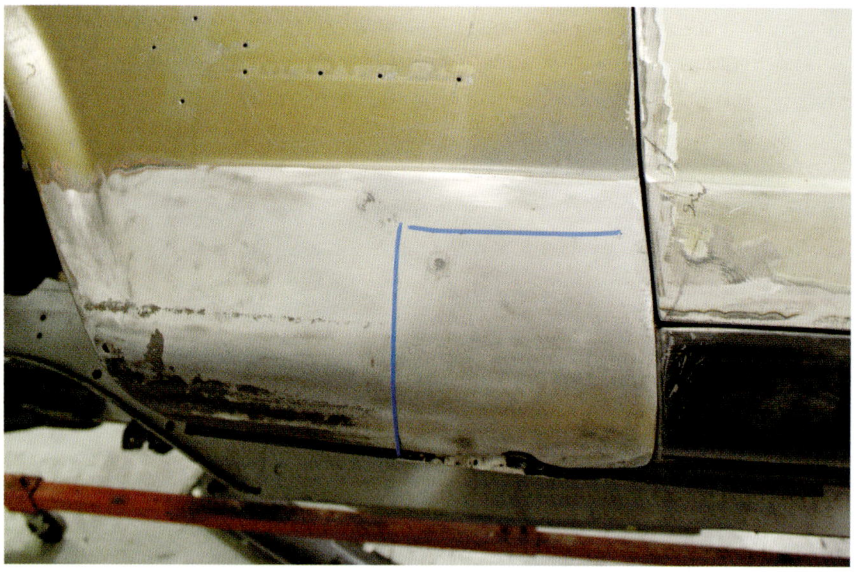

Die blaue Linie markiert den Rand der fertiggestellten Reparatur. Zwei winzige blaue Stellen beidseits des 90-Grad-Winkels des Reparaturblechs weisen auf Stellen hin, an denen das Blech warm eingezogen werden musste.

Nachdem die Reparatur des Mustang-Kotflügelaußenblechs unseren Vorstellungen entsprach, trennten wir das dahinterliegende durchgerostete Versteifungsblech heraus und ersetzten es durch ein Aftermarket-Reparaturblech. Dieses Blech wich in seiner Form erheblich vom Original ab, da das Außenblech aber definitiv korrekt saß, kümmerte uns dies nicht weiter. Es kam lediglich darauf an, das neue Blech passgenau an unserer reparierten Türhaut anzupassen, und dann konnte es eingeschweißt werden.

An einem 1950er „Shoebox"-Ford aus unserer Werkstatt zeigten sich an den Vorderkotflügeln dieselben Probleme wie an unserem Mustang-Versuchsexemplar, allerdings in noch gravierenderer Form. Also ein geeigneter Patient, an dem wir die Anfertigung eines jener bizarr geformten Kotflügelträgerbleche demonstrieren können, wie sie zusammen mit dem Außenblech oft gleich mit erneuert werden müssen. Auch hier zerlegen wir zunächst das scheinbar aus einer Vielzahl unterschiedlicher Konturen und Profile bestehende Blech gedanklich in überschaubarere und einfacher geformte Teilbleche. Sind rechte Winkel im Blech vorhanden, können die entsprechenden Biegungen mit einem Stauch-/Streckgerät hergestellt werden. In weichem Radius verlaufende Eckbereiche lassen sich meistens nachbilden, indem wir das Blech mit dem Hammer über einem Rohrstück mit dem entsprechenden Durchmesser biegen. WIG-Schweißnähte verhalten sich wie der Grundwerkstoff, falls wir zwei Blechstücke an ihren Kanten verschweißen müssen, um eine besonders schwierige Form zu duplizieren. An den Kotflügeln unseres 1950er Ford waren die Trägerbleche arg lädiert, also zerlegten wir die Formen in

Aus einer Kombination gebogener, auf der Sickenmaschine geformter und eingezogener Blechkonturen entstand das komplex geformte innere Trägerblech für diesen Vorderkotflügel.

eine Folge abgekanteter und auf der Sickenmaschine geformter Einzelbleche, die so verschweißt werden können, dass daraus die richtige Gesamtkontur entsteht.

Bei den Mustang-Kotflügeln sprach einiges dafür, zuerst das Kotflügelaußenblech instandzusetzen. Die dahinterliegenden Trägerbleche waren soweit in Ordnung, dass sie als Bezugspunkte für die Ausrichtung der neuen Teilbleche dienen konnten. Bei unserem „Shoebox"-Ford befanden sich die inneren Trägerbleche dagegen in verheerendem Zustand und mussten als erstes repariert werden. Dafür war die Außenhaut des Kotflügels trotz ihrer Durchrostungen noch stabil genug, um als Anhaltspunkt für die Form der neuen Innenbleche herhalten zu können, also blieb sie vorerst unangetastet und wir wandten uns den inneren Trägerblechen zu.

Um die Wölbung des Kotflügelaußenblechs in das Reparaturblech zu bringen, wird das Blech beim Rollenstrecken gleichmäßig nach unten gezogen. Anschließend zeichnen wir die Abmessungen des Reparaturblechs auf dem Kotflügel an und trennen den schadhaften Bereich heraus. Wie bei den Türhäuten, kann auch die Kante des neuen Blechs festgelegt werden, indem wir den Rand des Originalblechs auf dem Reparaturblech anzeichnen und den Randfalz exakt innerhalb dieser angezeichneten Linie biegen. Alternativ können wir auch die Lage des inneren Trägerblechs anzeichnen (sofern das Blech noch genau richtig sitzt), allerdings lässt sich die genaue Lage dieses Blechs nicht überprüfen, solange das Kotflügelaußenblech noch nicht herausgetrennt wurde. Wie bei den Mustang-Kotflügeln, biegen wir auch hier den Falz entlang des hinteren Kotflügelabschlusses, grundieren die hinterher unzugänglichen Bereiche mit Schweißprimer und überprüfen die Passgenauigkeit des Kotflügels am Fahrzeug. Ist alles in Ordnung, schweißen wir das Blech ein und verschleifen die Schweißnaht absolut glatt.

Beim Einpassen des Reparaturblechs an der Reparaturstelle sind nicht einmal leiseste Zweifel erlaubt, ob das Blech wirklich exakt sitzt. Beim Schweißen wird die Passung selten besser.

Nachdem das Blech komplett eingeschweißt und ringsum sauber verschliffen und geglättet ist, kann sich die Reparaturstelle wirklich sehen lassen.

RESTAURIERUNG DER KOTFLÜGEL EINES CHEVROLET 1957

Bei einem 1957er Chevy aus unserem Umfeld war in Sachen Kotflügel der nächste Schwierigkeitsgrad erreicht. Hier musste zuerst der untere Bereich des rechten Vorderkotflügels einschließlich der Trägerbleche instandgesetzt werden. Anschließend mussten dieselben Teile, die am linken Kotflügel fehlten, nach der Vorlage des inzwischen wiederhergestellten rechten Kotflügels neu angefertigt werden. Ein klassisches Problem vieler Vollrestaurierungen: Auf der einen Seite ist das Teil verrottet, auf der anderen Seite fehlt es komplett.

Die Instandsetzung des rechten Kotflügels lief im Prinzip wie bei den früheren Fallbeispielen ab, also wenden wir uns gleich der gegenüberliegenden Seite zu. Für einen gängigen Klassiker wie den 1957er Chevy sind auch ordentliche Reparaturbleche lieferbar; die ideale Gelegenheit, hier die eigenen Kenntnisse in der Blechumformung anzuwenden, wollen wir uns aber nicht entgehen lassen. In der Senkrechten sind diese Kotflügel recht einfach gewölbt, und zwar nur in einer Ebene. Um eine Formschablone anzufertigen, müssen wir nur die Rundung am hinteren Ende des besser erhaltenen Kotflügels abnehmen. Etwas komplizierter als bei den bereits behandelten Beispielen ist an diesem Kotflügel allerdings, dass der Radlaufausschnitt von einer kompliziert profilierten Sicke eingefasst wird. Um diese Form abzunehmen, fertigen wir mehrere Schablonen an, die die Konturen in Längsrichtung am besser erhaltenen Kotflügel dokumentieren, sowie eine weitere Schablone für die Außenkontur des besser erhaltenen Kotflügels. Die Abmessungen werden mit den werksseitigen Zierleistenlöchern als Bezugspunkt vermessen, so dass die Schablonen spiegelbildlich für die Kotflügel auf beiden Fahrzeugseiten verwendet werden können.

An der Pappschablone des linken Kotflügels wird deutlich, in welch verheerendem Zustand sich der rechte Kotflügel befindet.

Mit einer Profillehre fertigen wir mehrere Schablonen an, die das Kotflügelprofil in Längsrichtung darstellen und als Orientierungshilfe für den schlechteren der beiden Kotflügel dienen.

Dieses Reparaturblech kann auf der Rollenstreckmaschine komplett durch Streckbewegungen in der senkrechten Achse geformt werden, denn das Blech ist in diesem Bereich (außer an der Außenkante) nur in einer einzigen Ebene gerundet.

Damit der Kotflügel im Bereich des Radausschnitts die erforderliche Wölbung nach außen erhält, wird das Blech entlang dieser Kante mit einem Kunststoffhammer über einem T-Amboss in Form gebracht.

Anhand der Profile, die am besseren der beiden Kotflügel aufgezeichnet wurden, fertigen wir eine Pappschablone für den Blechrohling an und stellen die erforderlichen Rundungen im Blech durch Rollenstrecken her. Aus Gründen der Einfachheit formen wir die Sicke entlang des Radausschnitts in zwei Schritten. Um den Übergang von der Kotflügelfläche in den Sickenbereich zu formen, drehen wir das Blech um und glätten es mit dem Schlichthammer auf einem Einsteckeisen entlang der Kante, die sich nach oben wölben soll. Da diese Randwölbung der Wölbung des Kotflügels entgegengerichtet ist, muss das Blech in diesem Bereich etwas gestreckt werden, um zu verhindern, dass die Blechlippe die zuvor hergestellte Rundung wieder aus dem Blech zieht. Das Blech darf auch nicht zu stark gestreckt werden, da sich sonst die Hauptrundung des Kotflügels übermäßig verstärkt. Beim Aufwärtsbiegen des Übergangsbereichs muss das Profil des Blechs immer wieder anhand der senkrechten Schablone kontrolliert werden.

Sobald der Übergangsbereich entlang des Radausschnitts fertig geformt ist, wird in der Rollenstreckmaschine mit der flachsten Formwalze die Knicklinie am äußeren Blechrand angebracht. Durch diese Knicklinie wird die Grenze eines schmalen, flachen Bereichs festgelegt, der an den gerundeten Übergangsbereich anschließt. In diesem flachen Bereich lässt sich in idealer Weise die Schweißnaht unterbringen, die den gewölbten Übergangsbereich mit dem gesickten Außenrand des Radlaufs verbindet. Wir legen nun das Blech auf dem schadhaften Kotflügel auf und zeichnen den rückwärtigen Rand an. Die zuvor angefertigten Schablonen liefern die noch fehlenden Informationen für einen Teil der Rundung im Kotflügel.

Nach Fertigstellung des Ansatzbereichs für die Kotflügellippe, heften wir das Teilblech an und kontrollieren nochmals seine Passung. Ist die Passung in Ordnung, schweißen wir das Teilblech fertig ein und verschleifen die Schweißnaht. Der Außenwulst, der entlang der Kotflügellippe um den Radausschnitt verläuft, wird aus einem langen Blechstreifen angefertigt, der in L-Form abgekantet wird und entlang des längeren Schenkels des „L" eine zusätzliche mittige Knicklinie erhält. Gegenüber der ersten Abkantung wird eine zweite 90-Grad-Abkantung angebracht und die Blechränder soweit gestreckt, dass der Blechstreifen der Rundung des Radausschnitts folgt. Sobald dieses letzte Abschnittsblech ebenfalls angeschweißt ist, kann die Naht vollständig verschliffen und geglättet werden.

Das Hauptblech ist fertig eingeschweißt, und nun prüfen wir die Konturen des separaten Blechs, mit dem die Kotflügellippe nachgebaut wird.

Die Nahaufnahme zeigt, wie die Kotflügellippe ihre Form erhält und wo sie angeschweißt wird. Durch die Zweiteilung des Blechs in diesem Bereich kann der Randwulst entlang des Radausschnitts wesentlich einfacher hergestellt werden.

Aus der Nähe wie auch aus einiger Entfernung ist der Reparaturbereich praktisch nicht vom Originalblech zu unterscheiden.

KOTFLÜGELRESTAURIERUNG AM FORD MODEL A

Wer die Restaurierung eines Veteranen der 1920er oder 1930er Jahre – oder eines betont konservativen britischen Klassikers der 1950er – plant, wird sich sicher auch mit der Instandsetzung von Kotflügeln auseinandersetzen müssen, die im Bereich der Drahteinlegekante beschädigt sind, wie sie sehr häufig am Außenumfang derartiger Kotflügel zu finden ist. Beim Anblick des Zustands der Kotflügel mancher Vorkriegs-Restaurierungsobjekte fragt man sich unwillkürlich, ob diese Kotflügel als eine Art prähistorischer Bordsteinfühler mit so ziemlich allem Tuchfühlung aufgenommen haben, was in ihre Nähe geriet: Laternenmasten, Gartenzäune, Mülleimer und allerlei andere ortsfeste oder bedingt bewegliche Objekte. An sich hört sich die Reparatur einer eingedellten Kotflügelkante nicht besonders kompliziert an. Die Schwierigkeiten bei derartigen Kotflügelkonstruktionen entstehen meistens aus missglückten früheren Reparaturversuchen durch Möchtegern-Karosseriehandwerker. Unter dem Lack fallen diese früheren Reparaturen oft gar nicht auf, wenn ein Amateur-Blechkünstler den Schaden durch eine kunstvoll modellierte Schicht Spachtelmasse getarnt hat. Ein Blick auf die Kotflügelinnenseite bringt dann meistens die grausame Wahrheit ans Licht – was wie überlackierte Dreckklumpen oder Zementbewurf aussieht und hartnäckig allen Abkratzversuchen widersteht, ist in Wahrheit die übergespachtelte Berg- und Talbahn des Kotflügelblechs. Jetzt bleiben zwei Alternativen: 1) Bevor jemand etwas merkt, schnell weitermachen, als sei nichts gewesen, oder 2) den Pfusch von Grund auf sanieren. Für alle, die sich an eine Reparatur wagen, folgt hier die Beschreibung der alles in allem geeignetsten Restaurierungsmethode für Vorkriegsoldtimer.

Vorneweg ist dringend davon abzuraten, die schadhaften Bereiche sofort herauszutrennen. Selbst wenn der entdeckte Pfusch unser ästhetisches Empfinden nachhaltig stört, sollten die Konturen des Kotflügels mit dem Treibhammer möglichst exakt wiederhergestellt werden. Je genauer der Kotflügel seine ursprüngliche Form zurückerhält, desto einfacher ist die Anfertigung von Reparaturblechen. Bei allen Blecharbeiten sollten die Reparaturbleche möglichst angefertigt werden, bevor das marode Altblech herausgetrennt wird. Die Originalteile müssen die Bezugspunkte für die Formgebung der neuen Bleche liefern. Falls nicht ganz klar ist, wie das neue Reparaturblech geformt werden muss, legen wir einen Bogen Papier auf die Reparaturstelle auf. Die Art und Weise, wie das Papier auf dem Blech anliegt, verrät allerhand über die Form des Blechs. Falten im Papier bedeuten, dass das Blech in diesen Bereichen eingezogen werden muss. Überall, wo das Papier aufgeschnitten werden muss, damit es sauber anliegt, muss das Blech gestreckt werden. Falls der Kotflügel separate Trägerbleche für den Anbau am Fahrzeug besitzt, sollten diese Trägerbleche beim Richten des Kotflügels ebenfalls montiert werden, damit der Kotflügel die Steifigkeit erhält, die er auch in eingebautem Zustand hat. Schließlich darf der Kotflügel keinesfalls seine Form verlieren, sobald die rostigen Abschnitte entfernt wurden Je größer außerdem das Reparaturblech, desto schwieriger ist das Einlegen des Drahts in den Randfalz, ohne dass der Kotflügel sich verzieht. Falls das Reparaturblech etliche Zentimeter weit in den Kotflügel hineinreicht, sollte der Falzstreifen als separates Blech angefertigt werden, das nur 3 bis 5 cm über den oberen Rand des Randfalzes hinausreicht.

Reparaturbleche für einen stark gewölbten Kotflügel wie in unserem Beispiel lassen sich recht einfach nachbauen, indem wir das neue Reparaturblech mit der Rollenstreckmaschine oder mit Treibhammer und Schrotkissen strecken und damit die Wölbung nachbilden. Alternativ kann eine Wölbung auch durch Stauchen mit dem manuellen Stauchgerät entlang des Blechrandes hergestellt werden. Die Formgebung ist erst abgeschlossen, wenn das Blech auf dem Originalblech aufliegt, ohne irgendwo zu kippen. Als Faustregel gilt: Überall dort, wo das Reparaturblech das Originalblech berührt, muss es weiter gestreckt werden, bis es überall gleichmäßig spannungsfrei anliegt. Kippt das Blech in seinem Mittelbereich, muss die Blechmitte weiter gestreckt werden, so dass eine tiefere Mulde entsteht (ähnlich wie in der Mitte einer Konfektschale), die den Bereich des Originalkotflügels, auf dem sie aufliegt, umschließt. Dies erfordert oft eine gewisse Ausdauer.

Unsere Reparaturmethode eignet sich für alle US-Ford der Modelljahre 1928 bis 1932. Die Jahrgänge 1928 bis 1929 besaßen schmalere Kotflügel als ihre Nachfolger, der grundsätzliche Reparaturablauf ist jedoch derselbe. Zu Studienzwecken wurde an unserem Kotflügel der Drahteinlegefalz mit dem Plasmaschneider durchtrennt und ein mehrere cm langer Schnitt angebracht, der einen langen Einriss symbolisieren soll. Am einfachsten ist diese Reparatur mit zwei Reparaturblechen: eines um den Scheitelpunkt der Kotflügelwölbung, ein zweites im Randbereich zur Falzkante hin. Alternativ könnte das Falzblech aufgebogen und geglättet, das ebene Blech eingesetzt und hinterher ein neuer Drahteinlegefalz geformt werden.

Falls der Kotflügelschaden mit zwei Teilblechen – eines für den inneren Kotflügelbereich des Kotflügels, eines für den Drahteinlegefalz – repariert werden soll, bleibt der Falz unangetastet, bis das Blech für den Innenbereich auf drei Seiten verschweißt ist. Durch den Falz wird der Kotflügel versteift und das Einschweißen des ersten Teilblechs gelingt besser. Wichtig zu beachten beim Einschweißen ist, dass das Reparaturblech ringsum exakt bündig an den angrenzenden Blechkanten anliegen muss und nirgends zu tief oder zu hoch liegen darf. Wandert das Blech nach oben oder unten weg, unterbrechen wir sofort den Schweißvorgang und korrigieren den Passungsfehler. Notfalls müssen die Heftpunkte zum Richten der Bleche wieder aufgetrennt werden. Beim WIG- und Autogenschweißen glätten wir sämtliche Hammerschweißnähte sofort mit einer Handfaust als Vorhalteisen, damit das Blech beim Weiterschweißen nicht einsinken kann. Über den gesamten Reparaturverlauf muss eine „Tastprobe" mit der flachen Hand ergeben, dass das Blech nirgends zu hoch oder zu tief liegt.

Bei den typischen Kotflügeln der klassischen Ford A und ähnlicher Vorkriegsmodelle beginnen wir mit der Erneuerung des Blechbereichs im Scheitelpunkt der Kotflügelrundung und nicht am äußeren Falzbereich. Der Blechrohling wird auf Übermaß zugeschnitten, dann lässt er sich beim Rollenstrecken besser führen. Die Formrolle muss dabei ein leicht gewölbtes Profil aufweisen (in der Regel die zweitflachste Rolle im Rollensatz der Rollenstreckmaschine). Das Blech führen wir nun in gleichmäßigen, eng beieinanderliegenden Durchgängen in Längsrichtung durch die Rollenstreckmaschine. Die flacheren Rollen formen das Blech im Allgemeinen stärker in der Längsrichtung der Streckbewegung und weniger zu den Seiten hin. Während des Rollenstreckvorgangs kontrollieren wir das neue Blech immer wieder anhand des Originalkotflügels, bis es satt auf dem Kotflügel aufliegt, ohne in Längsrichtung zu kippen. Die Seitenbereiche – zumindest die dem Randfalz zugewandte Seite – sind in dieser Phase meist noch etwas zu hoch.

Das Hauptreparaturblech für den Ford-A-Kotflügel wird in Längsrichtung auf einer nur leicht balligen Formrolle geformt. Die dabei entstehende Wölbung ist in Längsrichtung am stärksten ausgeprägt; auch in Querrichtung beginnt sich das Blech nach und nach in der gewünschten Richtung zu wölben.

Nun drücken wir das Blech bis zum Anschlag in die Backen des manuellen Stauchgeräts und stauchen den dem Randfalz zugewandten Blechrand. Hier machen sich hochwertige (und daher auch teurere) Stauchgeräte bezahlt. Auch bei unserem Blech können sich die Ergebnisse sehen lassen.

Nach dem Rollenstrecken in Längsrichtung und Einziehen des äußeren Randes ist die Passgenauigkeit des ersten Teilblechs bereits recht gut.

Damit auch die dem Randfalz zugewandte Seite spielfrei auf der Wölbung des Originalkotflügels anliegt, stauchen wir das Blech entlang des Randbereichs mit einem manuellen Stauchgerät. Fällt der Übergang zwischen dem gestauchten Außenrand und der restlichen Blechfläche zu abrupt aus, gleichen wir dies durch Rollenstrecken in Querrichtung wieder aus.

Wenn das erste Reparaturblech nun glücklich fertiggestellt ist, zeichnen wir seine Umrisse exakt auf dem Altteil an und trennen den schadhaften Teil des Kotflügels heraus, der diesem Reparaturblech weichen soll. Das passgenau zugeschnittene neue Blech schweißen wir auf den drei Seiten mit Ausnahme der dem Randfalz zugewandten Seite ein. Wenn die Bleche einzeln nacheinander ausgetrennt und eingeschweißt werden, behält der Kotflügel so lange wie möglich seine maximale Steifigkeit und kann sich nicht so leicht verziehen. Je nach Schweißverfahren muss das Ersatzblech so zugeschnitten werden, dass der richtige Schweißspalt bleibt. Beim WIG-Schweißen kann das Blech am gesamten Umfang an den angrenzenden Blechkanten anliegen. Beim MIG-MAG-Verfahren muss ein 1-mm-Spalt bleiben, d. h. in der Regel minimal mehr als die Blechdicke.

Für den Zuschnitt des Teilblechs entlang der Randsicke schneiden wir das Blech mit leichter Übergröße zu und stauchen den oberen Rand, damit das Blech sich zu runden beginnt. Aber Vorsicht: Wird das Blech zu stark gestaucht, sitzt es zu hoch und steht gegen das Nachbarblech unter Spannung. Beim Stauchen sollte das Blech daher zwischendurch mit einem Lederhammer über einem Einsteckeisen gerundet werden. Das Reparaturblech lässt sich nicht einfach umkanten, denn der Kurvenbereich ist erheblich kürzer als der entsprechende Blechabschnitt in flachem Zustand. Damit das Blech über die kürzere Distanz im gerundeten Bereich Platz findet, muss es gestaucht bzw. eingezogen werden. Erst wenn das Blech – abgesehen von dem Bereich, in dem die Randsicke stört – gleichmäßig auf dem Originalkotflügel anliegt, können wir die Sicke an der Unterkante dieses Blechs anzeichnen und formen. Es kann nicht schaden, vorab einige Abfallbleche in der Sickenmaschine durchlaufen zu lassen und damit Anpressdruck und Walzenabstand so einzustellen, dass die originale Randsicke mit den Walzen exakt reproduziert werden kann. Wer keine Sickenmaschine zur Verfügung hat, kann das Formwerkzeug auch selbst anfertigen. Dazu trennen wir ein Stück Flachstahl der passenden Breite ab, mit dem der Versatz im Kotflügel hergestellt wird, bringen die Schweißpunktlöcher an und verschweißen diesen Flachstahl mit einem zweiten Flachstahl. Dann alle Schweißstellen glatt verschleifen. Auf diesem Formwerkzeug kann nun das Blech festgeklemmt und mit verschiedenen stumpfen Meißeln der Absatz im Blech ausgeformt werden.

Am zweiten Reparaturblech (in dem auch noch die Sicke entlang des Radausschnitts eingeprägt wird) wird zuerst der Übergangsbereich zum ersten Teilblech (im Bild mit „SH“ = „shrink“ = „stauchen“ markiert) gestaucht.

Nachdem dieser Randbereich geringfügig in die richtige Rundung gestaucht wurde, formen wir mit einem Lederhammer auf einem passend geformten Einsteckeisen die Wölbung, die einen nahtlosen Übergang zum ersten Teilblech herstellt.

Ist keine Sickenmaschine vorhanden, legen wir den Blechrohling zwischen zwei Metallplatten ein und formen die Randsicke am Versatz der beiden Platten mit einem stumpfen Meißel. Zur Herstellung einer Rundung muss das Eigenbau-Formwerkzeug mit einem entsprechend gerundeten Profil zugeschnitten und auf einer weiteren ebenen Blechplatte lochpunktverschweißt werden. Dies erleichtert das Einspannen.

Am einfachsten lässt sich die Rundung der originalen Randsicke kopieren, indem die Ränder des Reparaturblechs markiert werden, an denen das Blech mit der originalen Randsicke überlappt. Dann legen wir das Reparaturblech hinter den Kotflügel und zeichnen die Rundung der Kotflügelkante zwischen den beiden Bezugspunkten nach. Eigentlich dürfte dies nicht funktionieren, denn die Rundung auf der Sickenoberseite muss einen größeren Radius beschreiben als die Rundung an der Unterseite der Sicke, nachdem man es aber ausprobiert hat, wird man feststellen, dass es – unerklärlicherweise – doch funktioniert.

Vorsicht beim Zuschneiden des alten Kotflügels entlang der Randsicke, denn die Innenseite der Drahteinlage sollte möglichst nicht beschädigt werden. Muss der eingelegte Draht herausgetrennt und erneuert werden, verwenden wir 3-mm-Schweißdraht bzw. Weichstahldraht im selben Durchmesser wie der Originaldraht. Wesentlich einfacher sind Reparaturen an Kotflügeln dieser Bauart, wenn die Bleche so zugeschnitten werden, dass sich die Reparaturbereiche der Kotflügelbleche und der Drahteinlage nicht überschneiden. Wer versucht, die Drahteinlage und den Randbereich des Kotflügelbleche in einem einzigen Durchgang zu schweißen, wird sich schwertun, die Schweißnaht möglichst glatt und unauffällig hinzubekommen. Erst sollte die Drahteinlage erneuert werden, dann werden die Schweißnähte sauber verschliffen, und anschließend beginnen wir mit der Reparatur der Blechflächen auf dem Kotflügel mindestens ca. 15 mm jenseits des Reparaturabschnitts der Drahteinlage. Wir fertigen also das Reparaturblech an, formen den Randfalz mit geeigneten Werkzeugen und bereiten den Rand des Reparaturblechs so vor, dass es sauber um den neu eingelegten Draht umgeschlagen werden kann (siehe Kapitel zu den Grundlagen des Blechumformens). Das Blech, in dem der Versteifungsdraht eingelegt werden soll, streichen wir mit Schweißprimer. Danach schweißen wir das Reparaturblech nahezu vollständig ein, bevor die Blechaußenkante um den Draht umgerollt wird. Dann wird das Reparaturblech an den Rändern umgeschlagen und gecrimpt, wobei auf einen gleichmäßigen Verlauf der Kotflügelkonturen zu achten

Das zweite Teilblech wird auf dem Kotflügel aufgelegt und an beiden Seiten des Blechs die Stellen angezeichnet, an denen die Randsicke über das Blech läuft.

Nun legen wir das Blech hinter dem Kotflügel an und zeichnen die Kotflügelkonturen so auf dem Blech an, dass sie beim Formen der Randsicke als Bezugspunkt dienen können. Eigentlich dürfte dies nicht funktionieren, da die Blechdicke nicht mit eingerechnet wurde.

Die fertig geformte Sicke sieht dennoch sehr überzeugend aus. Als nächstes muss der untere Randfalz geformt und das Blech eingeschweißt werden, und dann wird der Draht eingelegt und alle Schweißnähte sauber verschliffen. Ein Beispiel eines reparierten Kotflügels mit Drahteinlage ist im Kapitel zu den Grundlagen des Blechumformens zu sehen.

ist, der auch aus mehreren Metern Abstand keine Unregelmäßigkeiten erkennen lässt. Zum Schluss schweißen wir das Reparaturblech entlang des um den Draht umgeschlagenen Streifens.

Vorsicht beim Verschleifen der Schweißnähte: Nur der Schweißbereich darf verschliffen werden! Sicherheitshalber kleben wir auf beiden Seiten der eingeprägten Randsicke Isolierband auf, damit die Sicke keine Schleifspuren abbekommt. Jeder noch so kleine Kratzer fällt auf der Sicke sofort auf, daher ist beim Schleifen der Schweißnähte besondere Vorsicht geboten. Bei MIG-geschweißten Nähten schleifen wir zunächst mit einer Schleifscheibe. Erst wenn die Naht annähernd glatt heruntergeschliffen wurde, machen wir mit 75- oder 125-mm-Schleifern mit den entsprechenden Fiberscheiben (im ersten Schritt mit grober 24er oder 36er Körnung) weiter. Für die nächsten Schleifgänge verwenden wir feinere Scheiben mit 80er und danach 150er Körnung. Sämtliche blanken Blechflächen grundieren wir zum Schutz gegen Rostansatz bereits jetzt mit Haftgrund, auch wenn die Grundierung und Lackierung des kompletten Kotflügels noch etwas warten muss.

MOTORHAUBEN UND HECKKLAPPEN

Probleme mit Motorhauben und Heckklappen sind in erster Linie auf Unfallschäden, Rostbefall und Passungsmängel zurückzuführen. Nach dem übereinstimmenden Eindruck vieler „alter Restaurierungshasen" neigen Motorhauben wesentlich seltener als Heckklappen zu Korrosionsschäden, dafür sind Unfallschäden hier keine Seltenheit. Zur Behebung von Unfallschäden an der Vorderkante von Motorhauben sollten bei Fahrzeugen ab den 1950er Jahren die Schweißpunkte abgebohrt werden, die das Haubenaußenblech und die inneren Trägerbleche miteinander verbinden. Außerdem werden die Trägerbleche soweit entfernt, dass die Rückseite des beschädigten Außenblechs zugänglich ist. Ist das Außenblech über die Knickgrenze hinaus stark gestaucht und ist zum Rückverformen des Blechs erheblicher Kraftaufwand nötig, hilft eine handbetätigte Winde. Oft ist ein gewisser Einfallsreichtum erforderlich, um das Zugwerkzeug am Blech zu befestigen, denn die Zuglasten müssen an der gestauchten Haube so angreifen, dass beim Rückverformen nicht an anderer Stelle neue Schäden auftreten.

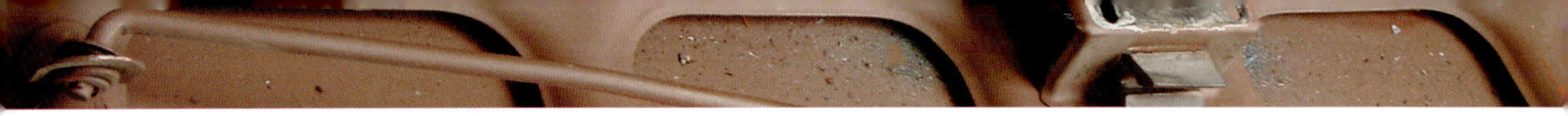

Vorteilhaft ist immerhin, dass das Haubenaußenblech sich wesentlich leichter umformen lässt, wenn die inneren Trägerbleche entfernt wurden. Zum groben Richten der Haube besorgen wir uns ein Winkeleisen in passender Länge, spannen es an mehreren Stellen über seine Gesamtlänge an der Motorhaube fest und schweißen in Abständen von ca. 10 cm mehrere große Unterlegscheiben am Winkeleisen an. An den Unterlegscheiben muss der Zug zum Rückverformen der Haube ansetzen. Mit einem Gleithammer mit Zughaken an der Blechaußenseite müsste sich genug Zugkraft aufbringen lassen, um das Blech wieder in Form zu ziehen, sofern nur die Außenhaut in Form gebracht werden muss. Natürlich muss die Motorhaube sicher befestigt und gegen Verzug gesichert werden; der Zug darf nicht auf die Scharniere wirken. In Spezialwerkstätten werden Motorhauben für derartige Arbeiten auf einem massiven gusseisernen Tisch aufgebaut, derartige Anschaffungen lohnen sich für Hobbygaragen allerdings nie. Einfacher ist es, die Motorhaube auf dem Garagenboden oder der Werkbank aufzulegen, an den Scharnierbefestigungspunkten spielfrei anzuketten und aus der entgegengesetzten Richtung zu ziehen. Hartnäckige Verformungen geben meist nach einigen wohlplatzierten Schlägen mit dem Gummihammer auf die widerspenstigen Knicke im Blech nach. Sobald die gröbsten Dellen eingeebnet sind, können die verbliebenen Verformungen in der Motorhaube nach der Methode beseitigt werden, die im Kapitel zur Dellenreparatur beschrieben wurde.

Die Motorhauben von Vorkriegs-Pkw sind in der Regel flacher als bei Modellen der 1950er Jahre, daher ist bei ihnen eine etwas andere Vorgehensweise erforderlich. In der Werkstatt der Verfasser entstand vor einiger Zeit ein neues Motorhaubenseitenblech für einen 1928er Franklin, da sich das Originalteil durch keinerlei Streckkunst wieder in Form bringen ließ. Immerhin konnten am Originalteil aber die Maße für das Nachbauteil abgenommen werden. Derartige Motorhaubenseitenbleche bestehen im Wesentlichen aus einer flachen Blechtafel, dieses Exemplar wies aber an seiner Unterkante zusätzliche Biegungen sowie – in typischer Manier der Motorhauben der 1920er und frühen 1930er Jahre – ein Scharnier am oberen Rand auf. Das Scharnier ähnelt im Wesentlichen einem Kantenblech mit Drahteinlage, aus dem in gewissen Abständen Rechtecke ausgestanzt sind. Für die Nachfertigung wurde der komplexe, in mehreren Richtungen gebogene untere Teil des Seitenblechs vom übrigen Teil des Blechs getrennt, denn mit den vorhandenen Werkzeugen hätte sich das Blech nicht aus einer einzigen Blechtafel nachbauen lassen. Die getrennte Anfertigung des unteren Haubenteils bietet außerdem den Vorteil, dass die endgültige Breite des Motorhaubenblechs mit geringerem Fehlerrisiko justiert werden kann. Es ist keineswegs sicher, dass ein Blech mit derart vielen Biegestellen und einem Scharnier so exakt nachgefertigt werden kann, dass die Breite noch genau mit dem Original übereinstimmt, zumal das Originalblech am einen Ende schmaler als am anderen Ende ist.

An dieser Chevelle-Motorhaube werden die inneren Trägerbleche hinter dem Schadensbereich entfernt. Die Schweißpunkte werden von Hand angeschliffen, mit dem Punktschweißbohrer ausgebohrt und der Schadensbereich großzügig mit der Trennscheibe herausgeflext. Ohne die Trägerblecheinbauten kann die Delle im Außenblech wesentlich bequemer herausgezogen werden.

Hier werden am Blechrohling für die Motorhaubenseitenwand unseres 1928er Franklin die Ausschnitte für die Scharnierbolzenführungen angebracht.

Nach Tests mit unterschiedlichen Reparaturmethoden und Rohblechabmessungen war schließlich das optimale Verfahren für den Nachbau des Scharniers gefunden. Der Trick besteht darin, die kleinen Metalllaschen im Scharnierblech über einem Eigenbau-Formwerkzeug zu biegen, das an dem Absatz an der Oberkante des Motorhaubenseitenblechs entlanggeschoben werden kann. Als weiterer Kniff wurden die Laschen um eine Weichstahlstange gerundet, die gegenüber dem Durchmesser des endgültigen Scharnierbolzens ein Übermaß von 0,2 mm aufwies. Mithilfe dieses Übermaßbolzens ließ sich auf Anhieb ein einwandfreier Sitz der Laschen um den Scharnierbolzen erzielen – ganz ohne schwergängige Stellen.

Nach mehreren Messungen wurde das komplizierter geformte Blech an der Unterkante des Motorhaubenseitenblechs angeschweißt. Der entlang der Schweißnaht entstandene Verzug bereitete gewisse Probleme, da er im gesamten Blech eine „Springbeule" verursachte. Zur Abhilfe wurde das Blech mit dem geschweißten Randbereich mehrmals mit der flachsten greifbaren Formrolle durch die Rollenstreckmaschine geführt und das Haubenblech bei jedem Durchgang umgedreht. Dadurch streckte sich das Blech nach und nach entlang der Schweißnaht, so dass sich die Spannung im Blech abbauen konnte und die Springbeule verschwand.

Dieses Eigenbau-Formwerkzeug kann entlang der Sicke an der Oberkante des Motorhaubenseitenblechs entlanggeschoben werden. Das Werkzeug passt sich der Form des Haubenblechs an, so dass jede Blechnase sauber fluchtend in die gewünschte runde Form gebogen werden kann, ohne dass sich die angrenzenden Blechbereiche verziehen.

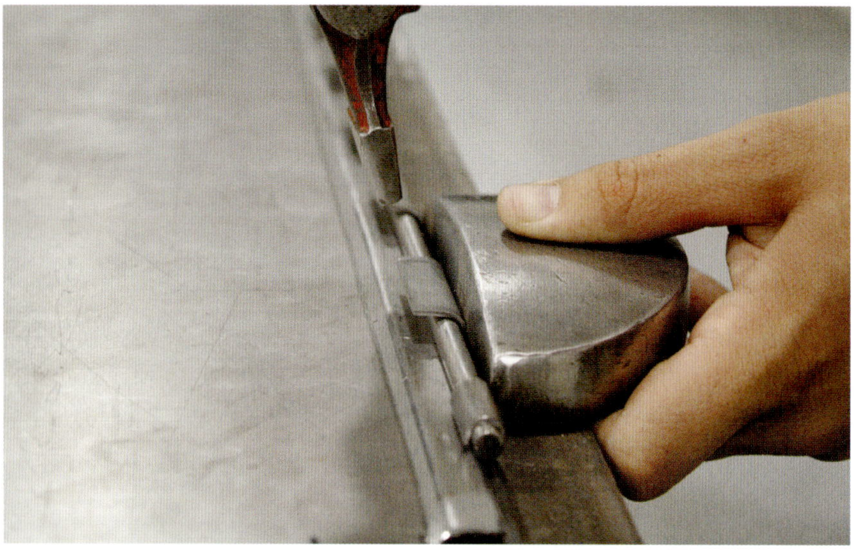

Sobald die einzelnen Blechlaschen so gerundet wurden, dass der Scharnierbolzen durchgesteckt werden kann, wird die Rundung mit einem Schlichthammer und unterlegter Handfaust geformt.

Im letzten Schritt wird die Rundung mit dem bereits zum Drahteinlegen verwendeten Werkzeug um einen Übermaßbolzen geschlossen.

Beim Anschweißen des komplizierter geformten Teilblechs an der Unterkante des Motorhaubenseitenblechs verzog sich das Blech und es entstand eine deutlich sichtbare Springbeule. Durch mehrere Rollenstreckgänge entlang der Schweißnaht (wozu das Blech bei jedem Durchgang umgedreht wurde) ließ sich die im Blech entstandene Spannung und damit auch die Springbeule beseitigen.

Eine leidige Angewohnheit vieler Heckklappen ist, dass sich in ihrem Inneren Wasser sammelt und die Klappen von innen nach außen durchrosten. Es führt dann kein Weg daran vorbei, die Innenbleche der Klappe eingehend zu inspizieren und einen Schlachtplan zu entwickeln. Soll zuerst das Außenblech oder die dahinterliegenden Versteifungen saniert werden? An der Heckklappe des Austin-Healey bohren wir beispielsweise zuerst die Schweißpunkte ab, an denen die Innenversteifungen hängen, nehmen diese Versteifungen heraus und führen alle Reparaturen durch, und dann bauen wir die Versteifungen wieder ein und wenden uns dem Außenblech zu. Es geht allerdings auch andersherum. Wenn die beiden Hauptbestandteile der Heckklappe separat repariert werden, bleiben immer genug Bezugspunkte für die Kontrolle der Passung erhalten. Die Reparaturbleche können in klassischer Weise mit dem Stauch-/Streckgerät angefertigt werden, ein passgenaues Endergebnis wäre allerdings wesentlich schwieriger, wenn wir die schadhaften Bereiche gleichzeitig aus beiden Blechen heraustrennen und versuchen, sie gemeinsam zu ersetzen.

Die Außenhaut dieser Austin-Healey-Heckklappe wurde bereits repariert, und nun machen wir uns an die inneren Trägerbleche, deren Schweißpunkte bereits von der Außenhaut getrennt wurden.

Es kommt gar nicht so selten vor, dass das Außenblech der Heckklappe entlang der gesamten Breite – wie bei diesem Beispiel – von Grund auf erneuert werden muss. Das Stauch-/Streckgerät ist das wichtigste Hilfsmittel für diese Operation.

Zu den besonders nervenaufreibenden Problemen mit Motorhauben und Heckklappen zählen unerklärliche Passungsfehler. Falls die montierte Haube nicht schon immer an dem betreffenden Fahrzeug montiert war, kann es passieren, dass hinterher riesige Spalte klaffen oder die Haube gar für ihren Ausschnitt in der Karosserie zu groß ist. Das Bild der Motorhaube eines Triumph TR3 ist das Dokument unserer Versuche, unter drei Motorhauben die am wenigsten schlecht sitzende für unser Fahrzeug zu finden. Da es nicht möglich ist, die Passung der Hauben gleichzeitig miteinander zu vergleichen, wurden sie aus unterschiedlichen Blickwinkeln fotografiert und geprüft, welche Reparaturen am besten möglich waren. Wir entschieden uns letztendlich für Haube Nr. 1. Um ihre Passgenauigkeit zu verbessern, mussten die Versteifungsstreben an einigen Stellen teilweise durchgesägt werden, dann wurden die Wölbungen in der Haube mit diversen Hebeleisen von der Blechrückseite her korrigiert, und schließlich kroch der Monteur in den Motorraum, um die zuvor an strategischen Stellen angebrachten Einschnitte von unten mit einigen Schweißpunkten zu heften. Nach mehreren derartigen Verrenkungsübungen war die Passung der Haube schließlich soweit in Ordnung, dass wir die Versteifungen wieder komplett verschweißen konnten.

Nicht minder unterhaltsam geriet die Korrektur schlechter Haubenpassungen an einem 1950er Mercury Coupé, der irgendwann einmal in ein Cabriolet umgebaut worden war. Eine der Eigenheiten dieses Fahrzeugs war, dass die Spritzwand am Fuß der linken Windschutzscheibensäule durchgefeilt worden war, um Platz für die Motorhaube zu schaffen. Die Passung entlang der gesamten hinteren Motorhaubenkante machte einen einwandfreien Eindruck – außer in einem Bereich auf der linken Seite. Die letzten benötigten anderthalb Millimeter fehlten trotz aller Versuche noch immer, wir wollten die Motorhaube an ihrer Hinterkante aber auch nicht anschleifen, denn dies wäre hinterher womöglich aufgefallen, also wurde die Spritzwand eingesägt, die erforderlichen 1,5 mm nach hinten gedrückt und die Naht geheftet. Eine derartige Verlagerung der Blechkante wäre unmöglich gewesen, wenn entlang dieser Rundung überlappende Bleche verwendet worden wären. Diese fast schon eines Hinterhofpfuschers würdige Trickserei ist daher nicht durchweg zur Nachahmung zu empfehlen, für Extremfälle darf man aber auch ruhig an derartige Lösungsansätze denken, falls gar keine andere Abhilfe mehr möglich scheint.

Hier ist die beste von drei Motorhauben für diesen Wagen zu sehen, und selbst an dieser Haube war die Passung erbärmlich. Also wurden die Versteifungsstreben durchgesägt, so dass die Wölbungen des Außenblechs am Übergang zur Spritzwand leichter nachgebogen werden konnten. Als die Motorhaube so exakt wie möglich in ihrem Ausschnitt saß, wurden die Einschnitte in den Versteifungen von unten wieder verschweißt.

An dieser Mercury-Spritzwand hatte jemand versucht, durch Nachfeilen einen ausreichend breiten Spalt für die zu eng sitzende Motorhaube zu schaffen. Nachdem die Nacharbeitsmöglichkeiten an der Motorhaube ausgereizt waren, blieb nur, die Spritzwand einzusägen und den Blechrand ca. 1,5 mm nach hinten zu versetzen und damit einen gleichmäßigen Haubenspalt herzustellen.

Oft lassen sich Passungsfehler durch sorgfältige Einstellung der Hauben an den Langlöchern ihrer Befestigungsschrauben beheben, manchmal stößt man jedoch auf Bleche, die bereits ab Werk zu groß geraten sind. An manchen MG T-Modellen fallen von Hand gestutzte Motorhauben auf, deren hinterer Abschluss etwas unsauber aussieht. Abhilfe ist auf unterschiedliche Weise möglich. Entweder lässt man den Wagen, wie er ist, denn so verließ er das Werk, und derartige Besonderheiten machen den Charme und die Historie vieler großenteils in Handarbeit gefertigter Veteranen aus. Bei Restaurierungen im Kundenauftrag sind dagegen die Erwartungen des Kunden ausschlaggebend. Bei allem Respekt vor derlei historischen Details ist ihm eine makellos passgenaue Motorhaube ja vielleicht doch wichtiger. Wir können die unsauberen Kanten nun säuberlich nachfeilen, bis sie besser passen, ein neues Blech anfertigen oder einen Blechstreifen in Überbreite anschweißen, zurechtschleifen und die Kanten nach den Vorstellungen des Kunden formen. An unserem Jaguar XK 120 (siehe Fotos) schlossen Motorhaube und Heckklappe erkennbar unsauber ab, also war eine Nacharbeit unumgänglich. Bei zu klein geratenen Blechen bleibt nur, einen Blechstreifen oder mehrere Schweißraupen anzusetzen und diese auf das richtige Profil nachzuschleifen. Die Passungsfehler an der Heckklappe unseres E-Type waren dagegen auf schlampige Blecharbeiten am Heckklappenausschnitt der Karosserie zurückzuführen. Nach einer Unfallreparatur passten die Heckbleche nicht mehr mit der Heckklappe zusammen. Also musste der hintere Rand des Heckklappenausschnitts neu geformt werden.

Die Heckklappe dieses Jaguar XK120 war ab Werk zu klein geraten. Um den Gesamteindruck nach der Vollrestaurierung nicht zu ruinieren, wurde die Klappe entlang ihrer Kante mit einigen Schweißraupen verlängert, die dann nachgeschliffen wurden, bis ein gleichmäßiger Haubenspalt erreicht war.

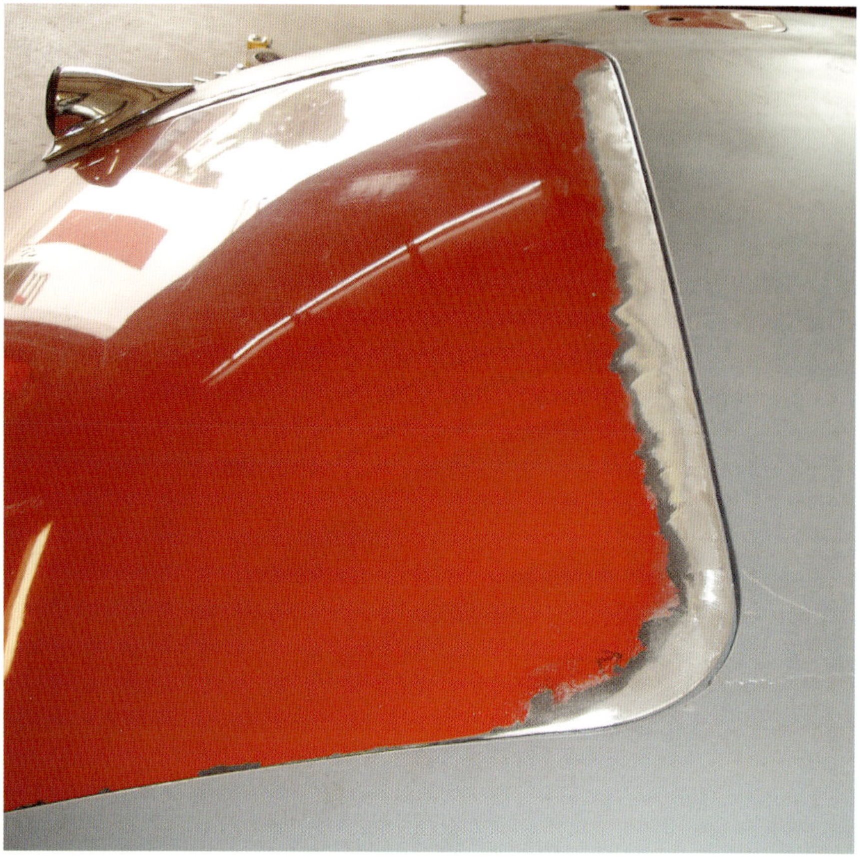

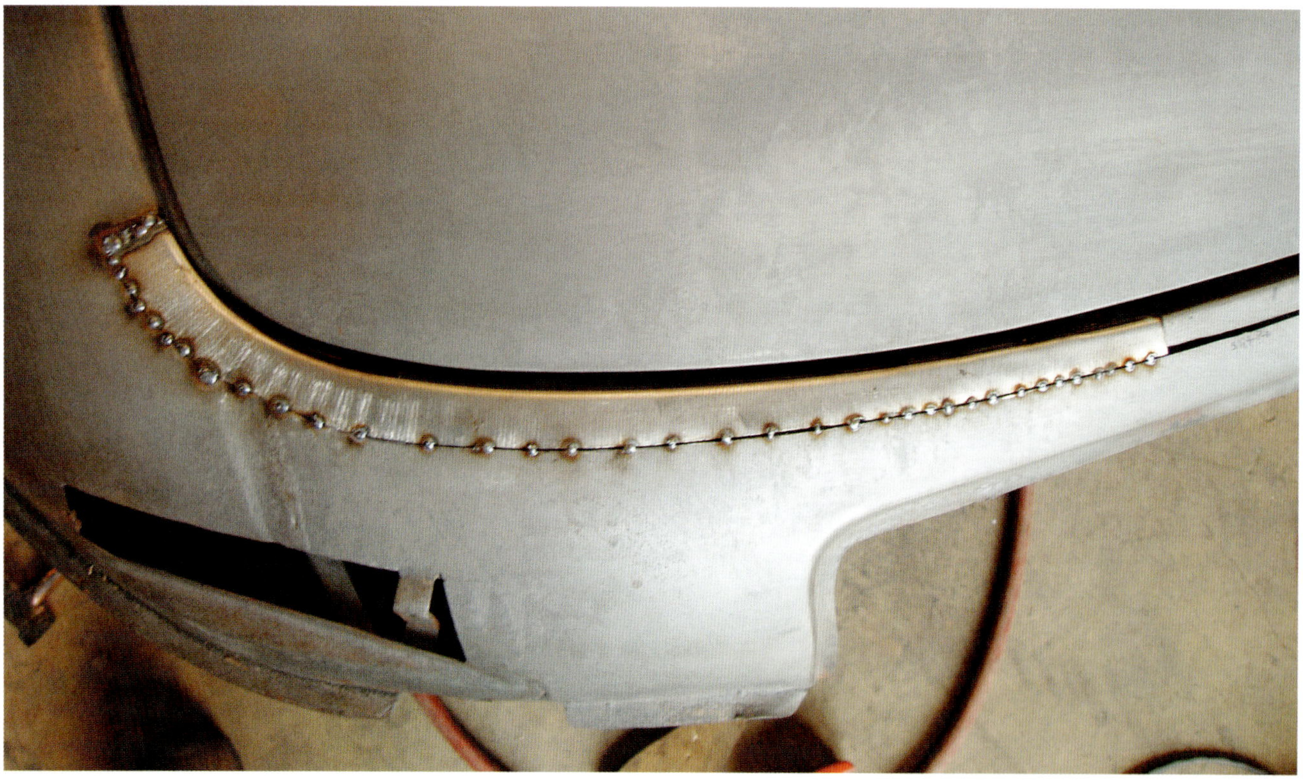

Die Heckklappe dieses Jaguar E-Type saß extrem schlecht in ihrem Ausschnitt – die Folge unsachgemäß montierter Nachbarbleche nach einer Kollisionsreparatur. Einzige Lösung: Nacharbeit der Rundungen der Heckklappenöffnung, indem neue Randbleche eingeschweißt wurden.

Schmöker für Schrauber

ISBN 978-3-86852-903-6
€ 29,95

ISBN 978-3-86852-488-8
€ 17,99

ISBN 978-3-86852-375-1
€ 29,95

ISBN 978-3-95843-028-0
€ 19,99

ISBN 978-3-95843-769-2
€ 39,95

ISBN 978-3-95843-588-9
€ 29,95

ISBN 978-3-89880-349-6
€ 29,95

ISBN 978-3-86852-700-1
€ 29,95

ISBN 978-3-95843-312-0
€ 24,99

ISBN 978-3-86852-808-4
€ 19,99

ISBN 978-3-95843-901-6
€ 39,95

ISBN 978-3-86852-487-1
€ 29,95

ISBN 978-3-86852-812-1
€ 59,–

ISBN 978-3-86852-699-8
€ 49,95

ISBN 978-3-89880-423-3
€ 49,95

ISBN 978-3-89880-718-0
€ 49,95

ISBN 978-3-89880-201-7
€ 49,95

ISBN 978-3-86852-946-3
€ 59,–

ISBN 978-3-95843-007-5
€ 59,–

ISBN 978-3-95843-144-7
€ 59,–

ISBN 978-3-95843-900-9
€ 39,95

ISBN 978-3-89880-631-2
€ 35,–

ISBN 978-3-95843-354-0
€ 39,95

ISBN 978-3-95843-145-4
€ 45,–

Unser komplettes Programm erhalten Sie im Internet unter www.heel-verlag.de und über jede Buchhandlung.

Tel. 0531 12325449 | Fax 0531 708601 | info@heel-verlag.de